国家出版基金项目

教育部文科重点研究基地重大项目

叶朗 主编　朱良志 副主编

中国美学通史

HISTORY

OF

CHINESE

AESTHETICS

魏晋南北朝卷

胡海　秦秋咀 著

江苏人民出版社

图书在版编目(CIP)数据

中国美学通史.魏晋南北朝卷/叶朗主编;胡海,
秦秋咀著. --南京:江苏人民出版社,2021.3
ISBN 978-7-214-23588-6

Ⅰ.①中… Ⅱ.①叶… ②胡… ③秦… Ⅲ.①美学史
-中国-魏晋南北朝时代 Ⅳ.①B83-092

中国版本图书馆 CIP 数据核字(2020)第 036310 号

中国美学通史

叶 朗 主编 朱良志 副主编
第三卷 魏晋南北朝卷
胡 海 秦秋咀 著

项 目 策 划	王保顶	
项 目 统 筹	胡海弘	
责 任 编 辑	张晓薇	
装 帧 设 计	周伟伟	
出 版 发 行	江苏人民出版社	
地 址	南京市湖南路 1 号 A 楼,邮编:210009	
网 址	http://www.jspph.com	
照 排	江苏凤凰制版有限公司	
印 刷	苏州市越洋印刷有限公司	
开 本	652 毫米×960 毫米 1/16	
印 张	214.75 插页 32	
字 数	2 980 千字	
版 次	2021 年 3 月第 2 版	
印 次	2021 年 3 月第 1 次印刷	
标 准 书 号	ISBN 978-7-214-23588-6	
总 定 价	880.00 元(全八册)	

江苏人民出版社图书凡印装错误可向承印厂调换

总　序

一

中国历史上有极为丰富的美学理论遗产。继承这份遗产，对于我国当代的美学学科建设，对于我国当代的审美教育和审美实践，对于 21 世纪中华文化的伟大复兴，有着重要的意义。近代以来，梁启超、王国维、蔡元培、朱光潜、宗白华等前辈学者对这份美学理论遗产进行了整理和研究，取得了重要的成果。20 世纪 80 年代以来，学术界开始尝试对中国美学的发展历史进行系统的研究，出版了一批中国美学史的著作。我们试图在前辈学者和学术界已有研究成果的基础上，写出一部更具整体性和系统性的中国美学通史，力求勾勒出中国美学思想发展的内在脉络，呈现中国美学的基本精神、理论魅力和总体风貌。

二

我们在《中国美学通史》的写作中注意以下几点：

一、《中国美学通史》是关于中国历史上美学思想的发展史。美学是对审美活动的理论性思考，是表现为理论形态的审美意识，所以这部美学通史不同于审美文化史、审美风尚史等著作。

二、中国美学史的发展,在一定程度上体现为美的核心范畴和命题的发展史。一个时代美学的核心范畴和命题的形成和发展,反映那个时代美学的基本精神和总体风貌。这部通史重视研究各个时期的重要美学概念、范畴和命题,力求通过这样的研究勾勒出一个理论形态的中国美学发展的历史。

三、这部通史注意在历史发展过程中把握中国美学的内在逻辑线索,不同于孤立地介绍单个的美学家和单本的美学著作。

四、中国美学的一个重要特点是它不限于少数学者在书斋中做纯学术的研究,而是与人生紧密结合,与各个门类的艺术实践紧密结合,它渗透到整个民族精神的深处。因此,我们这部通史既注意在哲学、宗教等相关著作中发现有价值的思想,又注意发掘艺术理论、艺术批评中所蕴涵的丰富的美学思想,同时还注意到各个时代的社会生活中寻找美学理论与现实人生相互联结的各种材料,以更深一层地显示美学理论的时代特色。

五、这部通史注意新材料的发现,同时力求以研究者独特的眼光去发现和照亮历史材料中的新的意蕴。这部通史的写作还力求体现我们这个时代的时代精神。这部通史从上古时期的商代开始一直写到1949年,反映中国美学从上古时代到近现代的全幅波动,但并不意味着把它写成过往时代历史材料的堆积,我们力求使这部通史反映当代的理论关注点,反映当代的美学理论的追求,从而在某种程度上使它成为一部闪耀着当代光芒的美学史。

三

这部《中国美学通史》是由教育部文科重点研究基地北京大学美学与美育研究中心组织编写的。由叶朗任主编,朱良志任副主编。全书由江苏人民出版社出版。

这部美学通史共有八卷,分别是先秦卷、汉代卷、魏晋南北朝卷、隋唐五代卷、宋金元卷、明代卷、清代卷、现代卷。

　　这部书的著者以北京大学的学者为主,同时邀请了国内其他高校的一批有成就的中青年学者参加。本书从 2007 年启动,前后经过六年多时间。全书初稿完成后,又组织几位学者进行统稿。参加统稿的学者为:叶朗、朱良志、彭锋、肖鹰。统稿时对各卷文稿作了若干修改,其中对个别卷作了较大的修改。

　　这部美学通史被列入教育部文科基地重大项目,并获得国家出版基金资助,我们对此表示深深的谢意。本书编写过程中得到北京大学相关部门的帮助,很多学者参加过本书从提纲到初稿的讨论,在此一并表示谢意。

　　由于多方面的原因,全书还存在着很多缺点,敬请读者提出批评意见。

目　录

导　言

魏晋南北朝的第一阶段是三国鼎立局面的确立。司马炎代魏立晋后统一了三国。到 316 年，晋帝司马邺为汉国（前赵）所俘，政权灭亡。次年，司马懿的曾孙、琅琊王司马睿在建康（今南京）恢复晋室，此后一直偏安于长江以南。按长江流向，建康在长江以东，故唐代刘知几的《史通》中称司马睿以后的政权为"东晋"以示区别。杜佑《通典》中相应出现"西晋"之说，指称东晋之前的政权。东晋时期，北方是五胡十六国此伏彼起的局面，直到 386 年才为北魏所统一。东晋之后继起的是宋、齐、梁、陈四朝，都是偏安局面。北方的统一局面没有维持多久，北魏分裂为东魏、西魏，继之东魏为北齐所取代，西魏为北周所取代，北周灭北齐后完成统一。刘知几《史通》中将北方五国统称为"北朝"，杜佑《通典》中相应便将南方四朝统称为"南朝"。581 年杨坚代北周，改国号隋，589 年灭陈，结束南北朝对峙局面。由此可见，"魏晋南北朝"实际包括三国、西晋、东晋和五胡十六国、南朝和北朝，故而，"三国两晋南北朝"这一统称也是比较通用的。

"魏晋"连称不只是比"三国两晋"简便，也与官方正史观念强调政权承继线索有关。司马炎是接受魏元帝曹奂禅让而建立晋王朝的，具有正统性，故司马光主修的《资治通鉴》以《魏纪》涵盖三国历史，这和陈寿私人撰写的《三国志》有着正统观念上的区别。从司马炎到司马睿,晋政权具有连续性,因此,唐代房玄龄、褚遂良、许敬宗等监修的《晋书》,以及《资治通鉴》中的《晋纪》,都不区分西晋和东晋。《晋书》中的《帝纪》、《志》和《列传》是完整的晋王朝历史,五胡十六国史事另见于《载记》。《晋纪》以晋政权更替为编年线索,北方史事掺杂其间。本卷区分三国、西晋和东晋,是为了显示这三个时期的不同面貌。

将魏晋南北朝作为一个整体有其历史渊源。《通典》中出现了"汉魏六朝"的统称,"六朝"按政权承继线索是指西晋、东晋、宋、齐、梁、陈,因为北方自西晋末年开始有五胡十六国及北朝五国的存在,为行文方便,就笼统称作"六朝"。唐人许嵩的《建康实录》以建都南京的东吴、东晋和南朝宋、齐、梁、陈为"六朝",这一限定地域的历史概念一般不会用于史著。宗白华《美学散步》中有"汉末魏晋六朝"之说,六朝是指魏、晋、宋、齐、梁、陈,"魏晋"作为主题词统领六朝。袁济喜在《六朝美学》绪论中说:"本书所言'六朝'是一个宽泛的历史概念,包括魏晋和南朝,又因有些南朝文人兼跨南北,如庾信、颜之推,故有时又将它与'魏晋南北朝'通用。"在本卷中,"六朝"与"魏晋南北朝"通用。魏晋和南朝政权相继,文化学术也是一脉相承,《六朝美学》按照魏晋和南朝的主线自有道理。五胡十六国的文化学术发展比较薄弱,可以在东晋部分捎带论之。北朝则另当别论。南朝和北朝是对峙局面,文化学术交流比较少,各自有相对独立的发展线索,不宜合论。

美学史著作要以美学人物介绍、思想阐发和理论总结为主,也要有基本的历史线索和比较直观的脉络感,以利于读者将总体面貌、内在线索与具体事实、现象及理论要点结合起来。魏晋南北朝常有多个政权并立,有较长时间的南北对峙,也有一条从三国、西晋、东晋到南朝的纵线。本卷首先突出纵线,在东晋部分兼及北方相关内容,北朝则单列一章。因此本书包括三国、西晋、东晋、南朝、北朝五大板块。

人的自觉无疑是贯穿魏晋南北朝思想史的一条主线。人的自觉问题的说法源起于梁启超的新民说。1902 年,梁启超在《新民说》系列文章中认为"新民为今日中国第一急务","苟有新民,何患无新制度,无新政府,无新国家"。① 他认为新小说是新民的重要手段和必要前提:"欲新一国之民,不可不先新一国之小说。故欲新道德,必新小说;欲新宗教,必新小说;欲新政治,必新小说;欲新风俗,必新小说;欲新学艺,必新小说;乃至欲新人心,欲新人格,必新小说。"②他将人的自觉与文学自觉这两个命题联系在一起。

1920 年日本学者铃木虎雄的《魏晋南北朝时代的文学论》一文中说"魏的时代是中国文学的自觉时代"③。1927 年 9 月,鲁迅在《魏晋风度及文章与药及酒之关系》中提出了与铃木虎雄同样的见解。从此魏晋人的自觉和文学自觉就成为一个探讨不绝的重要命题。

钱穆在 1931 年出版的《国学概论》中,从思想史角度指出六朝是人的自觉时期:"魏晋南朝三百年学术思想,亦可以一言以蔽之,曰:个人自我之觉醒,是已。"④余英时后来在《士与中国文化·汉晋之际士之新自觉与新思潮》中进一步指出,魏晋人的自觉是"士之个体自觉",有别于汉代的"士之群体自觉"。李泽厚在《美的历程》中围绕"魏晋风度"提出"人的主题"和"文的自觉"问题。李泽厚解释"人的觉醒"说:"在怀疑和否定旧有传统标准和信仰价值的条件下,人对自己生命、意义、命运的重新发现、思索、把握和追求。"⑤又指出,"文的自觉"作为一个美学命题,"非单指文学而已。其他艺术,特别是绘画与书法,同样从魏晋起,表现着这个自觉。它们同样展现为讲究、研讨,注意自身创作规律和审美形式"。⑥"人的觉醒"与"文的自觉"是联系在一起的。正是因为六朝人的思想认

① 梁启超:《新民说》,《饮冰室专集之四》,《饮冰室合集》第 6 册,第 1、2 页,北京:中华书局 1989 年影印版。
② 梁启超:《论小说与群治之关系》,《饮冰室文集之十》,《饮冰室合集》第 2 册,第 6 页,中华书局 1989 年影印版。
③ 铃木虎雄:《中国诗论史》,许总译,第 37 页,南宁:广西人民出版社,1989 年。
④ 钱穆:《国学概论》上册,第 150 页,北京:商务印书馆,1933 年。
⑤ 李泽厚:《美的历程》,第 152 页,天津:天津社会科学院出版社,2001 年。
⑥ 同上书,第 166 页。

识和价值观念较之前代发生了显著变化，所以才关注到包括"文"在内的各种对象的审美价值，发现了对象关乎主体精神生命的特殊性质，从而更为自觉地进行审美创造和美学批评。

秦汉的文章观念是实用主义的，汉儒特别推崇圣人和经典所阐明的天道纲常，魏晋士人则更多注意到文章的形式美，注意到一些文学文体的特殊性质、功用、价值、特殊技巧与规律，释放文章的多元文化价值，充分肯定文章中的情感内容，甚至是游戏文字。文的自觉主要体现为审美的凸显，审美是人的自觉的体现和推动力。

六朝时艺术的繁盛，带来艺术理论探讨的深入。书法、绘画乃至雕塑、音乐等领域均有重要的美学观念出现。六朝以前较少出现相对完整、独立的艺术理论。先秦乐论隶属于礼乐文化，论乐往往是论政，汉代发挥了以乐观政的观点。六朝时期的乐论逐渐摆脱论政传统，开始转向音乐本质的探讨。艺术理论专门化是美学形成的重要标志。

六朝时审美对象范围也不断扩大，现实人物、历史人物、传说人物、山水田园及自然万物等，或者寄寓思考，或者寄寓情志，或者仅仅就是诉诸感觉和体验，总之是成为再现与表现的对象。甚至，思考、言说及写作本身——而非其内容，也成为一种审美方式或精神生命存在的方式。思想家们常常着意于理论本身而非事实和现象，着重于宏观的思考而不是具体的解决，有些问题根本没有答案，或者无需答案；清谈家的有些言说根本没有目的，只是为言说而言说，甚至是不可言说的言说。许多作者也是为写作而写作，将写作本身当做意义与价值。这样，到了南北朝，文学更加突出情感、追求形式美，完全无用的艺术，及离实用目标很远的学术研究，也更加发达起来。

六朝时中国美学获得突出的发展，秦汉时讨论的若干美学问题在此得到深化，并出现了一系列具有重要内涵的美学概念。六朝美学开启了中国美学发展的新阶段。

第一章 汉魏士人主体意识的变化

两汉思想总体上是实用主义的,并且以政教为中心。魏晋思想则具有形而上和多元化的特点。形而上意味着人们的关注重点由物质转向精神,多元化意味着社会目标和政治主题之外还有更多个人追求和人生问题。这种思想转折的过程也是主体意识增强的过程,促进了美学的发展。

魏晋思想转折和主体意识自觉要从独尊儒术谈起。董仲舒将神秘而令人敬畏的"天"、具有绝对真理意味的"道"与圣人对政治伦理及各种人事的阐说结合起来,建构起天道纲常思想体系。独尊儒术,实则是强化了儒家政治伦理观念,使之成为大一统社会秩序的保障。天道纲常思想体系强化了士人对君王的信念,他们将个人理想、社会理想与辅弼君王、参与政事紧密联系在一起。汉代政治内乱,尤其是汉末三国时期的社会动荡,不断颠覆士人信念,古圣先贤无道则隐、独善其身的思想,尤其是老庄素朴无为的思想抬头,加剧了士人的信念矛盾。最终,何晏以无名论和素朴无为观念消解了流行的政治实用主义理论,王弼将老学和易学引向全面反思儒家政治伦理思想的道路,推进了玄学的发展。

士人主体意识自觉和强化有两个重要标志:一是真性情和真意气的释放;二是生命意识觉醒,及与之相应的生命安顿方式探寻。需要特别指出的是,就真性情和真意气而言,魏晋名士自然是代表,不过,在士人主体意识还不够强的三国时代,首先是那些纵横驰骋的军政人物,被变幻风云激发出本性真情和豪爽意气。越是处于权力中心的人物,对于文化风貌和社会心理的影响越大,因此,三国时期士人在军政活动中的处境,与军政人物的合作和冲突,是解析他们主体意识变化的依据,也是全面理解和把握魏晋士人心态和风度的前提。

第一节　东汉政治内乱与士人信念矛盾

先秦两汉的"士"是有文化知识或一定技能的人。先秦两汉的士人都很强调学以致用,汉代士风更是如此。如《汉书·食货志》中说:"学以居位曰士。"《后汉书·仲长统传》中说:"以才智用者谓之士。"

西汉士风受董仲舒的影响非常大。这是因为他建构了一个为帝王推崇的天道纲常系统。

董仲舒在《春秋繁露》中将儒家、法家伦理思想整合为三纲,与"天道"结合起来。《论语·颜渊》中记载,齐景公向孔子请教为政的关键问题,孔子说是"君君,臣臣,父父,子子"。就是君臣父子各守其位,各尽其责。《孟子·滕文公上》中具体提出了"父子有亲,君臣有义,夫妇有别,长幼有序,朋友有信"的基本原则。《韩非子·忠孝》篇中说:"臣事君,子事父,妻事夫,三者顺则天下治,三者逆则天下乱,此天下之常道也,明王贤臣而弗易也。"董仲舒在《春秋繁露·基义》中运用阴阳学说推演三纲的主次关系:"君臣、父子、夫妇之义,皆取诸阴阳之道。君为阳,臣为阴,父为阳,子为阴,夫为阳,妻为阴。"认为"王道之三纲,可求于天","天为君而覆露之,地为臣而持载之,阳为夫而生之,阴为妇而助之,春为父而生之,夏为子而养之,秋为死而棺之,冬为痛而丧之"。在《王道通三》中,他将三纲五常在天道基础上统一起来:"故人之受命天之尊,父兄子弟之亲,有忠信慈惠之心,有礼义廉让之行,有是非逆顺之治,文理灿然而厚,知广大有而博,唯人道为可以参天。"董仲舒的天道纲常思想体系,不仅借助了神秘和令人敬畏的天道，也借重了很多古代思想权威，沿用了一些已经为大多数人接受的思想观念，因此，他的思想体系在汉代具有绝对权威。

董仲舒将"天"与"道"结合起来，构成三纲五常的理论基础，建立起一套政治原则和伦理原则，以巩固社会秩序。由于董仲舒的影响，汉武帝独尊儒术，儒家政治伦理思想成为主流，经学也成为学术主流，确立了道、圣、经三位一体的原理模型，和推天道以明人事的基本思路。围绕政教主题，汉代学术形成了几种基本的价值取向：一是重实用、重政教，忽略或轻视精神和审美需求；二是以绝对永恒的天道为本，天道决定人事，"天人合一"系统中，天高于人，制约人；三是以抽象的、理想的圣人代表天道，淹没了具体的个体存在；四是赋予儒家典籍以"经"也就是纲领、指南的地位，经典本身成为一种价值载体，重视经典而轻视不合经典的文章，重视文章内容而轻视文章形式。

董仲舒推动汉武帝独尊儒术，极大提高了儒士的地位。《礼记·儒行》所要求的理想儒士，与政治是一种欲近还远的疏离关系，如"夙夜强学以待问，怀忠信以待举，力行以待取"、"见利不亏其义"、"可杀而不可辱也"、"虽有暴政，不更其所"、"上不臣天子，下不事诸侯"等等。董仲舒以天道为儒家纲常伦理的思想基础和根本依据，将君为臣纲立为首要原则，忠君、大济天下和自我价值实现统一起来，辅弼君王成为士人们的理想。征辟察举制度给了士人以希望。董仲舒以天人三对，由一介贫寒书生影响国策，名动天下，激发了他们入仕的热情。不臣天子、不事诸侯既是基于不求名利的气节，也有对当权者的怀疑和警惕。董仲舒所阐述的"天子"是天道的化身，具体的天子不会全部圣明和永远圣明，也不影响士人和士大夫对天子的信念，以及按照理想天子去要求甚至改造现实天子的信心。司马迁敬服雄才大略的汉武帝，直言为李陵辩护，大概就是认为自己没有私心，汉武帝会理解自己的忠心。天子有普通人的气性，给司马迁带来极大的屈辱和痛苦，司马迁也不敢针对天子有怨言。武帝重用董仲舒，颁布轮台罪己诏，似乎又让人们对于天子的圣明和自我完善能力恢复了信念。至于气节,也就转化为做清官和直谏之臣。《史记》中记载的"循吏"就是士人为官的典范。比如汉武帝时的名臣倪宽任左内史时,怜恤百姓,赋税经常不及时征收。有一次,军队出征急需钱粮,倪宽交不了差,按律应当免职。治下百姓担心失去这位好官,不约而同一起来交钱粮。以民为本,代表人民利益,得到人民拥护,这种官品胜过清高的气节。孔子说:"天下有道则见,无道则隐。"(《论语·泰伯》)汉代士人则更强调力救政治之失,不惜为政治清明殉道。如汉哀帝宠幸美男子董贤,打算封他为侯,丞相王嘉坚决反对,说:"往古以来,贵臣未尝有此,流闻四方,皆同怨之",还告诫哀帝说:"千人所指,无病而死。"①哀帝怒而将王嘉下狱。王嘉绝食多日而死。在政治之外的其他社会事务中,士人们也有着坚定的追求。如司马迁受宫刑后仍然坚持自己的使命,坚信史书的价值:"网罗天下放失旧闻,考之行事,稽其成败兴坏之理。……亦欲以究天人之际,通古今之变,成一家之言。"(《报任安书》)总之,儒家积极入世的精神在西汉发展到了最高峰。

汉代士人的信念有一个前提,那就是君主代表天道。如果君主不能真正成为臣纲,士人的信念也会崩溃。大一统王朝的最大问题就是统治集团内部的争斗,不断破坏政治规范和伦理原则。王莽开篡位为帝的先河,对于董仲舒的天道纲常系统是一个强大冲击。老庄无为思想在东汉就开始抬头。如东汉初的冯衍在《显志赋》中说:"嘉孔丘之知命兮,大老聃之贵玄。"东汉中期的张衡在《东京赋》也说:"思仲尼之克己,履老氏之常足。"从孔子思想中挖掘出知命、克己的成分,这与董仲舒的积极进取是相悖的,是儒学思想的内部突破。张衡的《归田赋》中更表露出弃绝尘世纷争、独与天地精神相往来的意愿:"感老氏之遗诫,将回驾乎蓬庐","苟纵心于物外,安知荣辱之所如。"东汉安帝时,名儒杨震多次上疏抑制宦官,没有结果,自己反而被遣归乡里,在半路饮鸩自杀。李固、杜乔坚决抵制外戚专权,最终被害。这些血的教训让他的弟子郭亮、董班看明

---

① [北宋]司马光:《资治通鉴·汉纪二十七》,第 1116 页,北京:中华书局,1976 年。

白了，心凉了，从此隐居不仕。

东汉深为外戚与宦官争权所困，导致政治混乱。在士人和已经进入仕途的士大夫心目中，拥护皇帝就是尊奉天道，也就是站在真理和天下利益这边。为此他们就卷入了皇帝、外戚、宦官之间的权力斗争，坚定地支持皇权，却没有能够守护住"天道"，反而给自身带来灾祸。

146年，外戚梁冀毒死9岁的汉质帝，立15岁的刘志为帝，即汉桓帝。159年，桓帝联合宦官单超等五人歼灭梁氏，五人同日被封侯。五侯比外戚更加腐败，不仅争权夺利，而且阻塞贤路。当时的士大夫和太学生、各地儒生，已经形成一个数以万计的群体。他们以"清议"形式来与宦官集团对抗。《后汉书·党锢列传序》说："逮桓、灵之间，主荒政谬，国命委于阉寺，士子羞与为伍，故匹夫抗愤，处士横议，遂乃激扬名声，互相题拂，品核公卿，裁量执政。"就是说士人们互相呼应，称颂有德有才者，评点公卿优劣，议论政治得失。清议在舆论上有激浊扬清的作用，舆论却总是敌不过权势。166年，宦官集团控告司隶校尉李膺等人收买太学生，串联郡国学生，结成死党，诽谤朝廷。桓帝下诏逮捕李膺等二百多士人，释放后禁锢终身，不许再做官，这就是第一次党锢之祸。公元168年，灵帝继位，太后的父亲、大将军窦武起用被禁锢的党人，与陈蕃密谋铲除以曹节为首的宦官势力，没有成功，窦武、陈蕃等被害，窦太后被软禁。次年，宦官侯览使人诬告张俭结党谋反，曹节趁机上奏搜捕党人，李膺、杜密、范滂等百余人被处死，其他受牵连而被流放、禁锢和处死者有数百人。172年窦太后死，有人在洛阳朱雀门书写反对宦官的文字，称曹节、王甫幽杀太后，宦官集团再一次逮捕党人及太学生千余人。176年，永昌太守曹鸾上书为党人申冤，宦官操纵灵帝下诏，将党人的门生、故吏、父兄子弟乃至五服以内的亲属，都一律免官禁锢。这就是第二次党锢之祸。

党锢之祸颠覆了士人以治国平天下为己任的信念。无道则隐的思想又盛行起来。以郑玄为例，他与杜密关系密切，在第二次党锢之祸时被禁锢十余年不得为官，解禁后，多次辞官不就，曾在给儿子的信中说：

"吾自忖度,无任于此,但念述先圣之元意,思整百家之不齐,亦庶几以竭吾才,故闻命罔从。"(《后汉书·郑玄传》)郑玄到底是因为坚信注经事业可以传播大道、实现自己的人生价值而不出仕,还是为了避祸而隐居,后人难以揣度;可以确定的是,葛洪隐居的行为,将文章等同于德行的观念,从郑玄这里得到了支撑。陶渊明在仕宦途中常怀隐遁之心,将诗文当做安身立命之所,刘勰带着建德树言、辅弼圣人事业的信念去撰写《文心雕龙》,莫不出于前贤言行的启示。也就是说,士人的价值追求,在西汉以前是热衷于政治教化,渴望拥有政治话语权,魏晋以后则多元化了。诗文写作、文章和艺术理论探讨,尽管没有完全摆脱辅弼政教的意图,事实上已经成为具有相对独立价值的事业。

士人介入权力之争,有一个可能历代文人都不愿意明言的原因,那就是他们自身对于权力和利益的追求。汉代国力强盛,重视教育,士人数目空前的多。以太学生来说,曾经多达三万人。他们的意识里可能不是要追名逐利,但只要是参与时政,必然涉及权力纠纷。一些太学生曾持刀剑随陈蕃反击宦官,可见他们并不只是坐而论道。士人之长在于论道,所短在于杀伐,一旦遭遇挫败,就可能逃避政争,甚至愧悔自己的名利之心,转而标榜气节。先秦儒家的隐逸言论便成为他们的思想支撑。如刘向《新序·节士》中说:"天子不得而臣也,诸侯不得而友也。"这个意思在《论语·卫灵公》中可见:"君子哉蘧伯玉!邦有道,则仕;邦无道,则可卷而怀之。"亦见于《荀子·劝学》篇:"志意修则骄富贵,道义重则轻王公。"与儒家积极入世精神针锋相对的道家思想因此更是扩展开来。

经历了党锢之祸,董仲舒的学术思想和价值理念在多数士人那里失去了独尊地位。清谈士人不愿意深思,学者们也想在儒学之外找到新的价值支撑,老庄思想自然是首选。

第二节 三国人物的性情与意气

政治和军事活动是三国时代的主题。三国舞台的主角是军政人物。

三国的政治舞台可谓群星闪耀。皇族、士族、在战争中崛起的军阀、凭借土地和财富招兵自保的豪强，都以种种不同的方式参与到政治活动中来。清代史学家赵翼说："人才莫盛于三国，亦惟三国之主各能用人，故得众力相扶，以成鼎足之势。而其用人亦各有不同者，大概曹操以权术相驭，刘备以性情相契，孙氏兄弟以意气相投，后世尚可推见其心迹也。"①君臣、将领、幕僚们在战争年代形成的特殊处世方式和人生哲学，对于魏晋士风是有深刻影响的。今人说到魏晋风度，想到的往往是阮籍、刘伶、陶渊明之类与权贵决裂的名士，认为他们可悲可叹，怪诞有趣。实际上，怪诞名士在三国人物中不是最具代表性的。政治家的风度并不比名士风度缺少审美色彩和文化况味。军政人物有着比文人学者更多姿多彩的性情与意气。他们的人格精神、生活方式、文章写作、审美趣味等，绝不是阮籍、嵇康可以涵盖的。解析三国军政人物的性情与意气，可以展示魏晋风度的全貌，揭示魏晋主体意识的丰富性。

一、性情与人情味

赵翼对曹操的差评渊源已久。《后汉书·许劭传》中许劭评曹操是"清平之奸贼，乱世之英雄"。裴松之注《三国志》引孙盛《异同杂语》中的说法是"子治世之能臣，乱世之奸雄"。《世说新语·识鉴》中的说法是"乱世之英雄，治世之奸贼"。裴松之在注《三国志》时引了许多表明曹操奸诈、虚伪的例子，如：

> 常讨贼，廪谷不足，私谓主者曰："如何？"主者曰："可以小斛以足之。"太祖曰："善。"后军中言太祖欺众，太祖谓主者曰："特当借君死以厌众，不然事不解。"乃斩之，取首题徇曰："行小斛，盗官谷，斩之军门。"其酷虐变诈，皆此类也。

赵翼认为，曹操在大业未成时，为了借助一切力量，用人宽怀仁厚、

① ［清］赵翼著，王树民校证：《廿二史札记校证》，第140页，北京：中华书局，1984年。

不拘一格,但在扫荡群雄、势位已定后,就杀了他嫌忌的人。因此说曹操用人不是出于本性真情,只是玩弄权术而已。

曹操作为三国前期头号军政人物,在考虑军国大事时,首先要权衡利弊,随机应变。这用不着伪装,曹操也不会认为自己虚伪。比如说小斛量米一事,这是不得已的权宜之计,部下感到受骗,不是大斛换小斛,而是当兵吃粮天经地义,粮食不足就是欺骗。曹操推诿责任于粮官,这不是再次欺骗,只是平众怒而已。因此,这是政治家为了战争目的不择手段。如果说是欺骗,那么未免太小儿科。

厌恶权术,反感奸伪,体现出一些基本的价值观念,那就是天下为公、体恤下人、倾情弱势、爱惜生命、取信于民等,相应就有基本的道德立场和情感倾向。历代批判曹操的人,主要就是因为他违背了这些价值观、道德观,因此就以权术和奸伪来表达这种厌恶。权术和奸伪之所以成为负面词语,也是因为有很多像曹操一样的人,违背这些基本的价值观念和道德尺度,后人以权术和奸伪来谴责这些人,进一步强化了这两个词语的负面意义。

“性情”是一个具有中国文化特色的审美范畴。“真性情”一语既是道德称许,又包含审美愉悦。“性情中人”就是“真”人,与奸人、虚伪之人相对。当人们厌憎权谋人物的奸伪时,就会对权谋之外的人之常情或人情味倍加珍惜。

曹操除了以“权术相驭”,也具有常人的性情。如《曹瞒传》中说:“太祖为人佻易无威重,好音乐,倡优在侧,常以日达夕。被服轻绡,身自佩小鞶囊,以盛手巾细物,时或冠帢帽以见宾客。每与人谈论,戏弄言诵,尽无所隐,及欢悦大笑,至以头没杯案中,肴膳皆沾污巾帻,其轻易如此。”(《三国志·魏书·武帝纪》裴松之注引)曹操的杀伐,是他的职位和使命所决定。曹操自有人情味的一面,可以说是一个精神情感丰富的人,是一个有着传统道德观念的人。他在《十二月己亥令》中说:“齐桓、晋文所以垂称至今日者,以其兵势广大,犹能奉事周室也。论语云‘三分天下有其二,以服事殷,周之德可谓至德矣’,夫能以大事小也。”以大事小,这是至德,不论他是否甘愿以大事小,事实上终生没有僭越。只看到他的奸伪,忽略他的性情,这种误读折射出传统文化心理的古怪。

赵翼显然最为推崇刘备用人"以性情相契"。刘备得人心是公认的。要说曹操得人心,及所拥有的人才数量,比刘备有过之而无不及。曹操诗说:"月明星稀,乌鹊南飞,绕树三匝,无枝可依。山不厌高,水不厌深,周公吐哺,天下归心。"恐怕只有曹操,才能够如此自信而自豪。曹操不为文人学士待见,可能是因为他对文人学者的特殊心性缺乏宽容,诛杀谋臣和文士,令文人寒心。历史由文士书写,文士历来认为"性"以"善"为本,明君以王道为至上,曹操无情无义,就只能以"权术"、"奸伪"来盖棺论定。刘备则有许多体现仁义的事例,而无反例。比如赵翼举的一个例子:

> 其征吴也,黄权请先以身尝寇。备不许,使驻江北以防魏。及猇亭败退,道路隔绝,权无路可归,乃降魏。有司请收权妻、子,备曰:"我负权,权不负我也。"权在魏,或言蜀已收其孥,权亦不信。君臣之相与如此。①

这一事例体现的是一种普通人之间皆有的情义,因为有情义,所以彼此体谅、信任。

无论曹操还是刘备,作为政治家的权术与作为普通人的性情,既是矛盾的,也是完全可以统一的。《三国志·蜀书·庞统法正传》中记载,刘备攻成都期间,打下涪城后,大宴将士,席上对庞统说:"今日之会,可谓乐矣。"庞统却说:"伐人之国而以为欢,非仁者之兵也。"这是很扫兴的话,可能是庞统的真实心理,借着酒劲说出来了。刘备说:"武王伐纣,前歌后舞,非仁者邪?卿言不当,宜速起出!"这话虽是狡辩,也不无道理,哄庞统走,可见气性很大。庞统不肯低头,就出去了。刘备又感到后悔,军师不能够得罪啊,就请庞统回来。庞统回来后坐下,不看刘备,也不说

---

① [清]赵翼著,王树民校证:《廿二史札记校证》,第142页,北京:中华书局,1984年。

话,顾自吃喝。刘备问刚才谁错了,庞统说:"君臣俱失"。刘备大笑。在此,庞统是酒后真性情流露,刘备则既有长者的雅量,也是理性地权衡利弊后表现出宽仁的姿态。

《先主遗诏敕后主》充分反映出刘备作为常人的真情:

> 朕初疾,但下痢耳,后转杂他病,殆不自济。人五十不称夭,年已六十有余,何所复恨?不复自伤,但以卿兄弟为念。射君到,说丞相叹卿智量,甚大增修,过于所望;审能如此,吾复何忧!勉之,勉之!勿以恶小而为之,勿以善小而不为。惟贤惟德,能服于人。汝父德薄,勿效之。可读《汉书》《礼记》,闲暇历观诸子及《六韬》《商君书》,益人意智。闻丞相为写《申》《韩》《管子》《六韬》一通已毕,未送,道亡,可自更求闻达。

这是一封感人的家书,作为给爱子的遗嘱,虽然有无限的不甘心,但更有无限的不放心,所以既为刘禅的进步而喜,更谆谆嘱咐他"勿以恶小而为之,勿以善小而不为",奄奄一息之际,还具体交代儿子要读哪些书。这就是人之常情。

三国关系中也体现出一些人情味。曹操的《与诸葛亮书》中说:"今奉鸡舌香五斤,以表微意。"诸葛亮的《与陆逊书》则是谈私事的:"家兄年老而恪性疏,今使典主粮谷。粮谷军之要最,仆虽在远,窃用不安,足下特为启至尊转之。"诸葛亮因为侄儿诸葛恪性情疏懒,难以担当军粮主官的重任,而请求曾经率军打败蜀国的陆逊去向孙权求情,改任他人。这也是人之常情,体现出浓浓的人情味。

回归史实来看,曹操、刘备、诸葛亮都会运用权术,也都有其权术之外的真实性格及人情味。但在二元对立思维模式下,权术与奸伪挂钩,成功君主往往体现出厚与黑的一面,"性情"便只能够在失败君主和权力斗争中的弱者——名士那里寻找。越是处于权力巅峰的人,越是被排斥在"性情中人"之外;而那些失意文士、隐士、弱者,则被当做"性情中人"的代表。"性情"就是这样与名士画上了等号。

　　今人在欣赏魏晋名士的性情时,常忽略了其中的无奈乃至悲哀。三国名士刘巴的性情较之阮籍、嵇康、陶渊明可能更意味深长。刘表多次让他出仕,他都不去。刘备到江南时,荆楚士人纷纷依附,刘巴却去投奔曹操。曹操让他去招纳被刘备占据的长沙、零陵、桂阳,这当然办不成。诸葛亮劝他归附刘备,刘巴说他领受曹操的命令而来,事情没成应当回去复命,弄得刘备非常生气。后来他到成都,曾经劝刘璋不要让刘备入蜀,后来又劝刘璋不要让刘备去打张鲁,说这是纵虎归山。刘备攻下成都,任命刘巴为左将军西曹掾。张飞曾经和他住一起,刘巴不搭理张飞,张飞很气愤。诸葛亮对刘巴说:"张飞虽实武人,敬慕足下。主公今方收合文武,以定大事;足下虽天素高亮,宜少降意也。"刘巴说:"大丈夫处世,当交四海英雄,如何与兵子共语乎?"后来张昭和孙权谈起此事,认为刘巴狭隘,做过了头,孙权说:"若令子初随世沈浮,容悦玄德,交非其人,何足称为高士乎?"刘巴这位高士,有才有德,曾经略施身手就为刘备解决了财政问题,自己非常节俭,不治产业。他不屑与武人交往,言行间毕现恃才傲物的性情。文臣诸葛亮、张昭为他担心,孙权则欣赏这种高士做派。当然,刘巴也不想惹祸,私下不与人结交,不是公事不发表意见。他曾经与主簿雍茂劝谏刘备不要急于称帝,刘备找了个借口将雍茂杀了。这血的教训必定让刘巴学会识时务。

　　由上所述,"性情"一词有两重含义,一是指合乎道德的本性,如忠、诚、信等,二是指人情味。在文人的心目中,心中无私的人才会显露本性,重感情的人会有同情心,不会争权夺利、漠视生命,有道德与有人情味是统一的。

　　出于这种人道主义理想,文士赋予了"性情"一词以特殊的美感。他们对于君主的人情味既怀疑又神往。权力巅峰人士的性情能够减少下层人对于权势的畏忌。君主的性情与恶人的善行一样更令人感动,也更让人不敢奢望。没有制约的权力无限趋近于恶。为了减缓对恶的恐惧,人们就更加推崇名士的性情,将它美化、理想化。

　　自古以来文人学士崇尚性情,还有一个原因,就是希望纵心任情而不得,所以特别推崇那些放任本性真情的名士。于是,真性情就成为魏晋风度的核心内涵之一。

二、英雄意气与名士意气

"意气"与"性情"关系密切。"意气"之"意"是指心意、志趣,与思想认识、情感态度有关;"气"的本义是构成一切事物的基本元素,后来指精神本体及其外化形式;"意气"就是心意、志趣、思想、情感的本来状态与表现形态的结合。杜甫《赠王二十四侍御》中说:"由来意气合,直取性情真。"是说他和王侍御心意相通,脾性相近,有共同的人生理想,二人都欣赏对方的性情真率。显然,这一联上下意思相近,可以做互文的理解。在讨论魏晋士风时,意气是与性情同样重要的方面。魏晋士风的基本特征就是放任性情和意气。真性情之人不能够屈曲自己的志趣和心气,甚至会意气用事,按照自己的意志,率性而为,将胸中郁积的"气"释放出来,让思想感情喷发出来。《世说新语·文学》中说:"刘伶著酒德颂,意气所寄。"刘伶以忘怀时空于酒中的大人先生自喻,宣示他对一切皆是过眼烟云的认识,抒发自己蔑视功名利禄的心志和厌倦人际纷争的感情,表白他不愿与世人一样沉迷于各种欲望,只想与世无争、忘情于酒中的心意。

"意气"和"性情"也有不同所指。性情指向人性色彩或人情味,意气则指向主体的精神追求。赵翼说孙权用人"以意气相投",与刘备"以性情相契"对应,都有君臣对脾气的意思,不过孙权与臣下是想法、认识接近而心意相通,刘备与臣下是感情深厚而共同努力、共同承担。

"性情"连用时偏于情,是一个颇具美学意味的术语。"意气"的意义则不是那么明确,由具体语境决定。如《世说新语·文学》中说谢安"自叙其意,作万余语,才峰秀逸,既自难干,加意气凝托,萧然自得,四坐莫不厌心。"这里的意气偏指其"意",就是说他的思想高远而深沉。《世说新语·文学》中说殷中军与孙安国等探讨周易,"孙语道合,意气干云,一坐咸不安孙理,而辞不能屈"。这里的意气偏于"气",就是语言有气势,大家虽然不同意他的道理,但是说不过他。

"意气"有时候呈现贬义。嵇康《家诫》中说:"不须行小小束修之意气,若见穷乏而有可以赈济者,便见义而作。"①这句话及以下几句的意思是劝儿子不要过于清高,不求人不帮人,并告诉儿子与人相互帮助时的一些分寸。"束修"即约束、修养。嵇康对于自己的君子意气并不满意,所以临刑前要儿子平易一些。可见这里的"意气"略含贬义。又,法正给刘璋上书中说:"左右不达英雄从事之道,谓可违信黩誓,而以意气相致,日月相迁,趋求顺耳悦目,随阿遂指,不图远虑为国深计故也。"②"意气相致"就是指刘璋是凭"意气"来招纳人才,这些人变化多端,无信无义,阿谀奉承,毫无远见。显然,这里"意气"也有贬义。

赵翼是拥刘派的史学家,他说孙权用人以意气相投,贬义虽不明显,但还是与刘备有高下之判。

史家对东吴有所轻视,这是因为,曹魏实际上传承皇权正统,尽管奸伪,但雄才大略和功业不可否认;刘备拥有正统的名分,诸葛亮、姜维始终以弱小国力讨伐中原,得失是非不论,其志可嘉。唯东吴在夹缝中生存,首鼠两端,不得善终。后来东吴都城成为东晋政权偏安之所,勾起文人学士心中之痛,对东吴的情感倾向就更复杂了。"折戟沉沙铁未销,自将磨洗认前朝。东风不与周郎便,铜雀春深锁二乔。"杜牧的《赤壁》诗,有无限感慨。苏轼的《念奴娇·赤壁怀古》,也是感慨周郎之后,东吴再无英雄气概。

在孙权的早年,东吴君臣的意气还是值得称道的。那时候,孙权、周瑜、鲁肃,乃至曾经主张与曹操讲和的张昭,都可以说是意气相投的一群人。

鲁肃是士族后裔,也是地方豪强。地方豪强在乱世中的自保策略是弱者联合,不遗余力地支持同盟者,于是体现出豪情和英雄意气。出道

---

① 严可均辑:《全上古三代秦汉三国六朝文》,第 621 页,北京:中华书局,1958 年。
② 同上书,第 659 页。

前,鲁肃见社会动荡,就召集乡里青少年练兵习武,还仗义疏财,颇有声望。他家有两个大粮仓,每仓 3000 斛,大约相当于 30 吨。当时任居巢(今安徽巢县)县长的周瑜因缺粮向鲁肃求助,鲁肃随手指着其中一仓,让周瑜搬走。这就是豪情和意气。后来,鲁肃率领部属百余人随周瑜到江南投奔孙权,孙权向他请教天下大计,鲁肃说:"高帝区区欲尊事义帝而不获者,以项羽为害也。今之曹操,犹昔项羽,将军何由得为桓文乎?肃窃料之,汉室不可复兴,曹操不可卒除,为将军计,唯有鼎立江东,以观天下之衅。规模如此,亦自无嫌。何者?北方诚多务也。因其多务,剿除黄祖,进伐刘表,竟长江所极,据而有之,然后建号帝王以图天下,此高帝之业也。"(《三国志·吴书·鲁肃传》)这与诸葛亮《隆中对》可以媲美。鲁肃所谓"高帝之业",可能只是迎合孙权心理的"最高纲领","鼎立江东"才是基本点。赤壁之战前,东吴战和意见莫衷一是。鲁肃非常简明地说出了真理:做臣子的降曹仍可谋得一官半职,东吴之主投降可就不好安置了。以鲁肃的英雄气概,是不甘心屈服于人的。他和孙权可以说是意气相投,因为射虎少年孙权也是一个不甘屈服的人。建安十八年(213),曹操率数十万大军进攻濡须口,孙权率兵数万抵抗月余。曹操远远看见对面将士严明整肃,不仅赞叹:"生子当如孙仲谋,刘景升儿子若豚犬耳!"孙权则给曹操写了一封信,说:"春水方至,公宜速去。"又在另一张纸上写道:"足下不死,孤不得安。"(《三国志·吴书·吴主传》注引《吴历》)前者是申明利害,后者是强调抵抗的决心。这就是孙权的意气。

鲁肃及孙权的这种意气,"意"是理性认识,是智慧和思想,"气"是豪情壮志,是英雄气概。

后来,鲁肃劝说孙权容忍刘备占有荆州,这与他借一仓粮食给周瑜的大气是一致的。他甘心受关羽的欺凌,极力维护孙刘联盟,这种委曲求全也是大智慧,是大胸襟。孙权不甘心肥肉落入他人之口,吕蒙不忿于关羽的盛气凌人,他们的意气相投,却是意气用事,这种意气相当于"情绪"。其结果就是孙刘从此开始走下坡路。

张昭是典型的士人。他的意气,是思想智慧,以及支撑他为坚持真理而力争的心气。他作为主和派首领,可能容易被人诟病,但是他不愿意生灵涂炭的人文情怀还是值得肯定的,并非仅仅是考虑一己之利害得失。《三国志》及裴松之注记载了一些他与孙权意气冲撞而相投的事迹。张昭当初是主和的,孙权自然耿耿于怀。孙权称帝时,大会群臣,追忆周瑜的功劳。张昭正打算歌功颂德一番,孙权却说:"若如张昭之计,已乞食矣。"张昭非常惭愧,就告老辞官。后来蜀国遣使前来,吴国群臣口舌难与争锋,孙权又想起张昭来,于是重新启用他。张昭表态说再也不会"变心易虑,以偷荣取容"。此前他并不认为自己有过,此时也只是口头附和一下而已,在其位就谋其政,并不会夹着尾巴做人。公孙渊称藩王时,孙权要遣使去辽东。张昭认为不可,人家必然杀掉使者,好向曹魏政权表态。君臣激烈争辩,孙权不能忍受,握刀怒道:"吴国士人,入宫则拜孤,出宫则拜君,孤敬君已极,而多次于众中折孤,孤尝恐失计。"张昭看了孙权好久,才说:"臣虽知言不用,每尽愚忠者,实因太后临崩,呼老臣于床下,遗诏顾命之言犹央耳。"说完涕泪横流。孙权也感动了,"掷刀于地,与昭对泣"。但孙权还是派遣使者去了辽东,张昭气愤,称病不上朝。孙权也很恼火,派人用土堵了他家大门,张昭则在门内用土封堵。后来,公孙渊杀了吴使。孙权这才醒悟,多次派人去慰问张昭并认错。张昭坚决不出门,孙权亲自去请,张昭说病重。孙权就放火烧门来恐吓他,张昭更加紧闭门户。孙权让人灭了火,在门外待了很久,张昭的儿子们扶张昭出来。君臣这才和解。

孙权与张昭意气相投,应该说是张昭因无私而有浩气,因忠心而意志坚定,从而感染了孙权。孙权有意气,有个性,也能够谅解老臣的意气用事,能够理解意气中的真用心。

赵翼还举了一些例子说明孙权能够与臣下意气相投:

> 刘备之伐吴也,或谓诸葛瑾已遣人往蜀。权曰:"孤与子瑜,有生死不易之操,子瑜之不负孤,犹孤之不负子瑜也。"

> 吴、蜀通和,陆逊镇西宁,权刻印置逊所,每与刘禅、诸葛亮书,

常过示逊,有不安者,便令改定,以印封行之。委任如此,臣下有不感知遇而竭心力者乎?

陆逊晚年为杨竺等所谮,愤郁而死。权后见其子抗,泣曰:"吾前听谗言,与汝父大义不笃,以此负汝。"以人主而自悔其过,开诚告语如此,其谁不感泣?使操当此,早挟一"宁我负人,无人负我"之见,而老羞成怒矣![1]

赵翼所谓意气相投,首先在于强调君臣的互相信任,以诚待人。进一步说,这种信任,是因为君臣有着同舟共济的目的、同仇敌忾的心志,是因为对事情本身能够达成共识,思想及思维方式一致,也是因为性格比较通达,宽容,彼此心意相通,能够互相理解。

可惜,在孙权老年,再没有兼具见识和勇气的直谏之臣,他自己也昏聩了,加之外部压力也不那么强,没有了共同目标,人人各有自己的想法,因此朝政混乱不堪。

与三国早期军政人物的意气相比,名士们的意气,仅仅是个性,是任性使气,是消极抗争,甚至是意气用事。嵇康本人自命清高,桀骜不驯,虽通人情却完全表现得不通人情。他给儿子的遗书,几乎是以自己为鉴。今人固然可以用审美的眼光来欣赏魏晋名士的意气,也应该理性认识其中的利害得失,不要因为审美而失去正确判断。人们对于审美对象的情感倾向极容易转化为认知和认同。我们不要将魏晋士人的自觉单纯看做是名士高标独立的意气,也应弘扬那种体现出博大襟怀和深刻智慧的英雄意气。

第三节 生命意识觉醒和生命安顿方式探寻

生命意识觉醒和生命安顿方式探寻是士人主体意识自觉的重要表现,也是汉魏思想发生明显转折的标志。

---

[1] [清]赵翼著,王树民校证:《廿二史札记校证》,第142—143页,北京:中华书局,1984年。

生命意识在各类文章著述中被用得很泛,基本含义是人对自己存在的自觉,对生命意义和价值的思考,及对生死的认识或感悟。个体人生的特殊经历,或者是时代的特殊变化,都可能激发潜藏于精神深处的生命意识。

魏晋汉魏之际士人的生命意识觉醒,首先与社会动荡有关,是特殊的时代环境使然;也与思想文化传统及主体意识本身的发展有关。何晏、王弼玄学消解儒学独尊地位,推动价值观念更新,与生命意识觉醒有着互为因果的关系,既是主体自觉在哲学上的体现,更推动生命意识的进一步觉醒。

先秦时代有很多社会问题需要解决,诸子百家大多关注社会实践。儒家以政教为中心的价值观念是主流,道义和社会使命甚至重于生命,如孔子说:"朝闻道,夕死可矣。"(《论语·里仁》)孟子说:"生,亦我所欲也,义,亦我所欲也。二者不可得兼,舍生而取义者也。"(《孟子·告子上》)庄子更为关注个体的生命存在。他极力消解儒家提出的各种生存意义,激发了人们对于存在意义的多角度思考。屈原的生命意识与宇宙意识、历史意识联系在一起。国家命运和个体命运促使他思考生命的意义,并将他的疑惑扩展到更广阔的领域。他在《渔父》中流露出对自己人生选择的怀疑,怀疑之后更为坚定,认为生命意义高于生命本身;在《天问》中对宇宙、历史、政治、人生进行了全面追问,流露出深深的困惑与怀疑。汉儒注重社会问题、生存问题的实际解决,尤其突出政治伦理问题,经学和谶纬之学抑制了《天问》中那种形而上的、文学化的终极追问。诗赋作品成为生命之思和人生之问的主要领域。

从汉末到三国的战乱抽取了现实根基,人们深切体会到生命无常,对生命本身的肯定和满足感荡然无存,代之而起的是一种茫然感和悲凉感。人们迫切需要找到一种意义寄托,一种价值归依。功业对于曹操来说,是把握生命的一种方式。再往后,不断出现的僭位、弑君现象,颠覆了人们对于天道和天命的信念,带来了命运无法控制的感觉。于是,对生命的反思抵达一个新的高度,反思生存意义,反思一切存在,追问精神生命是否可以永恒,或者如何永恒。

何晏、王弼玄学,正是一种具有怀疑、否定、反思、解构性质的哲学,在士人生命意识觉醒的时期应运而生。

先秦儒家哲学是一种始终紧扣实践要求、理论系统性很强的实用哲学,崇尚古代圣王的成功经验,主要围绕社会民生问题,为政治、伦理、经济、法律制度提供理论依据、价值支撑和方法论启示,相对缺乏反思、批判和超越精神,较少提出新问题和新观念。老庄思想与各种实用哲学相拮抗,起到互补短长的作用。汉武帝独尊儒术以后,老庄哲学被阴阳家、养生学家、占卜术士和炼丹术士等等改造。何晏、王弼恢复和发扬老庄的反思与批判精神,追问万物、万象背后的更高原因,追问一切行为的根本目的,重新审视历代的经典解释,突破汉代庙堂儒士以经为本、以圣为本、以政治伦理之道为本对经典的狭隘解释,消解了推天道以明人事的思维方式,超越了实用主义者对经典的具体而芜杂的解释,带来了思想观念的开放与革新。何晏是曹操继子,年少时就以才学闻名,喜欢老庄学说,后来成为驸马,有着学术领袖的地位,开启了以老庄"无为"思想为本的玄学清谈。他好色,服药,从思想到言行上都颠覆了儒家思想的统治地位,也颠覆了崇尚经世致用的价值观念。更为重要的是,王弼消解了道、圣、经三位一体的理论模型,和推天道以明人事的非学理、非逻辑思路。相对于汉代以道、圣、经为本,魏晋人士不再坚信绝对的"道","道"这个概念逐渐泛化,不是天道与政治伦理纲常的结合体,而是泛指一切"道",容纳一切思考。于是,汉代政教之理与绝对永恒之"道"或天道等同的传统就打破了,为多元思考消除了障碍,为个性发展和审美价值的释放解除了枷锁。圣人和"道"一样被泛化了,不再是绝对理念的化身,不再是绝对的思想权威,任何人都能够体"道",任何阐说都可以趋近于"道"。圣人与凡人的鸿沟逐渐消弭,为人的自觉铺平了道路。经典作为学习、研究、解读的文本,也就不再有绝对地位,经典之外的一切文章都成为各种道的载体和传播媒介。文章写作以及对文章写作本身的讨论具有了独立的价值,这就是现当代学者所谓"文学自觉"。士人自觉和文学自觉是思想解放的成果,也进一步推动思想解放。

需要注意的是,何晏、王弼只是颠覆了儒家思想的独尊地位,并非颠覆了儒家思想。魏晋多数思想家并不刻意对抗儒家思想,只是不像董仲舒那样带着强烈的政治目的,借助皇权来独尊儒术,而是更为自由广泛地展开思考,思想观念自然而然地呈现出多元状态。其中,儒家伦理、圣人和儒经的地位仍然非常突出。魏晋名士的怪诞言行在当时就是不被认可的。孔子二十世孙孔融说:"父之于子,当有何亲?论其本意,实为情欲发耳。子之于母,亦复奚为?譬如物寄瓶中,出则离矣。"(《后汉书·孔融传》)这是非常超前的思想,也是才高气傲的孔融故作惊人之语,违背被天道化了的传统道德,让多数人难以接受,因而成为曹操杀他的主要罪状之一。由此可见,生命意识觉醒的程度也是比较有限的,不能做过多的现代性阐释。又,魏晋士人生命意识只是开始觉醒,远不到实现精神自由和超越的阶段。

生命意识觉醒带来精神生命安顿方式的探寻这一全新课题。生命安顿不排除齐家治国,不排除对自然和社会的认识,也不排除养生术,只是要突出被忽略了的精神问题,和被抑制了的审美需求。何晏、王弼的新观念、新思维为魏晋士人个体突破实用主义思想束缚、实现精神自由与超越开辟了道路。形而上的思考、无目的的言谈和写作、人物品鉴、山水赏会等等,都成为生命安顿、精神自由和超越的方式。王弼"应物而无累于物"的理念,会通了道家和儒家的人生哲学,成为魏晋生命美学的核心理念,也是广为后世文人接受的精神生命安顿方式。

人生哲学首要解决的是物我关系问题。要处理好物我关系,首先需要处理好老庄无为与孔子有为的关系。

孔子的积极入世与道家的精神自由是并不矛盾的。庄子将二者对立起来,对后人多有误导。老子劝导君王和世人改变那些积重难返的价值观念,克制建功立业、追名逐利之心。《庄子》中举了很多极端的例子来做进一步的阐说,攻击儒家圣人,努力劝导人们不必在意生死寿夭、功名利禄、美丑贤愚等等。庄子希望自己能够做到独与天地精神相往来,却并不能像他笔下的人物那样超脱和通达。他希望别人认同他的价值观，又觉得不被认同，于是反复举例论证，不断地和假想敌辩驳，其实也是在极力劝说自己。他的假想论敌其实就是他本人。他努力劝导自己超越世俗观念，正表明他还没有超脱。他追求绝对的精神自由与超越，反而导致他的论说不合情理，不合逻辑，比如说以小虫、大树与人的寿命相比较，来说明寿夭无差别。庄子笔下的"神人""不食五谷，吸风饮露。乘云气，御飞龙，而游乎四海之外"（《庄子·逍遥游》）。真正的超脱，应该是凡人在尘世中的超脱，也就是陶渊明所言，"结庐在人境，心远地自偏"。

何晏未能摆脱庄子将孔老对立的思路。他将老子思想理解为"以无为为本"，对于"无"和"无为"的理解有些绝对化，将儒家与道家思想对立起来。魏晋士人的超脱、通达态度，自然要归功于道家思想的影响，与先秦儒家思想也没有冲突，只是与汉代狭隘的经学思想、董仲舒专断的政治哲学大相径庭。孔子追求一种社会理想，如孟子所阐说的，是推己及人，试图建立大同世界，这种伟大追求导致的身不由己和精神困顿，与个体精神自由并无冲突。因此，以否定孔子的方式来尊崇老子，必然是既说不清孔子，也说不清老子。

王弼看到孔子和老子在后世解释者那里分流，因而以得意忘言之法去解释老子，抓住老子的批判精神，将"道"或"无"转化为对各种"有"的反思。王弼从不片面地强调有或无。"以无为本"在王弼笔下仅仅出现过一次，他反倒是多次阐申以"无"为用，也就是将这种本体思路用于消解各种偏见，或只在特定时代适用的狭隘见解。何晏说圣人无情，源出于老子的"天地不仁，以万物为刍狗，圣人不仁，以百姓为刍狗"。王弼则认为圣人固然有高于常人的智慧，亦有同于普通人的情感和意志。他会通有无，会通孔老，提出"应物而无累于物"的全新理念。尽力而为与顺其自然的结合，这才是魏晋人真正的超脱和通达。消极逃避或者偏执地强求，都不会有真正的精神自由。魏晋名士在外物与精神之间找到了平衡点，超越了世俗观念和个体意志欲求的矛盾，其言是真性情的自然阐说,其行是真意趣的自然流露。后来,郭象以"寄言出意"的方式去解释庄子,进一步阐说有和无的辩证关系,巩固了王弼玄学的成果。

应物而无累于物是大多数魏晋士人的基本处世态度,对后世影响深远。这是以务实的态度来处理物我关系,真正能够走向超脱,而不是在思想中和口头上追慕。那些越名教而任自然的怪诞名士并非个体自觉的典型代表,阮籍、嵇康、刘伶之类都是特殊情势下的特例,他们很难说做到了精神自由和超越,相反内心充满了矛盾和焦灼。陶渊明不属于这类怪诞名士。他适合做一个教师、学者或文学家,只是当时没有这类职业,不得不为生计而出仕,可以说比较务实。他的心性促使他几度辞官,最终"不为五斗米折腰"而彻底归田。这在学而优则仕的古代,在官本位的当代,都是非常令人惊讶的,因而被后人塑造成高洁、怪诞或率真任情的形象。陶渊明诗作中经常歌咏安贫乐道的贤士,安贫乐道正是精神超越物质和肉体的表现。陶渊明既营造出精神家园"桃花源",也努力经营他所生存的田地。这与后世那些终生为官的文人建构精神家园是有区别的。今人谈论魏晋人的自觉,不能过度强调个体摆脱功利目的或实用主义思想的束缚,不能仅仅关注精神超越的一面,也要看到魏晋士人的生命安顿,是将心灵自慰、审美超越、营构审美理想与实实在在的安身立命结合在一起的。

当然,人是一个复杂个体,葛洪、陶渊明这样的隐士,也会存在内心矛盾,他们有时也会像庄子那样,在文章中与假想敌辩论。达人名士们的冲淡、超脱,有时只是无奈的选择,或者只是一种自我释放和排遣。所谓个体自觉,思想独立,精神自由和超越,都只是相对而言,不能够说得太绝对。

第二章　何晏与王弼的美学贡献

何晏和王弼对于美学发展的根本贡献在于思想观念、思维方式的革新。

何晏是汉魏思想转折过程中的关键人物,他兼综儒道,消解董仲舒的天道纲常思想体系,打破儒术独尊局面,为魏晋玄学创生奠定了基础。他是第一位清谈领袖,是名士风度的首位代表,其行为和言论开启了一条不同于实用主义和理性主义的思想道路,使相对独立的美学思想发生成为可能。

王弼比何晏约小 36 岁,受到何晏的赏识和扶掖,也继承和发扬了何晏的思想。

何晏以无为本,首先启示王弼消解根深蒂固的实用主义哲学。汉代实用主义哲学在《老子》解释中有鲜明体现。《老子》在韩非子的解释中,是与法家思想结合的。董仲舒吸收和改造了法家思想,自然也融入了老子思想。他取老子的道本体为先验依据,摒弃老子的抽象思辨,将具体的政术和纲常伦理等同于"道",或者说相当于由公理推导出来的定理。天不变,道亦不变,在董仲舒那里就是纲常伦理不变。何晏以"无"解道,恢复了老子之道的形上色彩,只是他本人功利心强,谈老有自我标榜的意味和心态调节的作用,因此对实用主义哲学的反思与批判不够彻底。《世说新语·文学》中说："何晏注《老子》未毕，见王弼自说注《老子》旨。何意多所短，不复得作声，但应诺诺。遂不复注。因作《道德论》。"王弼的"注老子旨"大概见于《老子指略》，他写这个纲领，既是针对历代解老者的，也是针对各家实用学说的，有超出何晏的见解，所以何晏不再作注。各家学说就其实践指向来说，在特定时代有其合理性，时过境迁则又可能失去合理性，王弼跳出具体的实用目标，进行宏观的、形而上的思考，提出了一种方法论原则、一种思想方法，既反对将具体道理当成真理，也不否定各种具体道理。《老子指略》循着何晏以无解道的思路，崇本息末，站在道本体的高度反思各家学说的片面性，从根本观念、思路和方法的层面，消解了源远流长的实用主义哲学；同时又"触类而思"，肯定各家学说都有其合理性，都能够趋近于道本体，从而达到本末同一。《老子指略》不是就经典解释提出具体方法，而是阐明了崇本息末、崇本举末、得意忘言、辨名析理的根本思想方法，将具体事实、现象上升到最高理论视野来观照，也将具体观点置于发展着的思想系统中来审视，消除了二元对立思维。较之汉代以天道、圣人、经典为本，将具体见解当做不变的真理，较之封建政治思想恪守祖制或先王之法，王弼玄学方法论彰显魏晋玄学的特色，那就是保持反思一切思想观念，以及各种思想观念所涉及的具体问题、具体结论，极大地推动了思想解放和人的自觉。这是现当代学者关注魏晋玄学的根本原因。

何晏的《论语集解》比较详尽，王弼的《论语释疑》比较简明，着重阐发新意，也是尊重和承认《论语集解》的地位。《论语释疑》发掘并融汇孔子和老子的人文思想，标志着王弼玄学转向人生之学。虽然该文献残缺不全，我们仍然可以看到人性、人情是其中的关键词，可以从中体会到以人为本、眷注个体精神生命的情怀，联想到生命安顿、审美超越、精神自由的要求及方式。

何晏运用易学义理解释《论语》，没有注释《周易》，王弼做得很充分，一是将何晏的集注方法运用于《周易注》，使得自己的注本成为易学的典型模式。二是将何晏以无为本、以无为用的论题纳入《周易注》,赋予了易学新义。三是他写了《周易略例》,说明自己的注释理路,也概括了《周易》义理的要旨。《周易略例》揭示了语言符号与思想意识之间的关系,说明了辨名析理的可能和得意忘言的必要,为经典解释和文化学术的传承提出了基本规范,对于审美创造、鉴赏与批评有着诸多启示。

王弼的《老子指略》和《周易略例》建构起玄学思想体系,因此他在后世的影响高于何晏。何晏可谓魏晋玄学的创始人,确定了基本论题,王弼则是理论奠基人,确立了讨论这些问题的基本思路和方法,提出了新的见解,也展开了问题本身。王弼玄学为美学史所贡献的,是一种不直接指向实践目标的基本理论和方法,和对一切事实、现象、观念、方法保持反思的思路。先秦诸家学说中,最具反思和批判性质的是老庄思想。《易经》的语言符号系统具有极大的解释余地,其涉及的事物和现象也不是很明确,是开放式的结构,能够不断容纳新的见解。何晏借助老庄思想阐发以无为本、圣人无情的观念,从学术思想上颠覆了儒术的独尊地位,但是还谈不上建构。王弼选择《老子》、《论语》和《周易》进行重新解释,侧重提取或阐发其中带有普遍性的观念、思路和方法,超越了汉代实用哲学,给整个魏晋玄学带来"纯思辨"特色。

第一节　何晏兼综儒道与当时的审美思潮

魏晋思想多元和新学创生的前提是消解儒学独尊地位。汉代经学已经让儒家思想深入人心,会以其强大惯性继续支配人们的思想和行为。何晏既尊崇儒学传统,又追慕老庄学说,开创了一个以道家思想为核心、兼综儒道的新学派——玄学。

何晏是正始时期的学术领袖,对当时文人学士的思想旨趣有着不言而喻的影响,魏晋玄学及魏晋南北朝美学的许多观念、范畴和命题都与他的思想旨趣有着直接关系。

一、何晏对儒家思想的继承

何晏不会刻意对抗儒学传统,相反是自觉地整理和发扬儒家思想。他的《论语集解》是典型的正统儒家著作,被唐代统治者视为标准注本。何晏在该书序言中说:"前世传授师说,虽有异同,不为训解,中间为之训解,至于今多矣,所见不同,互有得失。今集诸家之善,记其姓名,有不安者,颇为改易,名曰《论语集解》。"①何晏解释《论语》运用老庄思想并不多,倒是大量借用了《易传》中的义理来说明,这是沿袭董仲舒以阴阳五行解释儒家思想的理路。

何晏的《与夏侯太初难蒋济叔嫂无服论》表明他很关注儒家伦理和礼仪。他的《韩白论》、《白起论》、《冀州论》、《九州论》表明他关注军政大事,也好发表见解。他的《奏请大臣侍从游幸》②中要求君王游玩也要和正人君子在一起,少和美女、弄臣厮混,少听谗言。这是董仲舒纲常理论对君主德行修养的高要求。文人学者型官员过于理想化,进言无果,就会怨天尤人,消极悲观,于是就需要谈谈老庄,作为排遣和寄托。

何晏崇尚老庄的无为思想与他传承儒家儒士精神并不矛盾。老子关注的问题和孔子大同小异,他们都看到,人的欲求不断膨胀是社会纷争不断、战乱频繁的根源;他们的目的都是政治清明、社会和谐。他们的不同在于论说角度和解决方略。孔子强调礼乐教化,强调知识精英的积极作为,影响统治者,也教化人民。老子的方式是每个人的"觉悟",他致力于影响人们尤其是统治者的思维方式和价值观:所有已经被认为是天经地义的意愿和道理都不是最高的"道",都是暂时的、相对的,不要过于强调作为,不要过于追求功名利禄,不要过于放纵精神和物质欲求。儒学传人强调知识,强调制度,强调教化,强调各种作为,尽力而为,甚至知

①［魏］何晏注,［宋］邢昺疏:《论语注疏》载《论语注疏解经序序解》,第6页,北京:北京大学出版社,1999年。
②［晋］陈寿,［宋］裴松之注:《三国志》,第93页,北京:中华书局,1999年。

其不可为而为之。很多儒士忽略了孔子和谐、大同的初衷,将入世精神发展为狭隘的政治追求。故而庄子以孔儒思想为靶子,穷举各种例子来引导人们换一个思路,换一个看问题的角度,极力说明无为思想,走向另一个极端,以至于有时候显得矛盾。比如他说树有用就被砍掉,这是有才之祸,但是不打鸣的鸡被杀掉,这是无用之祸。于是提出人要处于"材与不材之间"。庄子没有提出具体的处世法则,给人留下充分的选择余地。以无为中和世人过于执著狭隘的功利主义,不要固执于某种思路或价值角度不能自拔,这是老庄的要义。何晏"以无为为本",正是抓住了道家思想的要义和主旨,对于他的功利主义思想是一种调和。

何晏是公认的玄学创始人,因此他的《论语集解》也被后世学者按照"玄虚之言"理解。最典型的例子是何晏对《述而》篇中"志于道"之"道"的解释:"道不可体,故志之而已",很多学者认为此解释体现出老庄思想,要联系《老子》第二十一章"道之为物,惟恍惟惚"和二十五章"有物混成,先天地生,寂兮寥兮,独立而不改,周行而不殆,可以为天下母,吾不知其名,字之曰道"来理解。因为"道"无形无名,不可把握,只可以作为一种追求,却不能成为追求的结果,所以说"道不可体,故志之而已"。这样倒也解得通。也有学者认为应该参看何晏对《论语·公冶长》"夫子之言性与天道,不可得而闻"的注释来理解(本部分以下数段参阅了台湾学者蔡振丰提交第七次"东亚儒学中的经典诠释传统"研讨会的会议论文《何晏〈论语集解〉的思想特色及定位》)。何晏的注解说:"天道者,元亨日新之道,深微故不可得而闻。"《周易》中的"元亨日新之道"很难说与老庄之"道"的观念相近,"不可体"就是指"深微故不可得而闻"的道理,孔子"志于道",并不是特指有志于某种道,只是相当于坚持真理追求真理的意思。

另一个典型例子是何晏对《先进》中"回也其庶乎屡空"的解释。何晏的注文是:

> 言回庶几圣道,虽数空匮而乐在其中。赐不受教命,唯财货是

殖,亿度是非,盖美回所以励赐。一曰:屡犹每;空犹虚中也。以圣
人之善,教数子之庶几,犹不至于知道者,各内有此害也。其于庶几
每能虚中者,唯回怀道深远,不虚心不能知道,子贡虽无数子之病,
然亦不知道者,虽不穷理而幸中,虽非天命而偶富,亦所以不虚心。

学界一般认为"空犹虚中"要联系《老子》第四章"道冲而用之或不
盈"及《庄子·人间世》"唯道集虚,虚者心斋也"来理解,就是说道即至虚
至无,而能够容纳万有,心至虚,便是"道"的境界,无所容而无所不容,达
到修炼的极境。这是解得通的。不过,由上面引文可知,"屡空"有"数空
匮"和"每虚心"两种意思,何晏没有明确倾向于哪一种意思,未必是指
"心斋"。即便"空"是指心"至虚",虚心之义也见之于《周易·咸卦》象
辞:"山上有泽,咸;君子以虚受人","以虚受人"可能有"虚心感通"之义,
见于朱子《周易本义》注:"山上有泽,以虚而通也。"未必是由老庄而来。
端木赐爱财,颜回安贫乐道,"虚心"就是心中少杂念的意思。所以说,这
一例子也未必能够说明何晏是以老庄思想解释《论语》。

二、何晏论"无为"和"无名"

三国时期和春秋时期一样是乱世,各路诸侯都有可能称王称帝,人
人都有建功立业的机会。三国鼎立以后,在魏国,九品中正制或官人法
标志门阀士族制度形成。士人们在门阀制度下介入军政大事的机会是
有保障的,同时也不可避免要陷入权力斗争的漩涡。他们既有利欲之
心,渴求权势,又害怕和厌倦无休止的争斗,想苟全性命于乱世。于是,
老子的劝诫再次引起他们的共鸣。处于政治漩涡中心、又长期被压制的
何晏,在学术上有着显赫地位,成为老子思想在这个时代的权威阐发者。

《道德经》思想丰富,何晏最为关注的,也是何晏玄学思想中最为后
人关注的,就是道、无为、无名、圣人等范畴。《道德经》中的圣人是理想
的人,是人的一切智慧、道德、作为的综合。董仲舒明确地将天子与圣人
相提并论,这是后世称皇帝为"圣上"的由来。何晏的"圣人"是智慧和道

德的集合体,也是"无为"、"无名"的符号。

何晏的《无为论》明确了"无为"的方法论意义:

> 天地万物,皆以无为为本。无也者,开物成务,无往不成者也。阴阳恃以化生,万物恃以成形,贤者恃以成德,不肖恃以免身。故无之为用,无爵而贵矣。①

"无为"成为处理一切事务的根本原则。

何晏在《道论》中由老子关于"道"无形无名的思想,对"名"的问题进行了阐发:

> 有之为有,恃无以生。事而为事,由无以成。夫道之而无语,名之而无名,视之而无形,听之而无声,则道之全焉。故能昭音响而出气物,色形神而章光影。玄以之黑,素以之白,矩以之方,规以之圆,圆方得形,而此无形,白黑得名,而此无名也。②

最高的"道"无名,因而"无"相当于"道",所以何晏直接将"道"转换为"无"。老子说道生一,一生二,二生三,三生万物,是强调万事万物都有其终极根源,这个根源不可言说,只是从逻辑上说,有因必有果,有果必有因,由果可以推因,于是从逻辑上推断有第一原因、第一前提存在。这种逻辑上的反推是不能够实际完成的,因此道不可言说。"道"是什么,万事万物的终极根源是什么,这并不重要,重要的是老子由此说什么。他所说的是,人们所看到的一切事物都不一定显示出了其本质,所追求的一切目标都不一定是最重要的,所形成的一切认识和观念都不一定是最正确的,所形成的制度都不一定是最合理的,所从事的一切事务都不一定是最有意义的。"名"就是具体的对象、目标、观念、制度、意义,因为它们都不能够被认定,凡是已经言说的都有局限性,都不是最高的道,因此说道无名。何晏将道置换为"无",可以明确地显示"道"的非实

---

① [唐]房玄龄:《晋书·王衍传》,第 1236 页,北京:中华书局,1974 年。
② 杨伯峻:《列子集释·卷第一·天瑞篇》,第 10 页,北京:中华书局,1985 年。

存和不可言说,在"道"或"无"的观照下,一切存在——"有",都不是确定的存在,相当于"无"。"名"是对"实"的概括,道"无名"则表明任何概括都是相对的。

何晏进一步由无名论来阐说圣人问题。其《无名记》说:

> 为民所誉,则有名者也;无誉,无名者也。若夫圣人,名无名,誉无誉,谓无名为道,无誉为大,则夫无名者,可以言有名矣;无誉者,可以言有誉矣。然与夫可誉可名者,岂同用哉? 此比于无所有,故皆有所有矣。而于有所有之中,当与无所有相从,而与夫有所有者不同。同类无远而相应,异类无近而不相违。譬如阴中之阳,阳中之阴,各以物类,自相求从。夏日为阳,而夕夜远与冬日共为阴;冬日为阴,而朝昼远与夏日同为阳;皆异于近而同于远也。详此异同,而后无名之论可知矣。凡所以至于此者何哉? 夫道者,惟无所有者也。自天地已来,皆有所有矣。然犹谓之道者,以其能复用无所有也。故虽处有名之域而没其无名之象,由以在阳之远体,而忘其自有阴之远类也。夏侯玄曰:"天地以自然运,圣人以自然用。"自然者,道也。道本无名,故老氏曰:"强为之名。"仲尼称:"尧荡荡无能名焉。"下云:"巍巍成功,则强为之名",取世所知而称耳。岂有名而更当云无能名焉者邪,夫惟无名,故可得遍以天下之名名之。然岂其名也哉? 唯此足喻而终莫悟,是观泰山崇崛而谓元气不浩芒者也。[1]

何谓"圣人",如果可以说出来,那么"圣人"的标准就确定了,也就有了片面性。没有任何一个人是完人。圣人是不可言说的,也不需要言说,不需要规定。所以说与道同体的圣人无名。不过,人们总是要对圣人进行言说,那么就要对这些言说保持反思和批判,不是否定,而是保持否定的可能性,不盲从,不偏执。

---

[1] 杨伯峻:《列子集释·卷第四·仲尼篇》,第 121 页,北京:中华书局,1985 年。

三、何晏对于魏晋南北朝美学的影响

何晏自身人格的双重性和兼综儒道的学术思想,一方面影响着魏晋士人形而上思辨的风气,另一方面也造就一些士人怪诞、自相矛盾的心性。他对于魏晋南北朝美学有着多方面的影响。

陈寅恪说:"大抵清谈之兴起由于东汉末世党锢诸名士遭政治暴力之摧压,一变其指实之人物品题,而为抽象玄理之讨论,启自郭林宗,而成于阮嗣宗,皆避祸远嫌,消极不与其时政治当局合作者也。"①东汉清议的要旨是人伦鉴识。郭泰(128—169,字林宗)有所不同。《后汉书·郭泰传》说:"林宗虽善人伦,而不为危言核论,故宦官擅政而不能伤也,及党事起,知名之士多被其害,惟林宗及汝南袁闳得免焉。"也就是说他不具体评议朝中人物,只是抽象研讨人伦鉴识的理论。所以说清谈之风是由郭泰开启的。

清议转化为清谈固然自郭林宗始,但还局限于人物品鉴这个主题,并且还属于人才理论,不是审美批评。何晏强化了《人物志》的人物品藻思想。到何晏这里,才是根本转折。易学和阴阳五行学说将构成万物及人之精神的气分为阴阳,阴气浊而阳气清,清气有正面的道德蕴涵。因此"清议"就有政治伦理上激浊扬清的意义。如《艺文类聚》卷二二中引魏曹羲《至公论》的话说:"厉清议以督俗,明是非以宣教者,吾未见其功也。"又,《晋书·傅玄传》中说:"其后纲维不摄,而虚无放诞之论盈于朝野,使天下无复清议。"汉代的循吏就是政治上的清流。到了魏晋时期,"清"由政治伦理概念转化为美学概念了,何晏谈老推动了这种转化。

清谈与清议的区别在于,清议是议论具体政事,是为了激浊扬清,清谈则是纯粹的言谈,不涉具体事务的论说,是形而上的思辨。何晏的出

---

① 陈寅恪:《陶渊明之思想与清谈之关系》,《金明馆丛稿初编》,第202页,北京:生活·读书·新知三联书店,2001年。

发点是以老子大道来扭转争权逐利的时风,但老子思想本身具有宏观、抽象的特征,加之当时政局一团乱麻,缺乏规范,人人自危,从明哲保身的角度,何晏不谈国事,不涉具体的人物和事件。后人不容易看到其中的衷曲,更多效仿其言说方式,为言说而言说,沿着理论和概念本身展开,从大道的推演中得到阐发大道的心理满足。清谈就这样成为一种审美方式。

"清"这一美学范畴,由何晏倡导清谈来说其本义,相当于玄、虚、无,也就是不着形迹,意义不明确着落于具体人物、事物、事件、目标,或者虽然涉及具体人事物,但不限于此,另有更为丰富的意蕴。作为一种风格,就是轻灵飘逸,作为一种审美方式,就是不落言筌,意在言外。

第二节 突破实用的经典解释新思维

王弼对政教中心主义和实用哲学思维的突破集中体现于《老子指略》。

王弼的《老子指略》原本失传,只在《旧唐书·经籍志》、《新唐书·艺文志》等史书中存目,题目还有出入。民国学者王维诚考证,宋代张君房编的《云笈七签》中《老君指归略例》一文,和明刻《道藏》第 998 册中《老子微旨例略》一文,内容与王弼《老子道德经注》思想很接近,认为可能是王弼《老子指略》一部分佚文甚或是全文,因此辑为一文。楼宇烈的《王弼集校释》中所收《老子指略》便是王维城所辑。王弼原文如何已不可知,不过此文能够体现王弼老子注的要旨和思路。本节详细解读《老子指略》,分析王弼如何反思和超越各种实用主义思想。考虑到《王弼集校释》对此文只是零散的注解,而有关学术著述总汇各种观点及著者的理解去总体把握,辅之以原始材料的引用,有点先入为主,我们的解读方式是首先理清王弼本人的思路,客观解释他说了些什么,怎么在说,然后再附上我们的理解、所得的启示。

一、以无解道消解绝对真理

王弼说:"夫物之所以生,功之所以成,必生乎无形,由乎无名。无形无名者,万物之宗也。"①这段话与何晏的道论、无为论和无名论是一致的,意思是万物生于无。

何晏将"道"转化为"无",也可以说是由"道"引申出一个"无"的概念,或者说形成万物生于无的认识,"道"就与"无"等价。王弼接着何晏说"无",心目中还是在说"道",并且明确地以"无"来解"道"。"道"的性质就是"无",无形无名,不可言说。他要说明的是,对于老子之道,任何具体言论都会破坏它作为"万物之宗"的性质和地位。"不温不凉,不宫不商。听之不可得而闻,视之不可得而彰,体之不可得而知,味之不可得而尝"。道不能够以任何方式言说,不能等同于任何具体的感知。"故其为物也则混成,为象也则无形,为音也则希声,为味也则无呈"。"道"不是具体的物,如果非要以何物来言说它,那么它就是那种"混成"之物,就是庄子所说的"混沌",不是任何具体物,又包含任何物。"故能为品物之宗主,苞通天地,弥使不经也"。没有什么不以之为统领。

"若温也则不能凉矣,宫也则不能商矣。形必有所分,声必有所属。故象而形者,非大象也;音而声者,非大音也。"意思是,对事物的具体解说不等于事物本身,只要对事物进行定性分析或界定,它就会失去了本来面目,突出了某一方面的性质,其他方面的性质就被淹没。具体形象可以区分,具体声音可以归类,这就不是大象、大音了。"然则,四形不象,则大象无以畅;五音不声,则大音无以至。"大象、大音必须通过具体的形象和声音来体现。那么怎么办呢?"四象形而物无所主焉,则大象畅矣;五音声而心无所适焉,则大音至矣。"我们可以用具体来把握一般,以个别现象去把握最高本体,只是要求我们不要局限于具体个别。举例来说,最理想的政治是什么?这是没有答案的。说出来的理想政治,一定包含了不够理想的方面,换个角度或者立场就是片面的。人们必须就这一问题提出在某一阶段较具普遍合理性的答案,同时要注意,不将这

---

① [魏]王弼著,楼宇烈校释:《王弼集校释·老子指略》,第195页,北京:中华书局,1980年。以下出自该篇引文不再注明出处。

个答案视为终极答案。董仲舒给后人的感觉是他要极力建立永恒法则，将相对真理变成了绝对真理，将一时之法变为万世之法。"故执大象则天下往，用大音则风俗移也。无形畅，天下虽往，往而不能释也；希声至，风俗虽移，移而不能辩也。"归根结底，还是要执大象、持无形、用希声，这样就能不需言说、不需为人们所知，而功效已经达到。移风易俗，化民而不觉，改善民生而还让人民不觉得经历了什么大变化，这种状态当然是最理想的。不过，儒家重名，师出有名，政出有名，人们的日常言行也都有名，合乎名心里才觉得安全可靠，才快乐，所以，道家无为而治的做法，并不是多数人的选择。王弼说："是故天生五物，无物为用。圣行五教，不言为化。"天地万物，都不是刻意要做什么用的，是人们人为地规定了其功用。圣人推行教化，应该是不需要言说就有教化之效果，若要将纲常定为若干条目，那就需要说明理由，而说出理由的同时，往往也失去了理由。比如说君为臣纲，理由是君代表天。然而天又是什么？理由总是经不起追问，如此，则教化反而失去了效用。一切都在变，名和实总会出现不符，只有无名无形的"道"本身才不会变化。"是以'道可道，非常道；名可名，非常名'也。五物之母，不炎不寒，不柔不刚；五教之母，不曒不昧，不恩不伤。虽古今不同，时移俗易，此不变也，所谓'自古及今，其名不去'者也。"王弼不只是为了说明道无名而不变，更是要说明，当人们在具体言说时，只有不断注意变化，才能够更为接近真理——道本身。

何晏以特殊的身世、处境，在四十不惑五十而知天命的年龄，在谈老时多少有些虚无主义的倾向。王弼以少年人的热情，将不可言说的道引向趋近道的言说，将本体道引向追求真理的过程。那么，过程中的一切都是值得重视的，本体道确认而不是否认过程、具体目标、具体对象或现象。这一点是最重要的。

何晏侧重以无为本，王弼更偏向以无为用。何晏以无为本，对应着"无为而治"的政治理想。《论语·卫灵公》中孔子说："无为而治者，其舜也与？夫何为哉？恭己正南面而已矣。"何晏集解说："言任官得其人，故无为而治。"①详细推之就是,君主将各项制度都制定好了,各类人的身份定位好了,官员各司其职,人们各安其业。何晏说得很有道理,合乎儒家要旨,却未必是老子原意。邢昺疏说:"帝王之道,贵在无为清静而民化之。"这是说,帝王不要太想建功立业,否则,上有所好,下必甚焉。老子目的是要使民不争,首先要求帝王清静无为。朱熹解释说:"无为而治者,圣人德盛而民化,不待其有所作为也。独称舜者,绍尧之后,而又得人以任众职,故尤不见其有为之迹也。……恭己者,圣人敬德之容。既无所为,则人之所见如此而已。"(朱熹《四书集注》)朱熹强调以德治国,强调君主及统治阶层有德,以身作则,则民风自然淳厚。王弼《论语释疑》中对无为而治没有作解,如果不是佚失的话,那么可能他是认同何晏的。"以无为用"包含了无为而治的意思,是以"无为"为手段。不过,以无为用和以无为本还是有所不同,王弼并不否认一切作为,只是要求对目的本身保持反思,任何"有为"都不一定绝对合理;他也不反对道德要求、法律制度等,只是要用"无"这一本体来观照之,不要像董仲舒那样将政治伦理真理化。"天不以此,则物不生;治不以此,则功不成。"以无为用,就是观念、意识中始终有最高本体存在,始终保持对具体思想、行为的反思与超越,也就是"与时俱进"的意思。这个"道"才是根本之道,因为它不是具体道,而是一种开放的思维方式,所以始终实用,如王弼所说的:"故古今通,终始同;执古可以御今,证今可以知古始;此所谓'常'者也。无皦昧之状,温凉之象,故'之常曰明'也。物生功成,莫不由乎此,故'以阅众甫'也。"王弼解开了人们阅读老子的最大疑惑,老子反复阐申的就是,没有任何道理是绝对正确和永恒不变的。"天不变道亦不变"不是保守主义就是绝对主义。老子的"道"之所以是常道,正是因为这个"道"说明的就是"没有任何道理是绝对正确和永恒不变的"这一道理,是作为一个预设的本体,将一切思想、道理、观念、制度、现象、目的等置于

---

① [魏]何晏注,[宋]邢昺疏:《论语注疏》卷一五,《十三经注疏》下册,第 2517 页,北京:中华书局,1980 年。

相对地位,保持反思和批判。"众甫"就是历史上那些遵循大道的圣王。老子认为舜是无为而治的典范,王弼更有一层意思:圣王固然合乎大道,但并非道本身,众多圣王的作为和做法并不相同,这更说明只有大道本身才是恒常的,没有什么不变成法或万世师表。

董仲舒的天道纲常系统以道为学理依据,是文人学士自觉接受纲常伦理的思想基础。王弼抽取了道这一学理依据,将本体道与具体道区分开,将圣人、天子和天道剥离,纲常伦理不再是绝对的,在社会生活和学术思考中不再具有至高无上的甚至是唯一重要的地位,这就为人们将视角转向社会和人生的各个方面、为经典解释转向多重价值和意义清除了思想障碍。

二、辨名析理反思各家实用学说

老子言说的本体道不可具体言说,各种对"道"的具体言说都不是其本身,理解老子之文就成为一个解释学上的难题。各种具体事物和现象可以确定地命名,对事物和现象的概括可以形成一些共名,这都比较容易理解和接受。更进一步的概括则变得困难,命名也变得困难,理解更为困难。"名"既指向非常具体的"实",也可能指向最高层面的抽象道理,越是抽象的名称越具有多义性,抽象概括的"名"在理解和接受中很容易为具体事物、现象之名所扰乱。《道德经》中有最高层面的抽象概括,老子要结合各种具体事物和现象来引导人们去理解最高的"道",反思和超越既有的具体观点,人们却可能按照既有的具体观点去把握这些具体事物和现象,将老子的本体道等同于这些具体观点。在语言文字有限、逻辑学很不发达的情况下,王弼一面反思对具体事物和现象的既有认识,一面超越具体认识,阐述抽象的道理和思路,努力说明《道德经》中的"名"究竟指向哪一种"实"——是实际对象还是某种实际意义,或者指向什么抽象的意义,乃至最高的道理。他指出,具体言说犹如风雷转瞬即逝,只有上升到理论层面,才能构成人的认识:"夫奔雷之疾犹不足以一时周,御风之行犹不足以一息期。善速在不疾,善至在不行。故可道之盛,未足以官天地;有形之极,未足以府万物。"这句话肯定了理论概括的必要性。确定的命名适用于具体对象,适用于全部对象的名则是最高的抽象概括,这个名——"道"是不可以具体言说的。"是故叹之者不能尽乎斯美,咏之者不能畅乎斯弘。名之不能当,称之不能既。名必有所分,称必有所由。有分则有不兼,有由则有不尽;不兼则大殊其真,不尽则不可以名,此可演而明也。"任何对"道"的具体言说都会有所遗漏,有所缺失。任何具体的名都不能反映其全部本质。王弼用了许多词语来引导人们去理解本体道的这种性质:"夫'道'也者,取乎万物之所由也;'玄'也者,取乎幽冥之所出也;'深'也者,取乎探赜而不可究也;'大'也者,取乎弥纶而可及也;'远'也者,取乎绵邈而不可及也:'微'也者,取乎幽微而不可赌也。"可是这些词,也不是"道"本身:"然则'道'、'玄'、'深'、'大'、'微'、'远'之言,各有其义,未尽其极者也。然弥纶无极,不可名细;微妙无形,不可名大。是以篇云:'字之曰道','谓之曰玄',而不名也。"老子只是勉为其难地用一些词语来描述"道",并不是对它的明确解释。概念揭示具体对象的性质,老子之"道"不是有具体对象的概念,因此不能够确定地命名,也无法用任何名来解释。从逻辑学来说,这种概念叫做空概念或虚概念。在这里,王弼已经隐约透露出"得意忘言"的意思,即不拘泥于字面意义,而要追寻字面后不可言说的要旨。"然则,言之者失其常,名之者离其真,为之者则败其性,执之者则失其原矣。是以圣人不以言为主,则不违其常;不以名为常,则不离其真;不以为为事,则不败其性;不以执为制,则不失其原矣。"不能言说,不能命名,不能直接运用,不能拘执于表象。至此,王弼对被历代解释者解释得复杂混乱的《老子》做出简明的判定判断:"然则,老子之文,欲辩而诘者,则失其旨也;欲名而责者,则违其义也。故其大归也,论太始之原以明自然之性,演幽冥之极以定惑罔之迷。因而不违,损而不施;崇本以息末,守母以存子;贱夫巧术,为在未有;无责于人,必求诸己;此其大要也。"老子之文的特点,与其对象一样,是不能够容许诘问和辩论的,不能够去辨别其中的概念和具体现象,它讨论的是一个最高的原则,最根本的道理,要遵从而不违背。人们只会得到它的部分，而不可能再为它增加什么。要抓住根本，超越各种枝节。

老子以抓根本而在讨论具体问题、实际现象的诸子百家中独树一帜，老子之道是本体道。以本体道为最高视点，王弼评点了各家具体思想的相对不足：

> 而法者尚乎齐同，而刑已检之。名者尚乎定真，而言已正之。儒者尚乎全爱，而誉以进之。墨者尚乎俭啬，而矫以立之。杂者尚乎众美，而总以行之。夫刑以检物，巧伪必生；名以定物，理恕必失；誉以进物，争尚必起；矫以立物，乖违必作；杂以行物，秽乱必兴。斯皆用其子而弃其母。物失所在，未足守也。

各派思想家各执一端，从不同目的出发，从不同角度认识事物，从而互相抵牾，也互相攻讦：

> 然致同涂异。至合趣乖，而学者惑其所致，迷其所趣。观其玄同，则谓之法；睹其定真，则谓之名；察其纯爱，则谓之儒；鉴其检啬，则谓之墨；见其不系，则谓之杂。随其所鉴而正名焉，顺其所好而执意焉。故使有纷纭愦错之论，殊趣辩析之争，盖由斯矣。

从对象那里看到一些与主观目的或主观认识相关的因素，就认为自己找到了、理解了某种思想。这种弊病，在现当代学者那里也存在。经常有人从某个古人、某部古籍那里发现了儒法名末杂家思想，或者发现了马克思主义，发现了某种西方哲学或文论，发现了某种现代学术观念或方法，如此等等。这种条分缕析未尝不可，只是容易将特定角度的结论普遍化。比如说某人属于儒家还是法家，某书归入某家，就割裂了其整体性。王弼的老学观是不要将末当成本，更不要舍本逐末。比如说董仲舒将三纲五常视为不变的天道，后世一直传承这个观念，将许多特定时期的特定要求普遍化。

王弼反思各家学说，目的不是要抓根本，"根本"不是实际的存在。他的目的就在于对各种学说保持反思。这些学说，归根结底都是围绕实用目的,围绕实用目的的理论,在一定时期具有合理性和实用性,也要随着客观条件和主观需要的变化而调整,假如将这些理论绝对化,就会以名害实。因此,王弼所要求的,是理论要始终与实际结合,归根结底是要与主体需求结合。主体需求是多样化的,是变化的,那就没有绝对正确理论。以名害实,往往是政治权威、学术权威从某一集团甚至个人的利益出发,强加某些要求和规范于弱势群体,不考虑他们的需求。君为臣纲、父为子纲、夫为妻纲,首要的要求是前者能够以身作则,实际上,由于后者处于弱势,三纲就演变为后者无条件服从于前者。在专制社会,纲常伦理将大众变为工具,越是处于权力金字塔的上方,就越有全面需求的满足,越在下方,就越缺少物质满足和精神自由。王弼玄学的反思和批判精神,不唯是从实用哲学中释放出精神审美需求来,更重要的是这种以大众为本的人文关怀。

三、本末同一消解二元对立思维

老子之文只是提供一种本体追问的思路,启示人们去反思,并不明确反对什么或者推崇什么,本身不包含具体观点,不容许诘问和辩论。人们是否借鉴这种思想方法,与哲学家或逻辑学家无关。老子之文是自成一体的,本末互证,由本及末,由末归本。任何人都可以从中得到各种启示,也就是"触类而思",展开各种言说,不局限于任何结论。王弼进一步指出这一特点:

> 又其为文也,举终以证始,本始以尽终;开而弗达,导而弗牵。寻而后既其义,推而后尽其理。善发事始以守其论,明夫会归以终其文。故使同趣而感发者,莫不美其兴言之始,因而演焉;异旨而独构者,莫不说其会归之征,以为证焉。夫途虽殊,必同其归;虑虽百,必均其致。而举夫归致以明治理,故使触类而思者,莫不欣其思之所应,以为得其义焉。

由末及本运用的是"推理"之法,不是逻辑推理,而是"触类而思",通过"类推"来抵达终极道理。由小类推及大类，不断上推，所有不同层级的"类"的交集是"唯一"，这个唯一不是实际存在的一个，不是可以言说的，相当于"无"。只有"无"才能够成为所有类的共性、最高本质、根本依据、第一前提。

老子说"反者道之动"，这个"反"就是本体道和一切末端——万事万物的互动，更是向道的归返。因为有最高的道在，所以一切都不是确定的，都在走向更高的合理，趋向于道。而道，也要在不同层面不断体现。"凡物之所以存，乃反其形；功之所以克，乃反其名。夫存者不以存为存，以其不忘亡也；安者不以安为安，以其不忘危也。故保其存者亡，不忘亡者存；安其位者危，不忘危者安。善力举秋毫，善听闻雷霆，此道之与形反也。安者实安，而曰非安之所安；存者实存，而曰非存之所存；侯王实尊，而曰非尊之所为；天地实大，而曰非大之所能；圣功实存，而曰绝圣之所立；仁德实著，而曰弃仁之所存。故使见形而不及道者，莫不忿其言焉。"不能将有名有形的具体事物当做是道，而要不断进行否定，不断追溯。

因为本体道只能够由末上推，不能够直接由末显示，因此对道的理解不能停留于表象或字面："夫欲定物之本者，则虽近而必自远以证其始。夫欲明物之所由者，则虽显而必自幽以叙其本。"而要充分打开视野："故取天地之外，以明形骸之内；明侯王孤寡之义，而从道一以宣其始。""故使察近而不及流统之原者，莫不诞其言以为虚焉。是以云云者，各申其说，人美其乱。或迂其言，或讥其论，若晓而昧，若分而乱，斯之由矣。"停留于字面或现象，仅仅从近处、小处考察，就会各执一端，各持己见，看起来清楚，其实糊涂，看起来有区分，其实很混乱。

王弼再次对老子所用名词作了说明：

> 名也者，定彼者也；称也者，从谓者也。名生乎彼，称出乎我。故涉之乎无物而不由，则称之曰道，求之乎无妙而不出，则谓之曰玄。妙出乎玄，众由乎道。故"生之畜之"，不壅不塞，通物之性，道之谓也。"生而不有，为而不恃，长而不宰"，有德而无主，玄之德也。

"玄",谓之深也;"道",称之大者也。名号生乎形状,称谓出乎涉求。名号不虚生,称谓不虚出。故名号则大失其旨,称谓则未尽其极。是以谓玄则"玄之又玄",称道则"域中有四大"也。

道是没有名称的,但它是万物的根源,也就是来龙去脉,因此谓之"道",包含来路和去路。又因为它包含一切事物的妙处、玄机,所以称之为玄。"道"有通的意思,万物皆有自性,不人为阻隔就是畅通的。"玄"没有施动者,却有动的效果,这是精微的道理,因此谓之"玄"。

由此,王弼对《老子》作出基本判断:

老子之书,其几乎可一言以蔽之。噫!崇本息末而已矣。观其所由,寻其所归,言不远宗,事不失主。文虽五千,贯之者一;义虽广瞻,众则同类。解其一言而蔽之,则无幽而不识;每事各为意,则虽辩而愈惑。

王弼认为,老子五千言阐述的意思主要是崇本息末,抓住根本,不要在字面及文字所指实事方面纠缠不清。那么怎么抓住根本呢?王弼结合具体现象做了说明:

尝试论之曰:夫邪之兴也,岂邪者之所为乎?淫之所起也,岂淫者之所造乎?故闲邪在乎存诚,不在察善;息淫在乎去华,不在滋章;绝盗在乎去欲,不在严刑;止讼存乎不尚,不在善听。故不攻其为也,使其无心于为也;不害其欲也,使其无心于欲也。谋之于未兆,为之于未始,如斯而已矣。

按老子反复阐申的意思,要想彻底消除不良社会风气和违法犯罪,首先是要清除欲望,不想有所作为,君主和士大夫要倡导无为,培养素朴之心,这才是防患于未然的上策。严刑峻法和公正的断案只是亡羊补牢。老子是针对他那个时代的乱象发言的,经历了战国、秦汉和三国的种种乱象,王弼更加觉得心有戚戚,因而用更为明晰的语言复述了老子的话:

故竭圣智以治巧伪,未若见质素以静民欲;兴仁义以敦薄俗,未若抱朴以全笃实；多巧利已兴事用，未若寡私欲以息华竞。故绝司察，潜聪明，去劝进，减华誉，弃巧用，贱宝货。唯在使民爱欲不生，不在攻其为邪也。故见素朴以绝圣智，寡私欲以弃巧利，皆崇本以息末之谓也。

"绝圣弃智"、"使有什伯之器而不用"是老子最常为今人诟病的话。王弼指出这些话都是崇本息末的意思。"息"如果解释为"消除"，那"息末"就有些极端了。王弼之前未见文献中有"崇本息末"，倒有崇本弃末、崇本抑末和崇本绝末。《三国志·魏书》卷一二《司马芝传》中说："先是诸典农各部吏民，末作治生，以要利入，芝奏曰：王者之治，崇本抑末，务农重谷。"这里的崇本抑末即重农抑商。《后汉书·陈忠传》中说："轻者重之端，小者大之源，故堤溃蚁穴，气泄针芒，是以明者慎微，智者察几，书曰小不可不杀，诗云无纵诡随，以谨无良，盖所以崇本绝末，钩深之虑也。"《宋书》卷六〇《王韶之传》说："方今圣化惟新，崇本弃末，一切之令，宜加详改。"王弼《老子注》中有三处提到崇本息末："故以正治国则不足以取天下，而以奇用兵也夫。以道治国，崇本以息末，以正治国，立辟以攻末，本不立而末浅，民无所及，故必至于奇用兵也。""以光鉴其所以迷，不以光照求其隐匿也，所谓明道若昧也，此皆崇本以息末，不攻而使复之也。""我无为而民自化，我好静而民自正，我无事而民自富，我无欲而民自朴。上之所欲，民从之速也。我之所欲，唯无欲而民亦无欲自朴也。此四者，崇本以息末也。"王弼不用"绝"、"弃"、"抑"，已经表明"息"字意义与这些词有所不同。王弼笔下的"息"，是针对有为之心过于强烈而言，是平息不是消除。"息"比"抑"程度要轻，是调节，不是抑制。并且，"息"是自我调节，"抑"是外力压制，符合庄子的"坐忘"、"心斋"理念。后来佛家讲息心，也不是消除心念，而是调节，应该说是与玄学有关。

王弼讲"崇本举末"，这是前人从未有过的思想，也证明其"息末"不是消除具体对象。王弼注《老子》第三十八章"上德不德，是以有德；下德不失德，是以无德"至"故失道而后德，失德而后仁，失仁而后义，失义而后礼"等句说：

> 夫礼者，忠信之薄，而乱之首。前识者，道之华，而愚之始。是以大丈夫处其厚，不居其薄；处其实，不居其华，故去彼取此。载之以道，统之以母，故显之而无所尚，彰之而无所竞，用夫无名，故名以笃焉，用夫无形，故形以成焉，守母以存子，崇本以举末，则形名俱有而邪不生，大美配天而华不作，故母不可远，本不可失，仁义，母之所生，非可以为母，形器，匠之所成，非可以为匠，拾其母而用其子，弃其本而适其末，名则有所分，形则有所止，虽极其大，必有不周，虽盛其美，必有患忧，功在为之，岂足处也。

守母存子，崇本举末，这才是王弼的见解，或者说是他所理解的老子要旨。本末互证，本末互动，目的在于子与末，也就是说，本体道是用于对具体道保持反思，使之始终接近合理，而不是反对各种末技，反对各种作为。如果那样，王弼也好，老子也好，都不可能不断在后人心中引发思想共鸣。王弼将老子思想由本体道这一理论基础转向末的目的，也就转向了对各种社会人生现象的反思与批判。社会事务有其实践原则和规范，老子和王弼的反思不是现实层面的，而是理想层面的，不能够转化为实用的具体学说，而更可能激发人生思考，在精神领域展开。这就是汤用彤所说的："王氏形上之学在以无为本，人生之学所反本为鹄。"[1]

下面这段话，也要按此思路理解：

> 夫素朴之道不著，而好欲之美不隐，虽极圣明以察之，竭智虑以攻之，巧愈思精，伪愈多变，攻之弥甚，避之弥勤。则乃智愚相欺，六亲相疑，朴散真离，事有其奸。盖舍本而攻末，虽极圣智，愈至斯灾。况术之下此者乎！

为此，王弼重申了老子的素朴原则，将辨名析理落实到这个充满人文色彩和美学精神的范畴上：

---

[1] 汤用彤：《魏晋玄学流别略论》，《魏晋玄学论稿》，第46页，上海：上海古籍出版社，2001年。

夫镇之以素朴,则无为而自正;攻之以圣智,则民穷而巧殷。故素朴可抱,而圣智可弃。夫察司之简,则避之亦减;竭其聪明,则逃之亦察。简则害朴寡,密则巧伪深矣。夫为能至察探幽之术者,匪唯圣智哉? 其危害也,岂可记乎! 故百倍之利未渠多也。

夫不能辩名,则不可与言理;不能定名,则不可与论实也。凡名生于形,未有形生于名者也。故有此名必有此形,有此形必有其分。仁不得谓之圣,智不得谓之仁,则各有其实矣。夫察见至微者,明之极也;探射隐伏者,虑之极也。能尽极明,匪为圣乎? 能尽及虑,匪为智乎? 校实定名,以观绝圣,可无惑矣。

以"素朴"为原则,保持无为,自然就在正途,这话似乎经不起推敲。庄子讲"坐忘"、"心斋",似乎走得比较远,弃绝尘世,近于佛家。这要看怎么理解庄子。往合理的方面理解,坐忘和心斋是要求人们首先要清空杂念,即《庄子·知北游》中所说的"疏瀹而心,澡雪而精神"。后来刘勰由此引申为创作前要"疏瀹五藏,澡雪精神"。保持素朴不是什么也不做、什么也不想,而是指抛却利害得失之心。心境澄明,才能够思维清晰;利令智昏,人们的心理活动多了,反而影响作为。一个人,乃至一个民族,如果总是为大大小小的目标所驱使,并将这些目标看得高于一切,就会失去生命的自然常态。董仲舒将儒道与王业关联起来,建功立业的观念空前强化。问责于儒家圣人,是因为他们积极有为的思想在君主和大众那里转化为极端功利主义;绝圣弃智,是要求反思儒家有为理念的一种强烈表述方式。

既要辨名,也要定名,就是要考究各种概念所指之实,发现其中的片面狭隘之处,由此而追溯本体。"绝圣"在此还有一层含义,就是人们要凭自己对世界及思想传统的理解去把握大道,而不是依赖圣人。

夫敦朴之德不著,而名形之美显尚,则修其所尚而望其誉,修其所道而冀其利。望誉冀利以勤其行,名弥美而诚愈外,利弥重而心愈竞。父子兄弟,怀情失直,孝不任诚,慈不任实,盖显名行之所招

47

也。患俗薄而名行、崇仁义,愈至斯伪,况术之贱此者乎? 故绝仁弃义以复孝慈,未渠弘也。

夫城高则冲生,利兴则求深。苟存无欲,则虽赏而不窃;私欲苟行,则巧利愈昏。故绝巧弃利,代以寡欲,盗贼无有,未足美也。夫圣智,才之杰也;仁义,行之大者也;巧利,用之善也。本苟不存,而兴此三美,害犹如之,况术之有利,斯以忽素朴乎!

绝仁弃义而复孝慈,是说不要将孝慈落实于名教,更不要以名本身为重。儒家制定纲常伦理原则,是文明的进步,但要注意对名的规定保持反思,避免以名害实,更不能只要名不要实。孝慈主要是心里想着老人孩子,尽力去做,而不是考虑什么该做什么不该做。

最后,王弼对五常与本体道的关系做了说明,再次强调他的结论:

故古人有叹曰:甚矣,何物之难悟也! 既知不圣为不圣,未知圣之不圣也;既知不仁为不仁,未知仁之为不仁也。故绝圣而后圣功全,弃仁而后仁德厚。夫恶强非欲不强也,为强则失强也;绝仁非欲不仁也,为仁则伪成也。有其治而乃乱,保其安而乃危。后其身而身先,身先非先身之所能也;外其身而身存,身存非存身之所为也。功不可取,美不可用。故必取其为功之母而已矣。篇云:"既知其子",而必"复守其母"。寻斯理也,何往而不畅哉!

这个结论就是:既要把握具体对象、观念、制度、事实、现象等,又要对此保持反思,并且由其出发去领悟根本。

王弼崇本举末,消解二元对立思维,最大作用就是扭转了汉代学者将至道与具体思想观念、圣人与普通人、经典与一般文章割裂的倾向,这对于思想史的影响自不必说,单从美学和文学艺术创作上讲,一是全面肯定了人类的精神存在,各种思想意识、各种情志都有其合理性;二是全面肯定了人类精神活动,包括审美活动。若论王弼著述中的美学范畴、命题和观点,大多是来自《老子》《周易》《论语》及前代学者的注解。上述根本观念和思路的创新,才是王弼玄学与美学最重要的关联。

第三节　《周易略例》中的方法论

王弼将《老子指略》中崇本息末、崇本举末、辨名析理、得意忘言等思想用于解释周易，不纠结于象数，为易学在哲学、美学、文学艺术方面的展开明确了路向。在《周易略例》中，他说明了自己的解释思路、方法及基本观念，理清了言、意、象的关系。本节主要围绕《明象》、《明爻通变》和《明卦适变通爻》篇来分析立本和通变的哲学方法论，并说明立本和通变作为美学方法论的意义。《文心雕龙》中的宗经和通变原则直接渊源于此。《明象》篇疏通了符号和意义的多重关系，下节由此专门讨论言意之辨命题。

一、明象和立主旨

象指"象辞"，是每一卦开头的卦辞。例如乾卦，"元亨利贞"就是象辞或者卦辞；其余六爻下的释义是爻辞。爻辞只断定该爻的吉凶，象辞断定整卦的吉凶。因此"象"有"断"、"断定"的意思。《系辞上》说："象者，言乎象者也。"就是总括整个卦象。

王弼的《周易略例》首先说明象辞，提出了一个涉及理论体系建构的重要思想。首先，"夫象者，何也？统论一卦之体，明其所由之主者也"[1]。说明"象"是主旨。"夫众不能治众，治众者，至寡者也。夫动不能制动，制天下之动者，贞夫一者也。故众之所以得咸存者，主必致一也；动之所以得咸运者，原必无二也。"显然，这是运用了崇本息末和崇本举末的思路，各种现象、各种散见的观念都要一个统率性的观点。"物无妄然，必由其理。统之有宗，会之有元，故繁而不乱，众而不惑。"任何事物都不是无端存在的，必然会遵循一定道理或因果关联，有一个统率。"故六爻相

---

[1]　［魏］王弼著，楼宇烈校释：《王弼集校释·周易略例·明象》，第591页，北京：中华书局，1980年。以下出自该书《周易略例》部分引文不再注明出处。

错,可举一以明也;刚柔相乘,可立主以定也。"这是说爻辞围绕卦辞展开。从易学上讲,王弼是反对任意展开,要求遵循一定理路,也是遵从传统学说。"是故杂物撰德,辩是与非,则非其中爻,莫之备矣!故自统而寻之,物虽众,则知可以执一御也;由本以观之,义虽博,则知可以一名举也。""执一御众"对于中国思想发展来说具有非常重要的意义。《论语》是语录体,与老子始终围绕一个中心思想展开有很大不同。王弼要贯彻的思想是,始终抓住根本问题,抓住事物的主要矛盾,抓住现象的本质。"繁而不忧乱,变而不忧惑,约以存博,简以济众,其唯象乎!乱而不能惑,变而不能渝,非天下之至赜,其孰能与于此乎!"只有贯彻抓根本的思路,才能够将杂乱无章、充满偶然性的事物理出头绪。

社会实践多数时候是就事论事。自然科学是面对对象本身。王弼执一御众的思想,对于哲学方法论来说,就是要抓住根本问题、主要矛盾、事物本质及主要矛盾,这种思维方式也适用于实践领域和科技领域。对于人生哲学和宗教来说,就是要紧扣人的目的,抓住根本问题和根本观念,比如说老子强调无为,节制欲望;佛家强调心境澄明,强调主体的情绪和感觉。

二、通变和执一御众

"明爻通变"和"明卦适变通爻"这两部分主要是说明"卦以存时,爻以示变"。卦辞是主旨,爻辞是对主旨的具体解释。在主旨不变的情况下,具体思想观点则会有变化。王弼的意思是,经典解释要抓根本,立主旨,不能任意阐发;同时,又不能局限于前人的解释,在紧扣主旨的前提下,可以充分展开。由此可见,王弼执一御众,也是化一为多,注重合乎学理的思想创新。这对美学有着方法论上的启示。以文学批评来说,功用、价值问题从来都是一个主题,这是不变的,也没有必要变。但是,一者,功用、价值有方方面面,不同时代有不同侧重;二者,功用、价值有一个程度问题,问题小说、问题剧非常强调功用价值,而武侠小说、公案小说则追求娱乐消遣,可以忽略功用和价值,当然也要尽量避免副作用。

很多作品,可以不呼应时代主题,远离主导价值观念,但是也不应该违背。这就是强调"主"或"本"。有的作品为了精神愉悦和满足,不惜损毁道德,这就要求批评家要发挥引导作用。批评家应该倡导、坚持一些积极向上的思想,坚持进步价值观,在多元价值观念下坚持主导价值观念,这就是抓根本与通变化的统一,是执一御众与变一为多的统一。

王弼不仅将爻辞的功能和意义定位于变,还进一步说明了变通的原因和必要性。他说:"夫爻者,何也? 言乎变者也。变者何也? 情伪之所为也。"就是说情况不断发生变化,所以要变。"一时之制,可反而用也;一时之吉,可反而凶也。故卦以反对,而爻亦皆变。是故用无常道,事无轨度,动静屈伸,唯变所适。""变"是《周易》的一个重要观点,王弼将其突出出来。"变"是处理各种事情的一个基本原则,不是说一定要"变",而是说一定要时时考虑到变的可能或必要。在文学艺术领域的启示便是文无定法。文学艺术都有其"法",有其规范、要求,实际运用时则不能采用固定的套路。

突出"变"的思想对于重视经典、重视传统的中国人来说具有特殊重要性。很多人不仅在政治伦理领域不敢突破,甚至在艺术领域、学术领域也不敢轻易突破。文学艺术的基本技法是要学的,但是文学艺术作品的创造很难直接追溯因果,一个人的经历有着无穷无尽的偶然,不一定传承了什么文化传统,也不一定有什么经历导致他有了新的领悟,因此,文学艺术领域是崇尚新变的,鉴赏批评也要注意变。

执一御众和通变是相辅相成的。对于文学艺术创作来说,一些基本的道德理念、价值观念还是不变的,一些共同的社会心理也不能够忽略。在鉴赏批评方面,尤其要确立一些基本原则,这样才能执一御众。没有执一御众就是乱变,如刘勰所说的"讹滥";仅仅突出执一御众而不强调变,则是保守和专断了。

第四节 《明象》和美学层面的言意之辨命题

言、意、象的关系一般表述为言意关系。这个问题复杂而重要。它不仅仅是一个言尽意或言不尽意及如何尽意的问题。语言符号既有确定性又有不确定性,既有历史性又有时代性,既有社会性又有个体性,既有文化整体性,又可能只是分有文化的一部分,其约定俗成既有必然性,亦有偶然性。意——人类意识也是复杂的。人对世界的认识没有止境,日积月累的知识,通过分门别类的整理,有一定程度的确定性,但是人的精神世界远远不只是一些认识,还有更多说不清道不明的内容。这样的主体意识本来就不容易为语言符号所传达,语言符号自身的文化性又增加了表达的障碍。人们对世界的客观认识,可以形成常识,诉诸教与学。如果对象不是具体的,而是形而上的问题,是宗教哲学问题,或者是文学艺术作品,那么这种认识、理解和阐释就可谓"不可言说的言说"了。曹丕说文章才能虽在父兄不可移于子弟,是的,一些有着特殊才能的人,创造出了难以言说的作品。文学艺术有不可言说的方面,我们所要讨论的,就是如何言说难以言说或不可言说的对象。这就要求我们对语言符号及人类意识有一个清楚的认识。王弼的《周易略例》,在这方面有着重大贡献。

王弼在《周易略例·明象》篇中,辨析了象数符号与语言、意义——包括情感和直觉体悟在内的一切主体意识的关系,由此可以说明《周易》为什么可以以及如何在美学领域展开,有哪些基本启示。

象是《易经》的标志,所谓易道广大,其实就是因为象这种原始符号能够容纳最为丰富的解释。王弼讨论言象意问题,学界一般与庄子的得意忘言说联系起来,等同于哲学和古代文论领域的言意之辨命题。二者虽有关联,也有很大不同,这种不同才是王弼真正贡献于哲学和文论之处。

王弼说:

> 夫象者,出意者也。言者,明象者也。尽意莫若象,尽象莫若言。言生于象,故可寻言以观象;象生于意,故可寻象以观意。意以象尽,象以言著。

这是为了说明卦象与卦爻辞的关系,而对"象"——图形符号本身的特点加以说明。象是相对于文字而言。从语言符号的产生过程看,象是最初的表意符号,人们直观它就可以明了其意义。随着思想认识的发展,符号也在发展,那些有了明确而固定意义的象就会通过形的简化而演变为文字,否则就会被淘汰。有的图形符号会保留下来,不过一般都需要文字解释。在文字发展过程中,还会产生新的图形符号。王弼之所以要说明意、象、言的关系,是针对汉代易学神秘化的走向。比如汉元帝时期的京房,依托《周易》将异常的自然现象或灾害与政事联系起来,使得易学演变为占卜之术。卦象具有解释的任意性,因此容易导致各种杂说都依托《周易》展开。王弼专注于义理解释,首先就要将卦象的意义限定于卦爻辞,卦爻辞就是对卦象的说明,这样,王弼《周易注》的任务就只是解释卦爻辞了。

王弼这段话直接表述的意思是:象,是由人的表意需要而产生的;言——卦爻辞则是说明象的,说明象所承载的意。"尽意莫若象"是沿袭系辞中"圣人立象以尽意"的说法,是说对于当时创造象的人来说,象与他的意紧密联系着,因此说尽意莫若象,并非说圣人立象可以完全表达其意。"尽"有努力完成的意思,如《荀子·荣辱》:"农以力尽田,贾以察尽财,百工以巧尽械器。""圣人立象以尽意"也许只是指圣人希望以象去尽意,未必是立象即可尽意。当然,相对于言不尽意而言,王弼可能认为象与意更接近,因此说"尽意莫若象"。广义的象作为表意符号,与意的联系更密切,语言难以表述的意往往可以记载于象,无需言说,只需意会。在今天,人们一思考,头脑里有很多现成的思想,语言就会跳出来,以至于人们忽略了头脑里更多的是表象。因为社会交往依靠语言,所以,人们甚至轻视象。实际上,在更多时候,在更大程度上,我们头脑里的意绪是与象结合在一起的。创造卦象的智者,无法复制头脑中那么多"象",所以只有采用最简明的方法,用阴阳二爻来外化"象"。这个象不够"形象",更不能够明确表意,不能够明确传达。因此,就要用文字来表述。既然"象生于意",那么"尽意莫若象"。"尽象莫若言",就是要用语言来表述与象连在一起的意。

王弼在说言意象的问题时可能想起了庄子的得意忘言,更可能是受其启发,而运用于《周易解释》。《庄子·杂篇·外物》第二十六说:

> 筌者所以在鱼,得鱼而忘筌;蹄者所以在兔,得兔而忘蹄;言者所以在意,得意而忘言。吾安得夫忘言之人而与之言哉!

王弼《明象》中说:

> 故言者所以明象,得象而忘言;象者,所以存意,得意而忘象。犹蹄者所以在兔,得兔而忘蹄;筌者所以在鱼,得鱼而忘筌也。然则,言者,象之蹄也;象者,意之筌也。是故,存言者,非得象者也;存象者,非得意者也。象生于意而存象焉,则所存者乃非其象也;言生于象而存言焉,则所存者乃非其言也。然则,忘象者,乃得意者也;忘言者,乃得象者也。得意在忘象,得象在忘言。故立象以尽意,而象可忘也;重以尽情,而画可忘也。

王弼的意思就是,人们的目的是"意",象和言作为符号都是手段。这样他就提出解释《周易》的一个重要思路:突出主要问题,紧扣要义,不要拘泥字面,也不要随意比附。他说:

> 故触类可为其象,合义可为其征。义苟在健,何必马乎? 类苟在顺,何必牛乎? 爻苟合顺,何必坤乃为牛? 义苟应健,何必乾乃为马? 而或者定马于乾,案文责卦,有马无乾,则伪说滋漫,难可纪矣。互体不足,遂及卦变;变又不足,推致五行。一失其原,巧愈弥甚。从复或值,而义无所取。盖存象忘意之由也。忘象以求其意,义斯见矣。

这是非常简明而有创建性的观点,对于经典解释有着重要意义。它指出了汉代易学解释中存在牵强附会的现象,这种现象在《老子想尔注》中表现得更明显,几乎成为一种学风。符号具有任意性,语言如此,象更如此。因此,易学解释应该接着最初的经义,以卦爻辞为本原来展开,并且,对于卦爻辞的文字也要得意忘言。

王弼的观点对于文学文本接受很有启示。

忘象忘言并非说语言符号不重要,对于文学作品来说,更不是说形象场景不重要。王弼只是要求我们不要拘泥于字面,不要随意解释,随意比附。文学作品的象对于读者的意义在于,因为任何既有的文本解释都不是意本身,所以只有阅读作品才能够领悟其意。甚至,读者可以忽略作品语言本身的意义,以言观象,进入作品的特定语境和情境,化身为其中人物,去感受其中物象,"经历"其中情节。

王弼谈易之象数,揭示了一切广义的"象"的重要性。形象说明胜于一切语言。在自然科学中,各种图像,和更接近于象数的符号,比文字说明要直观易懂。在人文社科类书籍中,图表和统计数据之类也比文字介绍要简明有效。在情感和审美领域,"象"更是有语言不可言说的方面。言是说明象的,是意的表达手段,手段总是有局限的。老子说信言不美,美言不信,指出言是不一定可靠的。以谈情说爱为例,一个表情、一个动作胜于一切语言,实实在在地表现比任何山盟海誓都要感人。只是,人常常会受外在思想观念支配去判断感情,忽略实实在在的感受。

文学作品中的场景、物象对于表意和接受有着胜于语言的作用,这也是为什么一旦技术条件成熟,影音作品迅速取代了纯文学。

总而言之,言和象都是表意符号,王弼论言意象关系,可以简化为言意关系。忘言忘象在科学领域不适用,科学著述要求语言和意义明确等同,要求各种图像符号表意非常明确,传达某一领域内的常识,总之意最重要,用什么符号都是服务于表意目的。对于文学艺术作品来说,则尤其要强调忘言忘象。作者的思想、情绪、感觉等都不一定是语言可以描述的,与之相连的物象也是丰富而变动的,不能轻易下结论。对文学作品的解说,也要克服语言自身的惯性,避免读者将语言本身的意思当做解说者的意思,避免望文生义。

文学艺术作品的解读是言不尽意的,说得清和说不清的两难可以从两方面缓解:其一,读者读到什么就是什么,作者之意对于读者来说并不一定是最重要的。其二,如果要说,就说那些说得清的方面。王弼说过要辨名析理,深奥的道理需要由名去推导、领悟,文学艺术作品的意蕴与深奥的道理有所类似,也要通过文字、物象去推究。不能够一味强调不可说。如果真的不可说,那还说什么呢? 不可说但努力说,老子如此,王弼也是如此。文学批评只有尽量寻求合适语词和合适的表达方式,力求趋近于文学艺术作品的丰富而隐晦的意蕴。

第五节　何王学说所联结的美学范畴和命题

何晏在美学上卓有贡献,王弼在何晏基础上有重大推进,开启了中国古典美学的新途:一是本末有无之辨及圣人有情论启示了一种全新的价值思考,在实用主义或功利主义的主流下,促成哲学的独立,转向对人生问题、个体精神问题、艺术和美学问题的关注,并启示了对艺术审美特性的初步关注;二是辨名析理改变了中国哲学的话语方式,为从学理上探讨精神、审美问题打好了基础;三是言意之辨推进了文学语言形式特征的研究;四是王弼将何晏的理想圣人观与人物品藻中的形神之辨结合起来,启示艺术把握方式的自觉。本节不仅是总结王弼的美学贡献,也是要梳理正始玄学所关联的美学观念、范畴、命题,将多位玄学家的美学思想贯通起来。

言意之辨和形神之辨作为重要的美学和文论命题,在王弼这里只是一个发展阶段,本书会有多处论及;本节侧重论述前两方面,兼及后两方面。

一、本末有无之辨和人本主义的“回归”

何晏发起关于无为、无名的清谈,迎合了人们言说不可言说事物的兴趣。远离实际的清谈难以引起士人的持续热情,王弼崇本息末,抓住了老子的根本思路,也与现实问题建立了根本联系,任何言说都可以相对于实际问题展开,玄谈不论多么玄远,清谈家的心中始终有现实问题存在,只是以一种独特的言说方式展现超然物外的风度。何晏开启了无功利目的而合目的的言说,在王弼这里,玄谈才真正是无功利而合目的。

　　何晏开启了为言说的言说,王弼虽然要求辨名析理,但并不妨碍无功利的言说继续盛行。因为,王弼辨名是辨一切名,对应于一切实和一切理,其中有些事实与现象是精神情感方面的,其理更非实践领域的政治伦理之术,而是哲理,是秉承老子以人为本的思想,对政治、伦理、法家之术进行反思,是紧扣孔子的政治理想与人生理想,对社会现实与政治方略保持反思。因此,这种哲理,是无用之用,是思考之上的思考,也是言说之外的言说,将玄谈推到一个新的高度,时时处处着眼事实与现象,又不落言筌,应物而无累于物。王弼消解了汉代的具体道和术,恢复了老子的本体道,以无解道,使"道"无所不包,不局限于任何具体言说。这启示了刘勰以"原道"展开《文心雕龙》,既具体地探讨一切文章问题,又不停留于任何具体的结论,建构了一个开放性的理论系统。何晏的"道"为非功利的言说、写作、艺术创造以及论文、谈艺提供了理论支撑,王弼则为实实在在的现象与事实分析提供了理论启示。

　　宗教、哲学和文学艺术是不容易说清楚的领域,何晏导向的是那种似是而非、意在言外的言说,王弼导向的是辨名析理、得意忘言的言说。佛学方面,不说或不说明白是继承了何晏的路子,抓住要旨而不多说、在一定层面尽量说清楚是继承了王弼的路子。人物品鉴、山水赏会更倾向于何晏的路子,文学批评方面则主要采取王弼的路子,这是因为,人物和山水只可意会不可言传之处太多,而文学批评的对象以语言为媒介,以社会生活为基础,可以言说之处非常多,因此要抓住要旨,理出头绪,避免无限地展开。

　　何晏开启的清谈之风限于学术思想领域,只是带有一定审美品鉴的色彩。王弼崇本息末也崇本举末,将本末统一起来,使得玄谈涉及一切议题,包括情感、人生问题。因为王弼对诸家实用思想只是反思,并无创建,因此其更大启示在于精神审美方面。

　　老庄哲学的要义,或者说根本,是对以政教为中心的观念与制度保持反思,以本体"道"来置一切具体观念于相对,保持批判、怀疑和否定,以虚无来矫正过度的实用主义或功利主义。老子要求君王将臣民视为幼儿、稚子,似乎是蔑视大众,不过,考虑到人们对稚子的爱最是无私,所以这也是以民为本观念的一种特殊表述。庄子以个体精神自由来对抗世俗价值观念,这是更高层面的以人为本。

王弼正是在人本主义的层面会通孔老的。他以"崇本息末"、"崇本举末"、"辨名析理"的思路来把握老子,归根结底是为了说明各种思想观念的局限性。各家学说本身并无所谓对错可言,各抒己见、各圆其说,但是以人这一目的来观照,则总会存在一定的片面性。王弼继续按照以一总多的思路和得意忘言的方法来把握《周易》,改变推天道以明人事的思路,将天道与人事区分开,以人事为本,并且反拨易学往各种政术、养生术、占卜术不合逻辑地展开的倾向。他的《论语释疑》,则以更为开阔的视野,阐发了孔子的政治伦理学说和人本主义思想。他的圣人有情说,填平了圣人与凡人之间的鸿沟,为郭象阐发庄子的个体精神,推动个体自觉清除了观念障碍。

何晏不想针对他的时代和自身处境发言,不想表述明确的思想,不愿提出具体明确的观点,后来的玄学家们接着他的话言说,就更多关注人的精神世界,关注人的心灵诉求。王弼论老而不论庄,是要将何晏没有说清楚的思想说得更清楚。竹林玄学时期,阮籍、嵇康热衷于言说庄子,就是由自己的心灵诉求进而关注人类的精神问题,将现实问题也上升到理想境界、审美境界。郭象则将庄子的理想境界、审美境界返归到现实层面。如他将《庄子·齐物论》中"夫吹万不同,而使其自己也"解释为"天籁"说:

> 此天籁也。夫天籁者,岂复别有一物哉!即众窍比竹之属,接乎有生之类,会而共成一天耳。无既无矣,则不能生有;有之未生,又不能为生。然则生生者谁哉?块然而自生耳。自生耳,非我生也。我既不能生物,物亦不能生我,则我自然矣。自己而然则谓之

天然。天然耳，非为也，故以天言之。①

　　庄子反对破坏万物的天然状态，郭象谈万物生成问题，也是为了强调"天然"，将老庄之道转化为人生观及行为方式上的自然之道。他说万物"独化于玄冥之境"，虽然也是从生成论角度讨论，但以现代科学的眼光来看，万物生成既各有其长期的、难以完全考察清楚的进程，彼此间还有科技手段不能够完全解释的种种联系，因此，"幽冥"这个颇具美学意味的词语，只是郭象对自然奥秘的笼统说法，不必在生成论方面细究。郭象认为天是万物的总名，万物各自产生，并不是出于"无"这个根本，没有一个总体根源、依据或原因。这段话常被看做是对何晏、王弼的反拨。何晏的"无"究竟是什么，他本人没有说清楚，今人称之为本体，同样也不清楚。汉代学者从生成论角度，将老子的"道"置换为"无"，理解为万物发生的依据。何晏如果仍然这样理解，那么置换为"无"就有些难以理解。也许他是看到自然物经常"无中生有"，不过《易经》中已有"天地氤氲，万物化醇，男女媾精，万物化生"的说法，他应该知道万物都不是没来由的。因此他可能感觉到了老庄的"道"具有消解意味。王弼则非常明确地将"道"解释为逻辑上的前提和最高的参照。从生成论角度说，郭象也许是针对何晏的无中生有论，提出独化论。王弼的全部著述中并无生成论的内容，只是对文本本身及相关社会现象的形而上探讨，郭象没理由针对王弼。他们的观点更多是相通的。王弼的崇本息末是对世俗价值观及各种政治伦理思想保持反思和批判，郭象则更为明确地将无为的政治观和人生观转化为自然之道。我们不必纠缠于不同理解之间的对立，更应该将他们的传承关系理清楚。

　　何晏将圣人表述为淡而无味，是"至清"，是无瑕，不能够以现实中的观念来衡量。圣人与众人之间存在鸿沟。这样，何晏就停留于圣人论而难以转向一般的人物品鉴，他的人物品评以圣人为理想尺度，着重于德行方面，不及其他精神，外貌描绘也是恍恍惚惚，点到即止。王弼虽然也

---

① ［晋］郭象注，［唐］成玄英疏：《南华真经注疏》，第 26 页，北京：中华书局，1998 年。

沿袭何晏关于圣人的言说,但是,他的圣人有情论打破了圣人与一般人之间的界限,填平了圣性与人性的鸿沟。圣人就是理想的人,是至人,圣人与大众的关系是本与末、一与多的关系。何晏的圣人观启示了艺术理想和艺术典型的塑造。中国人喜欢塑造典型,喜欢以一总多,儒家是以大道统率具体规则,道家则是以一个概念统率无限思想。何晏的圣人与道同体,那就是恍兮惚兮,是大音希声,大象无形。与这种观念相联系的典型只好是庄子笔下不食五谷的形象。王弼的启示则是,现实从不同方面接近理想,现实就是理想的具体表现和实现途径。艺术典型是具体的人物,不是圣人本身而分有圣人属性。何晏启示的典型适于非文字性的艺术作品,对于绘画来说,不能够是人物画,只能够是山水画。这样才能够达到"虚"或"清"。王弼启示的典型则既是以人为中心的文字作品,也是人物画,其中的清虚境界不是无人无现实,而是读者从人的现实中以得意忘言之法去领悟的。

由于圣人与凡人的界限被打破,人物品鉴由政治品评转向一般品评,由现实人物品鉴及于历史人物和艺术人物,由人及物,及于山水和山水画,整个艺术批评由此都得以展开。

王弼的圣人观是"有情"和"应物而无累于物"。这个"圣人"形象首先是老子意中"功成而弗居"的君主,如尧舜禹。郭象所理解的圣人更接近庄子自我塑造的理想形象。这种"圣人"身"虽在庙堂之上,然其心无异于山林之中"①,"夫圣人之心,极两仪之至,会穷万物之妙数,故能体化合变,无往不可,旁礴万物,无物不然。世以乱故求我,我无心也。我苟无心,亦何为不应世哉?然则体玄而极妙者,其所以会通万物之性,而陶铸天下之化以成尧舜之名者,常以不为为之耳"②。圣人通晓天地间一切道理,他本身就能够自然而然地适应一切变化,"无心"也无需动心和用心,无为而治而能够达成大治。这是将何晏的"无为为本"说做了积极

① [晋]郭象注,[唐]成玄英疏:《南华真经注疏》,第12页,北京:中华书局,1998年。
② 同上书,第14页。

的、正面的发挥。庄子也有息心、息念的观点，为后来佛家所继承，即既不是风动，也不是帆动，而是心动，是"菩提本非树，何处惹尘埃"。王弼和郭象显然并非认为只要消除心念就可以清除一切困扰，而认为圣人体万物之性，畅万物之情，自然而然就能够实现无为而治。阮籍、嵇康也表述过这种观点：至乐，可以化人而不觉。魏晋玄学以人为本，是将个体精神与人的社会存在结合在一起的，只是可能有不同侧重，而佛学，纯以个体心灵为本，这并不是全面的以人为本。庄子纯以心灵为本，是一种文学表现方式，如果将其当做一种存在方式，那就是宗教的境界，不是哲学的境界，是信仰而非智慧。

儒家强调王霸之业，要求每个人协助君王实现大治，追求建功立业，为此有一系列的政教要求、伦理观念，与一系列的选拔、奖惩制度，这不是少数思想家们的反思和质疑可以撼动的，其传承惯性远远大于变动和消解的力量。因此，王弼的反思只能够作为一种思维方式，作为一种哲学智慧，这种智慧为宗教吸收，并在艺术领域充分展开。

如汤用彤所说："王氏形上之学在以无为本，人生之学所反本为鹄。"①王弼玄学归根结底是一种人生哲学，对人和社会问题的关注着落于精神层面，审美成为实现这种精神眷注的必然手段。先秦以来的哲学主要是政治哲学，而何晏、王弼的玄学更接近于人生哲学和艺术哲学，更容易走向美学。

本部分标题中"回归"二字之所以打引号，是因为以王弼为代表的正始玄学固然在人本主义这一点上会通孔老，可谓回归，但儒家和道家的人本主义思想是有区别的，会通二者不是相加，而是在兼有的基础上生成新的内涵，我们谓之"全面的人本主义"：不仅以大众、民众为本，更以个体为本，不仅关注人的社会处境，也眷注人的精神——这就是魏晋玄学与人生、艺术的连接点，是其美学的崭新走向。

---

① 汤用彤：《魏晋玄学论稿》，第46页，上海：上海古籍出版社，1991年。

二、辨名析理与话语方式的转变

话语方式也是思维方式。实用主义和政教中心主义的思维方式对于话语方式的直接影响就是经典解释的先入为主,以及实践和理论的不当结合。我们以《诗经》、《老子》、《周易》的解释及《吕氏春秋》为例略加说明。

汉儒从美刺两端解释《诗经》,说《关雎》是"咏后妃之德",无视诗句本身。这样的例子众所周知,不胜枚举。春秋时期,《诗经》与实用目的的紧密结合。赋诗言志就是一种巧妙有趣的外交方式。如晋国的韩宣子出使郑国临归时,郑国的六卿为他饯行时,各自朗诵了一首诗,借其中一些句子来表示心意,如"有美一人,婉如清扬"、"邦之司直"、"邦之彦兮"是赞美韩宣子,"邂逅相遇,与子偕臧"、"既见君子,云胡不喜!""叔兮伯兮,倡予和女"是表示友好。显然,这并不是《诗经》本身具有实用目的,而是因为当时郑国与晋国交好,赋诗不过是锦上添花。孔子说:"小子何莫学夫诗。诗可以兴,可以观,可以群,可以怨。迩之事父,远之事君,多识于鸟兽草木之名。"将《诗经》当做观风观志的舆论材料,当做研讨文献,当做识字读本和道德教育读本,都是可以的。《诗经》不一定是最好的教科书,教科书也不一定限于诗经,只是在当时,《诗经》最为浅近,亦最为有趣而已。我们可以将实用目的、政教目标诉诸任何文本,只是要避免对《诗经》作狭隘的、牵强的解释,甚至忽略它作为文学作品的更为丰富的蕴涵,及其精神审美方面的意义与价值。

老子从不认为肉体可以成仙、长生不死,庄子"齐生死"只是一种精神超越。老庄认为人的欲望是忧患之源,反对长生追求,主张"无身",顺其自然。但《老子》书中有一些比较含混的字句,如"谷神不死,是谓玄牝。玄牝之门,是谓天地根"(第六章)、"死而不亡者寿"(第三十三章)、"深根固柢,长生久视之道"(第五十九章)等等,似乎在说人们可以长生。庄子的心斋、坐忘,本是指自我精神的调节与修炼,但也像是在讲养生。于是,汉代的《老子想尔注》,就以养生、延寿、修仙为主旨,不仅望文生义,甚至改字作解。《老子》第二十五章中说:"故道大,天大,地大,王亦大。域中有四大,而王居其一焉。"本意是强调王(圣人)与天地一样,都须以自然之道为法则。《想尔注》改"王"字为"生"字,把"道"解作长生之道,将"生"与道、天、地并列为宇宙永恒存在之"四大"。经过这一改动及解释,"生"就成为道的一种固有属性,一种表现形式。又,《老子》第十六章说:"知常容,容乃公,公乃王,王乃天。"《想尔注》同样以"生"代"王",解释说:"知常法意,常保形容;以道保形容,处天地间不畏死,故公也;能行道公政,故常生也;能致长生,则副天也。"①《老子》本义是强调致虚静、守极笃的修养工夫,在这里却成为长生的手段。《老子》第七章中说"圣人后其身而身先",是主张自然之道、无为而治,《想尔注》却解释为守"道诫"者即能得仙寿。

汉代易学中也有这种情况。如魏伯阳的《周易参同契》认为人体是一个小天地,体内能量流的运行,与日月的运行遵循着同一规律。因此魏伯阳提出炼内丹之说。他把炼丹过程与人的生命活动紧密联系起来,尤其多用两性之事比喻炼外丹的过程,同时也讲解了内丹之法。这种建立在古人经验与直觉基础上的养生方法至今还为医家津津乐道,比如何时进补,男女如何交合等。这些与《老子想尔注》有颇多相似之处。王弼说"义苟在健,何必为马",击中了这种牵强附会思维的要害。

政教中心主义也导致经典解释的牵强附会。庄子解老主要是阐说他的人生哲学,韩非子则致力于政治伦理方面的阐发。前者是形而上的精神向往,后者是实用的态度。如老子说:"其政闷闷,其民淳淳;其政察察,其民缺缺。祸兮福之所倚,福兮祸之所伏。"老子是从宏观的角度,以无限的可能性来打破惯性思维,否认惯常的认识——政治清明是人民之幸,而引导更高层次的思考——太讲政治,则百姓浑身是毛病,无所适从,也就是推崇无为政治的意思。韩非则孤立地看到祸福相依这一观点,与具体人事结合起来,疏通了祸福之间转化的内在逻辑:居安则失去

---

① 饶宗颐:《老子想尔注校证》,第 20 页,上海:上海古籍出版社,1991 年。

警惕,导致祸患;居危则谨慎,得以全身。实际上,祸福转换只是偶然,不管举出多少实例,都不能够证明其必然性。韩非把祸福相依绝对化了,把老子的抽象思维具体化、实用化甚至可以说庸俗化了。表面看来,韩非圆了老子祸福相依之说,实际上是在阐说自己的实用主义祸福论并自圆其说。王弼指出,立刑名,明赏罚,以检奸伪,于为政是做得很好了,却带来"殊类分析,民怀争竞",即"其民缺缺"的后果。因果之间的转化可能适得其反,祸福往往互相转化,正与奇没有固定的标准。

由此可见,辨名析理,就是由名及实,探究其理,而非"真理"先行,观点先行。王弼辨名析理,直接作用就是把握老子要旨,避免任意阐发和无限展开,这对于一切经典解释都是适用的。更深一层的影响在于,理论探讨,固然要结合实际,但这只是说,要确定名实关系,并不是说时时处处要结合实践来讨论理论问题。纯理论探讨是必要的,不能够结合实际,这是因为,任何实际都有局限性,如果结合实际来进行理论探讨,结论就不具有普遍性。

何晏论"无"启示人们以体悟和想象去追求空明境界,王弼既承接何晏以无为本,但更强调以无为用。他讲求名实一致、虚实结合、有无统一。沿着王弼方向展开的魏晋玄学,在有无虚实之间可能各有侧重,但不会偏于一端。

"清"这一美学范畴,由何晏倡导清谈来说其本义,相当于玄、虚、无,也就是不着形迹,不明确着落于具体人物、事物、事件、目标,或者虽然涉及具体人事物而又不限于此;作为一种艺术风格,就是轻灵飘逸;作为一种审美方式,就是不落言筌,意在言外。王弼尚清,既是以无为本,又是本末统一,王弼解老、注易、释《论语》,都是既处处着眼于现实问题,又始终超越于现实问题。所以王弼之"清"并非玄、虚、无,只是其言说方式比较轻灵飘逸,在有无之间自如出入。这样,"清"就成为一种总体风格特征,而不是意味着内容上的玄虚。"溺乎玄风"不是清。清是化实为虚,以虚写实,虚实相生。《文心雕龙·明诗》说:"嵇志清峻,阮旨遥深,故能标焉。"这是互文,阮籍、嵇康既不纠缠于现实问题,又有扎实的内容和严肃的思想,是清与峻的结合。因为不具体谈论现实问题,所以"遥",因为实际上又是从政治、人生等大问题出发的思考,是超越通常见解的思考,所以又有深度。王弼推崇的是这种清峻遥深的美学风格。

中国古代政治伦理方面的实际问题尚且没有清晰的表述与论证,精神、心理层面的问题,个体人生问题和艺术问题就更是很少说清楚,甚至根本不说。所以,辨名析理是非常有必要的。魏晋思想之所以在民国时期和20世纪后期引起关注,就是因为辨名析理赋予玄谈以缜密和深刻的特点,从而具有反思和批判的力量,有助于思想解放。

辨名析理对于哲学和美学的直接影响,就是人们要对各种名及其对应的实——观念、制度、对象等进行分析,这就带来了对象的分类和定性分析。这种话语在政治伦理中不能够充分施展,在美学和文论领域则充分发挥了作用,推动了六朝美学理论自觉乃至系统化。

注释是中国传统的学术方式,注者通过作序的方式来集中阐述自己对原典的理解,这是一种惯例。《老子指略》《周易略例》这样自成体系的长篇大序则是罕见的。其体系构架的内在思路是崇本息末、以一总多,其方法就是辨名析理、得意忘言。其统率性的观点是人本主义价值观。王弼的理论体系模式渊源于老子道生一、一生二、二生三、三生万物的推演模式,和《易经》派生的太极—阴阳—三才—五行—八卦模式。王弼释大衍义说:"演天地之数,所赖者五十也。其用四十有九,则其一不用也。不用而用以之通,非数而数以之成。斯易之太极也。"刘勰《文心雕龙》定五十篇数,即源于此,他的结构思路取之于王弼,刘勰能够建立起严整的理论体系,直接受到王弼易学影响。

第三章　阮籍、嵇康的美学思想

　　阮籍、嵇康的美学思想包含了多个方面,本章介绍时,以其音乐美学思想为主线,旁及其余。

　　广义的乐论,从先秦至两汉,名为论乐,实为论政。魏晋继承了这个传统,但是已经开始由政教向审美倾斜。阮籍乐论明显沿袭了前代乐论以乐观政的传统,他崇尚大乐、至乐,这与他推崇"大人先生"一致;他推崇无为而治,这与其《清音赋》、《达庄论》、《通老论》中的道家境界一致。嵇康虽然也沿袭了论政的思路,但主要是在论乐。从论乐方面讲,他真正把握了音乐的特质。

第一节　阮籍、嵇康的思想意趣

　　阮籍(210—263),字嗣宗,陈留郡(当时属于兖州)尉氏县人。嵇康(224—263)①,字叔夜,谯国铚人。祖籍会稽上郡,后徙居于此。阮籍和嵇康生活在一个特定的历史时期中,其时局势动荡不安,充满诡异,交织着机心、争斗和杀戮。作为名士,他们时时都身处险境。从历史文献记

---

① 嵇康生卒年有多种说法,此处取陆侃如《中古文学系年》的说法,即生于黄初五年(224),卒于景元四年(263)。详见《中古文学系年》,第460、612页,北京:人民文学出版社,1985年。

载来看,阮籍与司马氏集团保持着一定程度的合作与默契,而嵇康则有意疏离了司马氏集团中人(如钟会、山涛)。两人的生存姿态虽然不尽相同,但内心的苦闷、愤激却是极为相似的。同时,他们都有着极好的音乐修养。为了排遣郁积,他们往往寄情于文学艺术活动之中,弹琴、长啸等音乐艺术活动因而成为重要的生活内容和表情方式。

从魏晋玄学的历史进程来看,阮籍、嵇康所表现的是"玄学的浪漫方面"[①],他们的思想意趣主要见之于其文章、行为,而不在于玄理体系的建构和阐述。阮籍、嵇康以老、庄为师,《晋书》记载:"(阮籍)博览群籍,尤好《庄》《老》","(嵇康)学不师受,博览无不该通,长好《老》《庄》"。他们二人在博览群书的基础上,契心于老庄思想,尤其是庄子,他那种放达逍遥的人生态度,尤其令阮、嵇二人追慕不已,以至于以庄周为模范。阮籍、嵇康二人师法老、庄,思想旨趣全在"自然"二字,他们追求顺应自然本真的心性,放达不羁,实则自有其坚守的大端。

第一,对于阮籍、嵇康来说,"自然"的首要含义就是世界的混沌不分。阮籍《达庄论》说:"至道之极,混一不分,同为一体,得失无闻。"太初之始,人与大自然,与天地间的万物浑沦一体,人们心性淳朴,不分彼此,不辨利害,无所谓荣辱,也无所谓得失,世界呈现出一片本然天机,这就是阮籍、嵇康所向往的"自然"状态。它如同老子的"惟恍惟惚"之"道",窈冥深远,不可名状,而万物在其间得以舒展其本性。阮籍所谓"太始之论、玄古之微言",言说的就是这样一个"自舒"、"自居"的世界。在阮籍、嵇康看来,这样的世界犹如未经雕琢的玉石,处处充溢着天机,正是我们的世界的本原状态,也是今天的世界应该回复的状态。

阮籍《大人先生传》展现了一幅上古时期的混沌世界:"昔者天地开辟,万物并生;大者恬其性,细者静其形;阴藏其气,阳发其精;害无所避,利无所争;放之不失,收之不盈。亡不为夭,存不为寿;福无所得,祸无所咎;各从其命,以度相守。明者不以智胜,闇者不以愚败;弱者不以迫畏,

---

① 汤用彤:《魏晋玄学论稿》,第 146 页。

强者不以力尽。盖无君而庶物定，无臣而万事理，保身修性，不违其纪；惟兹若然，故能长久。"天地开辟之初，世间万物无论大小、阴阳，各顺其情性，人们不避利害，不争得失，无寿夭之别，无祸福之分，明暗自若，强弱自安，无君无臣，只是任从自己的本性发展。天地之间，混沌无别，万物一体，天机流行，自然而然地就能够长久。后世的圣王在某种程度上还守持着上古质朴淳厚之道，因此，他们尚能顺遂天地万物的本性而制乐，"昔者圣人之作乐也，将以顺天地之体，成万物之性也，故定天地八方之音，以迎阴阳八风之声，均黄钟中和之律，开群生万物之情"。（阮籍《乐论》）

相反，如果像《庄子·应帝王》中的儵、忽一样，用人为的机心凿破这个淳朴混沌的世界，那么，人们之间就会兴起纷争，产生二心，而它们是世间万物的祸乱之源，"夫别言者，坏道之谈也；折辩者，毁德之端也；气分者，一身之疾也；二心者，一身之患也"（阮籍《达庄论》）。更有甚者，世界会因此而陷入贪虐为性、彼此残害、死亡相继中，"末枝遗华并兴，豺虎贪虐，群物无辜，以害为利，殒性亡躯"（《大人先生传》）。这正是阮籍、嵇康为之愤激痛恨的。因此，阮籍十分感慨地吟哦："太初何如？无后无先。莫究其极，谁识其根。邈渺绵绵，乃反复乎大道之所存，莫畅其究，谁晓其根。"（《大人先生传》）他感叹太初之时，渺然窈然，无后无先，是大道依存之所，可是，今天有谁能够知晓它的究极呢？

阮籍、嵇康二人对于太古时期混沌状态的向往，实际上就是对于大道（"自然"）的歆慕与归依，这也是两人思想世界的底蕴。

第二，阮籍、嵇康所追求的"自然"，更具体地体现于人生之自然放任。在太初世界中，天地万物都是以一种混一不分的本真状态而呈现出来，人也如此。在这样的理想状态中，人的自然本性完全舒展开来，没有任何卷曲之处。但是，有一点阮籍、嵇康心中其实是了然如镜的，那就是：无论如何，太初世界毕竟是无法重建的。所以，与其说阮籍、嵇康是在心中建构一种社会理想状态，还不如说他们是在用这样一种社会理想来映照和显现出当下这个世界的支离破碎，尤其是当今人心的败坏。基于此,阮籍、嵇康所追求的"自然",更具体地体现于人生之自然。尽管今天的世界已经无法回复到太初时期的理想状态,但是,他们坚信,作为个体的人,自己的人生能够在一种自然状态舒展开来,这样就庶几可以逼近心中的理想。对于阮籍、嵇康而言,人生之自然在于全身养性,在于逍遥自得,在于放逸无羁,总之,在于顺遂人的本真之性。

他们主张一个人必须返回到淡泊平和、混沌不分的原初境界中,方能保全本性,养心养神。这是因为阮籍、嵇康对于当下污浊世界极其厌弃,他们认为世道人心的败坏完全起于混沌状态的丧失。在这一点上,嵇康的主张尤为彻底,他认为,一个人应该"修性以保神,安心以全身,爱憎不栖于情,忧喜不留于意,泊然无感,而体气和平,又呼吸吐纳,服食养身,使形神相亲,表里俱济也"。(嵇康《养生论》)也就是说,一个人必须顺应自己的自然本性,不生爱憎之心,不加忧喜之情,心境冥然淡泊,不沾染外物一丝一毫,然后才可以保全心神的自然状态,达到保全身体的目的。嵇康的养生主张与"混一不分"的世界之自然状态是相通的。如果将一个人视为一个小宇宙,那么,所谓"形神相亲,表里俱济",实际上就是形神、表里的混同一体,相生相成。一个人保持内心世界的平和、浑沦,又不曾有外物来划破这种平和、浑沦,他也就能够保全自己朴真的心性,从而养护自己的身心。嵇康《酒会诗》说"猗与庄老,栖迟永年",《幽愤诗》又说"托好老庄,贱物贵身,志在守朴,养素全真"。他之以老庄为师,原来也有着师法其养身养心之道的意味,所以,张溥认为,嵇康"讽养生而达庄老之旨"[1]。

人一旦投身于名利得失的争夺之中,逞施才智,放纵物欲,他的淡泊朴真之性便荡然无存了。这样的人,要想终其天年,真是难而又难。所以,阮籍感叹:"儒墨之后,坚白并起,吉凶连物,得失在心,结徒聚党,辩说相侵。昔大齐之雄,三晋之士,尝相与瞋目张胆,分别此矣,咸以为百年之生难致,而日月之蹉无常,皆盛仆马,修衣裳,美珠玉,饰帷墙,出媚

---

[1] 张溥:《嵇中散集题辞》,《汉魏六朝百三名家集》(二),第235页,南京:江苏古籍出版社,2002年。

君上,入欺父兄,矫厉才智,竞逐纵横,家以慧子残,国以才臣亡,故不终其天年,大自割系其于世俗也。"(《达庄论》)在他看来,儒、墨、名诸子纷争并起,齐晋之士追逐名利,都违逆了其自然本性,因而难以终其天年。同样,嵇康也"以名位为赘瘤,资财为尘垢",认为名位、资财是人生的累赘,妨害人心的本真自足,真正值得保全的是一己本心,因此,他主张,"不以荣华肆志,不以隐约趋俗。混乎与万物并行,不可宠辱,此真有富贵也"。(《答难养生论》)这样的心志理想,在其《与山巨源绝交书》中以一种凄然恳切的语调道出:"吾新失母兄之欢,意常凄切,女年十三,男年八岁,未及成人,况复多病,顾此恨恨,如何可言! 今但愿守陋巷,教养子孙,时与亲旧叙阔,陈说平生,浊酒一杯,弹琴一曲,志愿毕矣。"嵇康宁愿居守陋巷之中,过着饮酒弹琴、教养子孙的生活,也不愿投身于诸多外在束缚、他视之为囚笼一般的官场生活之中。

同时,追求人生之自然,还应顺遂人的自然本真之情性,逍遥自得。这一点,他们同样效仿庄子。阮籍《达庄论》说:"庄周见其若此,故述道德之妙,叙无为之本,寓言以广之,假物以延之,聊以娱无为之心而逍遥于一世。"庄子以人生无待之境为逍遥,追求无所依待的精神境界,阮籍、嵇康也是如此。嵇康说:"足者不须外,不足者无外之不须也。无不须,故无往而不乏。无所须,故无适而不足。"(《答难养生论》)在他们看来,知足的人自得意足,无待于名位利禄等外在条件,因而无往而不可,所在皆惬然自适。不知足的人必然有所依待,而这种依待又绵绵不绝,没有终尽之时,故而贪求不止,永不知足。嵇康言辞峻切地拒绝山涛的引荐,固然在于全身养性之志,亦在于穷居陋巷的简朴生活更契合于其自得无外的逍遥情性。

阮籍的逍遥自得之性,尤其展现在其特异举动中。《大人先生传》中塑造了一位"陵天地而与浮明遨游无始终"的大人先生,以之为"自然之至真",这应当是阮籍的人生理想所在。然而,理想毕竟只是理想。阮籍也曾驾车出游,"时率意独驾,不由径路,车迹所穷,辄恸哭而反"(《三国志》卷二一)。不过,这样的恣意出游,毕竟只能用来一时宣泄心中的郁积,游而不远,虽可以暂时舒怀,但恸哭之后依然还得返回现实人世。这就如同他的游仙诗,他在诗中遨游仙界、尽情畅怀俯仰之际,却仍然没有忘怀自己羁留于人间世的命运和辛酸。因此,驾车出游也罢,游仙舒怀也罢,似乎都未能臻达逍遥自得之境。

不过,阮籍有一些特异的举动,超出常人的所思所为,正好展现了其逍遥自得之性。《世说新语·任诞》记载:"阮公邻家妇有美色,当垆酤酒。阮与王安丰常从妇饮酒,阮醉,便眠其妇侧。夫始殊疑之,伺察,终无他意。"同条注云:"籍邻家处子有才色,未嫁而卒。籍与无亲,生不相识,往哭,尽哀而去。"阮籍醉眠邻家美妇身旁,或痛哭邻家处子之卒,是对其两人美色的自然而然的歆慕,未曾掺入私欲、利害的成分在内。魏晋名士有一股真性情,虽然不足以发明德行,但足以发现美,感受美,而且以清新纵逸之气表现为美的风度。阮籍对美色的欣赏,正如荀粲对美色妻子的深情①,都是名士独有的审美品格的外显。正是出于对这种偶然凝聚于人身上的天地自然之美的歆慕,阮籍可以醉眠不去,也可以素不相识却前去痛悼其亡。在这样的举动中,他只是纯任自己的心性舒展,没有丝毫的卷曲,也没有丝毫的尘滓掺入其中。《晋书》本传说他"外坦荡而内淳至",指的就是阮籍纯任心性而动的品格。

此外,人生之自然还包括放任自我心性,反对礼教的外在束缚,尤其是已经工具化、形式化的礼法。人生活在现实世界中,而现实世界遍布网罗,机关重重,逍遥自得的生活状态往往遥不可及。阮籍穷途痛哭,嵇康无辜下狱,都诠释了人生束缚的沉重。反过来,一个人体验到如此沉重的束缚之后,又必然会寻求脱却束缚、舒放自我的途径。在阮籍、嵇康而言,生于险难的时局中,网罗、束缚自是不言而喻的,而且,这种网罗、

①《三国志》卷一〇注引《晋阳秋》:"(荀)粲常以妇人者,才智不足论,自宜以色为主。骠骑将军曹洪女有美色,粲于是娉焉,容服帷帐甚丽,专房欢宴。历年后,妇病亡,未殡,傅嘏往嗟粲;粲不哭而神伤。嘏问曰:'妇人才色并茂为难。子之娶也,遗才而好色。此自易遇,今何哀之甚?'粲曰:'佳人难再得,顾逝者不能有倾国之色,然未可谓之易遇。'痛悼不能已,岁余亦亡,时年二十九。"《三国志》,第320页。

束缚往往是以礼法风教的名义实施的①。所以,阮籍、嵇康追求人生之自然,亦表现在其放任自我,任心而行,否弃时俗、礼法的约束。

《三国志》卷二一说阮籍"倜傥放荡",《晋书·阮籍传》中,裴楷认为阮籍是"方外之士",而自己是"俗中之士",说明阮籍不拘礼法是人所共晓的。嵇康《与山巨源绝交书》中也说自己"读《庄》《老》,重增其放,故使荣进之心日颓,任实之情转笃"。所谓"任实",就是放任、舒展自己的本真心性,不拘拘于外物,不汲汲于世情,傲然忘贤,忽然任心。因此,阮籍、嵇康尤为痛切地指斥礼法风教——尤其是形式化、工具化的礼法——对于人心的束缚乃至败坏,对礼法之士大加嘲讽。阮籍痛斥礼法君子所称扬的礼法,正是"天下残贼、乱危、死亡之术",指斥礼法中人"造音以乱声,作色以诡形;外易其貌,内隐其情,怀欲以求多,诈伪以要名;君立而虐兴,臣设而贼生,坐制礼法,束缚下民,欺愚诳拙,藏智自神;强者睽眂而凌暴,弱者憔悴而事人,假廉以成贪,内险而外仁"(《大人先生传》),并且将他们比作裈中之虱,认为他们的生活镜像虚幻不实,而他们自己时时面临祸难却毫不自知。嵇康的态度更加激切,他将名教礼法中人所尊崇的事物一口气全部批倒,"今若以明堂为丙舍,以诵讽为鬼语,以六经为芜秽,以仁义为臭腐,睹文籍则目瞧,脩揖让则变伛,袭章服则转筋,谭礼典则齿龋,于是兼而弃之,与万物为更始"。(《难自然好学论》)嵇康认为,只有这样,人才能回复到与万物混同一体的天然本真状态,其心性才能得以自由张放。

第三,阮籍、嵇康向往的自然状态,自有德性、礼义的位置。从某种意义上来说,他们对儒家所谓德性、礼乐有着比常人更为深切的同情和持守,这是他们思想意趣中正大方刚的一面。鲁迅先生说过:"魏晋时代,崇奉礼教的看来似乎很不错,而实在是毁坏礼教,不信礼教的。表面上毁坏礼教者,实则倒是承认礼教,太相信礼教。因为魏晋时所谓崇奉

---

① 钟会陷害嵇康,就是借口维护典谟和风俗:"康、安等言论放荡,非毁典谟,帝王者所不宜容。宜因衅除之,以淳风俗。"见《晋书·嵇康传》,第 1373 页。

礼教,是用以自利,那崇奉也不过偶然崇奉,如曹操杀孔融,司马懿杀嵇康,都是因为他们和不孝有关,但实在曹操、司马懿何尝是著名的孝子,不过将这个名义,加罪于反对自己的人罢了。于是老实人以为如此利用,亵渎了孔教,不平之极,无计可施,激而变成不谈礼教,不信礼教,甚至于反对礼教。——但其实不过是态度,至于他们的本心,恐怕倒是相信礼教,当作宝贝,比曹操、司马懿们要迂执得多。"①鲁迅先生此处所谓"老实人",是以阮籍、嵇康为代表来谈的。我们将德性、礼乐纳入阮籍、嵇康所追求的"自然"境界,似乎与以上两部分的论述有所矛盾,实则不然。因为阮籍、嵇康所理解的德性、礼乐,都是作为万物一体的太初世界中的一部分,是天地自然之道的一种呈现方式,这与后世人为设定的礼法有着本质区别。因此,要深入理解阮籍、嵇康的思想意趣,并在此基础上谈论其美学思想,就不可不辨清他们对于德性、礼乐的态度。汤用彤先生曾指出:"嵇康阮籍虽首唱'越名教而任自然',由于出身于大家贵族,他们所受的教育仍为礼教之熏陶,根本仍从礼教中来。"②可以说,这是理解他们的美学思想的根本。

　　阮籍《达庄论》说:"犹未闻夫太始之论、玄古之微言乎? 直能不害于物而形以生,物无所毁而神以清,形神在我而道德成,忠信不离而上下平。"这是顺承文中所论"至道"、"至德"、"至人"而来,其核心是"万物反其所而得其情"的自然境界。"太始之论、玄古之微言",说的就是泰初世界的浑沦状态。在其中,万物不受侵扰,各自顺遂其性,人作为这个浑然一体的世界中的一部分,在成全万物自性的同时,也实现了自己的本性。人与人之间的关联也是如此。一个人既不戕害外物自然之性,也不为外物所诱而丧失自性,所以做到了全身养性,形神相亲。在这样的自然状态中,人伦道德、君臣忠信、上下秩序,都植根于各自的本心,出乎自然,入乎自然。当一切均发乎自然,顺乎本性,自然而然地,既实现了个人的

① 鲁迅:《而已集》,《鲁迅全集》第三册,第535页,北京:人民文学出版社,2005年。
② 汤用彤:《魏晋玄学论稿》,第174页。

本真之性，"道德成"，也成全了君臣上下各自的本性，"忠信不离"、"上下平"。嵇康也有类似的主张。《释私论》说："傲然忘贤，而贤与度会；忽然任心，而心与善遇；傥然无措，而事与是俱也。"这是顺承上文而论君子（或至人）的境界。嵇康认为，真正的君子，其言行举止只是任从本心而发，并不预存是非、利害、善恶的判分尺度，因而一举一动都顺乎本性。这样，君子的言行举止，无一不是自然而然地得体合度的，无一不是自然而然地臻于至善的，无一不是自然而然地契合物性的。显然，阮籍、嵇康都将德性、礼乐等人文诉求置于顺乎万物本性的前提条件之下。

嵇康《家诫》说："若夫申胥之长吟，夷叔之全洁，展季之执信，苏武之守节，可谓固矣。故以无心守之，安而体之，若自然也，乃是守志之盛者耳。"这里，嵇康列举了四个事例：申包胥长哭于秦庭而求师救楚，守其誓言；伯夷、叔齐隐居首阳山，守其志节；柳下惠守信，如同守国；苏武羁留匈奴十九载，守其臣节。这四件事的核心，就是一个"守"字。在嵇康看来，守志是人生在世的大端，志向确定之后，便不可移易，如同申包胥、伯夷、叔齐、柳下惠、苏武等人，死而不辞。嵇康所举的事例，其中不乏忠臣节义之士。由此言之，嵇康之所谓志节，并未排斥德性等方面。不过，一个人的志节一旦确定下来，就应化为内心自然而然的方向，就像是与生俱来的一样；不去记起，却能自然而然地守持住它；不经意的一举手一投足，都是它的自然流露和体证。这样的"守"，才是真正的固守。从这个角度来说，阮籍、嵇康固守的乃是发乎本心、自然而然的德性。正因为它发乎自然人性，因而可以自然而然地做到守持不移，当然，"比曹操、司马懿们要迂执得多"了①。

第二节 阮籍《乐论》的美学思想

阮籍的音乐修养受到其父阮瑀的影响。阮瑀曾经从学于东汉末年著名文学家、艺术家蔡邕，据《文士传》记载："瑀善解音，能鼓琴，遂抚弦而歌，

---

① 这样，我们也就不难理解嵇康之子嵇绍为何要尽忠于晋室，"被害于帝侧，血溅御服"。见《晋书·忠义传》，第2300页。

因造歌曲曰：'奕奕天门开，大魏应期运。青盖巡九州，在东西人怨。士为知己死，女为悦者玩。恩义苟敷畅，他人焉能乱？'为曲既捷，音声殊妙，当时冠坐，太祖大悦。"这个故事不尽可信，不过，阮瑀妙解音律，能够抚弦弹琴，则是很有可能的。而且，阮氏家族后人中不乏善解音声者①，似乎与此也有关联。

阮籍为人放旷不羁，嗜好读书，常于音乐中寄寓情志，发抒心中块垒。《晋书》本传记载："籍容貌瑰杰，志气宏放，傲然独得，任性不羁，而喜怒不形于色。或闭户视书，累月不出；或登临山水，经日忘归。博览群籍，尤好《庄》《老》。嗜酒能啸，善弹琴。当其得意，忽忘形骸。时人多谓之痴。"一个人整日流连于经籍、山水、饮酒、啸歌、弹琴，从中获得怡乐、美感，以此畅怀，并由此而透悟人生真趣，可以算得上真正的超脱世情了，难怪时人将他视为痴人。在阮籍的精神世界中，音乐是领悟人生真义、寄托自我情怀的一条重要途径，足以使其忘却形体的羁累。其音乐方面的论说文《乐论》也是因此而发。

从《晋书》本传的记载可以看出，阮籍的音乐才能主要表现为两个方面。其一是弹琴。阮籍"善弹琴"，常以琴音为精神慰藉，其《咏怀诗》中颇有些透露，如"夜中不能寐，起坐弹鸣琴"（其一），"青云蔽前庭，素琴凄我心"（其四十七）。琴音令其情绪凄怆，是由于其内心本就潜藏着凄怆的意绪，琴音恰好将其唤起而已。不管是夜不能寐而起坐弹琴，还是本就意绪黯淡，偶有琴音令其动心，琴音与心绪之间的应和是自然而然地发生的，弹琴因而成为一种有着特殊意味的嗜好。阮籍的母亲去世，嵇喜前来吊丧，阮籍白眼相对；嵇喜的弟弟嵇康"赍酒挟琴造焉，籍大悦，乃见青眼"（《晋书·阮籍传》）。琴、酒这两种事物，皆为阮籍所好，即使居孝期间亦不为之改易，嵇康也是寄情音乐而超凡脱俗之人，所以两人方能抛却尘俗的礼仪束缚，相知相悦。其二是长啸。《魏氏春秋》记载了一

---

① 《晋书·阮籍传》所附阮氏后辈中，其侄阮咸"妙解音律，善弹琵琶。虽处世不交人事，惟共亲知弦歌酣宴而已"，连晋初掌管音律的荀勖"每与咸论音律，自以为远不及也"；阮咸之子阮瞻"善弹琴，人闻其能，多往求听，不问贵贱长幼，皆为弹之"。见《晋书》，第1363页。

件事:阮籍少年时期曾经游苏门山,苏门山有隐者,莫知名姓。阮籍与他谈论太古无为之道,以及五帝三王之义,苏门生萧然不闻,亦不应答。阮籍于是对之长啸,清韵响亮,苏门生会心而笑。阮籍下山后,苏门生亦啸,若鸾凤之音焉。在这个典故中,长啸成为阮籍、苏门生之间一种特殊的交流方式,也是一种精神层面的会心应答。由此可知,阮籍之喜好弹琴、长啸,既是家学熏陶的结果,也是其自身的精神需求。

阮籍的美学思想主要包含在《乐论》一文中。

一、"乐者,天地之体"

儒家向来重视音乐,认为"大乐与天地同和"、"乐者,天地之和也"(《礼记·乐记》),将音乐定位为自然与人情沟通、融合的媒介,强调"大乐"体现天地万物内在的和谐,因而可以化生万物。阮籍《乐论》明显继承了《礼记·乐记》的部分音乐观念,认同礼乐、刑教内外相扶的教化功用;但他受正始时期玄风拂拭的影响,对音乐的理解显然还有其形而上的一面。在阮籍这里,"大乐"已经上升为天地万物的自然本性、自体,成为天地万物趋附的准绳,因此,他提出:

> 夫乐者,天地之体,万物之性也。合其体,得其性,则和;离其体,失其性,则乖。(《乐论》,以下凡出自《乐论》者不另注明。)

也就是说,天地万物之所以和谐一体,正是因为它们与这种本体相合相融,因而得以显现其自性的缘故。如果它们背离其本体,就会掩蔽其自性,从而乖失恰当的节律和音声。由此可知,在阮籍的美学思想中,和谐的"大乐"是天地万物的内在之性,音乐与天地万物是融合为一、不可分割的。基于这一点,阮籍认为,古代的圣人作乐以化生万物,使万物和谐一体,乃是因为音乐顺乎天地万物的自然本性,"昔者圣人之作乐也,将以顺天地之体,成万物之性也,故定天地八方之音,以迎阴阳八风之声,均黄钟中和之律,开群生万物之情,故律吕协则阴阳和,音声适而万物类,男女不易其所,君臣不犯其位,四海同其观,九州一其节,奏之圜丘而天神下,奏之方丘而地祇上;天地合其德则万物合其生,刑赏不用而民自安矣。"万物各自安于自己的本性,因而整体臻于和谐的美好境界。虽然与《礼记·乐记》同样追求和谐一体的大道境界,但阮籍的思维路径明显不同,他在音乐的本体和功用两个层面上同时强调本真之性、顺乎自然。

与此相应,阮籍追求平淡之美。他认为,音乐顺乎人心、万物之自然本性,所以,音乐之美在于平淡简易的韵致。他提出:"乾坤易简,故雅乐不烦;道德平淡,故五声无味。不烦则阴阳自通,无味则百物自乐,日迁善成化而不自知,风俗移易而同于是乐,此自然之道,乐之所始也。"其内在理路来自《老子》尚"淡"的思想和王弼《老子注》"以无为本"的观念。在老子看来,"乐与饵,过客止。道之出口,淡乎其无味,视之不足见,听之不足闻,用之不足既"(《老子》第三十五章),因此,儒家的所谓"乐",与美食一样,本来是与道相背离的,真正的"大道",则是淡乎无味、听而不闻的。王弼发挥老子的这一思想,将"无"本体化:"夫物之所以生,功之所以成,必生乎无形,由乎无名。无形无名者,万物之宗也。不温不凉,不宫不商。听之不可得而闻,视之不可得而彰,体之不可得而知,味之不可得而尝。故其为物也则混成,为象也则无形,为音也则希声,为味也则无呈。故能为品物之宗主,苞通天地,靡使不经也。"①在王弼看来,"无"作为万物的宗主,苞通天地,却又无形无声,不可听闻而得。不过,音声虽为有形有限之物,却源于无形无限之本体("无")的孕育苞通,因而与此一本体直接相通。阮籍正是沿着这一理路,进一步将"乐"推向本体位置,强调其"日迁善成化而不自知,风俗移易而同于是"的平淡之美。他认为,平淡简易的音乐符合乾坤、天地的大德,顺应阴阳、百物的本性,是一切复杂的音声组合变化的起点、本源,因而也是最美的。

不过,阮籍认为音乐的和谐之美也离不开次序。他说:"八音有本体,五声有自然,其同物者以大小相君。有自然,故不可乱;大小相君,故

---

① 王弼:《老子指略》,载(魏)王弼著,楼宇烈校释《王弼集校释》,第 195 页,北京:中华书局,1980 年。

可得而平也。若夫空桑之琴,云和之瑟,孤竹之管,泗滨之磬,其物皆调和淳均者,声相宜也,故必有常处;以大小相君,应黄钟之气,故必有常数。有常处,故其器贵重;有常数,故其制不妄。"在阮籍看来,"八音"、"五声"都有其合乎自然的本体,"常处"和"常数"是这种和谐之乐产生的前提条件,所以自然之乐同样讲求次序和大小相君。《礼记・乐记》说:"八风从律而不奸,百度得数而有常",强调音乐制作中的律度和常数。阮籍从音声的本体、自性出发,将音乐制作过程中的"常处"、"常数"内在化,强调其不可改易的特性,"扩大开来说,也就对美所应具有的自然的合规律性在数量关系上的表现的强调,这是有它的理论意义的。"①也就是说,阮籍关于音乐"常数"的论述,已经认识到音声自身所具有的形式美的规律性。

阮籍追求的是一种有次序的和谐之美,也可以说,他要在不违逆名教的条件下寻求心灵的自然张放。因此,他也强调礼乐之间的相互关联:"刑、教一体,礼、乐、外、内也。刑弛则教不独行,礼废则乐无所立","礼定其象,乐平其心;礼治其外,乐化其内;礼乐正而天下平。"这样看来,阮籍《乐论》的音乐美学理想其实掺杂了一定的现实成分在内。阮籍的美学思想无疑源于《老子》淡泊无为的观念,但他看重次序,强调音乐的宣德教化功能,因而其美学思想存在着先天的矛盾。

不过,如果联系当时的士人心态,也就不难理解这一点了。曹操、曹丕、曹叡三代执政均以中央集权为目标,名法兼用,极大地冲击儒家政教传统和世家大族的地位。正始前后兴起的玄言清谈潮流,倡导自然无为,企图以个体一己的自然心性化解政治纷争中产生的困顿疲敝。阮籍置身其中,其美学思想以追求自然淡泊之"和"为基本尺度,也就顺理成章。但是,阮籍作为世族代表,仍然热衷有次序之音乐理想。他崇尚"雅乐",而"雅乐"多是贵族音乐,实际上还是对于儒家礼乐理想的回归。陈伯君认为:"阮氏所怀之理想及其持论,恰即自周至汉儒家礼乐刑政之理

---

① 李泽厚、刘纲纪:《中国美学史》第二卷上,第 169 页。

想、理论，阮氏之《乐论》，初未越出《礼记·乐记》之范围，虽间有所发挥，而其体统则归于一致……此之理想，恐为阮氏早期之思想，其后因格于现实，理想愈归渺茫，故终于'放废礼法，沉湎麹蘖'也。"①总体而言，阮籍心目中的理想境界归属于尧舜三代之时。他所追求的理想境界，牟宗三先生称之为"原始之谐和"。牟先生认为，对阮籍而言，"任何礼法、教法，皆不能安定其生命，而原始之苍茫亦不能为其挂搭处，则只有借音乐以通向原始之谐和，以为其暂时栖息之所。"②如果结合以上对阮籍《乐论》的分析来看，他的这个论断仍有值得商榷的地方。但是，阮籍所追求的和谐境界确实含有原始意味，所以，我们不妨借用"原始的和谐"这个语词来指称阮籍心中的音乐美学理想，当然这个语词也暗含了阮籍的社会理想在内。

二、雅乐方为至乐

阮籍以平淡简易之乐为美，提出"乾坤易简，故雅乐不烦"。这里的"雅乐"，与后文多次出现的"正乐"，都是与所谓"淫声"、"新乐"、"奇音"相对，强调乐声的平和自若。阮籍对于乐声善恶的评判，与其对于音乐本性、功用的理解是契合一致的。既然音乐应当顺应天地万物的自然本性，那么，作为礼乐教化体系的一端，"人安其生，情意无哀，谓之乐。"在上句中，"生"即是"本性"、"天性"的意思。阮籍视"情意无哀"为人的本性，主张音乐的功效在于"使人精神平和，衰气不入，天地交泰，远物来集"，最高境界的、最美好的音乐（"至乐"）就在于"使人无欲，心平气定"。在阮籍看来，"雅乐"、"正乐"，才是这样的"至乐"。

当然，"至乐"并不会凭空出现，其现实前提是"天下治平，万物得所，音声不哗，漠然未兆"，在这样有次序的和谐情境中产生的音乐，才是至美之乐，才能使人无欲而心平气定。相反，后世为乐，存在诸多弊端，故

① 陈伯君：《阮籍集校注》，第 104 页。
② 牟宗三：《才性与玄理》，第 254 页，桂林：广西师范大学出版社，2006 年。

而出现种种背离"至乐"的音乐。其一是"各歌其所好,各咏其所为"的风俗之音;其二是放纵无度的淫奇之声,包括"猗靡哀思之音"、"愁怨偷薄之辞";其三是令人流涕感动的哀伤之乐。虽然它们同是丝竹管弦之音,但是,它们的制作过程已然背离了"常处"、"常数",因而"其物不真,其器不固,其制不信";它们又一味迎合世俗之徒的音声好尚,鼓荡人心的种种尘垢和欲求,"取于近物,同于人间,各求其好,恣意所存,闾里之声竞高,永巷之音争先,童儿相聚以咏富贵,刍牧负载以歌贱贫,君臣之职未废,而一人怀万心也",最终使人再也无法返回到各自固有的平和雅正的自然之性。那些令人"流涕感动,嘘唏伤气,寒暑不适,庶物不遂"的哀伤之乐,以悲为美,无法产生"使人精神平和,衰气不入,天地交泰,远物来集"的效用,因而失去作为雅乐的前提。而那些超越"常处"、背离"常数"的淫奇之音,虽然"公卿大夫拊手嗟叹,庶人群生踊跃思闻",但无法达到化生万物的教化效果,因而也应该摒弃。

阮籍身处汉魏多事之秋,对于礼乐崩坏有着强烈关注,他认同儒家思想传统中音乐可以移风易俗的观念,主张礼乐并重,显示出他对儒家思想的继承;但是,他对音乐的本质、淫声产生的根源等问题的认识,立足于玄学,又与儒家音乐观有着明显区别。

三、音乐的齐一性

阮籍、嵇康的音乐美学思想与儒家音乐观念的重大区别之处在于,两人都是在一种万物一体的理想境界中来理解音乐,包括其本性、效用、形式特征等。这一点,在阮籍美学思想中表现为强调音乐的齐一性。

音乐的齐一性,首先指材质、制作方法、演唱节奏等方面的齐一。阮籍提出的"常处"、"常数"就是针对音乐的齐一性而发:"若夫空桑之琴,云和之瑟,孤竹之管,泗滨之磬,其物皆调和淳均者,声相宜也,故必有常处;以大小相君,应黄钟之气,故必有常数。有常处,故其器贵重;有常数,故其制不妄。贵重,故可得以事神;不妄,故可得以化人。其物系天地之象,故不可妄造;其凡似远物之音,故不可妄易。雅颂有分,故人神不杂;节会有数,故曲折不乱;周旋有度,故频仰不惑;歌咏有主,故言语不悖。"这里,阮籍指出了三个方面的要求:第一,制作音乐演奏所使用的乐器,其材质必须"调和淳均",出产于某一特定的地区,这也就是"常处",这样方能保证乐器本身异常珍贵,而乐器演奏出来的声音中和符节,可以悦神。第二,制作音乐演奏所用的乐器,其所发出的高、低、清、浊之音声依次变化,安然有序,这也就是"常数",这样方能保证制作乐器时有章可循,演奏出来的音声中规中矩,可以感化人心。第三,用规定的材质,按照规定的制作方法做好演奏音乐的乐器以后,还应注意音乐种类的区别("雅颂有分"),音乐演奏的节奏变化、音律周旋,以及音乐主题之别。第三点似乎讲求的是差异性,而不是齐一性。但是,正如制作乐器的材质出产地有"常处",制作乐器的方法有"常数",演奏音乐之时同样有"常分",也就是一定的种类、主题、节奏等。因此,所谓齐一性,并非指不同事物之间毫无二致的整齐划一,而是指各个事物的自然本性的完满实现。

阮籍认为,只有圣人所制作的"至乐",才能顺遂天地万物的这种本性,使它们自然而然地实现自己的本真之性:"圣人立调适之音,建平和之声,制便事之节,定顺从之容,使天下之为乐者莫不仪焉。自上以下,降杀有等,至于庶人,咸皆闻之。歌谣者咏先王之德,频仰者习先王之容,器具者象先王之式,度数者应先王之制;入于心,沦于气,心气和洽,则风俗齐一。"圣人立音、建声、制节、定容,他所建立制定的音、声、节、容最终成为"天下之为乐者"(包括天下所有制作乐器、创作音乐、表演音乐的人)共同效法的仪则和规范,实际上就以此使天下的音乐齐一,从而化齐天下人的风俗和心气。

其次,音乐的齐一性还指万物一体的音乐理想境界。圣人立音、建声、制节、定容,他所建立制定的音、声、节、容的共同点是"平和",而这种平和的音乐最终要达到的效果,是使所有修习者、听闻者都"心气和洽"。圣人作乐的深刻意涵可以用另外两段话来概括,其一曰:"先王之为乐也,将以定万物之情,一天下之意也,故使其声平,其容和。下不思上之声,君不欲臣之色,上下不争而忠义成。"其二曰:"昔者圣人之作乐也,将以顺天地之体,成万物之性也,故定天地八方之音,以迎阴阳八风之声,均黄钟中和之律,开群生万物之情,故律吕协则阴阳和,音声适而万物类,男女不易其所,君臣不犯其位,四海同其观,九州一其节,奏之圜丘而天神下,奏之方丘而地祇上。"在这两段话中,所谓"定万物之情,一天下之意""四海同其观,九州一其节",天下万物定于"一",四海九州同于"一",这其中的"一",都是"万物一体"的意思。也就是说,四海九州、普天之下的万事万物都顺应各自的本真自然之性,完满自足,达到一种平和、和谐的理想境界。这样的理想境界是借助音乐移化人心的无形力量而实现的,因而属于音乐之美的极致,也是音乐所能达到的最高境界,只有"雅乐""至乐"才有这样的效用。

这种万物一体的理想境界既涵括了儒家的君臣伦理、上下次序与和谐观念,同时又以玄学的自然无为、顺应本性、简易平和等观念作为其核心,显示出阮籍兼融儒玄的美学思想。归根结底,阮籍的音乐美学追求一种顺乎本性、发乎自然的审美理想,他希望用简易平和的音乐之美来化定沉湎于"淫声""新乐""奇音"中的世俗人心。显然,阮籍《乐论》融入了他自身深厚的音乐素养和音乐体验,同时也在一定程度上折射出他的社会政治理想。另一方面,阮籍重视音乐之美对于人心的化定效用,"体现了魏晋美学冲破儒家伦理学的美学而走向纯粹美学的倾向"[1],这种倾向,同时展露在嵇康的美学思想中。

四、阮籍美学思想与玄学的关系

阮籍的美学思想立足玄学,其思维方式、音乐理想都深受玄学的影响。具体而言,阮籍音乐美学与玄学的关系主要体现在以下三个方面:

第一,会通儒玄,主张顺乎自然之性而又有次序的和谐。阮籍美学思想处处可以看到儒家音乐观念的影子,比如,他阐述礼乐的社会功用,

---

[1] 李泽厚、刘纲纪:《中国美学史》第二卷上,第180页。

"礼逾其制则尊卑乖,乐失其序则亲疏乱。礼定其象,乐平其心;礼治其外,乐化其内;礼乐正而天下平",完全就是《礼记·乐记》的论调。又比如,他论音乐的本性和效用,几乎每次都从推究"圣人"、"先王"作乐之心出发,动辄"昔者圣人之作乐也"、"先王之为乐也"、"昔先王制乐",或曰"此先王造乐之意也",也是儒家崇古、信古观念在自然而然地发挥作用。当然,最能体现其儒家观念的是,其音乐理想境界中仍然保有明显的君臣、夫妻人伦的内容,诸如"男女不易其所,君臣不犯其位"、"下不思上之声,君不欲臣之色,上下不争而忠义成"等,描绘出一幅和谐、有序的理想图景,就是此类。不过,阮籍音乐思想受到玄学影响也是极为明显的。他虽然追求有次序的和谐,但强调这种和谐必然是在顺乎天地万物自然之性中实现的,这一点显示出与儒家音乐观念的根本差异。魏晋玄学主张自然无为,顺遂本真之性,所以,阮籍主张:"日迁善成化而不自知,风俗移易而同于是乐,此自然之道,乐之所始也。"也就是说,"迁善成化"、"风俗移易"等儒家音乐理想是在顺乎自然之性的情境中自然而然地实现的。阮籍强调"自安"、"自通"、"自乐"、"不自知",实即强调万物自性的完满实现与自在呈显。阮籍会通儒玄,在音乐世界中将人伦次序与自然之性相沟通,建成由自然之性通往君臣、夫妻等人伦关系井然有序的和谐社会的大道。

第二,以玄学之道体隐帅其音乐美学,将乐本体化,在音乐世界中追求心性的安宁、和谐境界。阮籍颇以怀道之士自命,其《辞蒋太尉辟命奏记》中说:"夫布衣韦带之士,孤居特立,王公大人所以屈体而下之者,为道存也",虽然是推脱之词,其中却很有些自傲的意思。阮籍所说的"道"是玄学之道,其特征是清虚、恍惚、恬淡,"夫清虚寥廓,则神物来集;飘飖恍惚,则洞幽贯冥;冰心玉质,则激洁思存;恬澹无欲,则泰志适情。"(《清思赋》)阮籍以清虚、恬淡的玄学之道作为其音乐美学的内核,音乐因此具有形而上的品格。阮籍将音乐本体化,借助音乐感化人心的力量,追求一种万物宁静、心性本然的境界。他提出:"昔先王制乐,非以纵耳目之观,崇曲房之嫭也。必通天地之气,静万物之神也;固上下之位,定性命之真也。"正如我们在前面所阐述的,阮籍提倡平淡、简易的音乐,以平和为美,以"雅乐"为"至乐",希望臻达万物各自实现其本性、一体宁静的理想境界。无论是其音乐美学主张,还是其音乐世界中寄予的理想,都是立足于玄学之道,也就是天地万物自然、自得的本性的充分实现。

第三,重神轻形,遗形得神,正是得意忘言的玄学思维方式。阮籍音乐美学注重从音乐中求得大道,体悟大道,而不是沉湎于纷繁曼妙的乐声变化中。他提出:"达道之化者可与审乐,好音之声者不足与论律",这是魏晋时期遗形得神的玄学观念在音乐美学领域中的体现。借助于"常处"、"常数"、"常分",至美至善的音乐足以顺应天地之体,实现万物之性,传达天籁之音。如果一个人只是停留在欣赏音声之曼妙的层面上,则不能通于音乐的本体,也就不能达于大道。所以,音乐领域的形神之辨实则是玄学言意之辨的转化形式。言、象都是达于言外、象表之意的媒介,如果执著于言、象本身,就无法领悟言外、象外之意。音乐也是如此。音声虽然美妙,但毕竟只是达于天地之体、万物之性的一种媒介,并非天地万物之体性本身,因此,"形之可见,非色之美;音之可闻,非声之善"、"微妙无形,寂寞无听,然后乃可以睹窈窕而淑清"(《清思赋》)。音乐展现了天地万物之和谐,这是因为"音乐曲调之取得来自宇宙本体之度量"[1],所以,只有超然于音声之外,不被美妙的音声所羁縻,才能领悟到有限的音声之外的自然之道。

第三节 嵇康的《声无哀乐论》的美学思想

嵇康的音乐修养主要体现在善于弹琴上,这在史籍中多有记载。《晋书》本传说他"常修养性服食之事,弹琴咏诗,自足于怀",其兄嵇喜所作《嵇康传》也记载道:"善属文论,弹琴咏诗,自足于怀抱之中。"(《三国志》卷二一)可见,弹琴与咏诗、服食一样,是其修持养性的重要活动。他

---

[1] 汤用彤:《魏晋玄学论稿》,第201页。

的《琴赋序》回顾了自己与音乐的机缘:从小喜爱音乐艺术,成人之后亦乐此不疲,寄情于斯。他说:"余少好音乐,长而玩之,以为物有盛衰,而此无变;滋味有厌,而此不倦。可以导养神气,宣和情志,处穷独而不闷者,莫近于音声也!是故复之而不足,则吟咏以肆志;吟咏之不足,则寄言以广意。"与音乐艺术的这种深厚机缘甚至保持到他临终之际。临刑前,嵇康顾视日影,索琴弹之,叹息说:"昔袁孝尼尝从吾学《广陵散》,吾每靳固之,《广陵散》于今绝矣!"[1]在生命的尽头,他对音乐依然如此难以割舍,他的神情依然如此从容不迫,不仅时人莫不痛惜,千载之下依然令人为之动容。

至于嵇康的琴艺师从何人,《晋书》本传的记载充满了神秘色彩:"初,康尝游于洛西,暮宿华阳亭,引琴而弹。夜分,忽有客诣之,称是古人,与康共谈音律,辞致清辩,因索琴弹之,而为《广陵散》,声调绝伦,遂以授康,仍誓不传人,亦不言其姓字。"夜间有古人前来相授,这样的说法当然不可信。嵇康自小喜好琴艺,因为机缘巧合,得以师从隐居洛西的某位高明琴师,得其《广陵散》演奏技艺,则是可能的。"誓不传人"四字,也可以解释嵇康临终时的那几句叹惋之言。

嵇康先后写有《琴赋》、《琴赞》、《声无哀乐论》等音乐主题的文章,加之他临终弹琴的悲壮场面,可以看出他对琴确实情有独钟。他说:"众器之中,琴德最优。"[2]嵇康诗文中,也处处有其流连琴音、以此忘忧的自我形象,如:"弹琴咏诗,聊以忘忧。"(《兄秀才公穆入军赠诗》)嵇康抚琴清歌,将自己的心性融入冲淡平和的清音之中,"鼓琴和其心"(《答难养生论》),以此怡养自己的心性和精神。这种淡泊的心性,往往与清静的自然环境、舒展无间的人情相谐,因而嵇康向往"抱琴行吟,弋钓草野"的自在生活。他曾自叙,自己向往的理想生活情态就是:"守陋巷,教养子孙,时与亲

---

① 《晋书》卷四九,第 1374 页。《三国志》卷二一注引《嵇康别传》:"康临终之言曰:'袁孝尼尝从吾学《广陵散》,吾每固之不与。《广陵散》于今绝矣!'"见《三国志》,第 606 页。

② 嵇康:《琴赋序》,戴明扬:《嵇康集校注》,第 84 页,北京:人民文学出版社,1962 年。以下凡引嵇康诗文,皆据此书,不另一一注明。

旧叙阔,陈说平生,浊酒一杯,弹琴一曲。"(《与山巨源绝交书》)只可惜,在当时剑拔弩张的政治情势下,已然容不下这样一份从容、疏淡的人生。

不过,毕竟还可以琴歌一曲,沉浸其中。琴音作为寄情畅神的方式,足以让嵇康在审美妙赏中蓦然悟会心性的旷达自得境界,领悟无心而明的大道,"绥以五弦,无为自得"(《养生论》),"目送归鸿,手挥五弦。俯仰自得,游心太玄"(《兄秀才公穆入军赠诗》)之类,就是这样的自我写照。如果偶逢知音酒会,嵇康就沉浸在美妙绝伦的音乐世界中,获得无尽的审美愉悦感,比如:"临川献清酤,微歌发皓齿,素琴挥雅操,清声随风起"(《酒会诗》),"结友集灵岳,弹琴登清歌。有能从我者,古人何足多"(《答二郭诗三首》),"临觞奏九韶,雅歌何邕邕"(《游仙诗》)。有时,嵇康也不免叹惜知音难遇,自己虽然心有审美感悟,却无人可堪共赏,于是,他便感叹:"虽有好音,谁与清歌"(《兄秀才公穆入军赠诗》),"瑟琴在御,谁与鼓弹"(《兄秀才公穆入军赠诗》),"操缦清商,游心大象,倾昧修身,惠音遗响,钟期不存,我志谁赏"(《酒会诗》)。

一、《声无哀乐论》的美学思想

嵇康的《声无哀乐论》是以客主辩难的形式写成,秦客先后八次问难,而东野主人八次回答,其核心议题就是声乐究竟有无哀乐之类的情感成分。秦客代表的是《礼记·乐记》的基本观念,他认为"夫治乱在政,而音声应之。故哀思之情,表于金石。安乐之象,形于管弦也"。东野主人则可以视为作者的化身,他主张"和声无象",认为哀乐之情为人心所主,而非声乐本身所有。和声无象,声乐本身具有恒定不变的特性,并不因吹奏者和听闻者的感情波动而变化,"音声之作,其犹臭味在于天地之间。其善与不善,虽遭遇浊乱,其体自若,而不变也。岂以爱憎易操、哀乐改度哉"? 因为和声无象,故可以成其万有。正因为声乐自身为一恒定不变之体,所以人心之喜、怒、哀、乐、爱、憎、惭、惧诸种情感皆能依托和声而生成。"和声无象"是嵇康"声无哀乐论"的基本内核,他将爱憎哀乐之情视为附着于"和声"之上的种种变象,而和声本身是不变之物,是以否定声乐的感情色彩。

嵇康音乐美学的核心问题是音声与人情的分离、裂解问题。在儒家经典语境中,音乐作为礼乐教化体系中的重要组成部分,直接沟通和反映人德、民风、国情,人们对于音乐的喜好、欣赏,是出自对个体道德和群体秩序的自觉归趋。嵇康假托东野主人的名义,运用玄学以无统有的思维方式,将音声与人情等主观内容剥离开来,其直接结果就是音乐的自性与其形式美凸显出来;其后,音乐与人情的再度结合,并非建立在道德修持、群体秩序之上,而是基于音乐自身的美以及人们内心产生的美感。这种美学思想的重大转向,在中国古典美学史上是一个极为特异的例子,具有重要的美学价值。这种音乐美学观念的提出,需要一种特定的思想开放的历史背景,需要有特定时代的思想资源,还需要有论者个人的艺术修养、思辨能力和思想深度,这些要素缺一不可。

具体而言,《声无哀乐论》的美学思想主要包含以下几个方面的内容:一是音声的自性,即音声与人情为什么可以分离?二是音声的形式美,即音声与人情分离之后,音声的存在形态如何?三是音声与人情的关系,即音声与人情分离之后,人情如何通过音声而表现出来?四是儒家经典事例的重释问题,即以往那些借助于儒家音乐观念来解释的经典事例如何重新进行解释?

第一,音声的自性是恒常不变的。音声是天地自然之德的外显:"天地合德,万物贵生。寒暑代往,五行以成。故章为五色,发为五音。音声之作,其犹臭味在于天地之间。其善与不善,虽遭遇浊乱,其体自若,而不变也。"音声的自性源自天地自然之德,具有无声无象的形而上品格,也就是"和声无象"。声乐"曲变虽众,亦大同于和",嵇康从变化万殊的音声中抽离出无象无变、恒常如一的"和声"作为其体,显然继承了王弼哲学以无为本的思维方式。在嵇康看来,音声以"和声"为体,呈现自然之和谐状态,"音声有自然之和,而无系于人情。克谐之音,成于金石;至和之声,得于管弦也","声音虽有猛静,猛静各有一和,和之所感,莫不自发"。由此而言,音声与民情、人德并无必然关联,两者之间的分离也就顺理成章了。

这样,就赋予音乐以相对独立的地位。他的这种美学思想不只是触动音乐本性的问题,而且直接针对儒家音乐理念的立足点而发。

由于他强调音声之"平和",所以也反对郑声之流而不反。音声有善恶而无哀乐,这是音乐的自然本性,"夫五色有好丑,五声有善恶,此物之自然也"。哀乐则与音声的自性("和声")无关,"哀乐自以事会,先遘于心,但因和声,以自显发"。也就是说,哀乐是人心先在的情感状态,只是因藉"和声"的形式而自然显发出来,它们两者之间不是一一对应的必然性关联,而是一种偶然因缘际会的关系。一个人心中的哀乐之情与何种音声形式相结合,有着极大的偶然性。所以,嵇康认为,"声音自当以善恶为主,则无关于哀乐。哀乐自当以情感,则无系于声音"。在这一点上,嵇康比阮籍更为决绝,他将音乐视为天地自然之德的外显,因而主张音乐不应该有任何主观的感情分别。其《琴赋序》表达了对汉魏以来音乐制作、欣赏中以悲为美的风习①的极度不满:"八音之器,歌舞之象,历世才士,并为之赋颂,其体制风流,莫不相袭,称其材干,则以危苦为上,赋其声音,则以悲哀为主,美其感化,则以垂涕为贵,丽则丽矣,然未尽其理也。推其所由,似元不解音声,览其旨趣,亦未达礼乐之情也。"他认为这种悲怆凄厉的音乐内容悲苦、音声哀切、催人泪下,虽然形式美丽,也具有动人心魄的艺术效果,但并不符合"和声"为体的音乐美学,也有悖于崇尚中和、节度的礼乐精神。

第二,音声具有感人的形式美。这是音声与民情、人德分离之后凸显出来的音声的特性。作为汉晋之间著名的音乐家,嵇康深刻地认识到音声内蕴的形式美,并大力肯定这种形式美。他说:"宫商集比,声音克谐。此人心至愿,情欲之所钟","声音和比,感人之最深者也"。所谓"和声"、"和比",是在一种纯粹形式意义上来强调音乐的内在和谐与自然状态。嵇康将音乐感人的力量归结到其内在的自然律度上来。无论是激

---

① 王褒《洞箫赋》已经明显体现出这种倾向,曹丕等人诗文中多"悲响"、"悲弦"、"悲笳"之类的词句。

越的音乐,还是平静的音乐,虽然其形式、节奏的变化纷繁复杂,但是其内在归趋却是一致的,也就是"大同于和"。因此,听者感受、领悟到的,都是音乐内在的和谐节律之美,而不是别的什么。

嵇康将音声内在的律度之谐美、平和视为音乐的自性、本体,从音乐自身的自然本性来探求它的感人力量所在,这是嵇康美学思想中最有价值的地方。这种美学思想的独特价值体现在以下几点:首先,嵇康强调音声之美在于形式、律度的和谐,这从更深层次上揭示出了音乐艺术与其他艺术门类的区别所在,因而是音乐艺术开始走向审美自觉的重要表征。其次,音声与情感内容分离之后,"声脱颖而出"①。嵇康强调音声自身的特性和本质,这就将作为物象的音声客观化,因而与汉魏六朝美学注重物象的整体趋向契合一致。在儒家礼乐体系中,音乐所承载的教化功能虽然也有助于提高音乐在社会生活中作用和地位,但是音乐自身始终被置于工具、载体和桥梁的地位,也就是所谓"自然应声之具",因而不具有独立、自足的地位。嵇康将音声与情感、德性内容分离之后,音声作为一种物象开始显露其独立自足的认识价值。再次,嵇康探求音声之美时往往将音声视为诸种要素融合其中而又浑然一体的具象世界。这一点,在嵇康《琴赋》中表现得尤为突出。《琴赋》开篇着力渲染椅梧特异的生长环境,如高冈、山川形势、左右之自然神丽;在写到以此椅梧为材,制作雅琴的过程中,强调其制作者、花纹配饰、弦、徽之精致。在嵇康看来,雅琴音声之"丽",与雅琴外形之"伟",以及前述种种,是浑融同化、默契如一的。雅琴的美妙音声是一个洁静、和平的具象世界,也是琴的材质、制作者、演奏者所怀有的清远之德的外化。

其三,音声与人德、民情分离之后,仍需与人情再度结合。这一方向的思考,最能见出嵇康以玄融儒的美学思想特色,也鲜明地展现了魏晋时期玄学思想对音乐美学的深刻影响。嵇康认为,"和声"作为音声的自性、本体,是无象恒定的,"藏于内"的悲哀之情可以"遇和声而后发"。"和声"

---

① 牟宗三:《才性与玄理》,第304页。

起到兼御群理、总发"众情"的重要作用,因此,"音声"与"众情"之间,不再是——对应的有限关联,而是存在无限可能性的不确定关系。在这一思考过程中,嵇康明显化用了王弼哲学以无统有的思维方式,音声、人情仍然顺利地结合在一起,但它们之间的内在关系已经发生根本性的变化。

在音声与人心的关系这一具体问题上,嵇康更为突出地表现出兼融玄学和儒学的倾向。嵇康心中的理想社会——即"大道之隆"和"太平之业"——是以道家清静无为的社会图景为基调,同时融入了儒家大同社会的美好理想。因此,他最终还是回到儒家"化成天下"的音乐观念上来,他说:"言语之节,声音之度,揖让之仪,动止之数,进退相须,共为一体。君臣用之于朝,庶士用之于家。少而习之,长而不怠,心安志固,从善日迁,然后临之以敬,持之以久而不变,然后化成。此又先王用乐之意也。故朝宴聘享,嘉乐必存;是以国史采风俗之盛衰,寄之乐工,宣之管弦,使言之者无罪,闻之者足以诫。此又先王用乐之意也。"当然,嵇康所认定的抵达这一目标的路径则是完全不同的。在《声无哀乐论》的末尾,嵇康用浪漫的笔调描绘出一幅往古社会的理想图景:"古之王者,承天理物,必崇简易之教,御无为之治。君静于上,臣顺于下;玄化潜通,天人交泰。枯槁之类,浸育灵液,六合之内,沐浴鸿流,荡涤尘垢;群生安逸,自求多福;默然从道,怀忠抱义,而不觉其所以然也。和心足于内,和气见于外;故歌以叙志,儛以宣情。然后文之以采章,照之以风雅,播之以八音,感之以太和;导其神气,养而就之;迎其情性,致而明之;使心与理相顺,气与声相应。合乎会通,以济其美。故凯乐之情,见于金石;含弘光大,显于音声也。若此以往,则万国同风,芳荣济茂,馥如秋兰;不期而信,不谋而诚,穆然相爱;犹舒锦彩,而粲炳可观也。"在往古社会中,六合之内的万物彼此和顺会通,相契相应,融为一体。在万物相融一体的情境中,和谐的音声自然而然地流淌出来。这里,嵇康依然回到了音声是天地自然之德的外显这一立场上来。嵇康虽然回到儒家礼乐教化的目标上来,但他所选择的路径却大不相同,诸如"简易之教"、"无为之治"、"默然从道"、"不觉其所以然"、"不期而信"、"不谋而诚"、"穆然相爱"等词句就清楚地表明,嵇康希望用一种顺应万物本性的方式不期然而然地实现前述目标。

第四,儒家典籍中经典音乐事例的重释问题,其中首先也包含了认识事物的方法论问题。嵇康提出,认识事物应当"先求之自然之理。理已定,然后借古义以明之耳",也就是说,后人面对自然界和生活中的事物、现象时,应当先自己对这些事物和现象的特性有得于心,然后借助古人的见解而证实和阐发,这样才能认识到事物的"自然之理"。相反,像文中的秦客这样,"未得之于心,而多恃前言以为谈证",只会令后人对事物的"自然之理"迷惑不明。由此出发,嵇康否定儒家经典中的某些记载,他认为:"仲尼之识微,季札之善听,固亦诬矣",并强烈怀疑其动机,直指这些记载"皆俗儒妄记,欲神其事而追为耳"。然后,他针对孔子和季札观乐而审知民情、舜德这两个实例,分别提出自己的新解释,他说:"季子在鲁,采《诗》观礼,以别《风》、《雅》。岂徒任声以决臧否哉?又仲尼闻《韶》,叹其一致,是以咨嗟,何必因声以知虞舜之德,然后叹美邪耶?"也就是说,季札并非仅仅根据音声而判断一国民情的臧否,因为他在鲁国采《诗》观礼,已然心中有所判断;而孔子的叹美只是针对《韶》乐整齐一致的韵律而发,并非听闻《韶》乐、推知舜德以后,方才有感而发的。这样看来,两人观乐之后所发的赞叹和议论,要么是心中已有,顺势而发;要么是感于乐声齐一之美而发;乐声与民情、人德之间并无直接的关联,则是确定无疑的。

二、嵇康音乐美学的评价问题

如何评价嵇康的音乐美学思想?

首先,嵇康将音声与情感分离开来,音声的独立性和形式美显豁了,他进而探求音乐创作、演奏、欣赏过程中存在的种种矛盾,这"反映了人们对于艺术的审美形象的认识的深化"[1],无疑有着积极的意义。但是,

---

① 叶朗:《中国美学史大纲》,第199页。

"嵇康的声无哀乐的命题,否认音乐包含有哀乐的情感内容,否认音乐能够引起人的哀乐的情感,在理论上是错误的"[1]。

其次,音乐作为一种艺术产品,毕竟不同于自然界的天籁,因此,嵇康把音声视为天地自然之德的外显,与人情截然分离开来,显然有悖于音乐艺术的人文特性。但是,嵇康将音声与人情剥离,其旨归在于追求在一种天地万物、君臣上下浑融一体的境界中实现平和、自然的社会理想状态,他认为儒家以乐观风俗人情的观念是舍本逐末,因而是虚妄不真的。从这一点上来讲,我们又可以说,嵇康主张声无哀乐,其实是希望剥离附着在天地万物(尤其是人)自然之性上的种种束缚,从而在一种更为本真、自然、和谐的状态下实现其社会理想,因而是一种更为宏大的人文构想,尽管这种构想显然是不现实的。

再次,嵇康《声无哀乐论》质疑、重释儒家经典音乐理论,客观上打破了儒家音乐思想中某些已经趋于定型化、程式化的解说方式。如果将音乐视为一个相对完足的物象世界,那么,儒家经典音乐理论所提供的是一种彼此对应且始终恒定不变的解读,而嵇康音乐美学则注重物象在本真呈显之中契应自然之德,反对预设情感内容和价值指向,从而提供了多向解读的可能性。当然,嵇康音乐美学并没有深入关注这种多向解读的可能性,但是,人情、物象分离之后的重新结合,既存在多种可能性,也存在多种结构方式,这却是确定无疑的。

嵇康的美学思想也体现了他"越名教而任自然"[2]的玄学观念和思想

① 叶朗:《中国美学史大纲》,第197页,详见该书第197—198页的相关论述。
② 嵇康《释私论》。魏晋之间,名教、自然之辨成为名士清谈的重大议题。当时情形,正如陈寅恪先生所言:"名教者,依魏晋人解释,以名为教,即以官长君臣之义为教,亦即入世求仕者所宜奉行者也。其主张与崇尚自然即避世不仕者适相违反,此两者之不同,明白已甚。而所以成为问题者,在当时主张自然与名教互异之士大夫中,其崇尚名教一派之首领如王祥、何曾、荀颛等三大孝,即佐司马氏欺人孤儿寡妇,而致位魏末晋初之三公者也。其眷怀魏室不趋赴典午者,皆标榜老庄之学,以自然为宗。'七贤'之义即从论语'作者七人'而来,则'避世''避地'固其初旨也。然则当时诸人名教与自然主张之互异即是自身政治立场之不同,乃实际问题,非止玄想而已。"陈寅恪:《陶渊明之思想与清谈之关系》,《金明馆丛稿初编》,第203—204页。

基点,具体而言,就是嵇康企图超越名教的羁绊而纯任心性之自然,即陈寅恪先生所指出的"以自然为宗"。《声无哀乐论》直接针对《礼记·乐记》所代表的儒家核心音乐观念而立论,通过前面七次辩难,阐述音乐以"平和"为体的基本立场,将儒家所主张的观风听音与知民情、人德之间的对应关系剥离开来。在第八次问答中,又提出以自然无为的人文构想来实现和谐的理想社会。这就从音乐的本体、功用两个层面同时摆脱了重德性、重教化的儒家音乐观,确立了以自然、平和为宗旨的玄学音乐观。嵇康对儒家有关音乐的经典案例的深入剖析和驳斥,体现出他对儒家观念世界中盲目信古、虚妄失真的现象的深刻省思,也从一个侧面反映其"越名教"的思想立场。

当然,嵇康更多地是以一种纯任自然的人生态度来表达其对于名教的超越,在他的美学思想中也是如此。《琴赋》、《声无哀乐论》均主张音乐以"平和"为体,"总中和以统物,咸日用而不失"(《琴赋》),强调在"心与理相顺,气与声相应"、"不觉其所以然"的情境下实现音声与人情的会通。在这一点上,嵇康应该融入了其对音乐艺术的丰富体验在内。嵇康多次在诗文中描绘"绥以五弦,无为自得"(《养生论》)的自我形象,生动地传达了他沉潜于音乐世界中所获致的精神自由和愉悦,这种自由、愉悦感超越了现实生活中的种种功利追求以及由之而生的哀乐悲欣。嵇康在音乐世界中放任自我、安顿自我,获得无限自由和愉悦,而这些,是以名教编织而成的谲诈、虚谬的现实世界所无法给予的。正是在音乐世界中,嵇康放任自己的本真心性,实现了对于名教的超越。由此可知,嵇康强调音乐的自性、本体,提出"和声无象",反对将种种有限的情感体验附着其上,既是其"越名教而任自然"的基本立场使然,也是其丰富的音乐体验使然。

嵇康在《声无哀乐论》中借东野主人提出了新的美学思想,但也有其天然的局限性。他指出,音乐之美在其形式,这种形式美本来应该是中性的,只有善恶之分,而无所谓哀乐。但是,音乐的形式美对人心的影响力毕竟是不可忽视的事实存在。另一方面,儒家对此一问题的传统解释在思想领域仍然有着巨大的影响力。因而,东野主人最终还是回到音声的价值功能这个大是大非的问题上来。嵇康在《声无哀乐论》中借东野主人而宣示的音乐理念,是对儒家美学思想的有限离弃,维持着儒家音乐美学的根本归宿:礼乐教化和价值追求。在《声无哀乐论》的结尾,音声与人情终究又重新结合在一起了。

第四节　阮、嵇音乐美学比较

阮籍、嵇康的美学思想都借探讨音乐美学而表达一种社会理想境界。阮籍将音乐本体化,其内心指向原始状态下的有序和谐,寻求一种简易平淡中所臻达的理想境界。嵇康对音乐本身的理解更纯更深,他追求声乐自身的自然和谐,摒落附着于音乐之上的政教因素,他渴望的是一种自然、平和的和谐状态。阮籍、嵇康不同的美学思想也显现出他们略有差异的人生态度。阮籍始终处于一种矛盾、纠结的心态中,不得不与司马氏集团虚与委蛇;嵇康则气定神闲地与向秀锻铁洛邑,似乎彻底超离了尘俗。他们的美学思想既有着共同归趋,又存在某种区别,以下只略论其根本的异同之处。

一、阮籍、嵇康音乐美学的相同语境

他们不约而同地追求一种万物一体的音乐理想境界,在这样的理想境界中,音乐以平和冲淡为美,顺乎万物自然之性。这种万物一体的观念正是他们的美学思想的基本立足点。这无疑是玄学思潮所留下的深刻烙痕。

先秦儒家所建立的礼乐体系,"乐统同,礼辨异","乐者为同,礼者为异"(《礼记·乐记》),强调一种基于人情的社会整体的有序和谐。道家则将人情、人心之同无限扩大化,达于万物一体的理想境界,以此消除、摒弃儒家所强调的有差等的人情和亲情。道家针对儒家建立的人间次序和道德伦理,企图将其彻底"无"掉,转而强调顺应人心、人情之自然。

不过,儒家圣人制礼作乐的出发点,已然包含了对于人心为物欲所化的流弊的高度警惕,所以,《礼记·乐记》说:"夫物之感人无穷,而人之好恶无节,则是物至而人化物也。"同时,《礼记·乐记》又有所谓"大乐必易,大礼必简","揖让而治天下者,礼乐之谓也"的说法,可知儒家礼乐的真髓亦在于顺乎人心人情。汉魏之际,儒家礼乐系统崩坏,残存部分也趋于形式化、工具化。当时的音乐追求新异、动人,以悲为美,不但没有浸化人心的功效,反而鼓荡人情,使人流于感伤佚荡。这样的音乐美学风尚,偏离了儒家音乐观念,在阮籍、嵇康看来,更背离了他们所崇尚的自然平和之性。

阮籍认为:"先王之为乐也,将以定万物之情,一天下之意也,故使其声平,其容和。下不思上之声,君不欲臣之色,上下不争而忠义成。"就是说,圣人作乐的深刻意涵乃是以此平和的音乐化定万物的情绪,使天下人的感思齐一均同。如何化定?如何齐一均同?其根基在于万物各自的自然平和之性。先王以平和淡泊的音乐浸化万物,于是万物各自展现其本性。在天地万物各自显现其本性时,世界便归复到浑沦一体的境界中了。嵇康在《声无哀乐论》末尾描绘了往古社会的理想图景:"古之王者,承天理物,必崇简易之教,御无为之治。君静于上,臣顺于下;玄化潜通,天人交泰。枯槁之类,浸育灵液,六合之内,沐浴鸿流,荡涤尘垢;群生安逸,自求多福;默然从道,怀忠抱义,而不觉其所以然也。和心足于内,和气见于外;故歌以叙志,儛以宣情。然后文之以采章,照之以风雅,播之以八音,感之以太和;导其神气,养而就之;迎其情性,致而明之;使心与理相顺,气与声相应。合乎会通,以济其美。故凯乐之情,见于金石;含弘光大,显于音声也。若此以往,则万国同风,芳荣济茂,馥如秋兰;不期而信,不谋而诚,穆然相爱;犹舒锦彩,而粲炳可观也。"在往古社会中,六合之内的万物彼此和顺会通,相契相应,融为一体。在万物相融一体的情境中,和谐的音声自然而然地流淌出来。所谓"万国同风",与阮籍所说的"定万物之情,一天下之意",都是万物显现自性、彼此相融一体的意思。阮籍、嵇康都是在这样的理想环境下来探讨音乐的本质和功效的。

二、阮籍、嵇康音乐美学的根本歧异

阮籍、嵇康美学思想的歧异,实际上取决于两人对待儒、道之间矛盾的不同态度:阮籍主张会通儒、道,而嵇康则企图超越儒家观念。阮籍乐论追求一种顺乎本性、发乎自然的审美理想,他希望用简易平和的音乐之美来化定沉湎于"淫声"、"新乐"、"奇音"中的世俗人心。不过,这种音乐之美离不开次序。所以,他提出:"八音有本体,五声有自然,其同物者以大小相君。有自然,故不可乱;大小相君,故可得而平也。若夫空桑之琴,云和之瑟,孤竹之管,泗滨之磬,其物皆调和淳均者,声相宜也,故必有常处;以大小相君,应黄钟之气,故必有常数。有常处,故其器贵重;有常数,故其制不妄。"在阮籍看来,"八音"、"五声"都有其合乎自然的本体,"常处"和"常数"是这种和谐之乐产生的前提条件,所以自然之乐同样讲求次序和大小相君。阮籍从音声的本体、自性出发,将音乐制作过程中的"常处"、"常数"内在化,强调其不可改易的特性。显然,阮籍追求一种有次序的和谐之美。他企求调和儒家名教礼乐与道家自然之性的矛盾,在不违逆名教的前提下寻求心灵的自然张放。

嵇康则将音声内在的律度之谐美、平和视为音乐的自性、本体,从音乐自身的自然本性来探求它的感人力量所在。他将儒家所强调的人德、民情与音声的自性彻底分离,从而在音乐审美中实现了对于儒家观念的超越。由此出发,嵇康深入探讨音声内蕴的形式美。他说:"宫商集比,声音克谐。此人心至愿,情欲之所钟","声音和比,感人之最深者也"。所谓"和声"、"和比",是在一种纯粹形式意义上来强调音乐的内在和谐、自然状态。他将音乐感人的力量归结到其内在的自然律度上来。他认为,无论是激越的音乐,还是平静的音乐,虽然其形式、节奏的变化纷繁复杂,但是其内在归趋却是一致的,也就是"大同于和",因此,听者感受、领悟到的,都是音乐的这种内在的和谐节律之美。

阮籍和嵇康都认识到音乐自身的美,并且探求这种美的来源。阮籍将之归结为"常数"、"常度",强调一种内在的森然不可违逆的尺度。音乐之美,美在合于这条隐然设定的统一尺度,这个尺度也因此成为音乐内在次序的衡准。阮籍强调尺度和次序对于音乐之美的重要性,类似于儒家音乐观念对于德性之善的趋附。从这个意义上来说,阮籍的美学思想其实仍然走在教化的旧途上。

与此不同,嵇康《声无哀乐论》将声乐从民情风俗的纠缠中独立出来,重视其客观存在的形式之美。他认为,音乐之美在于律度,而律度之美在于"和"。至关重要的是,嵇康已然认识到,音乐和谐之美是丰富多样的,因而应该尊重这种多样性、丰富性,不能人为设定某种不可移易的尺度。嵇康果决地区隔音乐之美与人情,但又审慎地尊重音乐形式美的多样性。这样的音乐美学可谓纯粹意义上的美学探求,也是中国音乐美学的重大突破。

三、音乐专论的出现与音乐美学的自觉

先秦两汉的美学思想基本散见于子书和儒家经典著作中,很少有单独的音乐论文或著作出现。两汉时期,由于器乐演奏水平的提升,文学家对于器乐表演、舞蹈艺术的关注明显多了起来,如王褒的《洞箫赋》,傅毅的《舞赋》、《雅琴赋》,马融的《琴赋》、《长笛赋》等①。它们虽然主要是作为文学作品留存于世,但其中亦包含一定的美学思想,如《洞箫赋》"寡所舒其思虑兮,专发愤乎音声"、"知音者乐而悲之"等说法已蕴涵借音乐抒怀、以悲怆为美的审美意识,《舞赋》"修仪操以显志兮,独驰思乎杳冥"的说法已然涉及舞蹈形象、心志、想象之间的关系,而《长笛赋》"听声类形"、"协比其象"等说法则已经涉及音声的形、象之间的关联。

在先秦两汉音乐美学理论著作中,对后世影响最大的是《礼记·乐

---

① 王褒的《洞箫赋》,见《全汉文》卷四二。傅毅的《舞赋》、《雅琴赋》,见《全后汉文》卷四三。马融的《琴赋》、《长笛赋》,见《全后汉文》卷一八。此外尚有不少,如张衡《舞赋》(《全后汉文》卷五三),蔡邕《瞽师赋》、《琴赋》(《全后汉文》卷六九),阮瑀《筝赋》(《全后汉文》卷九三)。

记》。《礼记·乐记》以儒家音乐美学为其根本,融合了先秦诸子各家的美学思想。不过,《礼记·乐记》存在一个比较明显的问题:它将音乐归结为儒家礼乐教化体系的一部分,注重音乐与人伦、民风、政治的关系,对音乐自身的审美特性重视得不够。从这个角度来说,虽然《礼记·乐记》在中国美学史上影响深远,但是,它主要是作为儒家教化体系的重要组成部分而发挥其影响力的。

魏晋时期,儒家思想衰微,士人企求逍遥游放和风流得意,期望心灵的自由张放,"其时之思想中心不在社会而在个人,不在环境而在内心,不在形质而在精神"。① 阮籍《乐论》、嵇康《声无哀乐论》正是在这样的思想背景下出现的。这两篇音乐论文标志着真正意义上的音乐专论的开始出现,是中国音乐美学开始走向自觉的象征。

首先,阮籍、嵇康是在一种新的理论基点上来阐发其美学思想的。以《礼记·乐记》为代表的儒家传统音乐观念,是基于音乐与伦理道德、人情民风之间的对应关系来建构的,音乐感动人心的巨大力量由道德伦理小心翼翼地牵引着、看管着,音乐自身的审美特性受到明显的压制。音乐作为人心人情交流的特殊方式,不但自身特性受到压抑,而且,音乐表达、交流中存在的无限可能性也被儒家简化为一一对应的关系。魏晋人希冀在音乐艺术中安顿自我,寻求心灵的自由张放,超越现实世界中的物累,儒家这种定向理解的音乐解读方式当然无法令他们满意。阮籍表达不满时还比较温和,嵇康《声无哀乐论》透过层层的深度辨析,大有釜底抽薪的意味。阮籍、嵇康转而在万物浑沦一体的理想境界中来阐述其音乐美学,强调音乐的功用在于浸化人心,净化、纯化人情,使人和万物依照各自的本然之性呈显出来,彼此相谐,彼此成全。在万物一体的社会理想中,至美至善之乐平和淡泊,蕴涵着音声的无限可能性;它又可以化生出各种形态的美妙音声,引导人们去探求音声的形式之美。

其次,阮籍、嵇康开始注重探求音乐自身的形式之美。阮籍《乐论》

---

① 汤用彤:《魏晋玄学论稿》,第 196 页。

强调,制作乐器的材质出产地有"常处",制作乐器的方法有"常数",演奏音乐之时同样有"常分",也就是一定的种类、主题、节奏等,他因而提出"雅颂有分"、"节会有数"、"周旋有度"、"歌咏有主"。这些观念明显脱胎于《礼记·乐记》,但阮籍心中的"常",契合于人心人情淡泊平和的本性,是天地之体与万物之性的外显,因而是内在于音乐的。阮籍所说的"分"、"数"、"度"、"主",是音乐内在形式美方面所体现出来的区隔。

嵇康在音乐形式美这一方面的阐述更为理论化、系统化。他将音声与风俗人情分离开来以后,强调音声内蕴的形式美,将音乐感人的力量归结到其内在的自然律度之美上来。他说:"宫商集比,声音克谐。此人心至愿,情欲之所钟","声音和比,感人之最深者也"。嵇康所谓"和声"、"和比",就是在一种纯粹形式意义上来强调音乐的内在和谐、自然状态,所以,他强调音声之美在于形式、律度的和谐。这种美学思想从更深的层次上揭示出了音乐艺术与其他艺术门类的区别所在,因而是音乐美学开始走向自觉的重要表征。

当然,阮籍、嵇康的美学思想各有其理论缺陷,这是毋庸置疑的。不过,这也与音乐美学本身的复杂性有关系。正因为这是一个复杂而又饶有兴味的问题,因此,东晋名臣王导过江之后,还喜好谈论"声无哀乐"这一话题,南齐王僧虔《家诫》也曾提及此一话题。可以肯定的是,魏晋六朝时期,人们对于音乐艺术的爱好,更多的是为了抒发性灵、陶冶情性、怡情悦神,而不是像汉人一样关注附着其上的伦理意义。从这一点来说,正是阮籍、嵇康两人的美学思想扭转了秦汉以来音乐美学的群体伦理导向,音乐开始走进个体自我的内心深处。

第四章　西晋美学思想

　　周秦汉美学与政治、伦理、教育密切相关,社会理性在美学思考中是主导性的,而社会理性中有强大的传统积淀。三国鼎立期间,正统观念还有着一定的惯性力量,经曹魏篡汉和司马氏篡魏,再加之西晋上层动荡不已,正统观念不断被颠覆。为了维护或重建观念世界,统治者的代言人会从典籍中寻求更为多元的观念支撑,甚至采取诡辩和矫饰的方式。社会理性陷入矛盾和混乱状态,个体思考活跃起来,西晋思想走向多元化、个体化,激发了许多新的问题,也预示着魏晋玄学理论锋芒的开始钝化。在玄理钝化的同时,玄学在美学方面的影响却开始展示出来。《文赋》明显有着玄学思致渗透其中,而其对情与美的张扬显示了六朝美学对于儒家正统观念的首度背离。尚美思潮,指的是西晋时期崇尚文饰、辞藻和形式之美的时代风尚。这种思潮缘起于文学艺术的个体化趋向,也就是文学艺术的创作目的开始倾向于怡情悦目、表达自我,逐渐解除了附着于文学艺术之上的诸多德性要求,于是文学艺术自身的审美特性便开始展现出来。个体之思与个体化趋向是本时期美学风尚最大的内在动力。

第一节 西晋士风与尚美风潮

西晋一朝,政局颇为复杂。前期晋武帝尚能有所作为,但其立国之本有亏,因而治国方略模糊,试图调和儒道,崇尚谦和冲退;后期晋惠帝天性暗弱,权柄旁落,宫廷斗争频起,政治陷入混乱之中。这一时期的士风深受政局影响:前期,士人追求高名,喜好自我文饰,以致言行不一。后期,士人或是肩负重任而无所作为(如王衍),或是身处险境而不知冲让(如郭象、张华、陆机)。在生活层面,士人竞于奢华,崇尚任情放达。在思想领域,则开始出现个体之悟,强调个体化、多元化。

一、西晋时期的复杂政局

西晋政治以晋武帝驾崩为界,可以分为前、后二期。前期,随着嵇康被杀,阮籍死去,平定蜀国,之后平定钟会之叛,咸熙二年(265)晋武帝司马炎迫不及待地夺取大位,建立晋朝。太康元年(280),西晋灭吴,统一全国,表面上呈显出一幅安定平和、蒸蒸日上的兴盛景象。不过,西晋前期的政治局面有其内在的先天性的缺失,这正如有学者指出:"西晋一朝,从始建到南渡,它的整个政局都是混乱的,在政治上,它事实上始终处于不安定的状态。之所以如此,最基本的一点,就是这个朝廷的建立,借助于不义的、残忍的手段;建立之后,又因为它立身不正,没有一个有力的维护朝纲的思想原则。这就造成了政局中的许多尴尬局面。在许多问题上,这个政权的占有者处于一种道义上的尴尬境地,失去了凝聚力。他只能依违两可,准的无依。这就是西晋政风的基本特点。"[1]以上所引,也许用于专指西晋前期的政局会更为切当一些。干宝《晋纪·总论》也说西晋"创基立本,异于先代者"[2],指的就是司马氏通过一系列的

---

[1] 罗宗强:《玄学与魏晋士人心态》,第 137 页。
[2]《文选》卷四九,第 692 页。

事件、手段铲除异己力量,甚至直接弑杀高贵乡公,从而达到完全控制朝政的目的。这样大悖名教的做法,连后世东晋帝王都为之羞愧不已,[1]其在当世士人心中留下的阴影也就可想而知。比如,晋武帝受禅、陈留王赴就金墉城之时,晋武帝的叔祖父司马孚拜辞陈留王,流泪不已,说:"臣死之日,固大魏之纯臣也。"(《晋书·宗室传》)

西晋武帝一朝,始终优容士人。尽管如此,晋武帝在君臣纲纪、忠义节气等重大问题上始终有些进退维谷:要想晋室基业稳固,就必须大力倡导君臣忠义之大节;想要力倡忠义节气,而又先天底气不足。他所宠信的一班臣子,如贾充、裴秀、王沈等人,在魏末之际大都已有违背君臣大节之处,且正是倚此而身居高位[2],以致其他朝臣在西晋初期仍对此耿耿于怀。贾充等人也难以自安。以贾充为例,他在暮年"恒忧己谥传",他的从子贾模则说:"是非久自见,不可掩也。"(《晋书·贾充传》附贾模传)"不可掩也"四字,尤其大有深意。贾充等人弑杀高贵乡公的事情虽然可以掩藏一时,他们在司马昭的佑护下虽然得志居高,但是这种违背君臣大义的事情毕竟难以一直掩藏下去,是非曲直,自在人心。贾充担忧的正是这一点,而贾模则劝其不如顺乎自然。在这样的政治情势中,虽然有何曾、傅玄等礼法之士立意矫正风俗,裁抑纵诞违礼的行为,而且确实收到了一定的效果,但是,风俗衰变已然不可避免。晋武帝之世开始调和儒、道,提倡冲和谦退之德,明言:"方今风俗陵迟,人心进动,宜崇明好恶,镇以退让。"(《晋书·山涛传》)同时,多次下诏搜求隐逸之士,如皇甫谧、郑冲等人。

太熙元年(290)四月,晋武帝驾崩,惠帝继位。其后,由于惠帝天性暗劣,政出群下,纲纪败坏,变乱不已。先是太傅杨骏专权,永平元年

---

[1] 《世说新语·尤悔》:"王导、温峤俱见明帝,帝问温前世所以得天下之由。温未答。顷,王曰:'温峤年少未谙,臣为陛下陈之。'王乃具叙宣王创业之始,诛夷名族,宠树同己。及文王之末,高贵乡公事。明帝闻之,覆面箸床曰:'若如公言,祚安得长!'"余嘉锡:《世说新语笺疏》,第1054页。

[2] 西晋泰始中,有谣谚云:"贾、裴、王,乱纪纲。王、裴、贾,济天下。"指贾充、裴秀、王沈这些人扰乱曹魏纲纪,有助成晋室兴建之功。见《晋书·贾充传》卷四〇,第1175页。

（291）被贾后设计诛杀；随后便是贾后干政，导致"八王之乱"。据《晋书》卷五九，"八王"指的是汝南王司马亮、楚王司马玮、赵王司马伦、齐王司马冏、长沙王司马乂、成都王司马颖、河间王司马颙、东海王司马越等八位诸侯王。他们各镇一方，手握兵权，在宫廷变乱之中举兵向阙，意图相机争夺权位，"昭阳兴废，有甚弈棋"，最终导致骨肉相残，宗社颠覆。唐太宗李世民在《晋书·武帝纪》后，深有感慨地发论："（武帝驾崩之后，）曾未数年，纲纪大乱，海内版荡，宗庙播迁。"总体而言，西晋后期政局陷入了一片混乱之中。正是趁此内乱之际，匈奴、鲜卑贵族借着奔赴国难的旗号逐渐深入内地，控制了大河南北。西晋王朝只延续了五十年，便在内乱与外患的双重冲击下灭亡了。

二、士人风习的多元色彩与个体之悟

西晋时期，虽然武帝意图融合儒道，建立新的人格理想，但是，士人的精神世界中，却大多既失去了儒家的持守、方正，又失去了道家的清静、自然。这样，正如西晋立国之本有亏一样，西晋士人的立身之本也是有所亏欠的。[①] 他们所倾心关注的，往往是个人、家族的现实利益，是一时的显赫权位，是名动士林的盛誉。所以，西晋士人融合儒道的结果，便是由儒家进取有为的精神化为奔竞不止的热情，由道家任顺自然的精神化为因时而变的机心。两者的结合，便是一方面奔竞不止，一方面又因时而变。与汉代士人相比，西晋士人丧失了可堪持守的立身之本；与建安、正始士人相比，他们又丧失了反思人生、积极进取的理想精神。他们的思想世界，实际上陷入了准的无依的状态之中。正因为如此，他们追求名位，追求任情放达，也追求美的姿容和风神。

首先，西晋士人在个人出处方面始终处于矛盾之中，这种矛盾主要表现为清远高名与现实利益之间的矛盾。西晋士人心逐名利，却又往往有意显得淡泊名位，心志高远。前期，晋武帝意欲折中儒、道，所以一边

---

① 参读罗宗强《玄学与魏晋士人心态》，第153—167页。

强调儒行博学,一边崇尚谦和冲退。傅玄在武帝即位之初上书建议:"惟未举清远有礼之臣,以敦风节;未退虚鄙,以惩不恪,臣是以犹敢有言。"晋武帝诏报曰:"举清远有礼之臣者,此尤今之要也。"(《晋书·傅玄传》)晋武帝的诏书强调"举清远有礼之臣"的重要性,而将"退虚鄙"的话题搁下。"清远",意谓心思清明、高远,不为名位所羁绊,《易·渐》王弼注:"进处高洁,不累于位,无物可以屈其心而乱其志。峨峨清远,仪可贵也"①,说的就是这个意思。"有礼",意谓讲求儒行,敦于礼教。由此可见,晋武帝心目中的理想臣子,既要有儒家的礼教风范,又要有道家的明澈高远。最终,这样的人格理想转化为对冲和谦退之德的崇重。武帝诏书中,多次表彰山涛、郑冲、羊祜、魏舒"冲让"、"高让"之德,以此为恬远清虚。对此,士人也有所回应,刘寔《崇让论》、夏侯湛《抵疑》、杨乂《刑礼论》等文都强调礼让。不过,西晋创基立本已然有亏,风俗衰变的趋势便不是张扬隐逸、表彰冲让所可制止的。所以,西晋一朝,士人的真实风貌是:"悠悠风尘,皆奔竞之士;列官千百,无让贤之举。"②

士人本尚奔竞,而朝廷提倡谦退,于是士人一边追求高名,作出谦退冲和、超然物外的姿态;一边却热衷于追逐现实利益,这样就出现大量言行不一、巧于自我文饰的士人。以山涛而论,几乎每官必让,固辞不就,后期尤其如此,完全是志行高远的君子之风。不过,山涛最终都勉力就职。山涛未出仕之时,对其妻说:"忍饥寒,我后当作三公。"(《晋书·山涛传》)而且,李熹曾上言,奏举他侵占官田,《颜氏家训·勉学篇》也指出:"山巨源以蓄积取讥。"可见,山涛的固辞不过就只是一种姿态而已,他并非真的能够超然物外,舍弃名位和现实利益。在这一方面,更为典型的是王衍。他"希心玄远,未尝语利"(《晋书·王戎传》附传),妙善玄言,名动一时。但是,八王之乱中,他曾身居宰辅高位,却不以经国为念,而思自全之计,一心安排家族退路;后来被石勒所破,为了自救,竟劝石

① 楼宇烈:《王弼集校释》,第486页。
② 干宝:《晋纪·总论》,[梁]萧统《文选》卷四九,第693页。

勒称帝。

　　山涛、王衍两人作为一时士林领袖,尚且有此矫情自全之思,其他士人则更甚。《晋书》所记载的贾谧"二十四友"中,包括了欧阳建、潘岳、陆机、陆云、挚虞、左思、刘琨等著名文人,《晋书》称他们为"贵游豪戚及浮竞之徒"。这些在后代赫赫有名的文人,当时实为浮竞之徒而已。刘宋时期,谢晦曾说:"安仁诣于权门,士衡邀竞无已,并不能保身,自求多福。"(《南史·谢晦传》)陆机、潘岳、张华等西晋士人趋于名利功业,奔竞不止,身处险境而不自知,最终都死于非命。他们也曾表现出隐退不竞的志愿,如张华《鹪鹩赋》说"任自然以为资,无诱慕于世伪"(《文选》卷一三),潘岳《闲居赋》也说"仰众妙而绝思,终优游以养拙"(《文选》卷一六),但最终还是无法抵御功名利禄的诱惑。宋人苏轼曾评价说:"心迹不相关,此最晋人之病也。"[1]"心迹不相关",说的就是晋人口中所论、笔下所写,往往与其实际所为判分为二,彼此脱节。

　　其次,在生活层面,西晋士人任情放达,竞于奢华。在日常生活中,西晋士人往往任随本心,自由表现,不拘礼俗,恣意之极。西晋人的竞于奢华,正是其任情放达风习的一种极端表现;而西晋人的任情放达风习,又是汉晋以来个性觉醒思潮的重要组成部分。魏末之际,阮籍、嵇康等竹林中人纵诞背礼,其骨子里其实仍然有着某种确定无疑的持守。以阮籍为例,其悖礼之举不可谓不多,但背礼而不脱其自然之性。前面已经提到,阮籍曾经醉眠邻妇之侧,痛哭邻家处子之卒,当其如此,只是对其美色的自然欣慕,并未掺入私欲的成分在内。魏晋名士有一股真性情,足以发现美,感受美,以清新纵逸之气而体现为美的风度。阮籍对美色的欣赏,正如荀粲对妻子的深情,都是名士独有的审美品格的外显。但是,阮籍散发箕踞,或作青白眼,已经具有个性表现的成分,并不能全作自然情性来解释。顺此而下,西晋元康名士如胡辅之、谢鲲、阮放、毕卓、羊曼、桓彝、阮孚等人,竟然连日散发裸裎,闭室酣饮,就已经由自然情性

---

[1]《题山公启事帖》,《苏轼文集》,第 2174 页,北京:中华书局,1986 年。

的一端滑向颓靡欲望的一端。

葛洪《抱朴子》描写西晋及南渡初期的士人风习说："世故继有,礼教渐颓,敬让莫崇,傲慢成俗,俦类饮会,或蹲或踞,暑夏之月,露首袒体。盛务唯在樗蒲弹棋,所论极于声色之间,举足不逾绮襦纨袴之侧,游步不去势利酒客之门,不闻清谈论道之言,专以丑辞嘲弄为先。以如此者为高远,以不尔者骇野。"①可见,西晋后期,士人无论是饮会姿态、穿着仪表,还是活动内容、谈论话题,都已经颇为低俗放荡,成为风习,难怪连周颛这样的儒学君子,也会有令人瞠目结舌的秽行②。

西晋士人任情放达的另一方面,是竞于奢华,沉湎侈汰。这一点突出地表现了西晋士人追求"身名俱泰"(《世说新语·侈汰》)的人生理想。以石崇为例,其人品格卑下,谄事贾谧,其巨额财富更是来路不正③。而石崇喜好夸示富丽,又好与人斗富,"财产丰积,室宇宏丽。后房百数,皆曳纨绣,珥金翠。丝竹尽当时之选,庖膳穷水陆之珍。与贵戚王恺、羊琇之徒以奢靡相尚"。(《晋书·石苞传》附传)其中种种,《世说新语·侈汰》记载颇多,这里不一一赘述。其他西晋士人,如何曾、何劭、何遵、何绥、王恺、王濬、羊琇、贾谧、刘琨等,《晋书》中也都载有他们的奢豪之举。可以说,"奢侈之风,演成有晋一代士风之重要标志"④。不过,石崇最终因财丧生,却也反证了西晋士人"身名俱泰"的人生理想的破灭。石崇、贾谧、王衍、张华、陆机等西晋士人,不管其出身如何,他们都有意于追求"身名俱泰"的快意人生,最后却都死于非命,如此结局,在西晋复杂政局中又有其必然性⑤。

---

① 《抱朴子外篇·疾谬》,杨明照:《抱朴子外篇校笺》(上)卷二五,第601页。
② 《世说新语·任诞》注引邓粲《晋纪》曰:"王导与周颛及朝士诣尚书纪瞻观伎。瞻有爱妾,能为新声。颛于众中欲通其妾,露其丑秽,颜无怍色。"余嘉锡:《世说新语笺疏》,第872页。
③ 《世说新语·侈汰》注引王隐《晋书》:"石崇为荆州刺史,劫夺杀人,以致巨富。"余嘉锡:《世说新语笺疏》,第1028页。
④ 罗宗强:《玄学与魏晋士人心态》,第153页。
⑤ 《晋书·文苑传》载张翰语:"天下纷纷,祸难未已。夫有四海之名者,求退良难。"见《晋书》第2384页。在此乱局中,石崇、陆机等人既想求取名利,又要保全自我,追求"身名俱泰",确乎如火中取栗。

石崇在河南金谷涧中建有别庐,冠绝一时,他每日引致宾客,在其中饮酒赋诗。石崇也颇引以自傲。他撰有《金谷诗叙》,其文曰:"有别庐在河南县界金谷涧中,或高或下,有清泉茂林,众果竹柏、药草之属,莫不毕备。又有水碓、鱼池、土窟,其为娱目欢心之物备矣。时征西大将军祭酒王诩当还长安,余与众贤共送往涧中,昼夜游宴,屡迁其坐。或登高临下,或列坐水滨。时琴瑟笙筑,合载车中,道路并作。及住,令与鼓吹递奏。遂各赋诗,以叙中怀。或不能者,罚酒三斗。"(《世说新语·品藻》)其《思归引序》也以金谷别庐为题材,内容与此相类:"晚节更乐放逸,笃好林数,遂肥遁于河阳别业。其制宅也,却阻长堤,前临清渠。百木几于万株,流水周于舍下。有观阁池沼,多养鱼鸟。家素习技,颇有秦赵之声。出则以游目弋钓为事,入则有琴书之娱。又好服食咽气,志在不朽,傲然有凌云之操。"(《文选》卷四五)石崇金谷别庐所承载的功能,主要是"娱目欢心",实现耳目感官与精神心理的双重愉悦,这与他追求"身名俱泰"的人生理想是相一致的。而送别王诩的金谷之游,参与者多达三十余人,诗酒宴饮,音声为乐。更重要的是,他们从山水园林中体悟到高逸情趣,获得一种自然美感,这有异于世俗的奢豪之美。金谷别庐不仅为时人所瞩目,也是东晋南朝及后世士人心仪的园林典范,石崇《金谷诗叙》也成为后世士人所效仿的篇章。东晋王羲之《兰亭集序》就有明显的模仿痕迹。石崇的金谷别庐和《金谷诗叙》之所以在后世士人心中有如此重大的影响力,主要在于金谷盛会代表了一种新的士人风流,雅致、诗意,充满自然情趣和高逸情怀。

再次,西晋士人出现了比较明显的尚美风潮。曹魏以来的名士,如何晏、夏侯玄、阮籍、嵇康等人,都有一种特别的美与风度。前面已经说过,名士有一股真性情,虽不足以发明德行,但足以发现美,感受美,并且以清新纵逸之气而体现为美的风度。西晋士人延续了这种重视美的风姿和神韵的名士风习。

在西晋士人群体中,王衍、潘岳、卫玠等人的姿容之美最为时人称赏。王衍天生外貌英俊白洁,王戎盛称其风神、容姿如同不杂尘滓的玉树琼林,"神姿高彻,如瑶林琼树,自然是风尘外物"(《世说新语·赏誉》)。当其手持白玉为柄的麈尾,麈尾与人颜色相类,浑成一体,"王夷甫容貌整丽,妙于谈玄,恒捉白玉柄麈尾,与手都无分别"(《世说新语·容止》)。王衍平时还很讲求修饰。《世说新语·雅量》中载有一个细节,可以证明这一点:"王夷甫尝属族人事,经时未行,遇于一处饮燕,因语之曰:'近属尊事,那得不行?'族人大怒,便举樏掷其面。夷甫都无言,盥洗毕,牵王丞相臂,与共载去。在车中照镜语丞相曰:'汝看我眼光,乃出牛背上。'"王衍挨打之后,并不与人计较,而其从容"盥洗"、"照镜"等举动,显示出他对自己容貌的在意。潘岳的姿容美妙,在当世也颇有名声,《世说新语·容止》记载说:"潘岳妙有姿容,好神情。少时挟弹出洛阳道,妇人遇者,莫不连手共萦之。"他甚至被人比作璧玉:"潘安仁、夏侯湛并有美容,喜同行,时人谓之'连璧'"。西晋后期士人卫玠风神秀异,也被人喻为"珠玉"、"明珠"。过江之后,"京师人士闻其姿容,观者如堵。玠劳疾遂甚,永嘉六年卒,时年二十七,时人谓玠被看杀。"(《晋书·卫瓘传》附传)因为姿容秀出而被人"看杀",当然有些夸张其辞。不过,西晋士人对于姿容之美的品鉴、推重和崇尚,在当时已经成为一种风习。

此外,西晋士人在清谈之时,也注重语言、音调之美。《世说新语·文学》注引邓粲《晋纪》:"(裴)遐以辩论为业,善叙名理,辞气清畅,泠然若琴瑟。闻其言者,知与不知,无不叹服。"听到裴遐言谈的人,不管是否明白他所谈说的义理,单单是听到他言谈时"清畅,泠然若琴瑟"的音辞、语调,就已经为之"叹服"了。王衍曾经品评张华:"张茂先论《史》《汉》,靡靡可听"(《世说新语·言语》),"靡靡",也就是娓娓动听的样子,其中当然也含有语音美妙的意思。

总体而言,西晋士人身处复杂政局之中,对于个体存在与个体价值,有着自己独特的悟解。他们不再像阮籍、嵇康一样,以一种高悬的理想境界来衡量现实人生,深度反思现实人生。他们更愿意将自己的全部身心投入到眼前的真实人生中,放弃那些虚悬的理想,承认理想即是现实,现实就是一切。尽管这样做有时会给他们带来精神上的巨大冲击、痛楚和创伤,但他们还是愿意让自己在一时的现实利益中获得满足、快意和沉醉(或者说麻木),再也不愿经受以往那种虚幻的人生理想的煎熬。因此,"他们要在现实中得到他们所需要的一切欢乐与享受,得到他们精神上和物质上的一切满足,即使这个现实环境污浊混乱,他们也要在这污浊混乱中寻找自己欲望的满足,要在这污浊混乱中尽可能轻松地生活下去。他们并不存在改变这个污浊混乱的现实的任何愿望"①。

由魏末到西晋,士人的心志从建安时期追求声名、功业,追求某种永恒性,转而追求今生的现实之乐,而不去关注身神永存。这种转变,在向秀《难养生论》中就已经开始显露出来。向秀认为:"若夫节哀乐,和喜怒,适饮食,调寒暑,亦古人之所修也。至于绝五谷,去滋味,窒情欲,抑富贵,则未之敢许也。"他又说:"生之为乐,以恩爱相接。天理人伦,燕婉娱心,荣华悦志。服食滋味,以宣五情。纳御声色,以达性气。此天理之自然,人之所宜,三王所不易也。今若舍圣轨而恃区种,离亲弃欢,约己苦心,欲积尘露以望山海,恐此功在身后,实不可冀也。"②在向秀看来,人生一世,其乐趣在于顺乎人的本性欲望,享受夫妻间的恩爱之情、家人间的天伦之乐,也享受曼妙的歌舞、华美的服饰、精致的饮食,这才是人之为人的天性所在。如果为了长生久视,就压制人的自然本性,离弃这些人生乐事,那样的人生追求,背离了人的自然本性,因而是难以实现的。

西晋士人正是沿着这样的思路走下去的。他们贪求今生之乐,不欲功在身后,这是西晋士人与建安文人的最大区别。毕卓曾经对人说:"得酒满数百斛船,四时甘味置两头,右手持酒杯,左手持蟹螯,拍浮酒船中,便足了一生矣。"(《晋书·毕卓传》)吴地名士张翰任心自适,不求当世。别人对他说:"卿乃可纵适一时,独不为身后名邪?"他却回答对方:"使我有身后名,不如即时一杯酒。"(《晋书·文苑传》)对于西晋士人来说,一杯美酒在手,胜过身后永存的声名。他们不再用心于身后的永恒性存

---

① 罗宗强:《玄学与魏晋士人心态》,第 196 页。
② 《嵇康集校注》,第 162 页、166—167 页。

在,更愿意沉醉于眼前的酒杯中。两晋之际的名士郭璞,为人率性,不修威仪,嗜酒好色。著作郎干宝常常劝诫他说:"此非适性之道也。"郭璞回答道:"吾所受有本限,用之恒恐不得尽,卿乃忧酒色之为患乎!"(《晋书·郭璞传》)郭璞以享受人生作为人的本性,上天既然赋予自己以这样的本性,那就应该极尽人生之乐的限度,而不需着意加以克制修饰。

正因为西晋人把顺遂自己的欲望本性视为人生乐事,视为人之为人最自然不过的事情,所以,西晋士人放纵物欲、情欲的程度远远超过前代。西晋士人中,醉心财货者如王戎、和峤,他们财产丰饶而又天性吝啬,都在史上有名。从另一个角度来说,西晋士人尊重个体自我的本然欲望和情感,任其自然发散出来,这就促使士人自由地展现其个性之美,士人开始崇尚个体之美,向往美的风姿。西晋士人的尚美之风是汉晋时期个性觉醒思潮的重要内容。

第二节 《庄子注》的美学思想

向秀(约220—285),字子期,河内人。年少时为山涛所知,好老庄之学,又与嵇康、吕安友善。嵇康、吕安被诛之后,向秀应本郡计入洛。后为散骑侍郎、散骑常侍等职,在朝无心职事,容身而已。郭象(约252—312),字子玄,河南人。年少时就很有才辩,喜欢老庄之道,擅长玄谈,被视为王弼之亚。早期家居读书,谢绝州郡延聘。东海王司马越执政时,引为太傅主簿,权倾一时,不久之后便去世。

魏晋玄学诸家中,向秀、郭象《庄子注》①提出"独化于玄冥之境"的主

---

① 《世说新语·文学》:"初,注《庄子》者数十家,莫能究其旨要。向秀于旧注外为解义,妙析奇致,大畅玄风。唯《秋水》、《至乐》二篇未竟而秀卒。秀子幼,义遂零落,然犹有别本。郭象者,为人薄行,有俊才。见秀义不传于世,遂窃以为己注。乃自注《秋水》、《至乐》二篇,又易《马蹄》一篇,其余众篇,或定点文句而已。后秀义别本出,故今有向、郭二《庄》,其义一也。"余嘉锡:《世说新语笺疏》,第243—244页。《晋书·郭象传》所载与此相同,见《晋书》第1397页。据此,今传《庄子注》,实可视为向秀、郭象共同完成的作品。

张,"其说甚崇自由",又"甚浪漫"。① 这是因为,《庄子注》崇有,认为世间万物之"有"只是由其本性决定,其背后并没有一个冥寂幽深的"无"来统御。万物依从它的本性自由绽放、展现出来,人顺乎物之本性就可以达到与物同化、冥然一体的玄冥之境。在这种玄冥之境中,万物绝对平等,彼此无高下之分,各自归于自然所赋予的性分。可以说,向、郭《庄子注》是中国古代思想史上有关万物作为个体在世间的存有价值的一次透彻之悟,更是魏晋六朝时期有关个体存有价值的最为完备的理论阐述。

　　从美学的角度来说,向、郭《庄子注》也有其不可忽视的价值。《庄子注》的美学思想主要有三个方面:一是"万物一美",也就是从总体而言,万物玄同,无分彼此,同有自然之美。二是"各美其所美",也就是从万物彼此之间的关联而言,既保全一己之美,又成全外物之美。三是天真之美,也就是从万物自身之美而言,以素朴、天真、自然为美。合而言之,《庄子注》的美学思想可以归结为自然之美。《庄子注》的自然之美,以自性之自然实现为美,不知其所以然而然,这样,美的极致就是"无美",也就是没有任何一己偏私或物我界限的美。《庄子注》的自然之美,依托于万物的自性,万物万有是真实存有的,它们的美也是真实存在的。

一、玄冥之境与万物一美

　　所谓玄冥之境,汤用彤先生认为,就是"未限定"、"无分"、"平等"的世界。②《庄子·大宗师》云"于讴闻之玄冥,玄冥闻之参寥",向、郭注解说:"玄冥者,所以名无而非无也。"成玄英进一步疏释:"玄者,深远之名也。冥者,幽寂之称。既德行内融,芳声外显,故渐阶虚极,以至于玄冥故也。"③所谓"无而非无",前一个"无"就是未加限定、物我无界、泯然一体,所"无"的是物我、彼此之间的界限,是非、善恶之间的界定,这样的旨

---

① 汤用彤:《魏晋玄学论稿》,第191页。
② 同上书,第191页。
③ 郭庆藩:《庄子集释》,第257页,北京:中华书局,2004年。以下凡引《庄子》本文及向、郭注文,均据此书,不再一一注明。

向是向、郭玄学所赞成的。后一个"无"意指空寂虚无,所"无"的是万有存在的真实性,这样的旨向是向、郭玄学所反对的,因而主张"非无"。王弼、何晏玄学尚无,以"无"牢笼天地万物,以之为万物的本原与归趋,而视万有为糟粕。在静化、净化人心欲求的同时,也使士人崇尚虚寂无为,甚至放达任我,风骨颓靡。向、郭在任达士风中意图有所振拔,因而独倡崇有。所以,前一个"无",所泯灭的是物我之间的界限和规定,后一个"非无",则肯定了万有自身的真实存在性。"无而非无",就是天地万物真实存有,而又浑全一体,无分彼此,各尽其性,生化不息。

在玄冥之境中,"遗彼忘我,冥此群异"(《庄子·逍遥游注》),万物万有都是自然无待、浑全不分的,万物各尽其性,相安融洽。在这样的境界中,一切顺乎自然,泯然无别,心之所至,生机朗然,"天人之所为者,皆自然也;则内放其身而外冥于物,与众玄同,任之而无不至者也"。(《庄子·大宗师注》)所谓"外冥于物,与众玄同",就是将自身投入到万物浑全一体之中。万物自然化生,自然的存有即是真实,即是玄冥,即是逍遥无待,也即是最为完满的美。这样,万物自得,彼此玄同,物我无分,实现了一种逍遥的极境,因而也成为美的极致。这种美,就是一种无限性之美,浑全一体的美,也是玄同彼我、无所措意的美。这种无限性的美,其核心就是万物各得其自性:因为万物各得其自性,因而为美;否则,就失去其所以为美的质性。

《庄子·德充符》向、郭注云:"虽所美不同,而同有所美。各美其所美,则万物一美也。"由于万物性分各异,其本性实现时,各有其美,亦各有其所美,这本是自然而然的事情。而且,万物"各美其所美",顺应其自性而不违逆,则仍然"同有所美",也就是万物在顺应自性上是彼此泯然一如的,故而"万物一美"。所谓"万物一美",并非以自己所美为最高、最善之美而衡准万物,而是任从万物各有其所美,又各尽其所美,最终达到各尽其天性的玄冥之境。也就是说,"万物一美"的"美",与"同有所美"的"美"一样,是万物本性自然展现、实现之美,是万物浑全一体的美,也是万物实现自性之美的大美。"同有所美"和"万物一美"所指向的,都是一种境界形态上的自性之美,而非物质形态上的外形之美。在玄同物我的境界中,美已经融入万物自性之中,作为个体,只是尽其本性而已。于己,万物尽其自性,实现其美而不自知;于外物,万物玄同彼此,亦彼此成全,不加伤害,亦不将一己偏私加诸外物之上。因此,万物实现自身之美而不自是,成全外物之美而不措置,实则就是化入玄冥之境,因而能够无心而往,一无所系,"无美无恶,则无不宜。无不宜,故忘其宜也。"(《庄子·德充符注》)"无美",乃是不以美之为美,"无恶",乃是不以恶之为恶。顺乎万物自然之性,不以一己之美为美,而是与万物相融无间,故而所在皆宜。

万物玄同彼我,无美无恶,无往不宜,作为个体,便能在这种无所依待的玄冥之境之中证悟大道,从而领悟到至美、至乐的愉悦。《庄子·田子方》云:"夫得是,至美至乐也,得至美而游乎至乐,谓之至人。"向、郭注道:"至美无美,至乐无乐故也。"成玄英疏:"夫证于玄道,美而欢畅,既得无美之美而游心无乐之乐者,可谓至极之人也。"所谓"至美",乃是一个人在内心体证、证悟了大道之存在时,心中最为灿烂的状态。这种美,乃是大道辉耀人心时所投射出来的光芒,因而是一种极为纯粹、美好的体验,并不同于种种形态、形体、形状等物理外形所激起的美感,它是大道洞照人心时所指引的人的心灵境界的升华,是与外在事物无关的,只关乎人的自性与境界。一个人所体验到的这种美感,因为其中并没有外在事物的影像,而只与天地万物和人的自性有关,故而没有通常意义上的所谓外形上的美(或丑),而是一种超越于外形上的完美或残缺意义上的美,只是一种境界意味上的自我成全与自我升华。这种出于大道的美,是无形无名的至美;其中的欢乐,也是无形无名的至乐。至美、至乐只关乎万物和人的自性是否得以成全、实现,达到了这种境界的人,也就是至人。由此而言,至人逍遥悠游于大道中,与大道一体,与万物同心,在这种彼我玄同、无所措意的大道境界中所体悟到的美、乐方才属于至美、至乐。

万物在玄冥之境中达到"同美",也就是共同地、普遍地得其自性之美。在这样的境界中,个体的自性得到最大限度的尊重和实现,个体因而在不知不觉中达到美的极致。在向、郭的玄冥之境中,万物浑全而又自然,它们是最美的。

二、独化自得与美其所美

在向、郭玄学中,万物万有的实在性是自足完满的,它们以"独化"为其原则。所谓"独化",有三个方面的意涵。第一,自然。独自而然,独自而化。第二,多元。"天"只是万物的总名,对万物不会加以限定。第三,不为而相因。万物之上,没有一种神秘力量加以宰制、主导,万物无待,玄同彼我,各自因顺本性而已①。万物各有其偶然决定的性分,这是个体之所以成其为自身的本性。万物因顺各自的本性,不加违逆,返归天然,便可以逍遥自得。"独化"之"独",一方面肯定万有的独立自足性,一方面又意味着其特具的性分,也是它成其为自身的决定性。"化",则是因顺这种独具的决定性,实现其自足性,在玄冥之境中任化,自然呈现。万物万有顺遂自己的本性,不知其所以然而然,便是独化自得。

个体之美,在于自得。不过,万物都各有其自得。独化于玄冥之境,既要玄同彼我,泯然一体,又要各得其美。向、郭玄学因而特别强调自然、自得。据我们统计,向、郭《庄子注》共含"自"字997个,其中"自然"一词出现172次,"自得"出现114次,"自尔"为53次。"自然"、"自得"、"自尔"三词合计出现339次,占总数的1/3多。"自然"、"自尔"都指自然而然,自己如此,天性如此,即在没有外力侵夺、干扰作用的情况下,自身成为这样;"自得",指自己感到满足;三者同时强调自性的效用和实现。其他如"自是"、"自生"、"自因"、"自均"、"自用"、"自明"、"自若"、"自为"等,都与"自然"、"自得"有内在的联系,含义十分相近。可见,向、郭以万物自身为其自性实现的充要条件,从而否定了外在因素的决定性作用。万物顺乎个体自身之自然,得其自性之美;又顺乎外物之自然,成

---

① 汤用彤:《魏晋玄学论稿》,第191页。

全他物之美。不管是成全自我之性，还是成全他物之性，都是在不知其所以然而然的状态下实现的，也就是，没有自我与外物的区分，也没有有意与无意的区分，一切都只是顺应而为之。万物"各以得性为是，失性为非"(《庄子·天道注》)，万物之性当在自然而然的状态中实现和保全，万物之美也应当在自然、自得之中实现。所以，个体不能以自己所以为美的事物作为共同的标准，以一己之美而衡准其他事物，否则，就是侵夺他物的自性，这就失去了美之为美的根本。

万物"各美其所美"，则美是一个多样化的评判，只与事物自性有关，与他物无关。唯有万物各自得其自性，得其自美，充分展现、实现自身的美，然后又充分尊重他物的自性、自性之美，方才称得上美其所美，而不侵夺他人之美。所以，独化之美意味着两个方面：第一，万物之美在于其自性的圆满实现、自然运化，满足此一条件就允称为美。第二，万物之美无待于外物。相反，侵夺外物的自性，就侵夺、戕害了外物之美。

古代至德之世，人心淳朴，民众安居乐业，"甘其食，美其服"(《庄子·胠箧》)。向、郭注："适故常甘，当故常美。"当此之时，民众纯任其淳朴本性，衣着之美，合身得体而已，不知好尚奢华绮丽，因此不会产生美丑的分别，也就无待于外物来成全其美。在《庄子注》中，"美"的含义与今天的所谓"美"有所不同，这里尤为明显。《庄子·人间世》向、郭注："神人无用于物，而物各得自用，归功名于群才，与物冥而无迹，故免人间之害，处常美之实，此支离其德者也。"所谓"支离其德"，即忘德。神人智周万物而忘其智，明并日月而忘其明，与物冥契而忘其形，就是忘德。神人忘形忘德，和光同尘，与物玄冥。神人之美，美在保持其自性而又无用于物，也就是不伤害万物的本性，并且与物冥合。这样的美，是一种不知其所以美而又自然而然地实现了的美，是一种境界之美。至德之世的民众和神人，虽有行迹，但不觉其行迹；虽有常美，但不觉其自身之美。

相反，当万物的本性离散之后，人们失去了自然之美的标尺，于是开始攀缘他物的美、外在的美，意欲借以填充内在之美的缺失，用一种外在于自然之性的尺度来衡量自己,主宰自己,便愈加无法归复自己的本真之美。《庄子·骈拇》向、郭注:"乱心不由于丑而恒在美色,挠世不由于恶而恒由仁义。"在向、郭看来,至德之世的淳朴自然之风消散后,正如儒家所强调的仁义、道德加剧了天下人争夺奔竞之心,美色也进一步扰乱、破坏了人们心中尚存的质朴之性。另一方面,如果以一己之所美作为标准,来衡量外物,则会伤害外物的自性。《庄子·知北游》向、郭注:"各以所美为神奇,所恶为臭腐耳。然彼之所美,我之所恶也;我之所美,彼或恶之。""各以所美为神奇"的审美态度显然是错误的,这是因为:万物各有其自性,因而应当"各美其所美",这样才能各自保全其一己之美,而臻于独化之境。"彼之所美,我之所恶也",说明美是相对的、多元的,也是多元共存的。以一己之所美作为标准来衡量万物,便违逆了万物的本性,也就伤害了它们的真美。所以,一方面,万物应当顺乎本性,"各美其所美",这样就可以成全其各自的本然之美;另一方面,万物又不可以一己之美衡量外物,而应当玄同彼我,泯除美丑,这样就可以成全外物的自然之美。只有这样,才是真正意义上的"万物一美"。

三、性分之限与天真之美

万物之美在于自性的实现。万物的自性是偶然形成、凝定的。万物各自突然而生,各得其性,各有其性分。它们的性分彼此不同,一物的性分就是一物成其为自身的根据,是它的本原和规定性所在。由于万物所禀赋的性分各有其先天规定,所以,万物的本性天生地就具有限定的边界,也就是说,"物各有性,性各有极"(《庄子·逍遥游注》)。先秦时期,孟子"性善论"与荀子"性恶论"都曾试图从均齐划一的某种人性出发而论人之为人的道理;两汉人性论开始有折中善恶的倾向;王弼、何晏玄学以一抽象的"无"而牢笼天地万物,在超越的同时也带有整齐万物的意味。向、郭玄学肯定万有作为其自身成立的本原,是对王弼、何晏玄学无所不能的"无"的一种强力反拨。"物各有性,性各有极"的关键在于"各",不同的物类各有其不同的性,而同一物类中的不同个体又各有不同的性分。这样,向、郭玄学在本原处就取消了万事万物整齐划一的可能性。万物之所以突然产生和发展,是由它们的自性决定,而其天性的分际,在产生之初就已经规定了,"天性所受,各有本分,不可逃,亦不可加"(《庄子·养生主注》)。万物的性分是各自不同而又毫厘不爽的,也是分毫不可差失的,无论超出或是不足,都意味着它没有能够实现其自性。这样,只要恪守天性的本分,无论本分的多少,都实现了个体的自性,"夫方之少多,天下未之有限。然少多之差,各有定分,毫芒之际,即不可以相跂,故各守其方,则少多无不自得"(《庄子·应帝王注》)。

万物之美,就在于恪守它们"各有定分"的本性。那么,如何恪守其本性?《庄子注》认为,应当纯任万物的自然之性,打落所有的人为缀饰和后天雕琢,呈现出一派浑全的朴素天真,这才是美。向、郭在为《庄子·马蹄》中"纯朴不残,孰为牺尊!白玉不毁,孰为珪璋!道德不废,安取仁义!性情不离,安用礼乐!五色不乱,孰为文采!五声不乱,孰应六律"几句作注时说:"凡此皆变朴为华,弃本崇末,于其天素,有残废矣,世虽贵之,非其贵也。"在向、郭看来,纯朴、白玉、道德、性情、五色、五声等事物属于"朴"、"天素",自然淳朴,因而是真正意义上的美。而牺尊、珪璋、仁义、礼乐、文采、六律等事物属于"华",也就是后天的、人为的雕饰,破坏了事物先天的自然质性,有所残废,因而不美。同样,《庄子·天道》:"朴素而天下莫能与之争美",向、郭注:"夫美配天者,唯朴素也。"所谓"天",就是万物的天性,也就是万物的根本。与万物的根本相配称的美,只有朴素之美,也就是发乎自然之性的本真之美,"凡非真性,皆尘垢也"(《庄子·齐物论注》)。由此可见,天真、自然是向、郭美学的最高尺度。

《庄子注》有时会出现一些看似自相矛盾的美学观点。向、郭注《庄子·徐无鬼》时说过:"美成于前,则伪生于后,故成美者乃恶器也。"而他们注《庄子·人间世》却又说:"美成者任其时化,譬之种植,不可一朝成。"前一段话对"美成"似乎有所贬抑,而后一段话则对"美成"持赞赏的态度。其实,两段话内在的美学思想是一致的。向、郭崇尚自然、天真之美,故而强调美必须发乎一己本性,对于人们追逐本性之外的美心存警惕。个体顺乎自性而化成其美,这本来是符合"美其所美"的独化原则的。如果其他个体被这种美所吸引、诱惑,背离自己的本性而去追逐这种美,那么,就会败坏这些个体的自然之性。于是,这一个体的无心之美就成为其他个体背离、败坏自己的本性的根源所在。对于其他个体而言,前者的无心之美反而成为一种丑恶的存在。所以,前一段话中的所谓"恶器",是从保全其他个体的自然之性、天真之美的角度来说的;不过,对于这个个体本身来说,它的美发乎自然本性,它自身其实没有所谓"美"与"丑"的概念,只是顺性而为,因而依然是美的。后一段话中的"美成者"也是如此。个体顺乎自性而化成其美,不过,个体的自性有着各自不同的性分,要完满、充分地实现他的性分,并非一朝一夕之间就可以做到的。所以,个体必须顺应自己的本性,"任其时化",期以时日,才能充分实现自性的美。

"美成者任其时化,譬之种植,不可一朝成",这段话包含了一种极为重要的美学观念,那就是:美是逐渐化成的。这包括两个方面的含义:一方面,万物顺乎自性,各有其美;另一方面,万物完满意义上的自性之美是逐渐实现的,而且这个实现过程是自然而然地发生的。这种美学观念与向、郭"物各有性,性各有极"的哲学思想是相一致的。

总体而言,《庄子注》主张多元、自在、渐成的美学思想,其最大的美学价值在于发现并肯定了个体之美的多元性。

第三节　陆机《文赋》的美学思想

陆机(261—303),字士衡,吴郡人。祖父陆逊、父陆抗都是东吴名将,其从伯父陆绩为著名经学家。少有异才,文章冠绝一时,服膺儒术。20岁时,晋灭吴,陆机与其弟陆云退居旧里,闭门读书。太康末年,赴洛阳寻求功名,得到张华的赏识,为贾谧"二十四友"之一。"八王之乱"时,天下动荡,陆机负其才望,有志匡救世难,为成都王司马颖参军、平原内史,后任后将军、河北大都督。不久战败,与陆云同时被杀,年仅43岁。

陆机是西晋著名的美学家,其《文赋》在中国美学史上第一次深入阐述了文学作品的审美特性和文学创作过程中审美体验如何触发、流动的问题。《文赋》是一篇思想深刻的美学作品,它的出现,有赖于多种因素的成全,其中主要包括:一是陆机本人丰富的创作经验和审美体验;二是西晋时期文学领域的尚美思潮;三是屈原、司马相如、扬雄、曹植、曹丕等人以来的美学观念;四是西晋统一之后,北方玄学思想(尤其是玄学以无统有的思维方式)与吴地儒学传统的融汇。正是在多种因素的综合作用下,陆机《文赋》将人们对文学的审美特性的认识大大推进了一步,南朝的文学和美学都深受《文赋》美学观念的影响。

陆机《文赋》与以往的美学篇章有几点显著的不同之处。首先,《文赋》首次集中论述了文学审美过程中的主要环节,包括审美体验的触发、流动、表现等。其次,《文赋》融贯了陆机极为深厚的审美体验和创作感受,这些审美感受往往是极为幽微、细致的。再次,《文赋》深入阐述了文学审美的基本准则,审美活动与想象的关联,审美活动中的奇特体验,等。

一、缘情:审美体验的触发机制

文学审美活动发端于情感,这种认识并非肇始于陆机,《礼记·乐记》中早已有论述。不过,情感如何兴起于外物,之后又在审美活动中起着何种作用,对这些问题,陆机有着更为深入的认识。

《文赋》概括说"诗缘情而绮靡,赋体物而浏亮"①,诗、赋虽然有着文辞、风貌上的区别,但它们作为主要的文学样式,都是情物交织、融汇的产物。陆机《思归赋》中说"悲缘情以自诱,忧触物而生端",《叹逝赋》中又说"乐隤心其如忘,哀缘情而来宅"。一个人内心某种深重浓郁的情感

---

① 张少康:《文赋集释》,第99页,北京:人民文学出版社,2002年。以下凡引《文赋》,均据此书,不再另注。

的突然涌动,总是先起始于心中潜藏着的幽微情绪,或是外物的瞬间触发。万事万物既然是千姿百态的,那么,所产生的情感,其指向也就各各不同。所以,《文赋》说:"遵四时以叹逝,瞻万物而思纷。悲落叶于劲秋,喜柔条于芳春。心懔懔以怀霜,志眇眇而临云。"陆机已经自觉到,诗人必然有着一颗敏锐的心,他对于外物和内心情绪的变化必有着极为微妙的感受能力。因此,人物迁逝这样显著的事情固然会使诗人心生感慨,即便是目睹秋风中片片树叶悄然飘落,或是看到春日里柔嫩的树枝随风飘舞,甚至只是想到寒霜、遥望层云,这样的瞬间所见所思,都有可能触动他内心的琴弦,打破他内心的安宁。"诗人之心有别于常人之心,原在于他能披开生活的烦琐表相,在诗意的境界中,感受存在的意义。诗人感物而思时变,通过时间的感觉走向生命的醒觉,在最平常的事件中发现令人惊异莫名的不平常内容。"①对于诗人而言,外物与他的情感世界是息息相通的,这种相通,不是指时空意义上的物我同在,而是指诗人透过生活世界中的种种现象,领悟到存在于审美情境中的物我融通如一。

陆机列举以上这几种情况,意在指明诗人所特有的敏锐的感受力,这也解释了前面所谓"诗缘情"之"情"的具体内容及其来源。陆机诗赋中,其《感时赋》《思亲赋》《述思赋》《行思赋》《思归赋》《叹逝赋》《大暮赋》《东宫作诗》等,都充溢着感时伤怀的浓郁情绪,如"观尺景以伤悲,抚寸心而凄恻"(《述思赋》,《全晋文》卷九六),又如"伊天时之方惨,曷万物之能欢。鱼微微以求偶,兽岳岳而相攒。猿长啸于林杪,鸟高鸣于云端。矧余情之含瘁,恒睹物而增酸。历四时以迭感,悲此岁之已寒。"(《感时赋》,《全晋文》卷九六)这种缘事睹物而兴起的情感,对陆机尤其具有冲击力。此种情形,与魏文帝曹丕很为相似。曹丕诗、文、赋中,伤怀感遇之作颇多,其感受力也是极为敏锐的。不过,曹丕《典论·论文》虽对时人作品有较多评议,且谈及"文气"、文之本末和文章价值等问题,却未深入探及文学审美过程本身。大概曹丕撰写《典论》时,怀有

---

① 朱良志:《中国美学名著导读》,第 48 页,北京:北京大学出版社,2004 年。

名垂后世的追求,因而《论文》一章立论颇高,往往从大处立言,无暇像他在书信、诗赋中一样细细体味其文学审美过程中的种种感受。陆机则不同,他撰写《文赋》,既然文体为"赋",当然应该以"文"为对象而细加体味、描摹、阐述。陆机《文赋》说"每自属文,尤见其情",这样的感受本是曹丕、陆机等感受力特别敏锐的人所共有的。不过,唯有当陆机将文学审美过程本身当做体察、描摹的对象时,这种对外物、内心情感的敏锐感受力,才转化成一种洞察、照亮文学审美过程本身的力量,他也才能真正深入地"论作文利害之所由"。

陆机认为,由外物所触发的情感涌动,是文学审美活动顺利进行的关键推力。所以,作者"遵四时以叹逝,瞻万物而思纷。悲落叶于劲秋,喜柔条于芳春。心懔懔以怀霜,志眇眇而临云",然后再加广泛吸取前人佳作,便可以展开其具体的文学审美过程了。唐大圆《文赋注》指出:"方当吾人观物运思,或触物生感,感而遂通天下之故。其文思如风发泉涌之际,有妙手之文士,即能乘机援笔,写成篇章。"①一个感受敏锐的人,当外物偶然触动他的心绪时,他便能从纷繁复杂的生活现象中把捉到这种稍纵即逝的触动,并从生活现象中超拔出来,欣然与之应会、感通,从而进入审美情境中,获得与物交融的审美体验。当这种感受足够强烈时,作者便可以文思勃发,言辞涌动,沉浸在妙不可言的审美愉悦之中。相反,则会出现"六情底滞,志往神留"的艰难局面:这时,因为作者的情感体验不够强烈,或是有所阻塞,于是审美活动被阻滞,"思乙乙其若抽",文思断灭难出,枯涸不畅。此中艰难,竟然有如一个人在使尽力气拽拉着什么东西。从这些论述可以看出,陆机已经充分认识到情感因素在文学审美活动的整个过程中的地位和影响力,从文学创作中审美体验的发端,到这种审美体验的顺畅流动,直至进入美妙的审美愉悦情境之中,都离不开情感的自然涌动。

不过,前面已经提到,"诗缘情"之"情",在陆机这里主要指个体感物

---

① 转引自张少康《文赋集释》,第28页。

而生的浓郁情感,这种情感常常处于自然涌动的状态之中,可以触发物我交融的审美体验。陆机诗文中,"情",常常指向的是蕴涵浓郁悲愁的复杂情绪,如《思归赋》中说"悲缘情以自诱,忧触物而生端",《叹逝赋》中说"哀缘情而来宅"(《全晋文》卷九六),都以悲哀作为情感基调。《文赋》提到:"言寡情而鲜爱,辞浮漂而不归。犹弦么而徽急,故虽和而不悲。"陆机认为,文学作品之所以出现虚浮诡谲之病,其根源在于缺乏情意流贯其中。从字面来看,"悲"还是指向悲哀之情。不过,这里的"悲",其实只是列举出来的一种有代表性的情感类型,作者意在以此指明文学作品必须内在地有情感流贯其中,而且这种情感足以打动人心。从陆机《文赋》可以看出,他所谓的"情"具有两个明显的特点:一是浓郁充沛,而且处于自然涌动之中。如果情感孱弱,或是凝滞不动,便很可能导致文思不畅,更无暇追求"绮靡"之美。二是具有明显的个体性。

《毛诗序》认为诗歌应该"发乎情,止乎礼义",要求诗歌内蕴的情感在礼义许可的范围内流动。建安时期,曹丕《典论・论文》提出"文以气为主",又说"气之清浊有体,不可力强而致",已经蕴涵了文学情感的个性化趋向。陆机《文赋》并没有抛弃"世德之骏烈"和"先人之清芬",也主张"漱六艺之芳润",追求"济文武于将坠,宣风声于不泯"的效用。但是,这些设想,要么是作为文学审美活动的人格背景,起着支持的作用,而非主导的作用;要么是作为文学审美活动的追求目标,而且只是一种相对宽泛而没有明确约束力的设想。陆机作为东吴名门之后,服膺儒术,在吴亡之后,有志于恢复家族声名,也有着较高的政治理想,这在其长篇政论散文《辨亡论》中表现得比较突出。不过,吴亡之后,陆机持续飘游北地,远离故土,种种情绪,不一而足。因此,陆机诗文中满是"和亡国相联的那种对人生忧患的感慨和对乡土的爱恋"①。正因为陆机有着丰富的人生体验和敏锐的审美感受力,而且由此而深入体察文学审美过程,所以,他能够充分领悟到文学审美过程中情感的个体色彩和充沛力量,于

---

① 李泽厚、刘纲纪:《中国美学史》第二卷上,第244页。

是,《毛诗序》为情感流动所设定的礼义边界,便在有意无意间被他大大地弱化了。后世许多正统文人对《文赋》颇多批评,也正是为了维护《毛诗序》所确立的诗歌美学立场。

二、绮靡:文学作品的审美特性

陆机说:"诗缘情而绮靡。""绮",本指细绫;"靡",本指声音细而悦耳。这里合而喻指文思细腻,文辞悦耳。陆机以此来界定诗歌的审美特性。在这段话的结尾处,陆机明确指出:十种文体的作品风格各异,它们的共同点是"辞达而理举",也就是文辞畅达,文理井然。如果仅就此而论,陆机的文学审美观念似乎最终归于中正平和,完全符合"辞达而已矣"(《论语·卫灵公》)的圣人教训。不过,陆机接下来的论述,却继续沿着"绮靡"的方向推进,明显蕴涵了以"绮靡"为所有文学作品之共性的美学观念,而非真正止于"辞达"。《文赋》接下来说:

> 其为物也多姿,其为体也屡迁。其会意也尚巧,其遣言也贵妍。
> 暨音声之迭代,若五色之相宣。

这几句的大意是说,文章所描写的对象变化多姿,因此,文学作品的体式常常因物而异。一部好的文学作品,文中的情意与物事本身应当绝相肖似,驱遣言辞则讲求绮丽;以至于音声的更迭起伏,就像五种正色(即青、赤、白、黑、黄)相互显明一样。这一段话中,前两句说"为体也屡迁",强调文学作品体式的富于变化;后四句集中阐释文学作品的审美标准,基本可以理解为对"绮靡"一词所作的具体解释。一方面,文学体式变化多姿;另一方面,文学审美又有着一定标准。

陆机撰写《文赋》,意在把握文学创作中蕴涵在变化万殊的情意、体式之中的恒常不变的那一部分。物事、因物事而起的情意、与情意相契当的体式,三者总是变化不定的,在陆机看来,这是必须接受的事实。所以,陆机常常要先撩起这层迷障,提示它的永恒存在,然后才谨慎地开始阐述其真正的观点。从这样的论述方式可以看出,陆机的意趣并不在于对文学创作活动本身给予形而上的阐明,他只是把物事、情意、体式万殊多变的特征作为一种思考背景,他真正感兴趣的是在这样的背景下如何把握文学创作活动的基本准则,克服"意不称物,文不逮意"的现实问题。至于从物事、情意、体式的万殊多变如何到达文学创作的基本准则,在陆机看来,其中的思维过程似乎完全可以忽略,是不言自明的。

当然,从变化万殊之中发现、总结出一些相关的准则,这样的做法又含有形而上的意味。这样,陆机在不经意间指明了诗歌美学的另外一条潜在的形而上路径:情感美学。理解陆机《文赋》的全部美学意义,其枢机就在于此。因为陆机跳脱了传统诗学(如汉代诗学)的形而上追求方向,因而可以不受这种传统思维方式的羁绊,也可以不受传统美学思想的牢笼,从而得以深入文学作品的审美活动中,总结出有关文学审美的独立原则来。所谓传统诗学的形而上追求,指的是诗学对于德性的自觉归趋,诗学以德性自律,作为其基本准则,这可以称为道德形而上学。比如,汉代诗学就是如此。受此影响,汉代诗歌美学属于德性美学。

陆机诗歌美学可以视为魏晋南北朝情感美学的开端,由《文赋》发端,两晋南朝人逐渐沉醉于这种情感美学之中。但是,这种情感美学在陆机这里,就已经露出其根基匮乏的致命弱点。陆机在探求文学作品的情感美学准则时,其情感美学并没有一个确定的终极归依。相反,他承认情感具有变化万殊的根本特性。这样,情感美学一开始就已经潜藏着一种内在矛盾:作为一种新的文学审美准则,它要求摆脱传统诗歌美学的追求方向、思维方式,以建立自身的、独立的审美准则。而作为一种新的文学审美准则,它摆脱传统诗歌美学的追求方向之后,也失去了自身的指南针,它只能将自己直接固着在情感和美的层面,却始终缺乏一种形而上层面的有力的理论阐明。东晋南朝多人提到的文学"自娱"、"娱情悦性"的理论或许可以视为时人试图建构情感美学根基、弥补其根本缺失的努力。

另一方面,陆机已经清晰地认识到文学作品的审美特性,上引"其会意也尚巧,其遣言也贵妍。暨音声之迭代,若五色之相宣"几句,就明确宣示了衡量好的文学作品的三条基本标准：一要情意肖似；二要言辞绮丽；三要音韵谐美。他在后文中多次强调这种审美标准，如："或藻思绮合，清丽千眠。炳若缛绣，凄若繁弦。"意思说有时运驰文思，驱遣文藻，犹如绮彩相合；写出的文学作品清新华美，色彩盛丽。这样的文学作品色彩鲜明，就像五彩缤纷的锦绣一样；其声韵谐和，如同凄抑的弦音一样，打动人心。相反，那些缺乏绮丽文辞和谐美音韵的篇章，"或清虚以婉约，每除烦而去滥。阙大羹之遗味，同朱弦之清泛。虽一唱而三叹，固既雅而不艳。"也就是说，这些文学作品虽然文辞显得简约、雅正，但犹如缺少余味的大羹，又如同清淡的朱弦之音，格调雅正而声色不美，因而缺乏深长的韵味。文学作品"雅而不艳"，有着清正的质地，却缺乏美丽的词采相配称，就犯了质实少文的弊病，因而没有叠叠入胜的韵味。文采之于质地，在陆机看来，不仅有着不可缺少的正面促进作用，而且文学作品的生命力也是植根于此。

陆机提出"诗缘情而绮靡"的美学纲领，由"缘情"这个审美体验的触发点而直接推导出"绮靡"的美学品格，似乎令人颇感突兀。不过，依陆机《文赋》的内在逻辑，完全可以得到解释。陆机在序言中提出了"意不称物，文不逮意"这一重大问题，并且始终关注这一问题。前面已经谈到，情感是流贯文学作品的核心要素，陆机正是由此入手而理解整个文学审美过程，也试图由此而达至物、意、文之间的彼此谐悦。由外物所触发的充沛情感启动文思，文思自然而然地奔涌流动，随着文思自然涌动，诸多素材和辞藻不断浮现、跃升出来。在这一过程中，"情瞳眬而弥鲜，物昭晰而互进"，情意由朦胧而渐次鲜明，物象也由朦胧而渐次清晰。而后，"纷威蕤以驳遝，唯毫素之所拟。文徽徽以溢目，音泠泠而盈耳"。写出来的作品，文辞繁多而盛美，如同相接而行的马匹纷至沓来；读来满目文采灿然，光辉耀眼；听起来音声清越，充盈于耳；拟物写情，无不如意。这当然属于文学审美的理想状况。在陆机看来，由"缘情"而必然走向"绮靡"，就在于：文学审美活动由触发到凝定成篇，始终有情感自然流涌其中；以此一充沛情感流为内核的文思足以调动最为合适的辞采来描摹情物。所以,文学作品便自然会具有文辞绮丽、和谐悦耳的绮靡之美。

与此相关,陆机也特别追求新奇之美,力主为文应该大力创新,"收百世之阙文,采千载之遗韵。谢朝华于已披,启夕秀于未振";如果与前人有所雷同,"虽杼轴于予怀,怵他人之我先。苟伤廉而愆义,亦虽爱而必捐",必定将其捐弃不取。

三、应感:审美活动中的独特体验

阅读《文赋》,会有一种突出的感受,那就是:这篇文章融入了陆机本人丰富而又细腻的文学审美体验。这是因为陆机想要解答"意不称物,文不逮意"这一重大问题,因而第一次正面、深入地体察文学审美活动过程本身。如此正面、深入的审视活动,激活了陆机丰富的审美感受,转而照亮了他对于文学之美的洞察力。从另外一个角度来说,《文赋》以自然涌动的情感及其显现方式为全文的阐述内核,又凝聚了极为丰富的、个人化的审美体验。所以,《文赋》几乎处处浸透了深沉的审美感受性。生动的审美感受流淌在整篇《文赋》之中,这一点,使它不同于《文心雕龙》那样注重理论构架的美学作品。

陆机《文赋》阐述了文学审美活动中的多种独特体验,这里主要讲三点:一是应感之会(文思、灵感);二是澄心凝思(想象);三是曲有微情(为文的艰难曲折之状)。

首先是应感之会、文思明灭的体验。《文赋》临近末尾处有一段文字,集中论述文思(灵感)的来去隐现。陆机清晰认识到外物与作者之心的应合,其中有着难以言传的阃机:"若夫应感之会,通塞之纪。来不可遏,去不可止。藏若景灭,行犹响起。"也就是说,对作者而言,如果外物偶然触动我心,我心与之应合,于是文思涌现;不过,文思时而通畅,时而阻塞;其中的阃机和端绪实在难以言说。我心感应外物,文思涌来的时候,无法拒绝阻遏它;我心与外物隔断后,文思逝去的时候,又无法加以挽留。感兴未起,文思潜藏,如同影子一样消逝;感于外物,文思涌动,如同回声一样响起。

如果文思畅通,那么,文学审美活动就显得极为顺畅,而且极有成效:"方天机之骏利,夫何纷而不理。思风发于胸臆,言泉流于唇齿。纷威蕤以駁遝,唯毫素之所拟。文徽徽以溢目,音泠泠而盈耳。"陆机认为,文思之来,作者之心敏锐畅达,虽然一切纷乱杂陈,却又各自得其条理。当作者蓦然感兴,文思便像风一样从心中勃然兴发,言辞像流水一样从唇齿间沛然涌出。文辞繁多而盛美,如同相接而行的马匹,纷至沓来;此时挥笔纸上,拟物写情,无不如意。写成的文章,读来满目文采灿然,光辉耀眼;听来音声清越,充盈于耳。相反,如果文思阻塞不通,文学审美活动便陷入艰难情状之中:"及其六情底滞,志往神留。兀若枯木,豁若涸流。揽营魂以探赜,顿精爽于自求。理翳翳而愈伏,思乙乙其若抽。"当作者之心感兴不起,情感郁塞不通,虽然心志向往,但是文思阻塞,迟滞难进。作者无所感发,文思迟滞不动,就像枯干的木头;又一片空虚,如同干涸的河流。努力地集中精神,以便亲自探求外物的幽微之处,写成文章。义理晦暗不明,隐藏得更深;文思断灭不出,如同在使劲拽拉东西。

文思时而畅通,时而阻塞,其效果迥异:"是以或竭情而多悔,或率意而寡尤。"有时作者竭尽心力,还是难如人意,心生悔恨;有时写起来一气呵成,任心随意,而且少有差错。然而,文思来去却难于洞悉,陆机于是感慨道:"虽兹物之在我,非余力之所戮。故时抚空怀而自惋,吾未识夫开塞之所由。"虽然文思出自作者,但天机出于自然,故而并非单凭个人的心力所能勉力完成。所以,陆机禁不住时常因为自己心中一片空虚、无所感发而叹惜不已:唉,我还没有洞悉文思有时畅通、有时滞塞的真正缘由啊!

在以上这一段话中,陆机对文学审美过程中文思的隐现情形作了极为真切而详实的描摹,他在中国美学史上第一次深入探求文学艺术创作中的灵感现象。陆机真实记录了文思来去之时作者的种种情状,以及文思隐现对于作品的巨大影响,他同时深切感慨文思来去的复杂闳机。这一切,都源于陆机丰富的文学创作实践,源于他深厚的文学审美体验。

他感慨文思来去的难于洞悉,说它"来不可遏,去不可止。藏若景灭,行犹响起",又说:"虽兹物之在我,非余力之所戮。故时抚空怀而自惋,吾未识夫开塞之所由。"陆机再三强调文思(灵感)现象不可知的一面。不过,陆机志在解决"意不称物,文不逮意"的问题,因而对文学审美过程中种种幽微之处尤其勤于用心,他对文思(灵感)现象应该体会很深,才能对此描述得如此真切,所发的惋叹也如此深沉。从另一方面来说,他对于这种不可知现象有着如此深切的体验,又真实、生动地加以描摹,这本身有助于推进人们对于文学审美活动的深入认识。

其次是文学审美发端之时收视反听、澄心凝思的体验。"其始也,皆收视反听,耽思傍讯",文学审美开始的时候,视听活动停息下来,神思专一于写作,并且久久地沉浸于所思之中,心思活跃,广为搜求。这种体验是双重方向的交织进行:一方面要精神专一,虚静寂然;另一方面又要沉浸于所思,广为搜求。实际上,就是要将其他的心思念想全部停息下来,断绝耳目的纷扰,集中于当下心中想要表达的情意,乃使思力充积;于是,围绕此一审美意念,上下远近,广为搜求种种形象、词句等。当此之际,作者思绪极为活跃,"精骛八极,心游万仞","观古今于须臾,抚四海于一瞬"。他的神思驰行到八方极远之地,心绪飘游于万仞极高之处。在须臾之间就已纵览古今之远,眼睛开阔之际就已经抚游四海之大。在另一处,陆机又说:"罄澄心以凝思,眇众虑而为言。笼天地于形内,挫万物于笔端。"同样的,作者选义考辞,应尽力清虚其心,使其思绪凝定;又要融合众多思虑而不露痕迹,从而铸成自己的文章。这样,他就可以牢笼天地,将其归纳于文章形内;可以折取万物,将其表现于笔下,这也就是司马相如所谓"赋家之心,苞括宇宙,总览人物"[1]的意思。陆机收视反听、澄心凝思的审美体验,与老子美学思想中"涤除玄览"之说是相通的。两者都强调无思无念,意在静息外在的纷扰;与此同时,又保持心灵的自

---

[1] 旧题[汉]刘歆:《西京杂记》,《汉魏六朝笔记小说大观》,第89页,上海:上海古籍出版社,1999年。

由游放状态,使其在纯然自任之中洞察事物的种种幽微之处。陆机将老子体察世界的态度融入其文学审美活动中,因而其审美体验更丰富,也更深刻,从中也可以看出道家思想和魏晋玄学对陆机美学观念的影响。

再次是文学审美过程中"曲有微情"(曲折而又微妙的情形)的体验。这种微妙、曲折的体验主要集中在文辞、行文方面。这也与陆机有意解决"意不称物,文不逮意"的宗旨有关。从整体上来说,"若夫丰约之裁,俯仰之形。因宜适变,曲有微情。或言拙而喻巧,或理朴而辞轻。或袭故而弥新,或沿浊而更清。或览之而必察,或研之而后精。譬犹舞者赴节以投袂,歌者应弦而遣声。是盖轮扁所不得言,故亦非华说之所能精"。也就是说,文辞的详略繁简,行文的抑扬起伏,其中的变化曲折是十分微妙的:有时言辞朴拙,而情意表达得非常巧妙;有时义理质朴,但文辞显得格外轻逸;有时因袭前人,却给人新奇之感;有时化用粗俗,却令人顿感清新;有时稍加审读,就必定察知文中的美妙之处;有时必须仔细研味,才能领会其中的精微之处。这就如同善于舞蹈的人,就能踏准节拍而举起衣袖;善于唱歌的人,就能应和琴声而引吭高歌。这其中的奥妙,是连轮扁这样技艺精巧的人都无法清楚说出来的。

陆机形容作者考较言辞的情状说:"考殿最于锱铢,定去留于毫芒。苟铨衡之所裁,固应绳其必当。"作者考较言辞的高下之分,决定其去留的时候,细致地辨别其间的微小差别。经过深入比较、权衡,然后加以裁定,就一定会非常切当。经过持续的运思,那些精当的辞藻开始呈显,"沈辞怫悦,若游鱼衔钩,而出重渊之深;浮藻联翩,若翰鸟缨缴,而坠曾云之峻"。那些精美的辞藻逐渐由隐而显,就如同深藏的游鱼衔住钓钩,终于从重重的深渊之中现身;又如同高飞的鸟儿缠缚丝绳,终于从高峻的层云中坠落。有时,作者却又踟蹰再三,难以定夺,"或若发颖竖,离众绝致。形不可逐,响难为系。块孤立而特峙,非常音之所纬。心牢落而无偶,意徘徊而不能掎"。意思是说,文学作品中有时出现若干特出的言辞,如同草茎抽发,或如禾穗竖挺,超出于众辞之上,离绝于文思之所及。这些特出的言辞,犹如物形一样无法追逐,又如回响一样难于系束。这些特出的文辞块然独立于篇章之中,气质特出而高峻,不是其他文辞所可以匹配的。这些特出的文辞块然孤立于文中,难以再遇,作者心意徘徊不定,无法决定取舍。这里,"形不可逐",强调特出的文辞之出现对于作者来说是完全被动的,难于主动追逐。声与响,响是渺远飘忽的。声音尚可谛听,而回响幽微,因而难于系束把捉。"响难为系",强调特出的文辞之出现对于作者来说,是幽微飘忽、难于把捉的。前者强调其来现之被动性,后者强调其显现时情态之飘忽幽眇。陆机意在强调,这些秀出卓异的言辞绝非寻常致思方式所可获得。

从以上这些幽微、细致的审美体验可以看出,陆机对于文辞特别留心,这也证明了陆机所代表的西晋文坛讲求藻饰、用心文辞的审美风尚。

第四节　西晋美学风尚的主流与别支

前面我们已经叙及,西晋士人丧失了可堪持守的立身之本,又丧失了反思人生、积极进取的理想精神,他们的思想世界陷入了准的无依的状态中。正因为如此,他们追求名位,追求任情放达,也追求美的姿容和风神。不过,"他们在风姿神态上潇洒风流,为千古之美谈;而他们的心灵,却是非常世俗的。他们的入世,不像建安士人的慷慨悲歌,也不像后来盛唐士人的充满理想色彩。他们是平庸的,着眼于物欲和感官。他们虽有飘逸之神采,虽有美丽之容颜,并且以此获誉于后世。但若读史者进入历史的真实之中,窥测他们心灵之真相,无疑便会感到,他们其实是很猥琐的。"[1]这样平庸而又缺乏激情的一代士人,主导了西晋一朝崇尚华美、追求绮靡的美学风尚。建安、正始以来的美学趋向在这里开始发生根本性的变化。

刘勰《文心雕龙·明诗》指出:"晋世群才,稍入轻绮,张潘左陆,比肩诗衢,采缛于正始,力柔于建安,或析文以为妙,或流靡以自妍,此其大略

---

[1] 罗宗强:《魏晋南北朝文学思想史》,第 84 页。

也。"《文心雕龙·时序》又说:"晋虽不文,人才实盛:茂先摇笔而散珠,太冲动墨而横锦,岳湛曜联璧之华,机云标二俊之采,应傅三张之徒,孙挚成公之属,并结藻清英,流韵绮靡。""采缛",即辞采繁缛;力柔,即文风轻柔,缺乏骨力。"析文",即雕琢词句。"流靡",按杨明照先生解释,"谓辞韵调和也"①。三者合而言之,即后文所谓"结藻清英,流韵绮靡"。概括言之,西晋诗人群体的美学风尚是:辞藻繁茂而又追求清新,音韵调和而又华美悦耳。这也可以大致用陆机《文赋》"其会意也尚巧,其遣言也贵妍。暨音声之迭代,若五色之相宣"几句来概括。

西晋文学的总体风貌,确实印证了刘勰的判断。这一时期的文学作品,一是作者在其中倾注了绮丽动人的深情,闪现着人的自然性情之美。钟嵘《诗品·中品》评张华诗时就指出:"疏亮之士,犹恨其儿女情多,风云气少。"二是追求华美妍丽的文辞与谋篇炼句的技巧。这正如钟嵘《诗品·上品》评陆机诗语所云:"才高词赡,举体华美。"②所以说,陆机《文赋》的美学理想,恰当地反映了西晋文学的整体审美趋向,代表着西晋美学风尚的主流。

除了陆机标举"情"与"美"的自然协调之外,西晋时期的美学趣尚主要还有两种:其一是陆云所主张的"清省";其二是挚虞所主张的"宣教"。

陆云和挚虞都主张以"情"论文,但各自意指的情感内容很不相同。陆云提倡"情文",赞誉陆机的某些赋作称得上"深情至言",他的所谓"情",指强烈而真实的自然之情,要求有感而发,真切感人。这种"情",与陆机所指应当十分接近。挚虞认为文学作品应该"以情义为主",不过,他总论文章时说:"文章者,所以宣上下之象,明人伦之叙,穷理尽性,以究万物之宜者也。"显然,他所谓的"情",还是《毛诗序》所说的"止乎礼义"的符合正统政教观念的情感。这一点上,束皙可以说是挚虞的同道。束皙《读书赋》说:"颂《卷耳》则忠臣喜,咏《蓼莪》则孝子悲,称《硕鼠》则

---

① 黄叔琳注,李详补注,杨明照校注拾遗:《增订文心雕龙校注》,第79页,北京:中华书局,2000年。
② 关于西晋文学结藻清英、流韵绮靡的美学倾向,参读罗宗强《魏晋南北朝文学思想史》,第89—100页。

贪民去,唱《白驹》而贤士归。是故重华咏《诗》以终己,仲尼读《易》于终身。原宪潜吟而忘贱,颜回精勤以轻贫。倪宽口诵而芸耨,买臣行吟而负薪。圣贤其犹孳孳,况中才与小人?"(《艺文类聚》卷五五)束皙所论,同样是站在《毛诗序》宣德教化论的角度,来强调诗歌的功用在于净化接受者的情感世界。

正因为挚虞主张诗赋等文学作品应该以儒家传统意义上的"情义"为本,所以,他反对赋作"以事形为本",也就是重在体物摹象,因而造成赋作"假象过大"、"逸辞过壮"、"辩言过理"、"丽靡过美"等诸种弊端,叹其"率有辞人淫丽之尤"(《全晋文》卷七七)。可以想见,挚虞对陆机"诗缘情而绮靡,赋体物而浏亮"等美学主张都是无法认同的。在这一点上,左思与挚虞的美学观点要更为接近一些。左思《三都赋序》主张赋作所写的内容应该真实可信,切合生活原貌。他指出"美物者贵依其本,赞事者宜本其实",批评前代许多赋作名篇耽于藻饰,虚浮不实,认为这些作品"侈言无验,虽丽非经"(《文选》卷四)。所谓"非经",就是不符合圣人的训则。从这一点来看,左思《三都赋》虽然也不乏"美物"、"赞事",但他追求依本务实,自认为还是秉持圣人典则而作的。

陆云崇尚"清省",按他自己的说法,"意之至此,乃出自然"。(《与兄平原书》其十一)也就是说,他喜好清省之文,并不是有意为之,只是出于本性自然而已。"清",清新自然而不讲求华饰。"省",也就是省净而不冗长。陆云提出"清省"的美学主张,与陆机《文赋》提出的文学审美准则("绮靡"、"其会意也尚巧,其遣言也贵妍。暨音声之迭代,若五色之相宣")有着明显不同。陆云在《与兄平原书》中屡屡以"清省"相规劝,似乎也有意要纠其偏失。如其十一封说:"往日论文,先辞而后情,尚洁而取不悦泽。尝忆兄道张公父子论文,实欲自得,今日便欲宗其言。兄文章之高远绝异,不可复称言。然犹皆欲微多,但清新相接,不以此为病耳。若复令小省,恐其妙欲不见可复称极,不审兄犹以为尔不?"其二十一封又说:"文章实自不当多。古今之能为新声绝曲者,无又过兄。……张公文无他异,正自清省无烦长,作文正尔自复佳。兄文章已显一世,亦不足复多自困苦。适欲白兄,可因今清静,尽定昔日文,但当钩除,差易为功力。"(《全晋文》卷一〇二)以上两封书信均以清新省净为美,反复婉言相劝,而且处处以张华所论为自己张目,用心可谓良苦。

以上数人,陆云主清省,左思尚真实,挚虞斥淫丽,他们代表着与陆机不同的另一种美学风尚,即反对一味讲求形式华美,要求真切自然,缘情而不绮靡。可以说,他们都属于西晋美学风尚的别支。

第五章　东晋多元学术话语中的美学观念

西晋灭亡后,公元 317 年,镇守建康(今江苏南京)的琅琊王司马睿称帝,是为晋元帝,史称东晋。司马睿称帝有赖于南方世族的支持,司马氏宗室、外戚和门阀大族共同掌控政局。门阀制度使得权力集中于大族,带来了庄园经济的发展。财富和人才集中于少数大庄园,对于学术活动和艺术活动来说,固然在量上受到限制,在质上却达到空前的高度。清谈盛行,清谈内容无所不及,正是由于门阀制度和庄园经济造就了一批专注于思想对话和审美交流的名士。同时,北方文人学士南迁,促成南北文化融合;汉文化和异域文化继续交流,尤其是佛学在中原和南方传播,造就多元学术话语共生的局面。一些新的美学观念、范畴和命题从多元学术话语中生发出来。尤为值得注意的是,生命美学在玄佛儒道的交融中得以高度发展。

第一节　东晋清谈的实用目的和审美转向

东晋传承王朝正统,在大一统观念的支配下,并不甘心偏安,多次北伐。当权士族希望通过北伐来增加门户威望,攫取权力。最坚定和真诚的北伐志士是祖逖,他曾经率军收复黄河以南地区,只是受到当权者的猜忌和牵制,大业未竟身先死,收复的土地又被胡人重新占领。庾亮北伐也没有成功。桓温曾收复洛阳,请朝廷将都城迁回洛阳,遭到大族的反对,北伐成果未能巩固。

北方也曾主动进攻南方,前秦苻坚统一北方大部分地区,于383年率军南下,与东晋发生了著名的"淝水之战"。东晋在宰相谢安领导下,赢得了这场敌强我弱的战争。淝水之战后,前秦瓦解,北方再次陷入分裂状态,无暇南侵。

东晋宗室和大族经常争权夺利,政治腐败,人民困苦。桓温之子桓玄逼晋安帝禅位,刘裕起兵杀死桓玄,恢复东晋的统治;又在420年废晋恭帝自立,改国号为宋,史称"刘宋",这是东晋的结束和南朝的开始。北方自西晋末年进入"五胡十六国"时期,至北魏统一北方,进入北朝时期。南北对峙,从东晋开始,到隋朝建立,589年灭南朝陈,有近三百年。

东晋大部分时间处于偏安状态,士人也较为普遍地存在偏安心态。

偏安心态首先从老子的小国寡民思想那里得到支撑。鲍敬言的无君论与老子反对征伐、扩张、大一统的思想一脉相承,直接针对当时的门阀制度,对于政治法律制度和军事战争充满厌恶,折射出当时的偏安心态。鲍敬言大约与葛洪同时或略早。《抱朴子外篇·诘鲍》中说他"好老、庄之书,治剧辩之言,以为古者无君,胜于今世"。鲍敬言受老庄思想影响,不满社会各种不平等现象,反对君主、圣人。《诘鲍》篇引鲍敬言的话说:"夫强者凌弱,则弱者服之矣;智者诈愚,则愚者事之矣。服之,故君臣之道起焉;事之,故力寡之民制焉。然则隶属役御,由乎争强弱而校愚智,彼苍天果无事也。"有力量和智慧的人欺凌无知弱者,这样就产生了君主制度、等级制度,违背自然之道,摧毁了正常的人性。他复述庄子的观点和事例说:"夫混茫以无名为贵,群生以得意为欢。故剥桂刻漆,非木之愿;拔鹉裂翠,非鸟所欲;促辔衔镳,非马之性;荷车兀运重,非牛之乐。诈巧之萌,任力违真,伐生之根,以饰无用,捕飞禽以供华玩,穿本完之鼻,绊天放之脚,盖非万物并生之意。"他强烈抨击统治秩序,同情下层人民:"夫役彼黎烝,养此在官,贵者禄厚而民亦困矣。"这些话是葛洪转述鲍敬言的话,还是葛洪借鲍敬言来说话不得而知,但葛洪受到老庄思想影响是可由《诘鲍》篇见出的。

与无君论相应的是小农思想。由无君、无官吏推至极端,那么也就无国,人民各按自然村落聚族而居,鸡犬之声相闻,老死不相往来。百姓希望安居乐业,并不在乎王朝更替。江南是鱼米之乡,生活安逸,更是厌恶战争。

小农思想的特征是小富即安,知足常乐,享受生活,在物质匮乏的条件下得过且过,反对任何战争。从某种程度上说,偏安心态是小农思想的集中体现。如果不将恢复统一王朝看得比小国寡民更为合理的话,偏安倒也无可厚非。小农社会的特点是为了瓜分有限的利益而窝里斗,分裂状态必然导致各个小国抢夺人口、土地和财富,因此统一还是有合理性的。另外,生于忧患,死于安乐,江南富庶优美令人沉迷于山水田园,最终难免为北方统一政权所灭。东晋的偏安和南宋的偏安都是这个结果。

偏安局面下的许多文人士大夫热衷玄谈。这在当时就引起批评。东晋学者范宁说:"王何蔑弃典文,不遵礼度,游辞浮说,波荡后生,饰华言以翳实,骋繁文以惑世。搢绅之徒,翻然改辙,洙泗之风,缅焉将坠。遂令仁义幽沦,儒雅蒙尘,礼坏乐崩,中原倾覆。"(《晋书·范宁传》)他不仅否定以玄学为主题的清谈,更反对这种不务实的风气,认为清谈误国。章太炎认为魏晋南北朝的主要弊端在于世袭的门阀制度,与清谈、玄学无关:"世人见五朝在帝位日浅,国又削弱,因遗其学术行义弗道。五朝所以不竞,由任世贵,又以言貌举人,不在玄学。"[1]偏安局面导致清谈盛行,制度本身又有问题,才导致清谈越来越虚无缥缈,进而导致政局恶化,将国运兴衰归因于清谈是有些因果倒置的。

清谈的根源不是何王学说,而是汉末的清议,有着通过舆论影响政治、激浊扬清的意图。何晏倡导的清谈,很有学术性,王弼更是关注历史

---

① 章太炎:《五朝学》,《章太炎全集》第4卷,第76—77页,上海:上海人民出版社,1985年。

和现实问题。王导作为政治领袖,希望通过清谈稳定人心,团结南方世族,因此东晋前期的清谈还是很具有思想性和实践性的,慢慢地才增加了更多的闲谈、戏谈内容。从东晋咸康时期(335—342)到永和时期(345—356),政局相对稳定,是清谈的鼎盛时期。《世说新语》中记载的魏晋人士清谈事迹大多数发生在这一时期,涉及当时几乎所有名士,如殷浩、孙绰、许询、王羲之、谢安、桓温、韩康伯等,以及许多高僧,如竺法深、支道林、于法开、于法威等。《世说新语·文学》中记载过孙盛来殷浩家展开的一场激烈论战:"往反精苦,客主无间。左右进食,冷而复暖者数四。彼我奋掷麈尾,悉脱落,满餐饭中。宾客遂至莫忘食。"司马昱当了28年宰相和两年皇帝,是个狂热的清谈组织者,殷浩与孙盛关于《易象妙于见形》的论战,殷浩与支道林关于《才性四本》的论战,还有许多著名的清谈都是在他的府邸进行的,可惜具体内容没有记载下来。

东晋清谈的学术话题主要围绕《老子》、《庄子》和《周易》这"三玄"展开,以"有无之辨"、"名教与自然"、"才性问题"、"言意之辨"等传统命题为中心,又向方方面面展开。据《世说新语·文学》记载说:"旧云,王丞相过江左,止道声无哀乐、养生、言尽意,三理而已,然宛转关生,无所不入。"嵇康的《声无哀乐论》反对"声音之道与政通"的观点,强调以人的感情为本;他的《养生论》认为人只要清静无为,顺应自然,就能健康长寿。东晋王朝内部关系复杂,北伐缺乏根基,因此他倡导清净无为的国策和顺其自然的养生术。

王导从务实的目的出发,推崇西晋欧阳建言可尽意的观点。王导如何阐说欧阳建的思想已无记载,只能根据《言尽意论》来谈。欧阳建撰写《言尽意论》,是针对玄谈空泛化的,与王弼统一本末有无的思想一致,而强调辨名析理方法。欧阳建借雷同君子提出的问题是:"世之论者,以为言不尽意,由来尚矣。至乎通才达识,咸以为然。若夫蒋公之论眸子,钟傅之言才性,莫不引此为谈证;而先生以为不然,何哉?"(《艺文类聚》卷一九,下同)蒋济论眸子的著述已经失传,才性论属于人物品藻范畴,人的才能和性格是复杂的,言不尽意不难理解,并且,论人才性,有时只是基于直感,而非对该人有深入的了解,实际上是审美性质的,那么就更加言不尽意。那么为何欧阳建不同意言不尽意说呢? 他借"违众先生"之口回答说:

> 夫天不言,而四时行焉,圣人不言,而鉴识存焉;形不待名,而方圆已著,色不俟称,而黑白以彰。然则名之于物无施者也;言之于理无为者也。而古今务于正名,圣贤不能去言,其故何也? 诚以理得于心,非言不畅;物定于彼,非言不辩。言不畅志,则无以相接;名不辩物,则鉴识不显。鉴识显而名品殊,言称接而情志畅:原其所以,本其所由,非物有自然之名,理有必定之称也。欲辩其实,则殊其名;欲宣其志,则立其称。名逐物而迁,言因理而变:此犹声发响应,形存影附,不得相与为二矣。苟其不二,则无不尽,吾故以为尽矣。

欧阳建的意思是,万物自然存在,不会因人的分类命名和条分缕析而有所改变,人们为了认识事物背后的道理,就要予以命名。名称、概念是约定俗成的,不能够轻易改变。又因为事物是发展的,人们对事物的认识、所认定的道理是可能发生变化的,认识发生变化了,就可能改变名称,或者改变一个名称的内涵。那么,人们就需要辨名析理,既要通过概念去把握对事物原有的认识,也要注意不能单纯按照原来的概念内涵去理解名称,这就是正名的必要性。欧阳建说"名逐物而迁,言因理而变"。不是说名总会变动,也不是说不变,而是要在名实关系中具体考察。名实关系既有确定性,也有变动性,语言与意义是静态与动态的结合,用现代语言学来解释,就是说语言符号具有任意性,言意关系是变动的,也有约定俗成性,具有历史文化内涵,具有社会共同的心理积淀,还有比较固定的线性结构,因此不总是变,多数语言多数时候不会有显著变化。事物的道理也是如此,不是不变,也不是总变,变中有继承,继承中有变化。语言与意义之间有基本的相对稳定关系,一个名称的意义也会出现引申、转移、消减等情况。因此,一般来说,语言是可以尽意的,不能尽意,是因为认识本身在发展,名称内涵会有所变化。语言可以确切地表达意义和语言的多义性不矛盾。对事物既有的认识与新的认识也不矛盾。如果不遵循一个概念基本的名实关系，不立足于对事物道理的基本认识，东拉西扯，那就越说越玄，越说越乱了。由此可见，欧阳建的言尽意论，是就论事说理而言，与审美性质的人物品藻不同。

王导作为一个政治家，注重论事说理，不希望清谈朝空谈或纯粹追求论辩之乐的方向发展，他与人常谈言尽意论，有着救弊的目的。

那么，为什么魏晋有很多玄学家推崇言不尽意论？首先，这是将言意关系与认识事物这两个问题混淆了。对同一事物的认识变化会给指称该事物的名词带来新的词义，好像是言意关系变了，其实是名同实异，是两个概念。认识是无限的，一个名词有可能存在很多种意义，字面上没有变化，实际上相当于多个概念。词典上常常会就一个名词给出很多种解释，每一种解释都是可以确切表示相关认识的。对事物的认识一定可以找到词语来表示，这就是为什么欧阳建认为言可尽意。如果读者不知道一个词的多义性，选择了错误的词义去理解对象，结果不能解释，这是读者自己的问题。其次，语言本身有一个发展过程，有时候找不到合适的词语来表达，这样的言不尽意是实践层面的，不是理论层面的，从理论上讲，人的思想认识都可以找到确切的词语来表述。然而，一些不严谨的文人学士不去努力寻找合适的表达方式，造成含混的后果。清谈是即时性的思想对话，自然不可避免这种含混。王导推崇言尽意论，是很有针对性的。第三，理性认识可以言尽意，但是清谈家们的对话内容并不限于学术和时事，他们不只是认识对象，有时是感受对象，体悟对象，这种感觉和体悟难以言传。也就是说，在审美领域，很多时候是言不尽意的，对于接受者来说，更多需要得意忘言地理解，甚至，说者本身就是不求清晰表意的。因此言不尽意、得意忘言为这些清谈之士所推崇。

总之，王导希望当时士人都能够清楚地认识时势，严谨对待学理，因此推崇欧阳建的言尽意论。当清谈转向闲谈，转向对人物、自然对象、艺术作品进行品评时，一些名士感到很多意味说不清楚，或者不想将某些看法或心思清楚地说出来，于是就推崇得意忘言。二者并不矛盾。

关于言意之辨，不难得出基本结论：言是否能够尽意，取决于意的性质。如果主体意识是认知性或实践性的，那么言可以尽意，也要求尽意。接受者也可以确切地把握言说者的意旨。如果主体意识是感悟性的、审美性的，那么就很难尽意，即使尽意，对于接受者来说，也未必能够确切把握创作主体的意旨。

得意忘言作为思维方法，是根本方法，不是具体方法。对于哲学来说，当人的思考涉及一些形而上的问题，比如精神生命与肉体存在的关系、人生意义、时空有限还是无限之类，因为"意"本身就不清楚，所以只能够采取比喻、象征、暗示等方法。艺术创作和鉴赏的心理动机及心理内容，都是语言难以描述的，因此就要以意象来呈现。

王导倡导清谈，首先喜欢的是辨名析理式的论辩，而非刻意追求玄远飘渺的意境。即便不能够在言谈中解决实际问题，他起码也想在理论上说明问题。当过江诸人在新亭对泣时，王导是非常不满的，他的话慷慨激昂，掷地有声："当共戮力王室，克复神州，何至作楚囚相对！"（《世说新语•言语》）由此可以推想，他作为一个非常务实而明白事理的人，倡导清谈有着政治家的特定意图。

后来，王导清楚地看到，北伐难以成功，朝廷内部争斗难以平息，自己的弟弟王敦意图废帝另立，差点带来家族大祸，于是他不仅要以清谈自保，也要在清谈中阐说和推广他无为而治的方针。虽然他只谈"声无哀乐"、"养生"、"言尽意"等三大名理，但是辗转关联，牵涉到各个方面，妙趣横生，应该说对当时士人心理有很大的安抚作用。王导作为三朝元老，大致保住了政局稳定，可见清谈没有误国，不可以与那些逃避现实、远离人事，追求玄远本体、追求个体精神自由的名士相提并论。

随着东晋统治者习惯了偏安局面，政治生活和日常生活都进入了平常的轨道。门阀士族可以有更多的闲情逸致来从事清谈，清谈的内容也更加日常生活化。戏谈内容也逐渐多起来。这时候，得意忘言是一种审美意境，辨名析理是多余的了。名士们的析理，追求的只是一种辩驳的乐趣。老年的王导也是如此。《世说新语•文学》载："殷中军为庾公长史,下都,王丞相为之集,桓公、王长史、王蓝田、谢镇西并在。丞相自起解帐带麈尾,语殷曰:'身今日当与君共谈析理。'既共清言,遂达三更。丞相与殷共相往反,其余诸贤略无所关。既彼我相尽,丞相乃叹曰:'向来语,乃竟未知理源所归。至于辞喻不相负,正始之音,正当尔耳。'"王导当时已经 60 多岁,与一帮年轻人清谈至三更,可见自有理趣在其中。

东晋士人的戏谈,有时暗含机锋,给人以会心之乐。值得注意的是这一时期出现很多纯粹的戏谈,就是说着玩,与玄理或佛理无关,是一种语言游戏。如:

> 诸葛令、王丞相共争姓族先后。王曰:"何不言葛、王,而云王、葛?"令曰:"譬言驴马,不言马驴,驴宁胜马邪?"(《世说新语·排调》)

两个孤立意义的汉字并排时,一般按平仄顺序排列。王导以人们通常说"王葛"而不说"葛王"来争先,诸葛令就说人们常说"驴马"而不说"马驴",难道这就是说驴比马强吗? 这里除了反驳,还有将王导比作驴的意思。

《世说新语·排调》中还有许多戏谈的例子,如康僧渊眼睛深凹,鼻梁高耸,王导经常拿这个调笑他,康僧渊说:"鼻者,面之山;目者,面之渊。山不高则不灵,渊不深则不清。"这是为自辩而自我赞美。又,张玄之 8 岁时掉了牙,有个前辈知道他不寻常,故意笑话他说:"君口中何为开狗窦?"张玄之应声回答说:"正使君辈从此中出入。"这是反唇相讥,将对方说成了狗。又,范玄平在简文帝那里论辩,说不过了,要长史王濛帮忙,王濛回答说:"此非拔山力所能助。"这个回答很有意思:清谈不是打架,我没法帮你。还有点幸灾乐祸的意思。

汉代的清议激浊扬清,臧否人物,到魏晋,人物品藻的政治立场淡化了,士族身份意识则更强,看不起出身低微的人。苏峻作乱时,陶侃认为庾氏兄弟是罪魁祸首,应该杀之以谢天下。温峤说:"溪狗我所悉,卿但见之,必无忧也。""庾风姿神貌,陶一见便改观,谈宴竟日,爱重顿至。"

（《世说新语·容止》）陶侃不是高门大族，被贬称为"溪狗"，还那么容易为士人的仪容倾倒，温峤及《世说新语》作者的文化优越感可见一斑。

东晋的人物品藻不再注重臧否，而更具戏谈色彩。如谢鲲说周颢："卿类社树，远望之，峨峨拂青天；就而视之，其根则群狐所托，下聚溷而已。"（《世说新语·排调》）孙绰质疑卫君长："此子神情都不关山水，而能作文？"（《世说新语·赏誉》）支遁想买下印山隐居，竺法深回答他说："未闻巢、由买山而隐。"（《世说新语·排调》）让支遁很是惭愧。

这种说着玩儿的事情甚至发生在君臣之间。晋元帝得了皇子，大赏群臣。殷洪乔道谢说："皇子诞育，普天同庆。臣无勋焉，而猥颁厚赉。"中宗笑着说："此事岂可使卿有勋邪！"（《世说新语·排调》）

由此可见，清谈转化为戏谈，摒弃了学术性和辨名析理的色彩，主要是追求会心之乐。戏谈自然无益于改变日益消沉的偏安心态，却也为东晋人的日常生活平添了许多乐趣，为严肃、沉重的传统文化增添了色彩。戏谈对于文学和曲艺的发展有一定贡献。今天的"恶搞"大概也与戏谈有些渊源，这就不必怪罪古人了。

第二节　中土佛教著述中的美学要义

佛教给予中国美学以巨大而独特的影响。这种影响在魏晋时期还不是那么大，到唐代才充分显示出来。魏晋人士依据本土学说去理解佛教，玄学对佛学的影响尤其大，二者逐渐出现合流趋势。最终结果是到唐代时，玄学淡出而佛学显扬。究其原因，一是玄学是哲学，崇尚理性，佛学有宗教因素，可以包容非理性，更符合乱世之人超越现实、追求精神自由的需要。比如在有无问题上，玄学还是要辩证折中的，圣人应物而无累于物，佛学则可以推至极致，彻底超越万象，完全忘物忘我。佛家超越理性的境界，从庄子开始就是求而未得的，纠结于有情无情、方生方死、似梦非梦之间。魏晋名士深处朝不保夕的官场，身不由己，只能够以谈无来寻求精神安慰，其非理性言行固然有审美寄托的性质，也是一种理性选择的自我保护。佛教境界更能满足士人的精神需求，因此玄谈逐渐转化为禅机。其二，名士大多是官场中人，政治家归根结底是要以儒法思想为主的，随着隋唐大一统政权的恢复，士人转向实务。而佛教在中土的传播，造就了一批僧侣群体。他们在名山古寺传承衣钵，独立于世俗之外，亦为世人所追慕，所以玄谈融于禅语。玄谈对于艺术的影响，也为禅语所继承。玄学作为哲学，其精神和话语都为后世哲学所扬弃，玄学之名则成为历史。

物我两忘是庄子的追求，庄子终究没有做到"无情"。在佛家眼里，万象皆空，本来无物无我，无需追求物我两忘。

东晋时期，玄谈与佛语处于交汇状态，难以截然区分。为了抓住佛教美学主旨，本节首先略述东晋以前佛学的发展情况及美学要义，然后依次说明道安、支遁、慧远等佛教名人的美学思想。

一、东晋佛教美学思想的本土渊源

佛教在传入之初就必然和中国本土学说发生关系。汉桓帝年间，西域安息国的王子安世高来到中国，弘扬佛法，翻译佛经。安世高所译《安般守意经》讲数息的修行方法。"安"就是呼气，"般"就是出气，"守意"一词让人联想到道家术语，如抱朴守素、虚静、心斋、坐忘等。意念专注于呼入吸出之气，即为"安般"。这种修行方法与道家的"守一"、"导气"相似，容易为中土人士接受。安世高也主动以道家概念来类比佛经概念，"安般守意，名为御意至得无为也。安为清，般为净，守为无，意为名"（《安般守意经》卷上）。作为首位传播者，安世高注意寻找佛教与中国本土文化的结合点，是必然且必要的。

安世高的佛学注重个人修行，是小乘佛教。中国的文人学士重道轻术，对于这种呼吸禅定法不大感兴趣。大乘佛教更符合他们深究大道、求索玄远本体的需要，也是修身养性的精神需要。

将大乘佛教传入中土的是西域月氏国人支谶，译出《道行般若经》、《兜沙经》等。《道行般若经》有许多梵语音译词，所以面貌与本土文章不同,显得深奥神秘,其思维更是独特。

曹魏时期的朱士行可能是中土最早皈依佛教的人。他觉得《道行般若经》虽然是大乘佛法要义所在,但是译著不能完整反映佛学真谛,就西行取经,在于阗得到原本梵文经书九十章六十万余言,元康元年(291)由竺叔兰译出,经竺法寂和竺叔兰校订,此即《放光般若经》。这部佛经对后世影响很大。支谶的再传弟子支谦通六国语,博学聪慧,孙权问他佛经中"深隐之义",他"应机释难,无疑不析"①,被孙权拜为博士。他译出《阿弥陀经》、《维摩诘经》等大量佛经,经考订的译本有 29 部。他将《无量门微密持经》和两种旧译本对照校勘,分章断句,上下排列,兼有何晏《论语集解》和王弼《周易注》体例的优点。《周易》包括《易经》和《易传》,《易传》是对《易经》的解释,经和十篇传是独立排列的。王弼将《易传》的内容分列到《易经》各卦爻之下,成为以后集解、集注、集释或汇注的通行形式。支谶是否受何晏和王弼注本体例的启示难以确认,但佛玄之间这种相关性的事实存在还是值得注意的。

支谦的思想,不外乎般若性空之说,可以概括为超越色、受、想、行、识等五蕴。"五蕴"是梵文 Pancaskandha 的意译,最初译为"五阴",泛指一切。"色"指有形有相的事物。"受"即主体对外界的感觉;"想"相当于心中存在的事物表象;"行"即行为;"识"是主体的理性认识。超越五蕴,就是不再执迷于一切,包括所见对象,包括自己的感觉、印象、行为及思想。

康僧会继支谦之后在江南传道,孙权为他建塔造寺。康僧会受中国汉代以来经典解释的学术模式影响,注释《安般守意经》、《法镜经》、《道树经》,并为之作序。在注释中,他运用儒家和道家学说来注释佛经,对忠实于印度原典的佛法有所超越。如《法镜经》序中说:"夫心者,众法之原,臧否之根,同出异名,祸福分流。"②又如《安般守意经序》中说:"心之

---

① 释僧祐:《出三藏记集》第 13 卷《支谦传》,第 97 页。
② 《法镜经序》,《出三藏记集》卷六,《大正藏》第 55 册,第 46 页。

溢荡,无微不浃,恍惚仿佛,出入无间,视之无形,听之无声,逆之无前,寻之无后,深微细妙,形无丝发。"①康僧会说"心",与老子说"道"差不多。更为重要的是,此前佛学以"空"为本,不仅常人难以领悟,而且难以言说,难以引导僧众领悟。康僧会以"心"为源,直接明了地说明,所谓色空,就是心空,将莫名其妙的佛理转化为主体对佛理的感悟,转化为主体对万物的超越。万物固然客观存在,对于一个人来说,他没有意识到其存在,也就是相当于不存在,不会为之动心,不会因之苦恼。这样,难题就转化为精神究竟能够在多大程度上超越外物。佛家强调无智无识者的佛性,是因为人越接近于动物,就越少精神困扰。人毕竟不是动物,只有以大智慧斩断欲念,控制心灵。这就与老庄的审美超越之道相合了,也与王弼"圣人应物而无累于物"的人生美学相合。

二、东晋般若学中的审美智慧

西晋以后,佛经翻译活动还在继续。佛经虽多,佛理和佛法是大体一致的。值得注意的是佛经的研习和讲说,佛理的传播,及与本土学说的进一步交汇。西晋短短 51 年,灭吴后的统一时间不过 37 年,还经历了为时 16 年的"八王之乱",玄学和佛学都谈不上什么发展。东晋偏安之后,玄学继续兴盛,以般若学为主的佛学也发展起来,出现了许多高僧,其影响超出佛教范围,与玄学发生积极的互相影响。般若即智慧,是对宇宙、人生的一种透彻体悟。东晋的般若学,是佛学与玄学中人文义理的结合,是实现生命安顿和生命超越的审美智慧。

佛教在玄风极盛的东晋时期能够获得长足发展,主要是因为般若学与玄学有着许多契合点,不仅借鉴玄学,亦能为玄学提供新义和新思维。当然,佛家讲究宗教规范和个人修养,这正是玄谈家自知的不足之处。正如章太炎所说:"学者对于儒家觉得浅薄,因此弃儒习老、庄,而老、庄又太无礼法规则,彼此都感受不安。佛法合乎老、庄之学又不猖狂,适合

---

① 《安般守意经序》,《出三藏记集》卷六,《大正藏》第 55 册,第 43 页。

脾胃,大家认为非此无可求了。"①哲学的重要功能之一是为人们的价值观念提供理论支撑,汉儒确立了名教系统,此后不断被破坏,名不副实,魏晋玄学应运而生,先经王弼的反思与批判,及阮籍、嵇康"越名教而任自然",至郭象提出"名教即自然",实际上是折中二者关系,并不能彻底解决人之本性与社会规范的冲突,不能解决人的情感、意志、欲求之间的冲突。因此,玄学并没为魏晋人提供一个终极的思想支点和精神依托,这就为佛教深入中国文化深层提供了契机,为彻底解决人的精神问题拓宽了审美道路。或者说,只有当艺术营构出宗教的境界,才能够真正建构起人类的精神家园。

高僧们在玄学语境中展开自己思想的过程,也是东晋人生美学展开和深化的过程。

道安(312—385)创立的"本无宗"是东晋时期佛教般若学六家七宗之首②。他多年讲说《放光般若经》,除了注疏,还将自己的理解和解释写成《性空论》、《实相义》、《本无论》等专文。道安认为世界万事万物的本质是无,这是人们需要参透的实相——真相。诸法性空就是说一切事物都是幻象。《道行般若经》反复强调"色无著无缚无脱",《放光般若经》反复强调"不生不灭,不增不减,不著不断",言下之意,"空"才是万象背后的普遍永恒本质。这个"本质"既是"空",不存在,但"空"作为万物本质的概括又已经存在,实则是作为一个概念存在,与老子的"道"、玄学的"无"一样,是逻辑上预设的本体。这个以概念存在的本体是为否定万有、否定具体事物之性质而预设的。强调"空"这个本体,为的是说明一切都是幻相,而空或无相应就是实相。道安与何晏一样只是阐说以无为本,而后来鸠摩罗什则更接近于王弼——王弼强调以无为用,在无的视野中,置万有于相对,让万事万物都显示出片面性,超越具体事实、现象、

---

① 章太炎:《国学概论》,第 37 页,上海古籍出版社,1997 年。

② 六家七宗是以对"空"的解释不同而出现的七个佛教学派,包括释道安的"本无宗"、竺道潜(法深)"的"本无异宗"、支道林的"即色宗"、于法开的"识含宗"、壹法师的"幻化宗"、支愍度的"心无义宗"和于道邃的"缘会宗"。本无异宗由本无宗分化出来,二者称一家。

制度及既有观念,鸠摩罗什强调要以此"实相"来引导大众超越幻相。王弼和鸠摩罗什分别将何晏和道安本无学说的意义阐发出来。

《本无论》借用何晏、王弼以无为本之说,将玄学有无之辨与性空思想结合起来。文中说:"如来兴世,以本无弘教,故方等众经,皆明五阴本无。本无之论,由来尚矣,谓无在元化之前,空为众形之始。夫人之所滞,滞在末有,若宅心本无即异想便息。"(安澄《中论疏记》,《大正》65—92下)王弼以无为本的理路是,只有先不认定任何观念和意义,才可以反思一切观念,无限追求意义。而道安的本无论,"无"是息心的意思,没有任何观念和意义,也不打算追求任何观念和意义,直接超越一切世俗观念和意义,并且,他借重"本"字,乃是强调超越现实存在、超越一切思想和意义是佛教的根本理念。道安一时难以自创一套话语系统来表述佛理,因此他的话语中夹杂着老子道论、王弼圣人论和本末之辨中的概念和命题,如:"其为像也,含弘静泊,绵绵若存,寂寥无言,辩之者几矣,恍惚无行,求矣漭乎其难测。圣人有以见因华可以成实,睹末可以达本,乃为布不言之教,陈无辙之轨。"(《地道经序》,《出三藏记集》卷第十,《大正》55—69中。)这样的话语表述,很容易让玄学家们理解和认同其佛学,也透露出中国佛学在玄学影响下进一步本土化。

道安的弟子慧远(334—416)是净土宗的开创者,这一派禅法源于往生阿弥陀佛极乐净土的念佛法门,即只要信佛念佛就是修行。慧远领悟道安的"本无"思想而阐述"法性"思想。《高僧传》中说:"先是中土未有泥洹常住之说,但言寿命长远而已。远乃叹曰:'佛是至极,至极则无变,无变之理,岂有穷耶。'因著《法性论》曰:'至极以不变为性。得性以体极为宗。'"就是说,中国本来没有"终极"——本体观念,慧远认为"法性"是普遍永恒的"自在"或终极本体。慧达的《肇论疏》中说:"庐山远法师本无义云:因缘之所有者,本无之所无。本无之所无者,谓之本无。本无与法性同实而异名也。""法性"就是万物本性。所有人都具有同样的本性,在法性方面无差别。因此人人都可以领悟和接近本体,都可以自觉本性而成佛。中国美学中最为重要的范畴之一——"悟",在此彰显出其特色内涵,当然还有赖于唐朝慧能大力阐发顿悟理念才进入到文学艺术领域。另外,创作和鉴赏论中的心源说、直觉说,也在此得以阐述。

三、支遁的逍遥论和顿悟说

在佛教与玄学互动并实现本土化的过程中,即色宗的创始人支遁(字道林,314—366)具有重要影响。支遁是有着名士习气的高僧,喜欢养马养鹤,爱好写诗,擅长书法。由《世说新语》及《高僧传》的记载来看,他是一位活跃的清谈家,与当时大多数玄学名士发生过清谈论辩,在此过程中,佛教哲学与玄学有了深度的交汇。

支道林的《逍遥论》,以佛理超越向秀、郭象,也是玄佛思想的一次重要对话。《世说新语·文学》载:

> 《庄子·逍遥篇》,旧是难处。诸名贤所可钻味,而不能拔理于郭、向之外。支遁在白马寺中,将冯太常共语,因及《逍遥》,支卓然标新理于二家之表,立异义于众贤之外,皆是诸名贤寻味之所不得。后遂用支理。

刘孝标注说:

> 向子期、郭子玄逍遥义曰:“夫大鹏之上九万,尺鹦之起榆枋,小大虽差,各任其性,苟当其分,逍遥一也。然物之芸芸,同资有待,得其所待,然后逍遥耳。唯圣人与物冥而循大变,为能无待而常通。岂独自通而已! 又从有待者不失其所待,不失则同于大通矣。”支氏逍遥论曰:“夫逍遥者,明至人之心也。庄生建言大道,而寄指鹏鹦。鹏以营生之路旷,故失适于体外;鹦以在近而笑远,有矜伐于心内。至人乘天正而高兴,游无穷于放浪。物物而不物于物,则遥然不我得;玄感不为,不疾而速,则逍然靡不适。此所以为逍遥也。若夫有欲当其所足,足于所足,快然有似天真,犹饥者一饱,渴者一盈,岂忘烝尝于糗粮,绝觞爵于醪醴哉! 苟非至足,岂所以逍遥乎?”此向郭之注所未尽。

向秀、郭象将芸芸众生各适其性、得其所待都看做是"逍遥",而圣人无所谓得失,本性合乎大道,因此先天处于恒久的逍遥状态。支遁认为逍遥状态是至人唯一拥有的、独特的精神状态,有所期待、有得失之心都不可能达到逍遥境界。郭象之前,王弼说圣人应物而无累于物,承认圣人首先是要与外物发生联系的,有凡人的一面,只是能够超越外物。因此郭象将逍遥推及普通人,万物各适其性主要是指每一个人都能够自适其性,各得其所,各取所需。按说,老庄思想中确实有这个意思。而支遁从佛理出发,认为只有完全息灭欲念,才能够实现逍遥。庄子也表述过这个意思。佛教不承认外物的存在,认为只是幻相。主体以外物为幻相,与外物即幻相、色即是空是有区别的。因此,支遁的超越外物更彻底,也是常人很难设想的,更能够冲击当时士人的心灵。这种冲击不是产生什么实用的思想,而是能够激发更高层次的思辨能力,也以其特殊的理趣开启了新的审美境界。

支遁能够在郭象精微的逍遥义基础上进一步发挥,体现出佛教"格义"法的思辨功夫。格义法在以本土思想诠释佛学时常常使用,主要是将玄学与佛学的概念、命题、观念乃至整个思想体系进行类比。《出三藏记集》卷五所载慧睿撰《喻疑》中说:"汉末魏初,广陵、彭城二相出家,并能任持大照。寻味之贤,始有讲次。而恢之以格义,迂之以配说。"这是初级阶段。高级阶段,是将概念辨析与整个思想体系的把握结合起来。《高僧传·慧远传》中记载,慧远曾经"引《庄子》为连类,于是惑者晓然"。接受者的前理解结构是玄学,因此以庄子来把握佛理比较容易,只是其中究竟有多少误读成分,就非精于梵文的佛教专家不可考辨了。当然,在跨文化交流中,误读也自有其意义。

佛理和玄理都是难以言传的,格义面临言不尽意的最大难题。在本节第一部分所引《道行般若经》中,须菩提面对舍利弗的质询,想要逃避明确的回答。佛经中常常反复阐申差不多的道理,只是不停地换词,甚至为了避免追问,避免佛理为词义及所指事实所限制和歪曲,有意根据梵文来音译,看起来莫名其妙。因此,阅读和讲说佛经,都需要借鉴王弼崇本息末的思路和辨名析理、得意忘言的方法。竺道生说:"象以尽意,得意则象忘;言以诠理,入理则言息","若忘筌取鱼,始可与言道矣"。①得意忘言与辨名析理是相辅相成的,佛学家们推崇得意忘言,而在辨名析理方面似乎没有一直保持严谨态度。这就使得格义佛学逐渐远离本义。

支遁有名士的旷达之风,在格义方面不是那么严密,因此给佛理阐述带来了一些新变。

支遁论"即色义"的专文已经失传,慧达《肇论疏》中引有他的话:"吾以为即色是空,非绝灭空,此斯言至矣。何者,夫色之性,色虽色而空。"意思是说,事物或现象本身就是空,并非它们消失才是空,因为色的本质是空,虽然是可见的现象,它也是空。要就"色"本身来把握其空的本质,而不是通过消灭万象来领悟"空"。以禅定之法来说,人们不可能真正摆脱外物,而是要领悟到万物皆幻相、不足挂怀的真谛,从而无累于物,超越万物。这些道理其实都很简单,也不可能有更深奥或者更新的道理,支遁将本来已经趋于简明的道理说得复杂,这是因为随着佛学思想的广泛传播,著述越来越多,说得多了也就乱了,同一个意义用多个不同的词语来表述,同样的意思有许多种不同的说法,所以支遁又要说一遍。另外,在那个物质创造、科技创新、思想创新都很有限的年代,东晋名士既崇慕深涩的佛理,更对那套新奇的话语满怀兴趣。如《世说新语》中载,道林时讲《维摩诘经》时,"支为法师,许为都讲。支通一义,四坐莫不厌心;许送一难,众人莫不抃舞。但共嗟咏二家之美,不辩其理之所在"。由此可见,佛谈为玄谈风气所染,有语言游戏的味道,人们对言说本身的兴趣超过对佛理的领悟。

也许是得益于与鸠摩罗什的通信,支遁初步提出了顿悟说。《世说新语·文学》注引《支法师传》:"法师研十地,则知顿悟于七住。"即他主张到第七地生起顿悟,七地以上尚须进修。这种"小顿悟"多少有点机

①《竺道生传》,《高僧传》卷七,《大正藏》第50册,第366下页。

械。汉代道教就有这个毛病,将修仙过程说得煞有介事。鸠摩罗什的《摩诃般若波罗蜜经》讲禅定之法是一个过程,首先领悟色即是空、万象皆无的佛理,然后不断敦促自己忘却外物和自身,清除杂念,相信大明咒,最后就一心一意默念无意义的咒语,直至息念。这里并没有说在哪个阶段出现顿悟。其实顿悟就是立刻放下妄念,渐悟则只是渐修。可能东晋人还难以接受这种快刀斩乱麻、放下屠刀立地成佛的方式,而渐悟又不符合大乘佛理,也不符合立刻摆脱精神困扰的需要,所以才产生了支遁这种折中的法门。

这与中国学术思维方式有关。儒家强调在一生的实践中修炼,道家强调面对现实的精神超越,转化为玄学的应物而无累于物。这种思维方式很难真正接受那种忘怀现实、超然物外、万事皆空的佛理。支遁的“小顿悟”还是属于渐进式的小乘思维模式,当然也给传统思维方式带来一些突破性的变化,直到慧能提出顿悟说,抵达大乘佛理。

中国古代士人大多非常理性,非常务实。因此,支遁的小顿悟更容易为文人学士理解和接受。佛教的顿悟理念,只是士人们心物互动的选择之一和多重价值信念的支撑之一,在无可奈何之际,他们就借此忘物、忘我、自遣和自慰。另一方面,正因为文人学士过于功利,所以对佛家境界尤为心向神往,不仅在日常生活中形式主义地将佛理纳入言谈,按照佛法修行,还热衷于用艺术的手段虚拟佛家境界。正因为文士们罕有彼岸意识,所以更加追慕彼岸,常常会用诗文来营造一个不同于现实的世界,营造那种“玄冥之境”。佛教本体观念对中国士人也有深刻影响。一是学会真正高屋建瓴地思考问题,从最高点自上而下来审视,从大处着眼,是真正的形而上思维。严羽讲取法乎上、立意须高、入门须正,得益于佛学启示。二是推进人们对生死、时空、人生意义等问题的追问,并且反映在艺术作品和诗文评中。盛唐有很多“无意义”、“不可言说”的作品,不能以既定意义去确认或推定,不能以语言去分析。辨名析理的范围毕竟是有限的,只有佛理才将本体思维演绎到极点,从而给予艺术思维以最大空间。

第三节　玄言诗和佛理诗的别材与别趣

玄学清谈既记录于书籍中,也直接影响到诗文写作。玄言诗就是在玄风影响下的一种特殊诗歌样式。从惯例来说,言志、抒情、记史、叙事、摹写人和物,都是诗歌常见的内容。唯有说理,似乎不是诗之能事。钟嵘《诗品》说:"永嘉时,贵黄老,稍尚虚谈。于时篇什,理过其辞,淡乎寡味。爰及江表,微波尚传。孙绰、许询、桓、庾诸公诗,皆平典似道德论,建安风力尽矣。"玄理入诗并非造成诗味缺失的原因,而是"理过其辞"。《文心雕龙·明诗》说:"江左篇制,溺乎玄风,嗤笑徇务之志,崇盛亡机之谈,袁孙已下,虽各有雕采,而辞趣一揆,莫与争雄,所以景纯《仙篇》,挺拔而为俊矣。"刘勰不是否定说理,也不是否定玄理入诗,而是不满于"溺乎玄风"和"辞趣一揆",即沉溺于玄理,不关心时务,脱离事情,说来说去都是一种玄理。汉代《诗经》解释者极力借助《诗经》来阐说儒家道理,这本身标明"理"代表着一种价值诉求。说理诗是诗的演进,诗与理——思想认识从来就不是绝缘的,魏晋以前诗歌中说理内容比较少见,这种惯例是可以渐变的。值得注意的只是说理的方式不能够破坏诗歌的艺术特性。后人对说理诗的疑问,对文学作品表现思想认识的诟病,主要都在于表现方式。不乏有人认为,诗不以理取胜。严羽《沧浪诗话·诗辩》中说:"诗有别材,非关书也;诗有别趣,非关理也。""非关"二字说得有些绝对。不可否认,有的诗,因为掉书袋、用典故而增色,有的诗,因其理而倍添趣味。严羽代表着一种推崇古诗韵味和佛禅境界的审美趣味,古诗韵味就是言语简朴而可以生发言外之意、韵外之旨,佛禅境界就是心领神会而不落言筌。但是这种审美趣味并不构成对其他审美趣味的否定,趣味无可争辩。严羽只看到历代诗歌经典昭示了一种惯例,没有看到读者的审美趣味是多样化的,是会发展变化的。说理诗在宋代兴盛,出现了"半亩方塘一鉴开,天光云影共徘徊。问渠那得清如许,为有源头活水来"(朱熹《观书有感》)这样充满哲理而脍炙人口的佳作。苏轼、陆游等以大量说理佳作打破了严羽对说理诗的偏见。后来,在对待新兴诗体——词的态度上,李清照提出"词别是一家",反对以诗为词、以文为词,与严羽颇为相似。然而辛弃疾词的掉书袋,正显示出"别才"的"别趣"。

消除对于说理诗的偏见,才能够进一步探讨玄言诗的得失。玄理入诗存在三个问题:一是玄理本身比较空泛,甚至不知所云;二是主题单调,不能够真正启发认识或激发思考;三是语言"平典似道德论"。在说理诗发展的早期阶段,思想价值和艺术价值都有欠缺是可以理解的。玄言诗的探索为后世说理诗提供了一定经验。更何况,玄言诗并不都是这样缺乏思想价值和艺术价值,它能够在西晋永嘉年间至晋宋之交风靡一百余年,成为当时诗界的主潮,可见迎合了很多接受者的审美心理。

汉末至两晋的乱局导致庄老学说流行。何晏以无为本,王弼进一步以无为用,支撑着魏晋人的玄学信念:不执泥、沉迷于既有时事和现象,超越万有,实现精神超越与自由。晋人由此形成了独特的人生观,因不满于现实,而追求玄远,试图求索和引证永恒的意义。他们抱定不可言说也不可攻破的玄理,对抗现实处境带来的迷乱,而不让自己轻易动情。经历了西晋的内乱和覆亡,东晋士人在偏安局面中意志日渐消沉,心气益发平和恬淡,形成应物而无累于物的人生观。重理轻情因此成为东晋人的审美观念,成为文学艺术的特点。玄言诗正是以三玄思想为内容的哲理诗。玄言诗在上层文士之间流传,他们互相酬和,作者也是读者。他们做玄言诗,并非为了探究和阐发玄理,而是通过玄言诗来传达彼此的体会,欣赏和自我欣赏哲理美。晋人对玄言诗的热衷,就在于玄理与诗体形式的结合带来了一种崭新的审美感受。

至理不可言说,超言绝象的玄远本体不可触及,王弼的得意忘言和辨名析理方法启示晋人,语言总是在趋近至理,思考总是在接近本体,因此思考和言说本身就是意义。东晋人在说理上注重语言的讽喻、象征性,如支遁在佛学研究中秉承得意忘言之法,谢安说他"如九方皋之相马,略其玄黄,取其俊逸"(《世说新语·轻诋》)。与得意忘言相应,东晋人形成了以形写神的审美方式。形难以穷尽神,又是把握神的途径,审美既要利用形迹,更要超越形迹,体悟内在的、不可言说的美。他们品鉴人物注重通过外貌把握内在品质和精神,赏会山水不重对象本身,而在其中忘情忘身,合于大道而心归自然。由《世说新语·容止》来看,单纯描写东晋以前人物姿容的条目很多,单纯描写东晋人物姿容的很少。《品藻》部分大多表现人物精神气质之美,东晋人物所占条目居多。艺术创作与批评也是按照以形写神来把握。西晋画师卫协以白描和笔力见长,谢赫认为"不该备形似"。顾恺之非常注重传神,认为"四体妍蚩,本无关于妙处;传神写照,正在阿堵中"(《世说新语·巧艺》)。他们重神轻形,淡看可以直观的美,注重内在的美。美的本体是大象无形、大音希声,因此玄言诗追求冲和淡泊之美。由于文章乃"经国之大业"观念的影响,以形写神的美学观在东晋时期并未见诸文论,却是造就玄言诗内容、风貌的思想基础。

由于玄谈在魏晋以后逐渐式微,玄言诗逐渐失去创作和接受基础,越来越与后世读者的审美趣味疏离,以至于今人不容易觉得其中亦有名篇佳句。试看孙绰的《答许询》:

> 仰观大造,俯览时物。机过患生,吉凶相拂。智以利昏,识由情屈。野有寒枯,朝有炎郁。失则震惊,得必充诎。

钟嵘《诗品序》中说:"五言居文辞之要,是众作之有滋味者也。"在五言诗兴起之后,孙绰还使用四言诗的形式,一板一眼地说理,较之曹操的《短歌行》以场景、物象、史事等来抒情言志,确实淡乎寡味。在玄理盛行的年代,许询肯定不会是这种感觉,而应该是有会心之喜。正如下棋者并不因为棋力高而更快乐,写诗也不因写得好而更快乐,下棋和写诗本身就是快乐,下棋的关键是要有对手,写诗的关键是要有知音。特定时代特定人群的特定趣味应该受到尊重。

玄言诗中的一些人生哲理或见解是以前的诗中罕见的,只是因为说得太平淡,所以不容易引人注意。如郭璞《赠温峤》中说:"言以忘得,交以淡成。"沿用得意忘言的玄理,生发出君子之交淡如水反而更长久的认识。孙绰《答许询》中说:"愠在有身,乐在忘生。"就是要摆脱肉体束缚、追寻庄子齐生死之乐的意思。又说:"将队竞奔,悔在临颈。达人始悟,外身遗荣。"就是说天下攘攘,皆为利往,等到刀架脖子,才悔不当初。所以达人早早领悟,不在意身外之物,不追求功名利禄。这些哲理在后世诗文中不断出现,再去看这种四言诗中的平实表现,自然不会觉得很美。

庾蕴的《兰亭诗》是一首五言诗,其主旨在《古诗十九首》中出现过:"仰想虚舟说,俯叹世上宾。朝荣虽云乐,夕弊理自因。""虚舟"典出《庄子·山木》,是无人驾驶的船只,喻指人生难以把握。人在世上就是过客,青春易老,繁华易逝。这首诗显示了说理诗的一个特色,那就是用典。用典增加了阅读难度,而耐人寻味,给诗歌接受者带来挑战和发现的乐趣。

在佛学与玄学互动过程中,佛理诗也加入了玄言诗的行列。

言说不可言说的佛理,需要寻求语言背后的意义,领悟佛理后便可以不再局限于语言本身,采取其他表达方式,比如佛偈、佛经故事。如果仅仅停留于含含糊糊、似是而非的言说,那么佛经也就只能够束之高阁了——这正是大量佛经的命运。可见,玄学对于佛经的传播是很有帮助的。后世禅学传播中还发生过当头棒喝的事,这不是给出了佛理传播的方法,只是说明了佛理传播的艰难,棒喝而悟的是少数有悟性的人,多数人就是被敲晕了,也还是不明就里。这个故事的启示是,佛理固然可以用言说来引导领悟,但归根结底还是要靠领悟,不可能仅凭语言和逻辑去传授。佛理诗,是帮助人们领悟佛学精妙的产物。

佛经中有许多四句一首的"偈颂",简称"佛偈",类似玄言诗。《出三藏记集》卷七引佚名《法句经序》云:"偈者结语,犹诗颂也。是佛见事而作,非一时语,各有本末,布在众经。"佛偈被译成三言、四言、五言、六言、七言、八言等各种句式,其中五言偈颂最多。由于翻译的问题,汉译佛偈失去了梵偈的音节韵律之美,内容抽象费解。佛偈最初运用于僧徒讲道场合,社会影响不大。到了东晋中期,佛教迅猛发展,佛偈的传播空间也大大拓展,激发了佛理诗的创作。

玄言诗和佛理诗这两个概念所指对象范围不是很明确,不必细分。支遁既写有玄言诗,也写有佛理诗,如《四月八日赞佛诗》:

> 三春迭云谢,首夏含朱明。祥祥令日泰,朗朗玄夕清。菩萨彩灵和,眇然因化生。四王应期来,矫掌承玉形。飞天鼓弱罗,腾擢散芝英。绿澜颓龙首,缥蕊瞖流冷。芙渠育神菡,倾柯献朝荣。芬津霈四境,甘露凝玉瓶。珍祥盈四八,玄黄曜紫庭。感降非情想,恬泊无所营。玄根泯灵府,神条秀形名。圆光朗东旦,金姿艳春精。含和总八音,吐纳流芳馨。迹随因溜浪,心与太虚冥。六度启穷俗,八解濯世缨。慧泽融无外,空同忘化情。

赞佛像诗,与赞画诗类似,除了直接描写外形,还要根据对象性质或角色来展开。因为对象是佛,自然而然就会出现佛理,这首诗就是如此。"恬泊无所营"和"心与太虚冥"近乎玄学话语,"空同忘化情"似佛似道,"八音"是典型的佛家语,包括极好音、柔软音、和适音、慧尊音、不女音、不误音、深远音、不竭音。经由八音的涤滤,断灭妄想,放下执念,方可彻悟人本来具有的清净自性,这句是典型的佛理。

文学作品说理的优点是容易接受;在难以言传、不可言说之时,可以借助现象、物象等来呈现,给予读者领悟的特定情境。不足是所说道理毕竟不够清晰,容易产生歧义。从接受角度看,即便是说理诗,接受者所得也未必是作者所要表达的理。因此,诗作是否说理不影响其审美价值。东晋玄言诗盛行,其中演绎佛理的诗作不少。这种诗首先有陌生化的审美效果,也可能给予读者以理趣。褒贬佛理诗和玄言诗没有美学上的意义,以佛入诗,乃至入画,入小说,这是值得关注的美学现象。玄理、佛理能够营造一种超越世俗生活的意境,这是审美文化的特殊因子和新元素。

玄言诗是说理诗的初级阶段。陶渊明有些诗还有玄言诗的痕迹乃至弊端,因此陶诗在当世不被看好,在后世也只是少数佳作众口相传。

佛理诗中物象更为丰富一些。陶渊明的形影神诗三首带有佛理诗的影子。总的来说,陶渊明将说理与叙事、咏史、拟物、抒情、言志结合起来,将说理诗发展到高级阶段,超越了玄言诗和佛理诗。

第四节　葛洪的文德观

葛洪(284—364 或 283—363)在清谈名士主演的魏晋舞台上独树一帜。葛洪生平的独特性不仅在于他少见地做到了功成身退,更在于他是为炼丹事业隐居。他思想的独特性既在于兼综儒道、无所不包,也在于集理性精神与非理性狂热于一身。他的著述多姿多彩,除了《抱朴子》内外篇共七十卷,还著有碑诔诗赋百卷,移檄章表笺记三十卷,神仙、良吏、隐逸、集异等传各十卷,抄录《五经》《史》《汉》、百家之言、方技杂事等三百一十卷,《金匮药方》一百卷,《肘后要急方》四卷。

《抱朴子内篇》共二十卷,是道教诸术的集大成。他说:"世儒徒知服膺周孔,莫信神仙之书,不但大而笑之,又将谤毁真正。"因此他力证神仙的确实存在和成仙的可能。葛洪认为道本儒末,儒者是易中之难,道者是难中之易。他说"圣人不必仙,仙人不必圣"。圣人不修仙,是命中无缘,不能因圣人不为,便说天下无仙,人人都可以成仙,只是人们缺乏信念而已。

《抱朴子·外篇》共五十卷,大多是一卷一个专题,只有第四十九卷包括知止、穷达、重言等三个专题,《自叙》是自传,《博喻》《广譬》是一段一个论题,是其他各卷论题和思想的总汇。葛洪的美学思想主要见于外篇。

一、大隐情怀和入世精神的统一

在《自叙》篇中,葛洪解释了自己的选择,说明了自己的人生观和价值追求。他所追慕的,还是历来超群之士,他们"或以文艺而龙跃,或以武功而虎踞,高勋著于盟府,德音被乎管弦,形器虽沈,铄于渊壤,美谈飘飘而日载"。他之所以在盛年隐退，是觉得人生有限，光阴飞逝，希望以著述"鹰扬匡国"，"显亲垂名"，青史留名，精神不朽。

葛洪秉承老庄重视生命本身的思想，推崇隐逸行为，这也是为了对自己对他人阐明选择退隐的理由。他的隐逸观念和情怀见诸《嘉遁》、《逸民》、《守塉》、《安贫》、《任命》、《名实》、《知止》、《穷达》等篇。

《嘉遁》题目的意思就是嘉许遁隐之士。葛洪认为，人的身体完整地受之父母，应该珍惜，不能够残缺地归于大化。精神是由自己控制的，不能够任其迷乱、沉沦。躬耕自足，凿井而饮，穿粗布衣服，住草庐，弹琴歌咏而自娱，练习书法，练习气功，延年益寿，自然而终，这就是有尊严的圆满人生。不一定要拥有权力才觉得显赫，靠俸禄来养活自己，汲汲于仕进，就像用夜明珠去弹千仞之雀（隋珠弹雀典出《庄子·让王》），这是智者所不屑的。

当然，葛洪只是肯定自己的退隐，并不否定出仕。"出处之事，人各有怀"，人人都有选择的自由，不必彼此攻讦。

在《逸民》篇中，葛洪借隐士与仕人的对话，回应了世人对隐逸行为可能会有的种种质疑。他认为隐士"孝友仁义，操业清高，可谓立德矣。穷览《坟》《索》，著述粲然，可谓立言矣"。这就将隐士提高到不朽的地位，对于后世文人无奈隐居或主动退隐，都是一个极大的精神支持。隐士是不是"天下无益之物"呢？葛洪首先认为不能用具体特定的社会事务来要求隐士，社会中不同个体的使命和作用有不同作用，并且这个作用未必就小。这些话并非强辩，一个社会，当然不能人人去当隐士，但是，大多数人还是应该保持一些隐逸之心。这个意思老庄早就表述过了。对于"隐遁之士，则为不臣，亦岂宜居君之地，食君谷乎"，确实，隐士有不与统治者合作的嫌疑及风险。葛洪认为："在朝者陈力以秉庶事，山林者修德以厉贪浊，殊途同归，俱人臣也。""今隐者洁行蓬荜之内，以咏先王之道，使民知退让，儒墨不替，此亦尧舜之所许也。"这些话进一步提升了隐士在道德上的地位，有助于消除统治者与隐士之间的互相忌惮。中国古代文人学士大多有隐逸情结，这里头有葛洪言行的作用在。

《任命》篇以人生短促来消解对人生意义的执著："年期奄冉而不久，托世飘迅而不再，智者履霜则知坚冰之必至，处始则悟生物之有终。"《名实》篇中，葛洪认为那些有声名位望的人名副其实，隐士寂寞无闻，但才德和作用都是实在的，不必在乎世人怎么看自己。"名实虽漏于一世，德音可邀乎将来。乐天知命，何虑何忧？安时处顺，何怨何忧哉！"这对于退隐或谪居的人，无疑是极大的安慰和鼓励。

《守塉》（"塉"指土地贫瘠或贫瘠的土地，此处就是"贫"的意思）和《安贫》两篇，既是强调隐士们安贫乐道的信念，也是消除贫穷可能给隐逸行为带来的质疑与否定。范蠡建成大功，退隐后又富甲天下，这样是最理想的。葛洪难道就不担心贫穷吗？是不是也该多开荒、多种粮，甚至经商呢？葛洪引庄子的话说，隐士"意在乎游南溟，泛沧海者"，"井蛙不可语以沧海"，隐士的心志是一般人不能够理解的，葛洪自有追求和乐趣，满足于小农的物质生活。并且，财富也是祸患之源，葛洪举了很多这样的例子，而抱定自己的信念："夫士以三坟为金玉，五典为琴筝，讲肆为钟鼓，百家为笙簧，使味道者以辞饱，酣德者以义醒，超流俗以高蹈，轶亿代以扬声，方长驱以独往，何货贿之秽情。"

在《知止》、《穷达》篇中，葛洪再次强调了人心要知足的道理。"福莫厚乎知止。抱盈居冲者，必全之算也；宴安盛满者，难保之危也。情不可极，欲不可满，达人以道制情，以计遣欲，为谋者犹宜使忠，况自为策而不详哉！盖知足者常足也，不知足者无足也。常足者，福之所赴也；无足者，祸之所钟也。"这些道理，源自老子祸福相依之说，庄子以后，说的人不那么多，儒家进取之心占了主流，魏晋以来，有这种思想的人又多起来，葛洪再次着重阐申，进一步影响了文人学士的人生观。陶渊明可能读过葛洪的书，他自谓"葛天氏之民"，葛洪曾追溯其始祖于葛天氏。在《红楼梦》中，秦可卿对王熙凤说："月盈则亏，水满则溢，树大招风"，与葛洪的话何其相似。总之，这一类的思想，不论源流何在，是文人学士思想中的重要构成。

在《穷达》篇中，葛洪提出了一个常令怀才不遇之士困惑的问题："一流之才,而或穷或达,其故何也? 俊逸絷滞,其有憾乎?"葛洪认为:"夫器业不异,而有抑有扬者,无知己也。故否泰时也,通塞命也。盖修德而道不行,藏器而时不会,或俟河清而齿已没,或竭忠勤而不见知,远行不骋于一世,勋泽不加于生民。席上之珍,郁于泥泞,济物之才,终于无施,操筑而不值武丁,抱竿而不遇西伯,自曩迄今,将有何限? 而独悲之,不亦陋哉!"人生有限,生不逢时,这是无法抗拒的命运,古往今来这样的人很多,没必要顾影自怜,独自神伤。

二、通脱的文化观念和文学艺术观念

葛洪对于德行与文章关系的认识集中体现了魏晋人通脱的文化观念和文学艺术观念。德行与文章的关系源出《论语·先进》篇。孔子将门下弟子的优长按德行、言语、政事、文学分为四类。这里的"文学"是文章和学术的合称。古代的文学观相当于文章观,也有文化学术观的意思。孔子最为看重的是德行,有德行者能够造福他人,起码不妨害他人,也能够安顿自己。他特别欣赏颜回,就是因为颜回安于贫寒生活而不改其乐。孔子将文学放在最后不是偶然的,一是因为文章学术是他所长,他的遗憾在于其道不行,不会以著述自足;二是因为文章学术的作用毕竟是间接的,有待人们去实施,甚至可能没有什么实际作用。

汉儒重本轻末、崇本抑末,在文章与德行关系上,重德行而轻文章。王弼崇本息末是强调抓住要旨,以一总多,一与多的关系是互相印证的,没有轻重之分,因此崇本举末或本末并举才是王弼的本末观。郭象甚至更为重视末,重视具体的事实和现象。在本末问题上,葛洪属于折中派。对于德行与文章的关系,他并不抑此扬彼,在《循本》中说:"德行文学者,君子之本也。"魏晋很多清谈名士秉承何晏之风,热衷于空谈玄虚的"道",不注重实际的方略和作为,因此葛洪就有针对性地强调"末",甚至提出"德行为粗、文章为精"的独特见解,这对于刘勰总体上肯定文章的意义,建构起系统的论文学说提供了理论支撑。

葛洪论及文章的篇目主要有《钧世》、《尚博》、《辞义》、《应嘲》等。

在《钧世》中，葛洪针对厚古薄今的观念发表了比较辩证的意见：“古之著书者，才大思深，故其文隐而难晓；今人意浅力近，故露而易见。以此易见，比彼难晓，犹沟浍之方江河，蚳垤之并嵩岱矣。故水不发崐山（昆仑山），则不能扬洪流以东渐；书不出英俊，则不能备致远之弘韵焉。”

葛洪认为，古人不是神圣，他们的思想认识见诸文字，是可以理解和把握的。语言应该明白晓畅，文章深涩不是优点。古代作者也希望他们的意旨容易被理解。古文之所以显得深奥，是因为“世异语变，或方言不同，经荒历乱，埋藏积久，简编朽绝，亡失者多，或杂续残缺，或脱去章句，是以难知，似若至深耳”。他觉得《尚书》就不如近代的政事文章“清富赡丽”，《诗经》是美文，也不如汉赋那样华美和内容丰富。古代诸子文章超过今天的同类作者，则正是因为贵古贱近的观念所致，今人没有思想创新的勇气和能力，在对事理的认识上没有超过古人。古书未必尽美，学者应该甄别。

葛洪并不否定古胜于今现象的存在。他特别推重诸子百家，近世文章著述难以企及。他分析说，诸子百家文章出于“硕儒”、“才士”之手，“其所祖宗也高”，触类旁通，不拘一格，变化自如。在《百家》篇中，葛洪进一步指出，“正经为道义之渊海，子书为增深之川流”。确实是近世著述所不及。不过，这只是在说事实，并非认为超越古人不可能。葛洪已经透露出超越古人的关键，那就是要祖述经典，以圣贤、经典为师，还能够变通。葛洪特别强调新变，在《尚博》中他说“变化不系滞于规矩之方圆，旁通不凝阂于一途之逼促”，在《百家》中他重复了前半句：“变化不系于规矩之方圆，旁通不沦于违正之邪径”，后半句表明旁通既不能够拘泥于一途，也要避免误入歧途，比如说玄谈在他看来就不是正途。征圣、宗经、新变，这些意思后来都见诸《文心雕龙》。严羽说立意须高、取法乎上、入门须正，也是同样的意思，是赶超古人的关键。葛洪还透露出一个意思：圣人是文化学术的源头，是基本论题和思想的创始人；越到近代，学者越是术业有专攻，因此触类旁通和不断创新就显得尤为重要。

葛洪在厚古薄今还是厚今薄古的问题上是辩证的,也是具体问题具体分析的。在《辞义》中,一方面,他指出文无定法——"总章无常曲,大庖无定味",人的才能各有长短——"夫才有清浊,思有修短",应该允许多样性的存在——"文贵丰赡,何必称善如一口乎!"并指出"近人之情,爱同憎异,贵乎合己,贱于殊途",因此才有偏见。另一方面,他又具体指出了今不如古的主要问题:"古诗刺过失,故有益而贵;今诗纯虚誉,故有损而贱也。"显然,魏晋文章总体上存在这个缺点。葛洪自己,就是要身体力行,纠正文章时弊。

葛洪特别谈到古今诗歌在审美性方面的变化,或者说,当代诗歌在辞采华美、情感色彩强烈、思想内容丰富等方面的进步。"且夫古者事事醇素,今则莫不雕饰,时移世改,理自然也。"人类文明在不断发展,如车船可以代步,文字取代结绳记事,都是一种进步,文章内容丰富、形式华美也是一种进步。葛洪的观点为刘勰所接受。

大体来说,在古今关系问题上,葛洪在文章的价值观、功用观上崇古,在文章的内容变化、形式发展和审美性方面肯定近世。

在《尚博》中,葛洪接着"贵古贱今"的话题,批判了独尊儒术带来的狭隘视野,推崇通识、博学。经书、子书等各类著述都有其意义和用途。以汉代学者的狭窄视野,拘泥于训诂,轻视各种新思想和新形式,"或云小道不足观,或云广博乱人思"。葛洪肯定魏晋文章学术有高深的义理、丰赡的辞藻,可以发挥方方面面的作用。只是因为思想上没有与圣人、经典接轨,所以不能充分发挥作用。结合葛洪对魏晋清谈的不满来说,葛洪是以经典为本的,但是崇本也要举末,不独尊经典,不偏好儒学,通达之人要"总原本以括流末,操纲领而得一致"。

汉代重德行轻文章,因此凡论文学,侧重论其中的学术内容,而不论文章本身,不论辞藻形式。葛洪基于尚博的主张,进一步辨析了德行与文章的关系,肯定了文章的意义。这是对西晋陆机《文赋》专门探讨"作文利害之所由"的肯定,也是对"文论"这一新课题的推重。

葛洪的设问是:经书是本源,子书及各类繁多的著述只是沿着经书展开的"流",驰骋辞藻,于事无补。德行在孔子那里的重要性本来是排第一位的,"缀文固为余事",现在却倒过来,轻其源而贵其流,这怎么行呢? 葛洪的回答是:"德行为有事,优劣易见。文章微妙,其体难识。夫易见者粗也,难识者精也。夫唯粗也,故铨衡有定焉;夫唯精也,故品藻难一焉。吾故舍易见之粗,而论难识之精,不亦可乎!"德行最为重要,自古至今没有异议。葛洪抓住了问题的要害:重要的并不是唯一的,也不是需要反复论证和说明的。是否合乎德行,一目了然,评判有固定的尺度。文章则有微妙之处,其格调高下、内容优劣难以判断,人们难以达成共识。因此,不必因为重视德行而总是讨论德行,而应该好好研究文章本身,包括一篇具体文章的内容和形式,以及文章这一整体所呈现的性质、功用、接受等等——这就是文章之学,亦即《四库全书总目·诗文评类一》中所谓"论文之说"。刘勰写作《文心雕龙》,应该说是直接受到了葛洪的鼓励。

在《文行》中,葛洪具体论说了文章的重要性:"筌可以弃而鱼未获,则不得无筌;文可以废而道未行,则不得无文。""道"是无限展开的,一切思想都要通过文章来传播,因此,道与文是同等重要的,本末同一不可分。汤用彤说:"夫文者,言也。既实相绝言,则文可废。然凡人既未能证体,自未能废言。"①也是类似的意思。葛洪认为文章之与德行"犹十尺之与一丈,谓之余事,未之前闻。夫上天之所以垂象,唐虞之所以为称,大人虎炳,君子豹蔚,昌旦定圣谥于一字,仲尼从周之郁,莫非文也。八卦生鹰隼之所被,六甲出灵龟之所负,文之所在,虽贱犹贵,犬羊之鞟,未得比焉。"这是展开《周易》中"圣人立象以尽言"的意思,也如王弼所言,"尽意莫若象,尽象莫若言",后来,在《文心雕龙·原道》篇中得以进一步发挥。

即使按照人们根深蒂固的重本轻末、本先末后的观念,葛洪也认为:"且夫本不必皆珍,末不必悉薄。譬若锦绣之因素地,珠玉之居蚌石,云

---

① 汤用彤:《魏晋玄学论稿》,第 197 页,上海古籍出版社,2001 年。

雨生于肤寸,江河始于咫尺尔。则文章虽为德行之弟,未可呼为余事也。"语言和文章的重要性,是与圣人对世界的认识联系在一起的,人们的思想认识都要通过文章来传达,正如皮毛关系,皮之不存毛将焉附。后来,刘勰认为道和文具有同一性,"道沿圣而垂文,圣因文而明道",彻底改变了汉代重道轻文的现象,肯定了一切文章的价值。这是刘勰得益于葛洪之处。

葛洪也具体论说了文章的微妙难识,主要是作者有各种气质和不同学养,文章有各类内容和各种风格。他还没有说到读者的复杂性。读者也是各种各样的,可能不熟悉某类内容,可能不习惯某种风格,因此接受难,写作也难。究竟怎样恰当地表述,才能够充分传播各种学说,这是一个永远的难题。

在《应嘲》、《喻蔽》中,葛洪对自己的著述也做了一些反思和总结,涉及文章著述的心理动机、价值取向、写作原则、评价尺度等问题。

首先,他充分肯定著述的意义。老子、鬼谷子都是隐者,著书讨论世务,并不一定要居其位才谋其政。这当然也是阐明他的人生观。这种人生观是以立言不朽的价值观为支撑的。他的写作原则,是"立言者贵于助教",开口动笔必"弹断风俗,言苦辞直",针砭时事,无所顾忌。他的写作,不为沽名钓誉,不考虑个人得失。

其次,对于作品数量这样似乎不是问题的问题,葛洪也做了很认真的思考,强调作品的质量。他说:"且夫作者之谓圣,述者之谓贤,徒见述作之品,未闻多少之限也。"圣贤将思想认识诉诸文字,这是根本目的,至于作品多寡不是问题。当然,著作多寡一直是文人学者所要面对的一个问题。有的人作品少,可能会被认为是成就不高。有的人作品太多,又可能被认为是用心不够,态度不严谨。葛洪认为,人与人不同,写作的内容、形式都会因人而异,数量多寡也不是问题。关键在于质量,在于思想意趣是否高远。

第三,葛洪著述可谓杂家,难以归入某家。葛洪认为这不是一个问题。"若以所言不纯而弃其文,是治珠翳而剜眼,疗湿痹而刖足,患黄蒡而刈谷,憎枯枝而伐树也"。葛洪并非为了自辩而强词夺理,而是因为确实存在一些自以为是的专业人士,强调学问的专业性。

学术发展是以对象的定性分析和分门别类为基础的,这是为了研究的深入,绝不是要限制学术的展开。葛洪提出的问题,对于我们今天思考文学性问题,思考美学学科属性问题,思考专业评价体制问题,都是有所启示的。

葛洪的美学思想主要在于以上方面。至于他偶有片言只语关涉美学问题,如说"非染弗丽,非和弗美"——多样统一的美学观念、"西施有所恶而不能减其美"——美的本质、"美玉出乎丑璞"——审美创造论、"见美然后悟丑"——美的相对性,"人的好恶之不同"——审美差异论,还有形神之辨等等,因为他本人没有展开,所以略而不论。

第五节 张湛《列子注》中的及时行乐观念

列子是战国前期思想家,班固在《汉书·艺文志》中记载:"《列子》八篇。名圄寇,先庄子,庄子称之。"并将《列子》归入道家一派。今传《列子》一书,是东晋学者张湛(生卒年不详)首先收集整理而成并作注的。学界较为普遍地认为,张湛所得可能是魏晋人的伪作,或者部分是伪作,甚或是张湛本人托名而作。张湛在《列子注》序言中说,该书主旨同于老庄,可以与佛经互相参照,用词和举类说理的方式与《庄子》很相似,也兼有《慎到》、《韩非》、《尸子》、《淮南子》、《玄示》、《旨归》等书中的一些话语和观点。这比较符合东晋学术的多元状况,以老庄为本的玄学是主潮,佛学是很多学者追附的思想新潮,其他传统思想也在言谈著述中自由展开。

《列子》的文学性很强,其中有民间故事寓言、神话传说等 134 则,《愚公移山》、《夸父逐日》、《杞人忧天》、《纪昌学射》等选入语文课本。文学史著作多不提及《列子》,大概是因为真伪难定、系年未定的缘故。

不管怎样,《列子》最终成书于东晋,其思想也与东晋多元学术相合,因此在这一时期讨论比较合适。张湛注中有本义有新义，与列子的思想难以区分，也不必区分。

张湛《列子注》中与玄学主潮有关的思想，不必再从玄学或老庄之学角度阐说。最值得注意的是，该书与佛教相参，也就是玄佛思想相结合，从而对玄学主潮有所超越，带来了世界观、人生观的新变，具有独特的美学意义。及时行乐的思想在《古诗十九首》就已有体现。张湛是将人的精神生命安顿于佛玄结合的"太虚之域"，而将及时行乐作为"有形之域"的理性选择。这一思想对后世文人影响很大。

一、融汇玄佛的思想要旨

张湛《列子注》序言概说《列子》一书的要旨，实则是他理解和解释《列子》的思想出发点，是他本人想要表述的基本思想。他说：

> 其书大略明群有以至虚为宗，万品以终灭为验；神惠以凝寂常全，想念以著物自丧；生觉与化梦等情，巨细不限一域；穷达无假智力，治身贵于肆任；顺性则所之皆适，水火可蹈；忘壤则无幽不照。

"群有"、"万品"即一切事物与现象，"以至虚为宗"相当于何晏的以无为本。不过张湛所言"至虚"不仅是对"无"的强调，还体现出佛教与玄学的差别。玄学一般来说并不关注"无"本身，往往是为了超越"有"而追求"无"的境界，佛学则是从"无"出发来观照"有"。或者说，佛学是以彼岸来观照此岸，意在消解此岸，真正进入无我无物的精神状态，如高僧的禅定。玄学则始终停留在此岸，彼岸是预设的逻辑本体，在思辨中存在，或者是一种艺术创造的意境。这就是信仰与认识的区别，是宗教与艺术的区别。因此，"群有以至虚为宗"对应的就是"万品以终灭为验"。如《摩诃般若波罗蜜经》的诵念效果，是要最终息灭一切意念，让无意义的咒语带人进入"凝寂"的状态。

张湛不是高僧，"群有以至虚为宗，万品以终灭为验"也与佛教"五蕴皆空"有细微的差别。

高僧的禅定体验，不是一般人所能够和所愿意体验的。以坐化来说，高僧能够由一念到无念，精神不活动，忘却身体感觉，不食不动，直至油尽灯枯。卡夫卡小说《饥饿艺术家》中的主人公，执著追求饥饿表演，意识模糊导致身体衰弱，身体衰弱加剧意识模糊，忘了饥饿，忘却了自己是在表演，别人也忘记了他，于是就饿死了，相当于坐化。道教中有辟谷术，与此类似，目的是为养生，起码是瘦身的好法子。

道家应对的主要是人的自控力难题。不能够控制欲望，身体问题、精神问题、社会问题就会很多；能够控制到适当的程度，问题就少一点。又不是要完全控制欲望，那样人活着失去了意义，社会也没有生趣和活力。道家有时候会将忘我忘物强调到极端，形似于佛家的禅定，究其根源，只是因为感于世人欲望过强，过于缺乏控制力，甚至没有节制的意识。佛教讲五蕴皆空，不是因为世人欲望过强，而是正常需求不得满足，只有完全控制自我，并以彼岸、来世的期待为支撑，才能够彻底摆脱现实中不可克服的痛苦。单纯就摆脱精神困扰而言，佛家与道家也有不同，佛家是忘怀而极乐，道家是想通而超越。以事理通达实现自我控制，这是凭借智慧和见识，不如信仰的绝对力量。话又说回来，在一个理性发达而信仰缺失的国度，事理通达是心气和平的主要途径。如果智慧不足以实现自我控制，那么审美就是另一忘怀的途径。

道家思想在忘物忘我方面比较有弹性，缺乏绝对力量。王弼说老子是"有者"，充分指出了道家超越性的不足。郭象、裴頠注重论"有"，脱离何晏以无为本的路径，使得魏晋玄谈并不是一味地追求玄远本体，在有无之间游移。从精神安顿和生命超越来说，或者从增强人的精神控制力来说，佛教"五蕴皆空"的信念无疑可以提供新的思想助力。张湛的"群有以至虚为宗，万品以终灭为验"，虽然没有抵达佛家涅槃之境，但是其超越性胜于道家思想和魏晋玄学。

进一步说，中国归根结底是以儒家思想为主流的，这已经成为全民族的心理结构，因此，纯粹的佛教观念在中国缺乏生存的土壤。张湛将老庄的"道"、玄学的"无"、佛家的"空"融汇为"至虚"，就是佛教的中国化，也是玄学的新阶段。

理解了"至虚"融汇玄佛的内涵，就不难理解张湛对其要旨的进一步阐说："神惠以凝寂常全，想念以著物自丧"，就是心态平和，不会左思右想、胡思乱想；"生觉与化梦等情，巨细不限一域"，就是人生如梦，贵贱寿夭都不是绝对的，不必斤斤计较，耿耿于怀；"穷达无假智力，治身贵于肆任"，就是不必处心积虑追求功名富贵，要顺其自然，随心所欲。"顺性则所之皆适，水火可蹈"，这与葛洪说"虽在三军，而锋刃不能伤；虽在都市，而人祸不能加"颇为相似，不同的是方式：前者是凭借自然之道，后者是凭借仙药。"忘壤则无幽不照"就是忘怀现实世界，忘怀自己的处境，世事洞明，心境澄明，有如佛光普照。玄学与佛学的这种融合，将本来就缺乏学理性的玄远本体追问，导向了一种人生境界和艺术境界的追寻。

玄学最初是本于老庄的儒道结合。玄学作为一门学说和一个学科名称，到唐代成为历史，其独特的方法论贯彻在后世学术思想中；其本体追问所隐含的人文审美精神，则主要是通过具有宗教色彩的道家学说和佛禅学说传承的。

二、虚实相生和形神之辨

由人生遭际而追问宇宙本源，是从屈原的《天问》开始的。魏晋人感于生命短促、世事无常，因此热衷于追问宇宙本体，实际上是想为人生意义寻求到一些终极依据，为人的各种生存状态找一些解释或理由。张湛的宇宙本体，就是"太虚之域"。

"太虚之域"在东汉严遵的《老子指归·不出户》中已见：

> 道德变化，陶冶元首，禀授性命乎太虚之域、玄冥之中，而万物混沌始焉。神明交，清浊分，太和行乎荡荡之野、纤妙之中，而万物生焉。天圆地方，人纵兽横，草木种根，鱼沉鸟翔，物以族别，类以群分，尊卑定矣，而吉凶生焉。由此观之，天地人物，皆同元始，共一

宗祖。

严遵的意思是，"道德"运动创生了宇宙，万物在"太虚之域、玄冥之中"形成，包括各种动物、植物的各种族类。天地人物的源头是一致的，是清浊二气。

何晏以无置换道，说天地以无为本，王弼对此做了形而上的理解，进入哲学讨论，生成论探讨就比较少见了，但是并未停止。西晋皇甫谧将天地初生与历史源头的讨论结合起来。他在《帝王世纪》的开篇中说：

> 天地未分，谓之太易；元气始萌，谓之太初。气形之初，谓之太始。形变有质，谓之太素。太素之前，幽清寂寞，不可为象。惟虚惟无，盖道之根。自道即建，犹无生有。太素质始萌。萌而未兆，谓之庞洪。盖道之干，即育万物成体。于是刚柔始分，清浊始位，天成于外而体阳。故圆以动，盖道之实。质形已具，谓之太极。

万物生成之前的阶段，是"惟虚惟无"，万物生成是无中生有。皇甫谧将这个含混过程具体化了。张湛《列子注》中更进一步详尽描述了万物化生的初始过程：太易、太初、太始、太素是天地生成的源头；太易是"气"尚未生；太初是"气"初现；太始是气分化为各种形体；太素则是赋予不同事物以本质。易变而为一，一变而为七，七变而为九，九又变而为一。"一"是一切有形之物生成和变化的开始。张湛注中很自然地借用了太虚之域的概念来解释易："易者，不穷滞之称。凝寂于太虚之域，将何所见耶？如易系之太极，老氏之浑成也。"就是说，"易"是不断变化的元素，它在"太虚之域"不可见，如同《周易·系辞》中的"太极"，老子所谓的"有物混成"，是万事万物的原初状态，混沌未开的状态。

张湛注"一者，形变之始也"说："既涉于有形之域，理数相推，自一之九。九数既终，乃复反而为一。反而为一，归于形变之始。此盖明变化往复无穷极。"又注"所居之人皆仙圣之种；一日一夕飞相往来者，不可数焉。而五山之根无所连箸"："若此之山犹浮于海上，以此推之，则凡有形之域皆寄于太虚之中，故无所根蒂。"由此可见，所谓"有形之域"就是太虚之域生化万物后的世界,有形寓于无形之中。

在老子那里,是不是有一个混沌未开的世界,并不是明确的。严遵从宇宙生成论的角度,推定一个世界之初的存在,这个世界是人所不可感知,只能够推理的。王弼不讨论世界之初和创世之前的存在,只探讨现实和历史中的各种人事义理。这是魏晋玄学的主流。魏晋时期的佛学也是如此。张湛《列子注》提出有形之域与太虚之域相对,使得太虚之域有实际存在的意味。汉代学者心目中的"天",有时包含了神秘力量,如《淮南子》以天象比附人事。一般学者不大喜欢这种无稽之谈。《列子注》中的太虚之域,因为可以依托于老子的"有物混成"之境,就不担心是虚妄之言。然而太虚之域既然在有形之域之外,是有形之域的源头,并且有形之域还会回归太虚之域,那就很容易与佛教的三世轮回观念构成互证,强化关于后者的信仰。

太虚之域和有形之域的提出,对于形神关系问题起到承先启后的作用。《淮南子·精神训》中说,人的生命由受之于天的精神与禀之于地的形体结合而成,神是"心之宝",心是"形之主","神"不会随形体而死亡:"故形有糜,而神未尝化者,以不化应化,千变万抮,而未始有极。化者,复归于无形也;不化者,与天地俱生也。"桓谭《新论》说薪尽火灭,形尽神亡。王充《论死》中说:"元气荒忽,人气在其中。人未生,无所知,其死,归无知之本,何能有知与?""人之死,犹火之灭也,火灭而耀不照,人死而知不惠。"佛教译著并非就是认为形尽神不灭的。如安世高译《阿含正行经》说:"人身中有三事:身死,识去、心去、意去。""身体当断于土,魂神当不复入泥犁、饿鬼、畜生、鬼神中。"康僧会译《六度集经·布施度无极章》说:"命尽神去,四大各离。"佛教形神轮回之说似乎主要是为面向大众传教,而非学术传播。如三国吴维祇难译的《法句经·生死品》有佛偈说:"如人一身居,去其故室中,神以形为庐,形坏神不亡。""精神居形躯,犹雀藏器中,器破雀飞去,身坏神逝生。"东晋时期在这方面争论较多。罗含著《更生论》说:"有不可灭而为无,彼不得化而为我。聚散隐显,环转于无穷之涂,贤愚寿夭,还复其物,自然贯次,毫分不差。"孙盛提出相反意见:"吾谓形既粉碎,知亦如之,纷错混淆,化为异物。他物各失其旧,非复昔日。"(《弘明集》卷五)慧远的《沙门不敬王者论》认为精神是无形无名的,难以体察,虽然能感物而引起心念,但它并不是物,不会随物变化;虽然借助数(时间的流逝)而活动,但它并不是数,所以不会随时数(寿命)而尽。他也运用薪火之喻来说明自己的见解:"火之传于薪,犹神之传于形;火之传异薪,犹神之传异形。前薪非后薪,则知指穷之术妙;前形非后形,则悟情数之感深。"戴逵怀疑轮回报应说,在《流火赋》中写道:"火凭薪以传焰,人资气以享年;苟薪气之有歇,何年焰之恒延?"通过薪火之喻,认为人死如薪尽火灭,精神怎么能在死后延续? 慧远撰《三报论》说,佛经所言因果报应有现报、生报、后报三种方式,戴逵读后认为"三报旷远,难以辞究"(《广弘明集》二〇)。这些问题,是没法争论出一个结果的。

三世轮回从形神关系上讲,是无稽之谈,虚妄之言。但是佛教为了在大众中传播教义,会讲一些因果轮回的故事,还有一些文人会改造和新编这类故事,如刘义庆的《幽明录》、王琰的《冥祥记》、颜之推的《冤魂志》、吴均《续齐谐记》等。这样,三世轮回观念及鬼神观念就流行开来,成为人们的一种精神需要,也成为一种审美心理积淀。"彼岸"或来世已经不再是一种闪烁不定的意念,而是在思维中存在,仿佛也在实际中存在,进入人们的心灵和生活,影响着人们的生命观,影响着人们的价值取向。庄子那种似梦非梦的境界,就可以为此生与来生的轮回彻底取代。儒家的价值观,在这种轮回转世观念中是颠覆得最彻底的。

三、及时行乐与此生的安顿

太虚之域与有形之域的划分,与三世轮回观念暗合和交融,或者说是佛家观念与道家观念、玄学观念同时成为张湛太虚-有形理论的支撑。因此,太虚-有形理论所对应的人生观,既不是佛家对一切意义的绝对消解,也不是道家对一切外物的忘怀,倒更接近于王弼玄学的应物而无累于物。因为无累于物,才能有及时行乐的心态和审美的方式。

及时行乐的思想通过汉乐府和《古诗十九首》广泛传播,魏晋人更是身体力行。汉人是出于人生短暂的忧思而及时行乐,这种及时行乐是一种力图忘怀名利的排遣,未必真的满足于一时之乐。魏晋前期,人们见惯了社会动乱,生命轻如鸿毛,选择及时行乐是一种逃避和发泄。东晋偏安日久,及时行乐多了自觉选择的成分。葛洪选择隐居著书,避祸的原因当然有,主要还是基于对人生价值的认定,出自内心的追求。张湛的及时行乐也是自觉选择。这种及时行乐是基于太虚之域的不可把握,而要更加充分地把握有形之域。东晋后期,名教与自然之间的矛盾已经消解,人们没有了心理障碍;社会冲突比较缓和,出世与入世的关系已得到统一,道教、佛教的盛行淡化了人们的死亡恐惧,人们的心情逐渐趋于平和,能够也愿意发现和享受现实生活中的许多美好事物。东晋人的及时行乐,不仅是说人生在世要讲究吃喝玩乐,而且是将人生一切都审美化。

张湛为解决人生归宿问题构建了一个超越于有形之域的"太虚之域",而充分肯定有形之域的一切,一切有都要归于无,归于太虚,并不就是说要放弃有形之域的一切,只是不要太在意一切而已,不必都去追逐名利,不以生活中的缺憾来稀释生活中的美好,而去享受一切。在《列子·杨朱篇》中,张湛注指出,人生短暂,人们应该珍惜人生,顺从人的本性,去感觉人生的美好,尽情地享受人生的欢娱;张湛还从人的本性出发,肯定人的基本欲求,认为好逸恶劳是"物之常性","厚味、美服、好色、音声"是"生之所乐者"。他反对"刻意从俗",反对以一种压抑人的"情性"的方式去追求外在的功名利禄,反对儒家礼义对人性的束缚。

及时行乐是以精神超越为前提的,这就要突破儒家深入人心的积极有为观念。张湛在《列子·天瑞篇》注中指出,人们应该"遗名誉","无名利",在《列子·黄帝篇》注中主张"任其真素",这是源自前人思想的一种理性认识。《列子·杨朱篇》中说:"而欲尊礼义以夸人,矫情性以招名,吾以此为弗若死矣。"张湛注说:"达哉此言!若夫刻意从俗,违性顺物,失当身之暂乐,怀长愁于一世;虽支体具存,实邻于死者。"当世之暂乐,是每天的每一点滴，人总是看不到眼前的点滴快乐，包括阳光、空气、健康的身体，天伦之乐、山水之乐，而总是为所得不到的忧虑伤感，这就是生不如死了。

张湛认为"人与阴阳通气，身与天地并形"，人与万物一样是由阴阳交会而产生的。世界有着自身运行、变化的规律，人们只能是顺应自然，不能够违逆自然，不必要过于追求有为。刻意、过度的努力，容易导致物极必反的结果。"福兮祸所伏"，人们凭借着自己的才智费尽心机去追逐名利，会带来无休止的争斗，祸患也就与人相伴随，前人的教训会使人充满忧惧。只有淡化名利之心，才有内心的安宁，才能够体验生活中那些被忽略的乐趣。

人生的永恒忧惧是死亡。庄子以齐寿夭来超越死亡恐惧，不足在于其论证缺乏逻辑，如用虫子、人与大树的寿命相比较，指出寿夭是相对的，不必太介意高寿。中国人是爱与人比的，也只能够与人比，庄子用不可比的对象来说明寿命的相对性，缺乏领悟力的人是不会认可的。张湛引入佛教的死亡观念，与道家思想结合在一起，阐发了一种比较实在而又有着形上色彩的死亡理念。他首先指出，人同有形之域的万事万物一样，不能逃脱生死变化，也不可能长生不老：

> 夫万物与化为本，体随化而迁。化不暂停，物岂守故？故向之形非今之形生，俯仰之间，已涉万变，气散形守，非一旦顿至。而昧者操必化之器，托不停之运，自谓变化可逃，不亦悲乎？
>
> 死生之分，修短之期，咸定于无为，天理所制矣。但愚昧者之所惑，玄达者之所悟也。

所谓"天理"，就是"自然之理"，是有形界万事万物生成、变化的必然规律。人们无法抗拒，而能够顺其自然。"身不可养，物不可治，而精思求之未可得。"人首先要领悟自然之道，那是可能为世俗观念所淹没的"精思"。人们没有必要过于执著于生死问题。"成者方自谓成，而已亏矣；生者方自谓生，潜已死矣。"每个人从他诞生时起，就在不断损耗生命元气,生的过程潜含了死。这一道理其实人人皆知,人们却总是在回避,要以种种方式来延长生命,包括精神生命。实际上,任何意义对于本人来说,死后都成为无意义,只是对于他人存在有意义与无意义的区别。过于追求死后意义,会导致人忽略生的意义;强调人死后对于他人的意义,容易造成个体失去自己的意义;追逐永恒意义,会忽略眼前的实在意义。

因此,张湛消除死亡恐惧的途径,是既肯定彼岸,也肯定此生。人生的归宿是太虚之境,太虚之境与有形之境循环不已,有如佛教的轮回,不必顾虑生命长短,而要充分享受人生的各种欢乐。

最后需要说明的是,及时行乐,并不是说就像石崇斗富那样穷奢极欲。《列子·杨朱篇》中说:"丰屋美服,厚味姣色。有此四者,何求于外?有此而求外者,无厌之性。无厌之性,阴阳之蠹也。"贪得无厌,是违背天性的,也是不懂得人生有限的道理。张湛注重及时行乐,是"当身之暂乐",因为一切乐都是暂时的,所以弥足珍贵。如果贪得无厌,就可能错过每一阶段的暂乐,永远不可挽回。比如说,妻妾成群,就不能好好领略与一个人的相亲相爱,灵肉合一。生死不渝的爱情,或者是平淡相依的婚姻,让人感动,或者欣慰,或者安宁。儿女成群,反而不能够看到每一个儿女的成长。广厦千间,反而不能够体会从无房到小房到大房不断的新鲜体验和满足感。什么都不是越多越好。及时行乐,就是要始终注意把握眼前的快乐,善于领会各种小小的快乐。

及时行乐的观念对于中国人的心理和性格是非常有益的补充。很多文人在面临逆境时,因为能够发现更多快乐,而得以保持健康心态,给他人和后人带来快乐。及时行乐不是说要放弃事业追求,也不是刻意排斥奢华,这并非自然之道。及时行乐的要义,就是顺其自然,抓住当下,知足常乐,在人生旅途中不断获得更多,乐于命运的眷顾。这样的观念,通过文字尤其是艺术作品传承,构成一种民族性格和审美心理积淀,并通过理论家和批评家们的阐发,成为中国美学的重要观念。

由于无序竞争的存在,由于不同民族间的利益冲突,及时行乐的民族往往会缺乏忧患精神,甚至会死于安乐。因此,中国文化总体上还是以儒家思想为核心,抑制快乐原则。甚至由于资源有限,全社会存在过于强烈的竞争心理和紧迫心理,造成快乐障碍。那么,在国家日益强盛的今天,快乐原则和审美原则不应该再受到压抑,而及时行乐观念在当下也就值得重新审视。

第六章 陶渊明的自然美学观与生命美学观

陶渊明是魏晋风度的代表人物,也代表着多数中国古代文士的思想状况:他们既不会放弃社会理想,不会放弃对政治时事的关注,又有着道家情怀和名士风度,超然地应对出处间的一切人事,平淡地面对现实,安然地体味人生。他们不相信修仙,而在自然美和人情生活美中安身立命;他们不相信因果轮回,而以艺术创作为涅槃,忘形于太虚之境。陶渊明本身就是一个文化符号和美学符号,既具有儒家安贫之德,又具有道家全身之智,并能够抵达佛家澄明之境,代表着古代文士普遍的价值取向,昭示着一种人生安顿与超越的方式。

陶渊明没有学术著作,抒情言志和论事说理都在诗赋作品中,也许算不上思想家,却是后世思想家们挖掘不尽的宝库。

自然美学观是陶渊明思想中最具现代意义的核心内容。胡适在《白话文学史》中说:"陶潜是自然主义的哲学的绝好代表者。他的一生只行得'自然'两个字。""他的环境是产生平民文学的环境;而他的学问思想却又能提高他的作品的意境。故他的意境是哲学家的意境,而他的言语却是民间的言语。他的哲学又是他实地经验过的,平生实行的自然主义,并不像孙绰、支遁一班人只供挥麈清谈的口头玄理。所以他尽管做田家语,而处处有高远的意境;尽管做哲理诗,而不失为平民的诗人。"①容肇祖在《魏晋的自然主义》一书中,专辟了"陶潜的思想"
一章,概括陶渊明的主要思想为两点:一是自然主义,二是乐天主义。他
认为陶渊明能够欣赏自然,服从自然,以适性自然为自己的目的;放任个
人情性,不顾社会礼教和他人批评,乐天知命,但并不离尘遁世,而是从
劳作中得到自然的快乐。② 陈寅恪在《陶渊明之思想与清谈之关系》中认
为陶渊明的思想是"承袭魏晋清谈演变的结果及依据其家世信仰道教之
自然说而创改之新自然说"③。这种新自然观念就反名教而言不是那么
强烈,同样不与当时政治势力合作,却不像阮籍、刘伶那样佯狂任诞;同
样追求不受形骸物质的系缚,又不与入世的名教说相抵触;不谈养生学、
神仙学,只求融合精神与造化于一体,"实外儒而内道,舍释迦而宗天师
者也"。并说陶渊明"实为吾国中古时代之大思想家,岂仅文章品节居古
今之第一流,为世所共知者而已哉"!④ 综合各家之说来看,陶渊明的自
然美学观是顺应外物之性与自我本性的统一,是适性自然,将自然万物
融入生命活动和生命体验中。

朱光潜的《诗论》第十三章专论陶渊明。⑤ 他特别关注陶渊明的率真
人格,并将其人格与其诗歌风格关联起来,说:"大诗人先在生活中把自
己的人格涵养成一首完美的诗,充实而有光辉,写下来的诗是人格的焕
发。"《晋书·隐逸传》中说陶渊明"性不解音,而蓄素琴一张,弦徽不具。
每朋酒之会,则抚而和之,曰:'但识琴中趣,何劳弦上声'"。朱光潜说这
故事不是体现出一般的风雅,而是极高智慧的超脱;陶渊明胸中自有无
限,所以不拘泥于一切迹象,在琴如此,在其他事物还是如此;他在诗里,
在生活里,处处都表现出"不着一字,尽得风流"的胜境,这是最高的禅
境;也是慧远特别敬重他的缘由。朱光潜认为陶渊明的特色是非常率真

---

① 胡适:《白话文学史》,第80—81页,上海古籍出版社,1999年。
② 容肇祖:《魏晋的自然主义》,第94—97页,北京:东方出版社,1996年。
③ 陈寅恪:《陶渊明之思想与清谈之关系》,《金明馆丛稿初稿》,第228页。
④ 同上书,第229页。
⑤ 朱光潜:《诗论·陶渊明》,第197—215页,上海古籍出版社,2005年。

和处处近人情,坦承为生计出仕,也热衷于为生计而劳作,不像一般隐者矫情立异。陶诗不平不奇、不枯不腴、不质不绮,恰到好处,适得其中,一眼看去亦平亦奇、亦枯亦腴、亦质亦绮,达到艺术的化境,如同其人,有最深厚的修养,又有最率真的表现。

朱光潜认为农业国家的命脉系于耕作,人生真正的乐趣也在桑麻闲话,樽酒消忧,因此更为推崇《桃花源记》的境界。桃花源是一个有着现实基础的乌托邦,是陶渊明和一切底层民众心中的社会理想,也是千古文人的审美理想和精神家园。

李长之在《陶渊明传论》中说陶渊明生命体验极深刻。宗白华在《中国艺术的空灵与充实》中,分析陶渊明的《饮酒》之一"结庐在人境"说,"心远地自偏"是心灵内部的距离化;"心远地自偏"的陶渊明才能悠然见南山,并且体会到"此中有真意,欲辨已忘言";可见艺术境界中的空并不是真正的空,乃是由此获得"充实",由"心远"接近到"真意";空灵包括了人生的广大、深邃和充实。① 是的,陶渊明的诗歌风格看似空灵、冲淡,实则是有丰富的物象、感悟和思考,他是用生命在写作,他所营构的是一种生命意象。

总之,陶渊明的诗文是魏晋多元文化学术的共同产物,是思想与艺术结合的典范。王弼玄学"应物而无累于物"的思想,《抱朴子》和《列子注》中的以生命本身为贵、以生活本身为乐的精神,佛家以觉悟为超越的理念,自然地融入了他的作品,既实现了思想的艺术化表达,又使得他的诗文具有了思想价值和理趣。

陶渊明的审美理想是魏晋审美理想的代表。他化清谈为体物,将人生哲理之悟融入田园意象中,将那些难以实现的社会理想、政治理想转化为审美理想。他所营造的田园意象确切地说是生命融入田园的生命意象。他的生命意象作为魏晋美学的独特产物,成为后世艺术创造的一种典范,激发着将生命意识融入自然美、以艺术为精神家园的全新美学

---

① 宗白华:《美学散步》,第 27 页,上海人民出版社,1981 年。

理念。

　　陶渊明的美学观念不仅体现于其作品,也体现于其人生。本章首节考察陶渊明的心路历程和思想构成,分析他影响深远的人生价值观和生命安顿方式;次节分析陶诗冲淡风格与其审美化人格的关系;第三节由形影神论阐说陶渊明委任自然的生命美学;第四节说明"桃花源"如何将魏晋玄理、佛理转化为生活体悟,将传统的政治理想和人生理想转化为中国文士永恒的精神家园;第五节论述陶渊明诗文意象的生命内容和体物特征;最后以隐秀范畴分析田园意象的特征,并就此对意象理论本身略加论说。

第一节　大隐于酒的生命安顿方式

　　陶渊明的曾祖父是官至八州都督、封长沙郡公的陶侃。陶渊明的祖父陶茂、父亲陶逸都做过太守。陶渊明9岁时父亲去世,在外祖父孟嘉家中生活了较长时间。孟嘉是当时名士,"行不苟合,年无夸矜,未尝有喜愠之容。好酣酒,逾多不乱;至于忘怀得意,傍若无人"(陶渊明《晋故征西大将军长史孟府君传》)。显然,陶渊明的性情是深受外祖父影响的。

　　陶渊明出仕前的生活,由其诗"少年罕人事,游好在六经"(《饮酒》十六)、"弱龄寄事外,委怀在琴书"(《始作镇军参军经曲阿作》)等诗句来看,是衣食无忧的,可以读书抚琴。他不仅学了当时流行的《老子》、《庄子》,也研习了儒家六经,可能还看过葛洪的《抱朴子》,有几个例证:一是葛洪自谓葛天氏之后,而陶渊明也自诩有如葛天氏时期的人;二是陶渊明咏贫士与葛洪大量记载贫士相似;三是"桃花源"与葛洪《诘鲍》篇中的无君论思想有关联。陶渊明的辞官归隐也是步葛洪后尘。由此可见陶渊明的思想构成是复杂的。

　　偏安的东晋是一个难以有所作为的朝代,陶渊明对于远大宏图的向往不是那么强烈。他29岁时才第一次出来做官。《宋书》本传说他"起为州祭酒。不堪吏职,少日自解归"。这次出仕,也许有"猛志逸四海"的因素,他自述是出于生计考虑。只是,生计问题不大,又没有什么宏图可展,加之他的心性不能够适应琐屑的公务,所以就辞职回家了。后来江州召他为主簿,他也不去就任。

此后陶渊明在家闲居了数年,直到36岁,才再度出仕,在桓玄幕府任职。桓玄是北伐名将桓温之子。桓温曾经要求加九锡,这是曹操、司马昭干过的事情。桓玄继承父志,先是割据长江中游一带,后授相国,封楚王,加九锡,最终于403年称帝。次年被勤王军所杀。陶渊明任职桓玄幕府时,桓玄虽然还只是一方诸侯,但是与朝廷关系剑拔弩张。陶渊明此际的心情,由《庚子岁五月中从都还阻风于规林二首》中的一些诗句可知:"江山岂不险,归子念前途",这是一语双关,写出作者对世道艰难、前途莫测的忧虑。"凯风负我心,戢戢守穷湖",既是实写大风阻碍归程,更有言外之意:生不逢时,仕途无所作为,看不到前程,发穷途末路之叹。"自古叹行役,我今始知之。山川一何旷,巽坎难与期。崩浪聒天响,长风无息时",这透露出诗人对行役的厌倦。"静念园林好,人间良可辞",表明归还田园的心意。

在桓玄称帝的前一年(402),38岁的陶渊明因为母丧居家,开始亲自耕种。在《和郭主簿二首》中,他流露出怡然自得的心态。不过,诗人毕竟不是一个好农夫,由于无俸禄,他的生活似乎有些困窘。《癸卯岁十二月中作与从弟敬远》一诗,一扫初事农务的欢欣,而颇有一些凄意。"寝迹衡门下,邈与世相绝。顾盼莫谁知,荆扉昼长闭。"隐居茅屋一年,远离尘世,知音邈绝,无人问津,柴门常闭,孤寂难耐。"凄凄岁暮风,翳翳经日雪,倾耳无希声,在目皓已洁。劲气侵襟袖,箪瓢谢屡设,萧瑟空宇中,了无一可悦!"北风凄凄,大雪纷飞,寒气袭人,连最简单的饮食都成了问题。室内空空,冷冷清清,没有一点让他感到安慰的东西。"历览千载书,时时见遗烈,高操非所攀,谬得固穷节。"留名后世的志节之士给了陶渊明坚守穷节的勇气,使他暂时从眼前的困境中超脱出来,去理想的世界遨游。"平津苟不由,栖迟讵为拙! 寄意一言外,兹契谁能别?"世人共趋的仕途不走,甘心受这份苦楚,没有什么后悔的,但是这番心意只有表白给与自己在一块的从弟敬远,别人有谁知道? 陶渊明渴求理解、渴求支持。尤其是在他躬耕的一年,所得不能自给,心中不免生疑生悔、有所动摇之际,更是苦思苦想,需要倾诉、表白。他做这首诗,已不无自嘲之意。"谬得固穷节"——胡乱求得"君子固穷"的节操,全然无慷慨激昂之意,而只有无可奈何的叹息与哀怨。

刘裕平定桓玄之乱后,陶渊明投身于刘裕幕下,有养家糊口的原因,也可能是从这位乱世之雄身上看到了建功立业的希望。《荣木》一诗序言中说:"《荣木》,念将老也。日月推迁,已复九夏,总角闻道,白首无成。"木即木槿,落叶灌木,夏秋开花,朝开暮落。诗人由木槿的朝开夕落联想到自己,少年时就学得了儒家的治世之道,老大还没有什么作为,人生短促,老之将至,应该振作精神,有所作为。只是刘裕不是刘备那样求才若渴、礼贤下士的明主,陶渊明更不是诸葛亮那样大势了然、运筹帷幄的政治家,而只是一介文人。镇军参军本非要职,名为幕僚,有似杂役。刘裕属下为非作歹,结党营私。陶渊明看不惯这一切,官差的劳顿更使他由满怀期望而变得失望和厌倦。因此在刘裕幕中不到半年就离开了,到了建威将军刘敬宣帐下任参军。刘敬宣驻军浔阳,离陶渊明的家乡柴桑很近。不久,刘敬宣上表卸职,陶渊明在叔叔陶夔举荐下出任彭泽令,俸禄是三百亩公田的收成,有差役代为耕种。彭泽离家不远,陶渊明可以优哉游哉地等待"退休"了。他可能没有想到的是,作为一方主官,需要做更多违背自己性情的事。年底,上面派督邮来检查工作,县吏对陶渊明说,应该穿戴好官服去拜见。陶渊明叹气说:"我岂能为五斗米折腰向乡里小儿!"即日解绶辞职。陶渊明本来只是为了酒食无忧而在县令一职上混混,自然不愿束带去见一个小小的督邮。欲有所为者能屈能伸,胸怀大志者可受胯下之辱,这是因为预想的成功可以洗刷前耻。陶渊明不再会有什么前程,他的尊严也不会有新的光荣来补偿,只能小心维护,不让它受到损伤,破坏内心的安宁。解绶辞职是维护自尊的唯一选择。"不为五斗米折腰"固然显出了诗人的气节,维护了诗人的形象,为后世不绝称颂,其中寓含的几多无奈,几许辛酸,也是不难体会的。

陶渊明辞职归乡后赋《归去来兮辞》,不仅是为了抒发轻松和喜悦之情,更主要是为了肯定自己的抉择。他在序中说自己出仕是因为耕种不足以糊口养家,又没有别的途径可以谋取生活所需,在亲友劝说下才外出谋职。而辞官的原因则是"质性自然,非矫厉所得;饥冻虽切,违已交病,尝从人事,皆口腹自役;于是怅然慷慨,深愧平生之志"。他认识到自己不适合为官和不愿为官的心性,否决了寄于仕途的一切幻想,决定从此安顿生命和精神于故乡田园。

陶渊明将不愿出仕说成是平生之志,亦如《归园田居》之一中所言:"少无适俗韵,性本爱丘山。"这既是自我解释,也是自我安慰和激励。后世文人和陶渊明一样面临仕和隐的两难选择,患得患失,因此需要类似的激励。文人标榜隐逸之志,有自欺欺人的成分,积极的一面是,在精神上给自己预先留下了退路,也就更容易做到心平气和,出入自如,去留无意,宠辱不惊。

陶渊明的归田生活是审美化的。较之官吏他有自由,享有田园风光和淳朴人情,较之农民他有产业和积蓄。他也参与农业劳动,我们在他的《归园田居》中看不到辛劳,只看到"时复墟里人,披草共往来"的从容,"桑麻日以长,我土日已广"的喜悦,还有"常恐霜霰至,零落同草莽"的小小担忧。

严格来说,陶渊明并未隐居,只是归返田园。萧统《陶渊明传》说:"时周续之入庐山,事释慧远,彭城刘遗民亦遁迹匡山(庐山),渊明又不应征命,谓之浔阳三隐。"周续之投到高僧门下,隐得彻底;刘遗民离群索居庐山,也算得上高士。只有陶渊明忙于农事,相形见俗,实则是大隐于家。

这样的平静生活延续了十几年,终于为时事的巨变所打破。公元417年,刘裕受封宋公,次年六月为相国,受九锡,十二月杀晋安帝司马德宗,立司马德文为帝。文士是传统、正统、主流观念的载体,当陶渊明预感到曹氏家族颠覆汉室、司马家族颠覆曹室的悲剧就要重演,有信念崩溃后的虚无感，同时，对于自己当年主动脱离政坛，也真正开始予以肯定。一年间，他连作《饮酒》诗二十首，正如为陶渊明编文集的梁太子萧统所说："有疑陶渊明诗篇篇有酒，吾观其意不在酒，亦寄酒为迹焉。"（萧统《陶渊明集序》）陶渊明一向好酒，我们可以说，从此他是大隐于酒。

《饮酒》诗既体现出陶渊明思想和心态的复杂性，也表明他的人生认识到了一个新的境界。我们将这组诗按内容的关联程度大致分类，解说大隐于酒和纵心于诗如何成为陶渊明安顿精神生命的方式。

《饮酒》组诗之一、二、六、十一、十二首是歌咏、追慕古代贫士。诗人举这些贫士例子，一是说明人生荣衰无定，互相转化，达观的人懂得这个道理，贫穷困窘时也能安恬。二是诗人从这些人身上看到了自己的影子，他们的选择就是自己的印证。诗人还看到，身处变乱时代的隐士，可能会为了保守节操而陷入困境乃至绝境。伯夷、叔齐饿死在首阳山，春秋隐士荣启期愈老愈穷，颜回也是"虽留身后名，一生亦枯槁"。诗人联想到自己越来越落魄，认为"天道无亲，常与善人"只是空言，佛教的因果报应之说根本不符合历史的真相，贤德之士的幸福并不在身后之名，而在于虽然枯槁亦能称心，应该努力从贫苦中寻找自适、幸福的感觉。这样，"饮酒"的意义就凸显出来了："道丧向千载，人人惜其情。有酒不肯饮，但顾世间名。所以贵我身，岂不在一生？一生复能几？倏如流电惊。鼎鼎百年内，持此欲何成！"（《饮酒》之三）古往今来，常见世道沦丧，可是人们仍然在功名利禄方面看不穿。人生苦短，失意人多，何不饮酒为乐。这里可见张湛《列子注》中及时行乐的思想，后来在李白的《将进酒》得到更为酣畅淋漓的发挥。

《饮酒》之第十、十六回顾出仕经历，反省自身的选择。他远赴外地为官，不过是"倾身营一饱"，自己对生活要求本来不高，"少许便有余"，因此自觉回头，"息驾归闲居"。从另一面说，仕途艰难，时事多变，乱世间人人难以自保，独善其身是明智的抉择。

《饮酒》之八借孤松为自己写照，将傲世独立的情志上升到历史观和人生哲理层面。《饮酒》之十七作者自喻为"幽兰生前庭，含薰待清风"。

他进一步反思自己的弃官从隐,除重申入仕是"行行失故路",从隐"任道或能通"外,又觉悟到即使自己淹留仕途能够有所建树,可鸟尽弓藏的前车之覆可鉴,他不仅难以进取,甚至可能招致灾祸。"觉悟当念还,鸟尽废良弓",刘裕清除异己的种种暴行足以证明诗人并非多虑。《饮酒》之十八通过扬雄好酒善言但有时不语的典故,含蓄地说明自己只想醉饮、不愿多言以免惹火烧身的苦衷。扬雄"觞来为之尽,是咨无不塞",什么疑难都能解答,可碰到攻伐他国这类敏感问题,就不肯说话了。所以陶渊明总结说:"仁者用其正,何尝失显默。"当说则说,不当说就不说,为免口舌遭祸,干脆隐迹酒中。《饮酒》之十五写诗人寄迹酒中,没有穷达、贫富的意念,不介意庭院荒芜、冷清。

《饮酒》之七分析自己生就难以入世的脾性,认为为官之术易学,却不能够屈曲个性、违背本性去适应世俗。《饮酒》之十三由醒者与醉者彼此不能沟通的现象,说明醉者大势了然,世事通达,而醒者"规规然而求之以察,索之以辨",徒然自缚。《饮酒》之十四写诗人与友人聚饮之乐:"父老杂乱言,觞酌失行次",醉态可掬,"不觉知有我,要知物为贵?"于畅饮中抛却尘世纷争,摆脱利禄之心,这才算是得了酒中深味。

《饮酒》之二十,历数诗书礼乐被破坏、遗弃的灾难,含蓄地表达了对历代读书人历代不受重视、满腹诗文却穷困潦倒的愤懑不平。"羲农去我久,举世少复真"。淳真朴实的羲农时代已经逝去了,世人变得庸碌狡诈,追名逐利,人心不古。"汲汲鲁中叟,弥缝使其淳;凤鸟虽不至,礼乐暂得新",孔子力挽世风,虽未出现太平盛世,但也使礼乐暂得焕然一新。"洙泗辍微响,漂流逮狂秦;诗书复何罪,一朝成灰尘",秦始皇为了巩固统治,采取愚民政策,焚书坑儒,让天下读书人寒心。"区区诸老翁,为事甚殷勤。如何绝世下,六籍无一亲。终日驰车走,不见所问津",诗书人不受重视,人们都往仕途奔走,不凭智识而凭投机钻营、勾心斗角等卑俗手段谋取一官半职,不惜以人格的代价博取俸禄。"若复不快饮,空负头上巾",历代文人总是对王权抱有幻想,又不断地失望。陶渊明虽然无力却是清醒的,他看到即将建立的新朝也不会重视诗书,不会重视读书人,而只会拉拢利用或排挤打击,所以他宁愿沉湎酒中。

《饮酒》之五是千余年来为人们传颂不绝的佳作,其冲淡远雅的意境,清新纯美的语言,跃然行间的理趣,令后世文人钦慕不已。

"结庐在人境,而无车马喧。问君何能尔?心远地自偏。"这四句既有"非幡动、非风动,是为心动"的禅意,又有不拘形迹、独与天地精神相往来的道心。魏晋以来的许多所谓隐士,慕佛慕道慕名山名川,其心不能偏,故欲求身远,是以身之远遁强迫心之不乱,不是心静而不觉人境之嘈杂喧嚣。"心远地自偏"因理成趣,是为理趣,千百年来令无数文人才子为之倾倒,并给他们羁身官场以极大的精神安慰。善理尘中事,方为局外人,真能看破得失成败生死荣辱,也就不在乎所事何事,所邻何人,而总能落于尘中超然物外,尽力而为,听天由命,以顺其自然之真率,纵心任情于人间世外。"采菊东篱下,悠然见南山",此二句又令人心折。绝对的静穆,绝对的安恬,随意采菊,无心见山。一个"见"字,尽藏"云无心而出岫"的意境。《东坡题跋·题渊明〈饮酒〉诗后》云:"因采菊而见南山,境与意会,此句最有妙处。近岁俗本皆作'望南山',则此一篇神气都索然矣。""望"是有意瞻观寻觅,全然失却了诗人无心自然从容之妙。诗人所见何景?"山气日夕佳,飞鸟相与还。"诗人不经意间看见南山那边,夕阳西下,山色瑰丽,飞鸟结伴而归来了。他有何感触呢?"此中有真意,欲辨已忘言。"老子说:"天地有大道而不言。"庄子说:"得意忘言,得鱼忘筌。"人的心灵感受是丰富的,多层面的,混沌多变不能截然区分的,而概念的界定都是严密的、单一的、固定的,语言不能穷尽其意,真意可感不可言,言则必损其意。如果非要言说不可言说的真意,那么我们可以这样领会"山气日夕佳,飞鸟相与还"等句的意境:诗人由鸟儿们飞入南山瑰丽夕景的境,生出他在隐居之地也如鸟儿回到安乐窝巢一般的意,意与境合,怡悦的神思幻化到鸟儿身上,在夕景中感到无限欣慰与安宁。这是以诗人一生之体验来感悟的眼前景观,其中包含的人生真谛不是倦鸟知还、倦鸟归林之类字句可以穷尽的。又正因为诗人只是无心见景,心灵自然而然地与景合,而成朦胧意境,所以这是无需也无暇付诸语言的。无心悟境,心境合一,物我两忘,哪里有余心去辨此真意? 当回过神来,意识到其间有真意时,则意已与境离,神与物分,不能以言辨之了。"欲辨已忘言"正是物我同一、神与物游的最高审美境界,非其人其生其境其心不得其意其语,难怪神笔圣手李白、杜甫、苏轼、陆游等,都对陶渊明推崇备至。

在《饮酒》诗中,诗人既为自己违时而无奈,更为世事违己而愤懑;既以古代隐者贫士自慰自励,更对命运本身产生怀疑;既不断地自我排遣,更因为无从排遣而以酒自醉。诗人虽醉犹醒,不仅看到了生不逢时、悲守穷庐的现实,也直面这种现实,为自己找到生存的理由和意义;不仅认识到生不逢时的客观处境,也为自己在嘈杂纷乱的人间寻觅到一方心灵的净土;不仅从一生的经历中了然注定给他的命运,也从不幸的命运中发现人生的真谛与乐趣。

《饮酒》组诗所展示的隐者之心是充满痛苦和不安的,所显示的隐者之风却又是达观恬静的;所蕴涵的隐者之情是凄凉迷乱的,所生发的隐者之思又是睿智和冷静的。虽然这组诗总的基调低沉了些,但仍有一种狂风急浪后的恬静。以《饮酒》诗观酒中隐士,可悲可叹,可羡可赞,可慕不可追,堪怜堪惜不堪悲。

焦灼不安的灵魂是不可能被麻醉的,由《饮酒》组诗可以看出,陶渊明安顿生命于深刻的思考之中,而不是寻求刘伶那样的醉生梦死境界。陶诗具有玄言诗的说理性质,当时及后世有些文人追求简单的情感宣泄、肤浅的精神安慰、表面的形式美和感性的意象美,不是那么喜爱和推崇陶诗。倒是在文化思想史的层面,陶渊明诗文的精神内涵不断被发掘出来。

第二节 冲淡风格与审美化的人格

"冲淡"一词本来是形容魏晋士人风度的,如《晋书·儒林传·杜夷》中说:"夷清虚冲淡,与俗异轨。"唐以后更多用来描述诗风,如宋代胡仔

《苕溪渔隐丛话后集·陶靖节》中说："渊明诗所不可及者,冲淡深粹,出于自然。"

陶诗的冲淡,乃是他历经世运与人生变化,看透命运穷通和生死之后的心境或态度。

陶渊明 56 岁那年,刘裕称帝,东晋灭亡。值此改朝易代之际,陶渊明的心情是复杂难言的。作为东晋旧吏,他难免有亡国之悲。东晋王朝从来就令人失望,新朝会给芸芸众生及他这样的名士带来什么样的影响尚不可知。作为一个垂垂老矣的贫士,一切都成为云烟,改朝换代触发的,是一生失意的慨叹。这年他作《咏贫士》七首、《拟古》九首等,反映了此际的复杂心绪。

《咏贫士》七首整体性很强。第一首写贫士的孤高,定下组诗的主题与基调。第二首写自己,而以"何以慰吾怀,赖古多世贤"作结,借以引出下文。以下五首分咏古代有名的清贫之士,最后以他们自励,要在贫穷中坚守节操:"谁云固穷难,邈哉此前修"。

《拟古》九首多是悼国伤时之作,歌咏那些坚贞守节之士,借以言志,也表现了诗人对精神归宿的终极寻求。

东晋灭亡后的次年,陶渊明的心情略有平复。由《游斜川》一诗看,诗人固然"悲日月之遂往,悼吾年之不留",但已经在"中觞纵遥情"中暂得"忘彼千载忧",而恢复了"且极今朝乐,明日非所求"的淡然心情。由此也可见出,张湛《列子注》中及时行乐的思想,不是感性的放纵,而是无奈于现实的理性选择。陶渊明不能够改变现实,因此他就去营造理想,这就是"桃花源"。无欲无争的世外桃源,让诗人暂时忘却了令人不愿面对、不愿思考的现实。

这年九月,刘裕难容卧榻之侧有他人酣睡,令张伟逼晋恭帝饮毒酒。张伟不忍谋害旧主,自饮毒酒而死。刘裕又下令亲兵进药,恭帝不饮,亲兵就将他闷死在床上。故主之死和政争之无情无信无义给陶渊明带来的心灵冲击是可想而知的。一向从容淡泊的诗人写出了《咏荆轲》这样"金刚怒目"式的作品。《咏荆轲》是诗人心中长期郁积的愤世情绪在易代之际的强烈爆发。诗人一生失意,而又很难为自己归因,偶有生不逢世之怨,更多是与世不合的自怨。现在他终于认识到,利欲和野心造成无休止的社会动乱,是他一生失意的根源;不是他"违世",而是世事违己。亲历易代之变,陶渊明长期自我压抑的不平之气就喷发出来。

《感士不遇赋》是一篇彻底释放激愤之气的作品。诗人指出,淳朴真诚的世风消逝,虚伪卑下的恶习盛行,廉洁谦让的节操在民间日趋淡漠,投机钻营的邪心在官场日益纵恣,所以心怀正直、立志治世的人不得不在年富力强的时候隐居,洁身自好、操行端正的人只好在劳苦中虚度一生。伯夷、叔齐、商山四皓等曾发出何处可以安身的感慨,屈原更有"一切都完了,算了吧"的哀叹。不遇之士郁积在心,只有著文宣泄。老子描述过小国寡民的上古社会,孔子以周代为理想之世,《礼运·大同》中构想过大同世,《列子》中描述过华胥国,文人学士营构理想社会成为一种传统。陶渊明认为上古理想社会有理想的人和人生,人们或隐居自乐,或大济苍生,都能顺其自然,合乎本心。随着理想时代、理想人生和美好人性都消失了,代之而起的是人心险恶、充满了虚伪、是非颠倒的社会。世人党同伐异,嫉贤妒能,把深谋远虑的人说成糊涂,把爱讲真话的人称作狂妄。这个黑白不分、充满纷争的社会,像一张硕大的罗网,让人们像鱼和鸟那样担惊受怕,看透了这一切的人只好辞官弃世、隐居躬耕。

接下来,诗人历数古往今来有德有才之士生不逢时或好景不长的遭际,从中看到了个人命运的某种必然性。人心不古、信念崩溃、道德沦丧、人欲横流是忠直贤良之士不容于世、落魄潦倒的根本原因。陶渊明站在历史、人生和人性的高度,指出人类社会在进入"大同"的理想境界之前,永远存在阴暗的一面,揭示出人心中有清除不尽的魔影,人际中有填塞不平的潜流,争斗永远不会停息,古今贤士的命运在不断轮回。"苍昊遐缅,人弗无已,有感有昧,畴测其理。宁固穷以济意,不委曲而累己。既轩冕之非荣,岂脱袍之为耻?诚谬会以取拙,且欣然而归正。拥孤襟以毕岁,谢良价于朝市。"以诗人率真任情的本性,他是不可能在人世间周旋自如、遂心得意的,只能坚守自己的本真性情,在自己构筑的诗意中度过余年,而坚决不用高价把自己卖给朝市。

《感士不遇赋》是诗人对自身、对历代文人志士的不遇命运的全面反思,是他以前许多作品中不断抒泄的种种感慨和认识的集中表现,因此才强烈而深刻,思想感情上达到了新的高度。既让人感染其情绪而热血沸腾,又让人共鸣其认识而掩卷长思。

金刚怒目毕竟不是陶渊明的风格。诗人在激愤之后,心境变得更加平和。在《读山海经》十三首中,"精卫衔微木,将以填沧海;刑天舞干戚,猛志固常在"这样豪气干云的诗句只是偶见,恬淡、静穆的风格成为主流。如其第一首:"孟夏草木长,绕屋树扶疏。众鸟欣有托,吾亦爱吾庐。既耕亦已种,时还读我书。穷苍隔深辙,颇回故人车。欢言酌春酒,摘我园中疏。微雨从东来,好风与之俱。泛览周王传,流观山海图。俯仰终宇宙,不乐复何如。"写得心平气和,一派温馨安谧的田园意境,如同海啸过后,海面愈显平静。

陶渊明最后的岁月,没有了隐居之初的欣悦,而更加平和冲淡。家境自然是每况愈下,甚至有时断顿,诗人却不再有烦恼。他照样泛览经籍史书,吟诗作文,也曾收授门徒,仍然好酒。有一次,颜延之送他两万钱,他都送到酒家,好随时取酒。诗人62岁时,江州刺史檀道济去探望他,送给他粮食和肉食。檀道济说:"贤者处世,天下无道则隐,有道则至;今子生文明之地,奈何自苦如此?"那年宋文帝为了收回权力,杀了宰相徐羡之、傅亮和荆州刺史谢晦。因此陶渊明对檀道济"值此文明之世"之说是不屑置辩的,只是看似自嘲实则暗含讥讽地说:"潜也何敢望贤,志不及也。"坚持不接受檀道济的馈赠,维护了自己最后的尊严和心志。(《南史·隐逸上·列传》)

陶渊明的平和冲淡还反映在他对待死亡的态度上。427年9月,诗人疾病加剧,预感大限将近,给自己写了《挽歌》诗三首,设想自己死后人们送葬的整个过程,表现了他的生死观。其一是:"有生必有死,早终非命促。昨暮同为人,今旦在鬼录。魂气散何之?枯形寄空木。娇儿素父啼,良友抚我哭。得失不复知,是非安能觉?千秋万岁后,谁知荣与辱!

但恨在世时,饮酒不得足。"诗人不信形灭神存,知道死去万事皆空,对于死后荣辱持无所谓的态度,而遗憾在世饮酒没有得到满足。至死恋酒,不仅让读者莞尔而笑。其二是:"在昔无酒饮,今但湛空觞。春醪生浮蚁,何时更能尝。肴案盈我前,亲旧哭我傍。欲语口无音,欲视眼无光。昔在高堂寝,今宿荒草乡。荒草无人眠,极视正苍茫。一朝出门去,归来良未央。"一去不还本来是慷慨悲歌送壮士荆轲的,陶渊明用在自己身上,颇有点黑色幽默的味道。"欲语口无音,欲视眼无光"更是形象,诗人自己的遗容宛在眼前。其三是:"荒草何茫茫,白杨亦萧萧。严霜九月中,送我出远郊。四面无人居,高坟正嶕峣。马为仰天鸣,风为自萧条。幽室一已闭,千年不复朝。千年不复朝,贤达无奈何。向来相送人,各自还其家。亲戚或余悲,他人亦已歌。死去何所道,托体同山阿。"诗人生前无欲无求,死后也没有灵魂永存与再生的幻想,没有身后名的憧憬。亲戚余悲未消,他人早已唱起了歌,人死了还有什么可说,无非是把躯体寄放于山陵。诗人把死亡看得平淡,是因为将生看得透彻。

陶渊明辞世前两个月,又写下了绝笔《自祭文》。诗人以简朴的四言韵文平静地想象着自己死后入墓的情景:"岁惟丁卯,律中无射。天寒夜长,风气萧索,鸿雁于征,草木黄落。陶子将辞逆旅之馆,永归于本宅。故人凄其相悲,同祖行于今夕。羞以嘉蔬,荐以清酌,候颜已冥,聆音愈漠。"然后回顾了自己坎坷的一生,清贫的家境,辛勤的耕耘,过着与琴书为伴,以山泉为友的平静生活。他不以出仕为尊荣,死后也不想被人称颂。他以后半生"勤靡余劳,心有事闲"而欣慰,"乐天委分,以至百年。余今斯化,可以无恨",没有丝毫可愧悔,"从志得终,奚复所恋",对艰难时世和艰难人生也没有半点牵挂和留恋。

生死问题是陶渊明多次思考的问题,《归去来兮辞》《形影神》三首、《杂诗》《饮酒》等诗中都不断提到死。当他面对即将到来的死亡时,也就洒脱达观,无喜无惧。他遗命家人"不封不树,日月遂过",不堆高坟,不在墓地植树,让他像一个平常百姓那样埋没土中,任自己的形体化为尘土,在时光中消失无踪,不在世上留下任何遗迹。

文章结尾,他发出在人世间的最后一声叹息:"人生实难,死如之何!"人生实在艰难,死又能把我怎么样?他将一生不平遭际的感慨,都化作了对死的蔑视,也是对人生艰难的蔑视。生也无奈,死也无奈,只要能看破生死成败得失荣辱,生前艰难又能把人怎么样,一杯浊酒泰然处之;死后寂寞又能把人怎么样,一支诗笔凛然笑傲。

陶渊明身后的盛誉,并不能弥补他生前的遗憾,因为形尽神灭。只是陶渊明早就超越了荣辱得失,"匪贵前誉,孰重后歌?"所以后人也不必将自己的敬意和感动表述为对陶渊明的称颂。后人阅读陶渊明,也是在言说自己的遭际和心情,在寻求人生和世事的终极意义,寻求超越的途径和生命安顿的方式。

"人生实难,死如之何!"我们只有理解了诗人一生的失落与痛苦,才能够理解他的超然和冲淡。如果仅仅满足于把诗人的作品当做审美对象,将诗人当做称颂对象,我们就不会真正理解生命的意义,不会理解精神安顿并不在于逃避痛苦,逃避得失,而是在于进入人生,体验人生,然后超越人生。当我们的心灵感受到了诗人恬然表面下的大悲大喜大惊大忧时,诗人的超越意境才会在我们的生命中延续。

第三节 形影神论和委任自然的生命美学

魏晋南北朝时期学术文章与文学作品还没有明确的区分,抒情言志、记人拟物、论事说理没有各自对应的特定文体。陶渊明之前的陆机指出了"诗缘情而绮靡,赋体物而浏亮"的特征,不等于被普遍接受,陶渊明之后的刘勰还是首先从"建德树言"、"军国为之昭明、六经为之炳焕"的角度看待包括诗赋在内的一切文章。刘勰不满玄言诗,不是因为玄言诗说理,缺乏情感美,而是很多玄言诗没有说出什么理来;也不是因为玄言诗缺乏文采,不具备形式美,而是因为其文字既不能准确清晰地表达某些思想,或巧妙地抒写某种情志。陶渊明的作品虽然以诗为主,赋次之,却不是有意识地进行文学创作。他自由地运用这两种文体,不仅抒情言志,记人拟物,也论事说理,并且这三者经常是水乳难分的。他最具有思想性或学术性的作品当推形影神诗三首,其中也不乏抒情言志的文学成分。我们不必纠结于今天的文学与学术、艺术与思想、美学与哲学的概念区分,不必以今天的学科界限去苛刻地衡量古代文献,而应专注于所要讨论的美学问题和观念。

陶渊明一生始终是直面现实的,把握现实中每一点微小的东西,正视心灵,既自我安慰,也自我激励,进入自由的精神境界。这些是古往今来许多名士或高士所做不到的。魏晋时代的一些名士,逃避现实,逃避真心,不敢正视自己的失意,不愿承认自己的落寞、凄苦,只有寄情于玄理,耽溺于清淡,忘身忘心于名士的虚名。一旦当权者相招,就受宠若惊,不知是为人所役,反认作天生我材必有用,卑躬屈节,哪里还顾得上人格的尊严! 竹林七贤中的山涛、王戎,与陶渊明同时代的周续之,都是着意标榜高风,实际上没有安贫乐道的隐者情怀。嵇康表面上有隐逸之志,实际上性情刚烈,不能顺应世事,以致招来杀身之祸。刘伶醉于酒中,至死都在逃避。陶渊明虽然与他们同列于隐逸之林,却表现出截然不同的处世风格。他始终在审视内心,自省人在世间,在生死之间的哲理,化落寞、悲苦、忧愤为平淡,渺生死成败荣辱而从容,其为生也真,其为诗也真。他的心态及思想认识,在形影神诗三首并序里集中表现了出来。陶渊明从形尽神灭的宇宙观出发,表达了人必有一死,委任自然的生命美学,鲜明地反映出他超越当时玄学名士和佛教高士的世界观、人生观、价值观。由此我们可以理解陶渊明为何以及如何以审美道路来解决人生两歧,以审美乌托邦安顿精神生命,桃花源为何以及如何成为千古文士精神家园,作为生命意象的集合体在后世不断被重构。

形影神诗三首是陶渊明与慧远、刘遗民、周续之等被誉为当代高士的僧徒、学者来往及思想对话的产物。慧远是北方佛学大师道安的大弟子,太元二年(377)奉师命南下荆州传教,次年到庐山,江州刺史为之修建东林寺。他的名声很大,不仅南方远近僧徒都来庐山求教,就是东晋政权要人也很尊重他。晋安帝曾经与慧远有过书信往来,甚至卢循北上攻晋时也上庐山与之相见。元兴三年(404),慧远作《形尽神不灭论》,宣扬人死后灵魂可以永存的宗教理论。义熙九年(413),慧远在庐山立佛像,作《万佛影铭》。当时文人歌咏者甚多。义熙十年(414),慧远、刘遗民、周续之等 123 人,在东林寺结白莲社,在佛像前发誓,决心摆脱生死报应、因果轮回的痛苦,希望来世生在西方极乐世界,一时闹得沸沸扬扬。当时民众苦于战乱,需要精神寄托,忘却现实痛苦,所以非常崇信这一套学说,白莲社因之影响甚广。刘遗民为这次结社立誓撰《同誓文》,在社中声望极高。白莲社为当世推崇的有 18 人,号称社中十八贤。陶渊明与刘遗民素有交往。关于他与慧远的关系,据《莲社高贤传》记载:"时远法师与诸贤结莲社,以书招渊明。渊明曰:'若许饮则往'。许之,遂造焉。忽攒眉而去。"不让饮酒就不去,可见陶渊明不像一般人那样对慧远一帮人怀有敬意,连好感也谈不上。皱眉而去,可见陶渊明与慧远等见解不同,话不投机。虽然陶渊明、慧远、周续之、刘遗民等在时人心目中都是遁世高士,陶渊明却独步高士之林,不屑与莲花社十八贤同列。

在慧远作《万佛影铭》、《形尽神不灭论》赢得誉声四起、吟咏不绝的情况下,陶渊明独持形尽神灭的观点,作形影神诗三首,针锋相对地向众高士阐述了他对肉体和精神生命的见解。他在诗中对人为形役、为影迷、为神扰的误区一一加以解说,劝诫时人也鼓励自己要委任自然,不强求生前高贵和死后声名。其序言说:"贵贱贤愚,莫不营营以惜生,斯甚惑焉。故极陈形影之苦,言神辨自然以释之。好事君子,共取其心焉。"顾惜生命是人之本能,这没有什么可劝解的,只是不能过于贪生惧死,既追逐生之荣华富贵,强求功名利禄,又孜孜不倦、煞费苦心地追求长生不老,或者灵魂不灭,将希望寄托在来世,渴望有万世轮回不绝的幸福。如此反而会忽视此生平凡细微处的每一点体验,与实实在在的幸福感错身而过,这就是囿于尘心,迷于妄念。所以诗人根据慧远宣扬神可以离开形影独存的逻辑,将形、影、神各自独立拟人,分别作《形赠影》、《影答形》、《神辨》三首诗,来表述自己的思考。

《形赠影》是形对影的赠言,也是注重人之肉体存在的处世态度:天地、山川可以永存,草木枯悴可以再生,唯有人的形体必然死亡无存,既然这样,不如及时饮酒行乐。"天地长不没,山川无改时。草木得常理,霜露荣悴之。谓人最多智,独复不如兹。适见在世中,奄去靡归期。奚觉无一人,亲识岂相思?但余平生物,举目情凄而。我无腾化术,必尔不复疑。愿君取吾言,得酒莫苟辞。"

影对形的回答表现了陶渊明处世态度的另一方面:人的生命不能永存,神仙境界又不可企及,人一死形神俱灭;但是如果生前行善,还可以给后代留下仁爱,这总比饮酒消愁要强得多:"有生不可言,卫生每苦拙;诚愿游昆华,邈然兹道绝。与子相遇来,未尝异悲悦;憩荫苦暂乖,止日终不别。此同既难常,黯尔俱时灭;身没名亦尽,念之五情热。立善有遗爱,胡为不自竭?酒云能消忧,方此讵不劣!"

形和影本来无分,是人的意识对肉体的思辨,幻化为独立的两种个体,将佛理范畴转化为鲜活的人生体验和感悟。诗人借用这两个范畴,分别表现了行善扬名和自得其乐两种人生观。积极有为和消极无为两种思想在诗人心中是始终并存、斗争着的,每个人心中都有着对抗着的两方面,在激进时让人厌倦,在安静时又让人不安。诗人也不时为自己的闲静无为而不安,他是如何来消释这种不安,遣除精神之困窘的呢?《神释》针对形和影赠答中所诉苦衷及不同观点进行调和、排解。饮酒使人可以忘记死的来临,但人终有一死,天天醉饮或许短寿;行善没人称誉,也只能在醉饮中忘生乐死。多虑徒然自伤,不如放任自然。"大均私无力,万物自森著。人为三才中,岂不以我故!与君虽异物,生而相依附。结托既喜同,安得不相语!三皇大圣人,今复在何处?彭祖爱永年,欲留不得住。老少同一死,贤愚无复数。日醉或能忘,将非促龄具?立善常所欣,谁当为汝誉?甚念伤吾生,正宜委运去,纵浪大化中,不喜亦不惧。应尽便须尽,无复独多虑。"这里,诗人表白说他不是不想立善,而是立善也没什么意义,人死之后什么都没了。这似乎过于消沉。只顾生前自在,不计身后毁誉,这种态度也是不能苟同的。但这实际上流露出诗人的苦衷:他想有所作为,可是生不逢时,运道不济,如今再也不可能有什么立善扬名的机会了。非不为,是不能。面对这种无情的客观现实,只有听其自然。诗人顺应自然的思想,准确地说应当是:能立善则立善,不能立善则自乐,不必强求。能立善固然可喜,不能立善亦无所憾,无所不安。这就是中国古代众多文人认定的人生哲学:达则兼济天下,穷则独善其身。它融含了儒家积极有为、道家清静无为、听天由命、佛教万事皆空的思想。因欲有所为,所以以努力始;因万事皆空,所以不强求结果。既尽力而为,又听天由命,这就是顺其自然的本质。其根本目的就在于纵心任情,不管怎样都心情平静,自安自乐。陶渊明这种思想与后世文人天然相通,奠定并强化了中国文人处世心态的基调,也建构起中国独特的生命美学。

回过头来再看慧远、周续之、刘遗民的思想和行为,似乎超尘脱俗,其实是生死成败的情结未解,隐身而未隐心,即使遁迹空门,也未能弃绝尘念。遁入空门,本身就是一种自我诡辩式的逃脱。如果真的万念俱灰,生死无虑,那么形体安在何处又有什么重要呢?不过是心理难以平衡,求得苟安的自慰而已。要不就是逃避,逃避世事也逃避心灵。更多的僧尼则是杂念纷纭的。崇信来生、寄望来生本身就是欲念未绝,心室不空。慧远之流共期西方乐土,表面上看是远绝红尘,实质是今生欲望的变形与转移。这只可欺世,使人们疏忽遗忘了有生之年实实在在、无论大小的作为,真真切切、无论甘苦的感受。而这些作为、感受,才是人生的真正内容,是幸福的基础和源泉。至于隐者,倘若有机会立善,就不当隐;倘若主客观条件决定了不得不隐,那么息绝仕念,安于平淡生活就可以了,无需隐身于名山,远遁于密林。小隐于野,大隐于市,不计荣辱得失,在哪里都是真隐;假如不能超脱生死成败,在哪里都是自欺欺人。有些隐者如伯夷、叔齐,藏在深山,那是为了避祸,为了不仕周朝,少惹麻烦。如果仅仅是跑到罕无人迹的地方,只得隐者之形,未得隐者之心。周续之号为十八贤之一,俨然当世高士,可慧远、刘遗民死后,他就在庐山待不住了,应江州刺史檀韶之邀去城北讲《礼》。陶渊明则是完全厌弃了官场的纷乱,厌弃了城市的嘈杂。如果隐者是"气节"的代名词的话,陶渊明不是隐者，他的隐居只是基于客观条件而做出的人生选择。如果隐是指参透生死成败、荣辱得失后所达到的一种平静的话，那么陶渊明是真正的隐者，率真任情，是顺其自然的恬达高士。但陶渊明显然更愿意是一个普通的能诗善文、雅意满怀、恬然自适的农人，而不在意隐者高人之虚名。这才是真正的陶渊明。

形影神诗三首不唯是表达了对慧远之流形尽神不灭思想的不以为然，更是对某些佛学高士自欺欺人的人生态度的不满，是对某些清谈名士故作姿态、强求超脱的不屑。陶渊明的观点也许不够玄深高雅，他的态度也许既不合佛道游离世情之外的虚无意境，又不合儒家知其不可为而为之的昂奋精神，但那是他从实实在在的人生、真真切切的体验中得出的结论，又不加矫饰地表现出来，不掩饰其希望，不回避其落寞与失望，不欲人赞仰其不屈不挠的雄心与勇气，不图人崇羡其超绝尘世的孤心与远意。

陶渊明不以宗教信仰来安顿精神，是因为他找到了审美的道路。这就是下一节所要讨论的审美乌托邦——桃花源。

第四节　"桃花源"与士人精神家园建构

陶渊明的《桃花源记》在当代广为人知，也许与入选中学语文课本有关。更主要的原因是，"桃花源"自古以来就是文人的政治理想和精神家园。

政治理想包含了对社会历史的认识，也包含了一种情感倾向，虽然不一定能够直接诉诸实践，但是对实践有一种导向作用；虽然不一定能够成为现实，但是会诉诸文学艺术的想象与虚构，以"乌托邦"①的形式存在，满足人们的心理需要，抚慰和寄托人们的精神。所谓"精神家园"，就

---

① 乌托邦(Utopia)，意为"空想的国家"。英国空想社会主义创始人托马斯·莫尔在名著《乌托邦》中虚构的国度，那里财产公有，人人平等，实行按需分配的原则，大家穿统一的工作服，在公共餐厅就餐，官吏由秘密投票产生。

是心灵获得安慰的地方，是精神寄托之所。政治理想或乌托邦是一种完美形式，永远不可能完全成为现实，只可以不断抵达其各个层面。人们之所以能够从中获得安慰，就是因为它并非完全的虚幻，可以在不同程度上成为现实。陶渊明笔下的桃花源，是在与世隔绝之地存在的。他为自己营造了一个真实的桃花源，并用超然物外的心境来覆盖未能完全与世隔绝的实境，就接近于理想境界了。后世文人也都一面追求政治理想，一面营造自己的桃花源。只是实境越来越不可求，心境就变得越来越突出，艺术创造便成为营造精神家园的主要方式。

《桃花源记》是心境与实境的结合，是一篇将生活基础、人生态度和社会理想结合在一起的小说。桃花源诗则依托这部貌似纪实的小说，不仅抒情言志，也表达了作者对社会政治的认识和设想。

桃花源是贫士的理想，而不是隐士的理想。萧统的《陶渊明传》中说陶渊明、周续之、刘遗民是"浔阳三隐"，不过陶渊明似乎更愿意以"贫士"自居，可以说是贫穷的隐士。隐士有先隐后显的，有功成身退的，葛洪提到的隐士主要是这些类型。葛洪属于功成身退型隐士，由其晚年专心炼丹、著述来看，估计是有家底的，所以他不大关心那些贫士。陶渊明自认出仕只是混饭吃，归隐后家境就更不大好，所以他的诗文中出现的大都是贫士。这些历史人物和传说人物的共同特点就是安贫乐道，以不劳而获、争名夺利为耻，以固守节操、躬耕自给为荣，还以自由自在、亲近自然为乐。陶渊明追慕这些贫士，从他们身上汲取精神动力，也用贫士的眼光来看待生活，他的"桃花源"理想也更接近于下层人民。

各类书籍上关于贫士的记载比较简略，他们的心理更是罕有反映。庄子笔下的隐士，包括他本人，其生活、思想、情感有较多反映，只是文学虚构成分多。屈原是陶渊明之前抒写、表现自己最多的文人，但他只是政治失意，并非贫士，而且他的诗歌侧重抒情言志，不注重写实。葛洪喜欢表现思想而非感情和生活状况，即便是自叙，也是分析说明多而事实少。陶渊明可以说是第一个全面、真实地再现自己生活，表现自己心志、感情和思想认识的诗人。他的诗文塑造出一个个活生生的贫士形象，既平常又堪称典范。历代贫士不明的形迹和心迹,大都可以由陶诗来推想。

晋宋易代之后,兵戈渐息,人们心中的阴影和伤疤尚未消失。诗人早已习惯了田园的生活,和普通百姓一样渴望安定。他辞著作佐郎不就,是不愿意破坏内心的平静。这一时期所做《五柳先生传》,反映了一位贫士的真实处境和心境:

> 先生不知何许人也,亦不详其姓字。宅边有五柳树,因以为号焉。闲静少言,不慕荣利。好读书,不求甚解,每有会意便欣然忘食。性嗜酒,家贫不能常得。亲旧知其如此,或置酒而招之。造饮辄尽,期在必醉。既醉而退,曾不吝情去留。环堵萧然,不蔽风日,短褐穿结,箪瓢屡空,晏如也。常著文章自娱,颇示己志。忘怀得失,以此自终。
>
> 赞曰:黔娄之妻有言,"不戚戚于贫贱,不汲汲于富贵。"味其言,兹若人之俦乎? 酣觞赋诗,以乐其志。无怀氏之民欤? 葛天氏之民欤?

陶渊明所引黔娄之妻的典故见于《列女传》。黔娄是陶渊明诗中吟咏过的贫士。他去世后,曾子去吊唁,看到黔娄身上的被子很短,盖了头盖不住脚,盖住脚盖不住头。曾子说把被子斜着就能完全盖住了。黔娄的妻子说:"斜着有余,不如正而不足;先生一生不斜,所以如此贫困;活着的时候不斜,死后被子却斜着盖,这不合先生的心意。"曾子问给黔娄什么谥号,黔娄妻子说谥为"康"。曾子说:"先生活着的时候,食不果腹,衣不蔽体;死后被子都盖不住全身,祭奠没有酒肉。活着没有得到享受,死后没有得到名声,你怎么愿意以'康'字为谥号呢?"黔娄妻子说:"昔日国君想请他参与政事,让他做国相,他辞而不受,这可以说是德行胜于显贵;国君曾赐给他粮食三十钟,他也辞而不受,这可以说是精神比之富人有余。先生以平淡之味为甘甜,安于卑微地位,不为贫贱而忧愁,也不因富贵而得意。求仁而得仁,求义而得义。以'康'字为谥号,不是非常合适吗!"

诗人说五柳先生就是黔娄这样的人,"不戚戚于贫贱,不汲汲于富贵",诗酒明志,自得其乐。葛洪以立言为价值实现的最后手段,在《抱朴子》中与前人进行各方面的思想对话。陶渊明则否定了最后一种"不朽"的方式,不写学术著作,只是抒写情志以自娱。他好读书但不求甚解,将阅读变成一种享受,在心领神会、得意忘言的境界中欣然忘食。他好饮酒而不贪酒,家贫不能常饮是一生不满足处,但正因如此,应邀喝酒才更加成为乐事,必定一醉方休,又并非真醉,尽兴而已。他真正达到了顺性而为的境界,所以自觉是无怀氏和葛天氏时候的人。诗人对现实完全绝望,便从古人那里寻找自我印证、认同的精神支持,从古代社会里寻求理想的意境,构织心灵世界的美好蓝图。古人古风古代的诗情画意不断从书中进入诗人的幻想和心愿中,他的神思渐渐走向了"桃花源"境界。

《桃花源诗并记》是中国文学史上的名篇,是陶渊明创作的顶峰。它所创造的桃花源社会,是陶渊明在几十年仕途奔波和田园耕种、历尽沧桑之后,在贫困交加、从现实中看不到任何希望之际,所构织的代表中国下层知识分子和广大农民意愿的理想蓝图。千百年来,它像海市蜃楼一样吸引着在艰难人生中颠沛、在不断的希望与失望之间无休无止地挣扎的中国文人。

《桃花源记》以纪实式的笔调叙述一个捕鱼人的奇遇:"晋太元中,武陵人捕鱼为业,缘溪行,忘路之远近。忽逢桃花林,夹岸数百步,芳草鲜美,落英缤纷。"晋太元离写作此文时间相距不过数十年,武陵实有其地,即今湖南常德。武陵渔人也就给读者以实有其人的感觉。从创作与白日梦的关系看,诗人创作带有自慰自娱的成分,愈能托事于真的年代真的人,愈能自欺而自信。而"忘路之远近"又能使幻想摆脱现实的羁缚,因为如果桃花源的地址太确定,它就会被这个确定的地址否决为妄诞,被读者称为无稽之谈。作者得不到潜在读者的肯定,他的白日梦也就不能继续。既"忘路之远近","忽逢"也就合乎逻辑了。"忽逢"不仅使"渔人甚异之",也使读者甚异之,于是跟着诗人、渔人继续探寻,"复前行,欲穷其林。林尽水源,便得一山。山有小口,仿佛若有光,便舍船从口入。初极狭,才通人;复行数十步,豁然开朗。"作者极为从容细致地叙述发现桃花源的过程,唯其从容,唯其详尽,才显桃花源之真实而难求,才能让读者、作者在与渔人一同探奇的过程中逐渐忘掉自己,忘掉现实,进入畅游美好桃花源的世界,留下近乎真实的记忆与体验:"土地平旷,屋舍俨然,有良田、美池、桑竹之属;阡陌交通,鸡犬相闻。其中往来种作,男女衣着,悉如外人,黄发垂髫,并怡然自乐。"既处处带着现实世界的影子,其安宁静谧怡然之状又正是现实世界所没有的。"见渔人,乃大惊,问所从来,具答之。便要还家,设酒杀鸡作食。村中闻有此人,咸来问讯。"热情待客,人情淳朴。"自云先世避秦时乱,率妻子邑人来此绝境,不复出焉,遂与外人间隔。问今是何世,乃不知有汉,无论魏晋。此人一一为具言所闻,皆叹惋。余人各复延至其家,皆出酒食。"桃花源来历分明,避数朝动乱,古风依然,令人浮想联翩,心向神往,作者忘记这只是虚构,而相信在动乱人间真有类似的地方存在,读者忘记这只是在欣赏一个传奇,而认定人间果有桃源。"停数日,辞去。此中人语云:'不足为外人道也。'"害怕平静的生活被破坏,其语谆谆,其情切切。"既出,得其船,便扶向路,处处志之。及郡下,谒太守,说如此。太守即遣人随其往,寻向所志,遂迷,不复得路。"武陵渔人无信,让人为桃花源人担忧。而这个美好的幻境,也因人心不古而从世上消失了。"南阳刘子骥,高尚士也;闻之,欣然规往,未果,寻病终。后遂无问津者。"由忽逢而终杳,令人无限怅惘。而在桃花源的迷失中,又给了人们永远保全它的希望。正因不能发现,它才更让人深信它的存在,而永远怀持重寻它的幻想。

陶渊明以此记为引,在使读者和自己确信了桃花源的存在及其状况来历后,继续以诗来尽情描写桃花源世界的安乐自足,无扰无忧,充分表达自己对现实的不满和对理想社会美好生活的向往。"嬴氏乱天纪,贤者避其世。黄绮之商山,伊人亦云逝。往迹浸复湮,来径遂芜废。相命肆农耕,日入从所憩。桑竹垂余荫,菽稷随时艺。春蚕收长丝,秋熟靡王税。荒路暖交通,鸡犬互鸣吠。俎豆犹古法,衣裳无新制。童孺纵行歌,斑白允游诣。草荣识节和，木衰知风厉。虽无纪历志，四时自成岁。怡然有余乐，于何劳智慧？奇踪隐五百，一朝敞神界。淳薄既异源，旋复还幽蔽。借问游方士，焉测尘嚣外？愿言蹑清风，高举寻吾契。"《桃花源诗》和《桃花源记》都描写的是同一个乌托邦式的理想社会，但并不让人觉得重复。《记》是散文，有曲折新奇的故事情节，有人物，有对话，描写具体，富于小说色彩；《诗》的语言比较质朴，记述桃源社会的情形更加详细。《记》是以渔人的经历为线索，处处写渔人所见，作者的心情、态度隐藏在文本之后，而《诗》则由诗人直接叙述桃源的历史状态，并直接抒发自己的感慨与愿望，二者相互映照，充分地显示桃花源的思想意义和审美意义。

桃花源的意义不只在于它对时代的批判，对途径的探求，对人类未来的设计，不只在于它作为一种社会理想反映了广大人民的愿望，更在于它的审美意义。它是一个现实的神话、成人的童话、逼真的幻境，看不见但时时浮现在人的脑海，寻不着而仿佛就在眼前。谁也不会想到拥有它，但谁也不愿失去它，它永远是人们跋涉红尘的一种精神需要，永远给人们以有处可逃、有处可避的安慰，给人们希望永存的信念。它将现实与理想的冲突引入一种审美的自由境界，化人们永远解不开的生死得失、成败荣辱之心结为一种诗意，从而让人们总能够从任何痛苦、忧虑、恐惧、悲哀的情绪中得以解脱而超然物外、超然世外。

陶渊明的人生可以从美学角度来审视，既有一般人生的共性，更可谓艺术人生，在很大程度上是审美化的生活。陶渊明的人生哲学是一种心情、态度、感受和体悟，他的出仕和归隐都是理性的抉择，又包含了无奈的成分。因此，他归隐后的心态并非"冲淡平和"、"慷慨任气"，更没有明显的体现。他对社会现实以及自我人生都有着清醒的认识，但是他并不想让这种认识在思辨性文字中清晰起来，如同葛洪那样。他是以艺术的方式来超越现实，给自己营造一个自由的精神空间。陶渊明也有社会理想，他不想言说这种理想，而是直接在诗文创作中实现和享受这种理想。大概这就是陶渊明没有理论著述而只是体现出某种美学思想倾向的原因。更何况葛洪、张湛等许多人已经替他说过了。陶渊明本人未必完全实现了自由和超越,但是,他的现实困境与无奈被历史遮蔽了,他的审美理想则漂浮在历史的天空,成为后世文人仰望的恒星。历代文人学士不断地将自己的现实观念和审美理想加诸其上,使得陶渊明的美学倾向成为中国文化思想史上一种具有代表性的价值取向,演变为一种生命安顿与超越方式,乃至一种思维方式,一种实实在在的生活方式。

陶渊明的田园诗,在千年之后的今天,仍像一个童话那么清新、美好而浪漫。毛泽东《七律·登庐山》中的诗句"陶令不知何处去,桃花源里可耕田",既表达了对千百年来中国人民梦寐以求的人间乐土的无限向往,更表达了把它变为现实的幸福家园的信念。

第五节　化清谈为体物的生命意象

魏晋清谈有学术探讨的一面,也有刻意追求虚无玄远的一面,这种风尚源于何晏,名义上是辨说老庄之理,实则是为了显示自己的超尘脱俗。佛学家也沾染了这种风习。以支遁为例,名列高僧传,实际上更像当时的清谈名士。他曾经想买山作为隐居之所,脱不了占有观念,遭到竺法深的讥刺。他还有些狭隘、刻薄,如《世说新语·轻诋》记载:"支道林入东,见王子猷兄弟。还,人问:'见诸王何如?'答曰:'见一群白颈乌,但闻唤哑哑声。'"《世说新语·言语》记载,支遁还养马。有人说:"道人畜马不韵。"就是说高僧养宠物没有世外之韵。支遁狡辩说:"贫道重其神骏。"支遁还喜欢鹤。有人送给他两只鹤,羽翼丰满了要飞,支遁竟然把它们的羽毛给剪短了。后来看见双鹤精神萎靡不振,又说出了很漂亮的话:"既有凌霄之姿,何肯为人作耳目近玩。"于是就等双鹤羽毛再次长足,放飞了它们。

慧远也是当时有名高僧,喜欢清谈,为了邀陶渊明入白莲社,竟然破例允许饮酒,可见没有原则。他在《沙门不敬王者论》中调和儒佛矛盾,说在家修行的佛教徒应该遵循礼法名教,敬君奉亲,出家修行的沙门则应高尚其事,不以世法为准则,不敬王侯。佛法与名教只是理论形式和实践方法的不同,根本宗旨是一致的,"如来之与尧、孔,发致虽殊,潜相影响;出处诚异,终期则同","内外之道,可合而明"。这样,中国化的佛教就潜含了悖论。陶渊明不屑与慧远往来,是因为慧远自相矛盾,不符合他顺性而为的理念。人究竟入世还是出世,是越名教任自然还是服从名教,这不是说理可以解决的,取决于个人的经历、观念和人生体悟。二者无优劣可言,全在于个人选择。这些不可言说,如果需要表达,那么陶渊明更愿意选择将这种不可言说的体悟与生活、物象结合起来,化清谈为体物。

陶渊明很少参与清谈,更愿意与乡邻聚饮,与农人闲话,偶尔也会和志同道合者就所读书"疑义相与析"。不过,他的诗也是在与潜在读者对话,只不过,他更多是以体物的方式来表述自己的意旨。他辞彭泽令后第二年所作的《归园田居》,就是化清谈为体物的佳作,在对日常生活场景、事务的描写中自然而然地展现其心情和思想。其一云:"少无适俗韵,性本爱丘山。误落尘网中,一去三十年。羁鸟恋旧林,池鱼思故渊。"诗人认识到自己的性格、气质不适于做官,他的生命只属于山水田园。十三年的仕途奔波如今看来就是误落尘网中了。"三十"是虚指,极言荒废光阴之多,强化他的悔憾情绪。他多年漂泊在外,如同羁鸟、池鱼一样不自由,心中总不能忘怀"旧林"、"故渊"。如今回到大自然中,就完全解脱了,可以过无拘无束的田园生活。"开荒南野际,守拙归园田"。"守拙"是道家的思想,即保持愚直的本性。诗人在南郊的田野边开荒躬耕,返朴归真回到田园。"方宅十余亩,草屋八九间。榆柳荫后檐,桃李罗堂前。"此句表明陶渊明家的产业状况能让诗人自足无忧,居住环境也赏心悦目。"暧暧远人村,依依墟里烟。狗吠深巷中,鸡鸣桑树颠。"前四句写静景,次四句写动况,以动衬静,生机顿显,在读者眼前现出一派恬然的农家气象。"鸡犬之声相闻,老死不相往来,黄发垂髫,并怡然自乐"的桃花源在这里隐约可见。"户庭无尘杂,虚室有余闲。久在樊笼里,复得返自然。"田园环境优雅,空气新鲜,生活节奏缓慢,如流水缓缓,诗人的心情也平平静静。庭院中没有灰尘杂物，既暗示交游少，也比喻没有世俗杂事缠身；人在空寂的居室，常有余闲，也说明心境沉静安闲。诗人喜爱这种恬静的生活，庆幸自己像鸟儿挣脱牢笼一样摆脱了官场的诱惑与羁绊，回到了大自然的怀抱。

如果说《归园田居》之一生动地勾勒出了一幅农村图景的话，那么，《归园田居》之二则真切地反映了诗人作为一个农民所有的交往与话题。"野外罕人事，穷巷寡轮鞅，白日掩荆扉，虚室绝尘想。时复墟曲中，披草共来往，相见无杂言，但道桑麻长。桑麻日已长，我土日已广，常恐霜霰至，零落同草莽。"诗人平素不与农民往来，只在田头地里相遇时，拨开草丛走到一块，谈谈农事。"时复墟曲中，披草共来往"二句，仿佛让我们看到诗人怎样穿过山间荒径；"相见无杂言，但道桑麻长"二句又仿佛让我们听到诗人如何在与农人议论庄稼长势，预计收成状况。诗人此时的心愿已与农人一致了，他同农民一样为桑麻日长、开荒垦出的地日广而喜，又与农民一样为突降的霜雪可能毁坏庄稼而忧。正因诗人已经在某种程度上成了一个地地道道的农民，与农民同甘苦共喜忧，所以才能将农村的生活、农民的心态描写得如此活灵活现，使今人宛见其景，若逢其人，似闻其声。

《归园田居》之三用白描手法记载了诗人一天劳作的情形。"种豆南山下，草盛豆苗稀。晨兴理荒秽，带月荷锄归。道狭草木长，夕露沾我衣。衣沾不足惜，但使愿无违！"这首诗初看平淡似水，用词浅白，短短八句，说家常似的叙述到南山锄草的目的或原因——"种豆南山下，草盛豆苗稀"，和过程——清晨即去锄草，到月亮上来才荷锄返归，又信手拈来两句——道路狭窄，草木丛生，露水沾湿衣襟，写出归路上的情景，最后自然而然地引出感受——衣襟沾湿没关系，只要收成的心愿能够得遂，自己的退隐生活充满获得收成的乐趣。每个浅白的字眼都那么富有表现力，每一句平常的话都是一幅活生生的图景。五言八句构织出如此淡泊而悠远、简朴而淳郁的意境。当读者的目光随着诗人的笔调流动时，诗人便映着月光从一千五百年前向今天走来了，那么悠闲，那么自足，又淡淡地散发出一丝忧郁、一丝怅惘。

《归园田居》之四记载了一次携子侄出游之所见所感。"久去山泽游，浪莽林野娱。"诗人多年来离开山泽外出做官，如今可以在林野间纵情漫游了。此二句写他出游的心情。对照《归园田居》之一"羁鸟恋旧林"、"浪莽林野娱"句极写出羁鸟归旧林的轻松与欢畅。"试携子侄辈，披榛步荒墟。徘徊丘陇间，依依昔人居。井灶有遗处，桑竹残朽株。借问采薪者，此人皆焉如？薪者向我言，死没无复余。"诗人踏上一片过去村落的遗址，砍柴人告诉他这里的人都死了。对着一片废墟和坟墓，诗人又思考起生与死这个无所谓因果、找不到答案的问题，感慨人生变幻无常、生死不定。"一世异朝市，此语真不虚？"生前忙忙碌碌，苦苦求索，死后又能留下什么呢？"人生似幻化，终当归空无。"这种人生如梦的虚无观，虽然悲观消沉了些，但它是诗人在尝试过、努力过之后的真实感受，他再也不能有所作为，只能听任自然、等闲生死。可以指责朝阳初起的青少年悲观消沉，不可以强求历尽风霜的中年老人还那么豪情满怀。况且这里诗人并非在鼓吹虚无空幻的人生观，而是在慨叹自己一事无成，在这世间留不下什么有光彩的东西，将来也不过埋没于一片荒丘。同时，三十年而朝市异，世事变化如此之快，诗人也在探寻追索一些不变的东西，能使生命永恒的东西。

《归园田居》之五写诗人劳作一天归来后的生活情景。"怅恨独策还，崎岖历榛曲。""怅恨"估计是因庄稼长势不好，更兼劳累，心情因此不好，由此对自己沦为农人也不免有怨天尤人之想。"山涧清且浅，遇以濯吾足"，在山泉中洗洗脚，也可以洗去心中烦闷。此句既淡且雅：淡者，农人收工回来，遇水洗洗足，这是多么平常的事；雅者，是承古人"沧浪之水清兮，可以濯我缨；沧浪之水浊兮，可以濯我足"之意。诗人于不经意间，既写出了情状，又写出了心境。笔调而后渐转欢愉："漉我新熟酒，只鸡招近局。日入室中暗，荆薪代明烛。欢来苦夕短，已复至天旭。"何以解忧？唯有杜康！与人同乐，其乐无穷。燃薪代烛，欢夕达旦。固然自在，固然自足，但诗人这种着意追求的尽欢，这种借以消忧解愁的放浪，也是怅恨的一种变形宣泄。

《归园田居》虽然没有直接阐述儒道佛玄之理,但是从人生观方面讲,他的生活就是一种综合的选择,其感性表现包含了理性认识,不需要任何言说。顺性而为的生活,较之玄学家追求虚无玄远的本体,追寻若有若无的生命意义,要来得自然而实在。

陶渊明的田园,就是顺性而为的生活场所。所有田园意象,包含的真意就是顺性而为,是本于老庄自然之道,适自然之性,也合于道教养生全身之旨。佛教的禅定,归根结底是为了摆脱欲望的困扰,那么,陶渊明将生活艺术化,也将艺术生活化,这样的审美境界,和宗教的境界不就是殊途同归吗?民国时期蔡元培提倡以美育代宗教,一是因为中国没有了真正的宗教,二就是看到了艺术和审美是安顿国人浮躁功利精神、培育健全心态的途径吧。

田园是与人息息相关的生存场所,人类将各种主观感情和体悟投射于田园,由此形成各种田园意象。"田园"也作为一个整体的生命意象,不断唤起人类的记忆,唤醒人的美感,激发人的情绪和遐思。陶渊明最为完整地表现了一个人的田园,也是每个人都可以想象和渴望亲近的田园。因而,陶渊明的田园意象不断重现于后世读者的脑海,重现和再创造于后世诗人作家的笔下,影响着人们的审美心理结构,影响着文学艺术创作和批评。

陶渊明的田园意象是比较纯粹、原生态的。中国古代文人绝大多数具有双重身份,陶渊明主动辞官并且彻底归隐,这是独一无二的。唐以后实施科举制,官吏身份也是终身制的,休职期间和退休后都有待遇,因此,田园只是官场文人的休闲之地,是诗情画意,是精神家园。而在陶渊明那里,田园却是真正的安身立命场所,他在生活场所中创造意境,这是艺术与人生的真正结合。陶渊明的心态,是彻底摆脱仕隐之间的两难,真正摆脱功利而获得精神自由,是真正认可田园,体验和享受田园,而其他文人则往往只是口头笔头表示对隐士的羡仰,对田园的心向神往,但无论现实人生还是心灵都与田园有着隔阂。陶渊明是置身田园的体验者,后世文人只是旁观者。他们的田园山水之作,也就有了隔与不隔的差别。因此,陶渊明的田园诗是后世不可企及的典范。由他的《饮酒》之五来说,这首诗将自然场景、物事、魏晋多元观念及诗人顺性而为的生活方式、平和冲淡的心态等一起融合为田园意象,堪称田园诗的典范。"欲辨已忘言"正是物我同一、神与物游的最高审美境界。陶诗中这样的名篇还有不少,都堪为后世田园诗典范。非其人、其生、其境、其心不得其意、其语,苏东坡模拟全部陶诗,有其物象却不得其意蕴,得其意蕴却没有这样生动的物象,或者二者大略皆备却没有如此自然的结合。陆游《游山西村》是模仿陶诗的,"从今若许闲乘月,拄杖无时夜叩门",显然只是工作之余的闲情逸致。试比较孟浩然《过故人庄》中的"绿树村边合,青山郭外斜"与陶渊明《读山海经》中的"孟夏草木长,绕屋树扶疏",陶渊明是身处其中,孟浩然不过是旁观,远距离欣赏农家风景人情而已,不是田园之意与田园物象的自然结合。

陶诗不事雕琢,暗合了精雕无痕的美学规律。他的某些篇章、某些语句,由于其艺术功力的日渐深厚或一时灵感勃发,而在技巧上臻于化境。当艺术技巧的过分讲究使人们感到厌烦和无以进一步发展后,人们便开始推崇陶渊明的那种率意任情而为的自如的创作方式。经过唐诗的繁盛,宋人厌倦了那么繁复的意旨、富丽的辞采、深幽的意蕴,从而欣赏陶诗内容的素朴。时代的进步,使得人们离素朴状态越来越远,素朴美越来越不容易寻求,陶渊明的田园诗也就成为素朴美的典范。

从诗人这个历史群体来看,他们首先有个人理想,在此基础上形成了社会理想,因为不得志,因为历经波折,心中有所郁积,于是为诗为文,抒其不平之气,展其雄心梦境。他们的人生态度总的来说是积极进取的,甚至是有过于常人的、理想主义的强求苦索。正因如此,他们的失落也就远远多于常人。他们极易激动,极为情绪化,过分乐观也过分悲观。如李白,口口声声要"且放白鹿青崖间,须行即骑访名山",却在六十高龄随永王出征;如苏轼,念念不忘"山中故人应有招我归来篇",也从未曾放弃建功立业的念头。中国文人的个人理想和社会理想都是超现实的,这注定了他们的忧患意识和悲剧意识,他们不可能如愿以偿。于是,他们便极易变得灰心丧气,便时时生出隐逸之心。刚刚"山寺归来闻好语,野花啼鸟亦欣然",忽而又"一夜归心满旧山",苏轼的这种情绪有如小孩子一样善变。陶渊明与李白、苏轼的不同在于,他的后半生是真正的隐逸,他的诗境如其心境是真正的恬淡,这是由他的客观处境所决定的。陶渊明一生无大的波折,没有多少大展宏图的机会,很少亲历铁马金戈和风云变幻的场面,后来贫病交加,所以只能寄情山水田园。那些有建功立业机会的人,几乎都不大可能真正归隐,归隐只是作为一种心意存在,是羡慕陶渊明能够有坦然自得的心境。他们也能够感受到陶诗中那种寂寥与怅惘,只不过他们宁愿将此美化,以营造自己的精神家园,使自己在纵横天下与安居田园之间可进可退而已。他们对陶诗意境的向往与再造,并不能说明他们对陶渊明的创作成就至为折服,仅仅是将陶理想化以寄托自己的心意;若一直一帆风顺,他们很可能不屑于陶渊明的那种无所作为的庸碌人生和因不能为而不敢为的生活态度。

人们的心灵总是追求平静也趋向平衡,大多数人的生活态度都是拘谨平庸的,大多数人的生活历程都是平淡无奇的,那些具有某种极致的艺术品便是对人们波澜不惊的心灵的一种补偿,因而有了特殊的审美价值。只有那些经历了大风大浪的人,只有那些在希望与失望之间、在理想与现实之间上下求索、苦思苦虑、心灵焦灼不堪的人,才会向往平静,才会从陶诗的恬淡意境中找到共鸣,感到轻松和欣慰。因此,像李白、杜甫、苏轼、陆游这样的心怀远志而一生坎坷的人,便与陶渊明的隐逸情怀天然相通,而绝大多数普通读者并不是那么欣赏陶诗。绝大多数人不是陶诗的最好读者,在某种意义上也可以反过来说,陶诗不是最好的诗。这不是苛求,而应该是比较客观的。陶诗是纯粹文人的诗。中国文人多落寞,陶诗正是落寞文人所作也为落寞文人所爱的诗。

陶渊明开一派田园诗新风,塑造了素朴自然的田园意象,对后代诗人的创作与心灵产生了深刻影响。陶渊明将他率真任情的人生态度通过他的诗表现出来,在一代代诗人的心灵中引起回旋不绝的共鸣,成为永恒的精神家园。

第六节 田园意象的隐秀特征

陶渊明自觉地以诗文为抒情、言志和说理的手段,这在他自己的作品中有多次说明,如《闲情赋序》中说:"虽文妙不足,庶不谬作者之意乎?"《感士不遇赋序》中说:"夫导达意气,其惟文乎!"《酬丁柴桑》中说:"载言载眺,以写我忧。"《归去来兮辞》中说:"登东皋以舒啸,临清流而赋诗。"《五柳先生传》中说:"常著文章自娱,颇示己志。"《游斜川序》中说:"欣对不足,率共赋诗。"他也深知言难尽意的道理,因此并不试图辨名析理,而是用物象去包容那种意,进入"忘言"的境界。他的作品,有着众多欲辨难言的情志和体悟,隐含在众多的日常生活场景和自然风物中。陶渊明精神生命的表达和寄托,也是后世文人追慕不已的,主要是田园意象。如果从言意之辨的角度看陶渊明的田园意象,其特征可以根据《文心雕龙》的隐秀范畴来描述。

陶诗与《隐秀》篇的关系比较明显。首先,这是《文心雕龙》中唯一提到"彭泽"的篇目;其次,"隐"是"词怨旨深,而复兼乎比兴"。"境玄思淡,而独得乎优闲"。陶渊明的诗风正是如此,有立言诗说理的趣向,但又不明确表达自己的思想,点到为止甚至得意忘言。就所摘例句看,"常恐秋节至,凉飙夺炎热"与陶渊明的"常恐霜霰至,零落同草莽","东西安所之,徘徊以旁皇"与陶渊明的"饥来驱我去,不知竟何之",语言风格何其相似!并且都有容易忽略但也不难推想的言外之意:"常恐秋节至,凉飙夺炎热"是妇人怕容颜衰老,为丈夫所弃;"常恐霜霰至,零落同草莽"不仅是写诗人担心农作物毁于霜霰,也是写他忧惧自己彻底沦为农夫,被埋没于荒野;"东西安所之,徘徊以旁皇"不仅是写思妇的寂寞冷清百无聊赖,也是写思念、担心、怨悔等多种情思交织的矛盾心理;"饥来驱我去,不知竟何之"不仅是写去找个亲朋家讨顿饭吃的难以为情,也是为事业前程和生计想要有所投靠,而又担心失望和丢人的进退两难。

《隐秀》篇是揭示文学形式特征、艺术手法特征的。该篇超过一半疑已缺失,是后人所补,因此不便作为《文心雕龙》中的一个范畴或命题来讨论,故在此处忽略文献真伪,只取隐秀的理论内涵,用来分析田园意象的特征。

张戒在《岁寒堂诗话》中有一段话有助于理解隐秀范畴:

> 《诗序》云:"情动于中而形于言,言之不足,故嗟叹之。"子建李杜皆情意有余,汹涌而后发者也。刘勰云:"因情造文,不为文造情。"若他人之诗,皆为文造情耳。沈约云:"相如工为形似之言,二班长于情理之说。"刘勰云:"情在词外曰隐,状溢目前曰秀。"梅圣俞云:"含不尽之意,见于言外;状难写之景,如在目前。"三人之论,其实一也。

"情在词外曰隐,状溢目前曰秀"这句话,在《文心雕龙》中找不到。《隐秀》篇中有同样的表述:"隐也者,文外之重旨者也;秀也者,篇中之独拔者也。隐以复意为工,秀以卓绝为巧。"就是说"隐"指言外之意,有多重意蕴;"秀"是作品中最能够包容并鲜明体现核心情志或意旨的佳句。

陶渊明的田园意象正是具有这样的特点。桃花源是"田园"的整体意象,诗化了的安居之所。就"象"而言它是非常鲜明的。人们由曲径通幽、黄发垂髫并怡然自乐的情景,能够产生多重联想——小国寡民、独善其身、回也不改其乐、行役之苦等等。桑麻、草木、豆苗、鸡犬等等具体的田园意象,就词语本身来说至为朴素,没有多余的含义,可是"披草共往来,共话桑麻长"、"犬吠深巷中,鸡鸣桑树颠"的意蕴,是让那些在宦海浮沉、不能自已的人们思绪万千、欲说还休的。

就田园整体意象来说,桃花源是后世难以超越的典范。陆游笔下的"山西村"最为接近桃花源,只是,他是一个过客、一个旁观者,陶渊明则是实实在在地生活于桃花源——假如不是乱世的话。

陶渊明的田园意象塑造,由"此中有真意,欲辨已忘言"来看,与得意忘言的观念有关。老庄及玄学家们强调得意忘言,是因为至道不可言说,而又必须借助于言来表述,因此提倡得意忘言。王弼说"尽意莫若象,尽象莫若言",指出象比言更接近于意,或者说意与象是伴生的,要尽意首先就要借助象,然后才是对"象"的言说。陶渊明不想言说,他的诗中就有各种"象"。这些物象,因为不可言说,所以能够容纳多种多样的理解,读者各自由其生活体验出发而各有所感所悟。

唐诗将"象"这一面发挥到极致。唐诗之象,单独来看往往表意不明,"意"模糊起来,"象"就化为明了的、更具有整体感的"境"。司空图的"象外之象,韵外之致",就是淡化情、志、理,强化境象。当作者不能从所见诸多物象中提取自己的意或感悟时,便将整个情境复现出来,这就是境象。又,"境"可以生"意",而不一定因意而造,因此,作者并不一定是为了表现某种情志而去营造意境,可能是感物而动,情志意蕴不明,而直接摹写浑融一体的境象。象成为整体的境象,可以生发更为丰富的意义。陶渊明整体的田园意象可谓依托于境,那些具体意象则是依托于相对独立的物象。

宋诗则将意的这一面发挥到极致,有时干脆将思想明白表述出来,如苏轼《泗州僧伽塔》中说,他遇到逆风,就去灵塔祷告,果然应验。于是就想,要是人人都祷告而灵验,那这风向还不得一天千变?人生其实不必那么匆忙,不必迫切地想要到达目的地,也不要总是想满足自己的心愿,应该从容淡泊一点。这首诗的意义倒是丰富,也很深刻,值得深思,只是没有诉诸物象和艺境,太直白了。

若以隐秀而论,陶诗的田园意象是将抒情、言志、说理、叙事、状物结合在一起的。当然,若不以隐秀为标准,也可以说唐诗和宋诗各偏于一端正是超越前代之处。

田园意象具有中国古典文学和美学的特色,《诗经》中便已出现。可能因为航海和经商盛行缘故,西方文学中有较多流浪和回乡题材,注重叙事。中国古诗文中的意象,主要是抒情言志。陶渊明顺性而为的人生观体现于诗文中,就是不刻意抒情言志,不努力表达思考,而是将触发思考、情绪和体悟的物象、场景或过程再现出来,或者是将意绪产生时所见物象、场景和活动再现出来,在本来并无联系的主观情志与客观物象之间建立起审美联系。

陶渊明的田园意象既可以从言、意、象关系角度分析,而与道家学说、魏晋玄学中的美学命题相关联,又可以侧重从"象"的层面分析,而与西方意象主义诗歌理论及现代意境理论相关联。由陶渊明的田园意象分析,不仅可以说明中国美学的独特性,也可以说明魏晋美学的现代性。

陶渊明的整体田园意象,既有儒道玄佛诸家之理,又是完全生活化的,加之意与象密切结合,所以好懂,但是无论其意还是其文字、形象,都难以重复。因此可以充分感受、体验,难以言传。

第七章 《世说新语》的美学思想

　　《世说新语》是南朝刘宋时期临川王刘义庆所编,有些内容与早出的《裴子语林》①、《郭子》记述相同或相近,全书应当是刘义庆及其门客广泛采集相关书籍和记载,再行编纂而成。《世说新语》主要记录魏晋名士的传闻轶事和清谈言论,鲁迅先生将其视为"名士底教科书"②。它内容丰富,分为三十六门,包括德性、言语、政事、文学等,是研究这一时期文化、历史的重要资料。鲁迅先生《中国小说史略》说它"记言则玄远冷隽,记行则高简瑰奇"③。

　　《世说新语》建构了一种中国美学独特的审美方式——人物品藻。这要从汉代的人物品评说起,尤其要结合《人物志》这部兼有人才鉴定和人物审美性质的著作来谈。《人物志》主要总结汉魏时期人物识鉴的理论,是人物论审美转向的开始;《世说新语》则是人物品藻美学化的代表作,记录、保存了汉晋间人物品藻及其相关活动。从美学的角度来说,

---

① 东晋处士裴启撰。该书辑录汉魏晋士人传闻轶事,当时颇有影响,后因该书得罪东晋权臣谢安,被禁废不传,只在《世说新语》和唐宋类书中保存了若干条目。鲁迅先生曾精心辑录,命名《裴子语林》,收入其《古小说钩沉》。而南朝梁殷芸《小说》(最早亦由鲁迅先生辑录成书)中条目,又多有与《世说新语》相同者,可知辗转抄录,博采旧文,正为当时风习。
② 鲁迅:《中国小说的历史的变迁》,《鲁迅全集》第九卷,第319页,北京:人民文学出版社,2005年。
③ 鲁迅:《中国小说史略》,第38页,上海:上海古籍出版社,1998年。

《人物志》在其理论体系中所一以贯之的识鉴方式,及其对"平淡无味"之美的推重,不仅本身有着较高的美学价值,也对魏晋清谈中的人物话题有着深刻影响;《世说新语》则从更多方面展开对人格个性之美的品赏,并由人物品藻发展到山水赏会,将人物美与自然美统一起来。

《世说新语》以其简约生动的语言记录了汉魏两晋间审美意识的若干层面,尤其是用极为传神的语言记下了汉晋士人阶层审美趣味、审美格调、审美风尚的基本风貌,体现出魏晋人对美的理想的极致追求。

第一节 人物品藻美学源流

对人物的德行、才干等方面加以评陟,也就是后世所说的人物品藻,在先秦典籍中已经多有记载,《论语》中多次提到孔子对其众多弟子的不同评价,就是众所周知的例子。不过,依据这样的评价荐用士人,并且形成制度,却始于汉代。汉代开始施行察举制度,根据士人的德行才能而加以推举、征辟,同时,公府在征辟荐举之时也需要考虑士人在当地的名声德望,然后加以斟酌。士人于是重视操行,奖励名节,追求"高行奇知,名声显闻"(《论衡·答佞》),至东汉时,便演化为士人追逐声名、朝廷以名取士的风气。清代学者赵翼指出:"驯至东汉,其风益盛,盖当时荐举征辟,必采名誉,故凡可以得名者必全力以赴之。好为苟难,遂成风俗。"[①]东汉后期,名望对于士人的取用进阶已是举足轻重,士人求名若渴。好的声名既不可凭空建立,而人伦识鉴又非人人皆可胜任,其结论要让众人信服更是难上加难,因此,人物品藻的权威渐渐集中到少数专门人士的手中。这样的专门人士,如符融、李膺、郭泰、许劭、许靖等,擅长鉴别人物,经他们品题褒扬的人,往往身价倍增,见重于当世之人。然而,在全力求名的风气中,难免出现某些人的名望与其德行、才干之间并不相称的现象,也就是所谓名实不符的问题。

---

① 赵翼:《廿二史札记》,王树民:《廿二史札记校证》,第 102 页,北京:中华书局,1984 年。

三国时期，刘劭作《人物志》，其书"要以名实为归"①，既是汉代人物品鉴之风的结果，同时又含有正名立实、纠其浮华的意图。显然，《人物志》总结东汉以来人物品藻的实践经验和理论，试图为人才的识鉴、甄拔提供系统、缜密的理论指导，与《三国志》本传中所提到的《都官考课法》、《说略》等著作一样，其目的在于解决现实政治问题。人物品藻与美学之间的关联极深，汉晋之间尤其如此。《世说新语》的"雅量"、"识鉴"、"赏誉"、"品藻"、"容止"等篇，所记录的都是对士人之美的品赏，有着鲜明的美学意义，宗白华因而提出"中国美学竟是出发于'人物品藻'之美学"②。人物品藻包含哪些美学观念和审美方式，这些观念和方式是如何从人才学及其他学说中生发或分离出来，可由《人物志》切入探讨。

一、即形质而求其情形的识鉴方式

贯穿《人物志》人才识鉴理论的基本路径，是由显入幽、即形质而求其情性的识鉴方式。刘劭在序言中指出，尧、舜、汤、文王等圣人之所以能够成就其宏大的功业，在于他们善于选拔、任用各种人才，"达众善而成天功"（《人物志序》）。那么，如何识别各种人才？其基本原理就是即形质而求其情性。他在《人物志·九徵第一》开篇指出："盖人物之本，出乎情性。情性之理，甚微而玄，非圣人之察，其孰能究之哉？凡有血气者，莫不含元一以为质，禀阴阳以立性，体五行而著形。苟有形质，犹可即而求之。"刘劭在后文中从五行出发，论及五常、九征、三度，遂至才性人格的五个等级。③ 他采取由外而内的观照方式，关注个体内在才性显露于外的种种表征，最终为现实政治生活中的人才品鉴和选拔提供理论依据。汤用彤先生因而说："《人物志》以情性为根本，而只论情性之用。"④

---

① 汤用彤：《魏晋玄学论稿》，第 11 页。
② 宗白华：《美学散步》，第 178 页。
③ 参读牟宗三《才性与玄理》，第 44—48 页。
④ 汤用彤：《魏晋玄学论稿》，第 13 页。

本来,才性问题在魏晋间以难解而著称,"人物之本,出乎情性。情性之理,甚微而玄。非圣人之察,其孰能究之哉?"《人物志》以品鉴具体的才性为主,由此而把握那幽微的情性,故云:"凡有血气者,莫不含元一以为质,禀阴阳以立性,体五行而著形。苟有形质,犹可即而求之。"刘劭即形质而求其情性的识鉴方法包含了两个层面的内容:一方面,他将论述重心放在"情性之用",即品鉴个体形质上,因而尤其需要正面关注人的各种生命姿态和情感表征。他在《人物志·九徵第一》中指出:"其刚柔明畅贞固之征,著于形容,见乎声色,发乎情味,各如其象。"他由五质、五德进行而总言九征,"物生有形,形有神精。能知精神,则穷理尽性。性之所尽,九质之征也。"九征,即神、精、筋、骨、气、色、仪、容、言,人的内心情态与外形声色,种种变相,都包含在其中了。另一方面,人伦识鉴毕竟"以情性为根本",他对人物形质层面的关注毕竟都是为了察识人物的才性,所以,最终目的仍然归于把握那玄妙幽邈的内在精神、才性。因而他也说:"物生有形,形有神精,能知精神,则穷理尽性。"于是,由一个人的形质而探及其才性,在穷研各色情态之后,由外形表征的殊异而求索才性、精神的殊异。

《人物志》的这一理论路径显然受到了时代风气的影响。由有形有质之物出发,同时又不断超越这种有形有质之物,进而去理解、领悟和把握那虚灵幽微的无形之物,这是曹魏时期何王、阮嵇玄学的基本思维方式,也是他们整体把握世界、理解人事的基本方式。这样的思维方式有两个层面的美学意义:一是有助于士人深度关注有形有质之物本身的美,尤其是那种发乎事物本性的美;二是有助于士人超越那些有形而又带有功利意味的层面,抵达无所系累的审美境界。《人物志》的人才识鉴方式也同样具有这样的美学启示意义。这两个层面的美,在《世说新语》中都有着深刻的反映。

二、平淡无味与一味之美

《人物志》提出了"平淡无味"与"一味之美"的问题。刘劭受到当时渐渐兴起的玄学思潮的影响,提出"人之质量,中和最贵",也就是说中和平淡方为才性之最可贵者,这是因为"中和之质,必平淡无味,故能调成五材,变化应节。是故观人察质,必先察其平淡,而后求其聪明"(《人物志·九徵第一》)。从道、德的层面来说也是如此,"若道不平淡,与一材同用好,则一材处权,而众材失任矣"(《人物志·流业第三》)。"主德者,聪明平淡,总达众材,而不以事自任者也"(《人物志·流业第三》)。

与此相应的是"一味之美",也就是具备某一方面的才干和能力,"凡偏材之人,皆一味之美"(《人物志·材能第五》)。在刘劭看来,只具有"一味之美"的人难以胜任一国之政,只有具备"无味"之美的人,也就是"国体之人"方能胜任这一重任,"故长于办一官,而短于为一国。何者?夫一官之任,以一味协五味。一国之政,以无味和五味。……至于国体之人,能言能行,故为众材之隽也"。这里,"无味"者,也就是前面所说的"中和"、"平淡"。

"平淡无味"才是最高的、圆满的美,而"一味之美"只是偏至的、特定维度的美,这种思想显然源自老子"大音希声,大象无形"的观念。这两种不同的美在《人物志》中都是针对人之才性而言的,不过,我们完全可以从美学意义上来理解它们。依照刘劭的逻辑可知,"平淡无味"才是圆满的美味,而"一味之美"只是偏至的美味,前者可以涵括、调和后者,因而以后者为主。这里显然含有崇尚平淡的审美倾向。

值得注意的是,《人物志》中专门设立了"英雄"一节,深入讨论这两种偏至之才。他指出:"聪明秀出谓之英,胆力过人谓之雄,此其大体之别名也。"(《人物志·英雄第八》)英、雄用来分别概括文武两个方面的优秀人才,尽管其才华卓异,但仍然属于仅具有"一味之美"的偏至之才。在刘劭眼中,两种人才是需要彼此互相成全的:"夫聪明者英之分也,不得雄之胆,则说不行。胆力者雄之分也,不得英之智,则事不立。是故英以其聪谋始,以其明见机,待雄之胆行之。雄以其力服众,以其勇排难,待英之智成之。然后乃能各济其所长也。"(《人物志·英雄第八》)只有那种同时兼有英、雄两种才性的人,才能成就一番伟大的事业,"一人之身,兼有英雄,乃能役英与雄。能役英与雄,故能成大业也。"(《人物志·英雄第八》)汉代的人物品藻中已有"英雄"一目。《后汉书·许劭传》提到,许劭评价曹操为"乱世之英雄",曹操"大悦而去"。显然,曹操对此一品题极为满意,亦期许自己能够成为汉末乱局中的"英雄",后来他甚至认为,天下称得上"英雄"的,只有他与刘备两人而已。由此可知,《人物志》设立"英雄"一节,既是对汉代人物品题中"英雄"一目的理论总结,同时也是对时代需求的回应。

三、审美主体的修养与流品

《人物志》还提出了美的接识和欣赏问题,实际上涉及的是审美主体的修养水平。刘劭提出:"一流之人,能识一流之善。二流之人,能识二流之美。"这就意味着,要察识和欣赏某一层级的善美之处,必须具备相应层级的才性。刘劭的这一观点与曹植《与杨德祖书》中提出的观点很相似,曹植说:"盖有南威之容,乃可以论于淑媛;有龙渊之利,乃可以议于割断。刘季绪才不逮于作者,而好诋呵文章,掎摭利病。"①也就是说,只有才华超过作者的人,才可以去批评其作品;否则,像刘季绪那样的人,是没有资格去评论别人的文章的。

刘劭从两个方面解释了其中的原因:一是因为主观上具备不同才性的人常常互不认可,"互相非驳,莫肯相是。取同体也,则接论而相得。取异体也,虽历久而不知",他们只愿接识那些与自己才性相类的人;二是因为客观上知人是很困难的,但人们很难在自己身上发现这个问题,"夫人初甚难知,而士无众寡皆自以为知人。故以己观人,则以为可知也。观人之察人,则以为不识也"。(《人物志·接识第七》)

与此相关,刘劭还提出了人伦识鉴中的失缪之处:"夫清雅之美,著乎形质,察之寡失。失缪之由,恒在二尤。二尤之生,与物异列。故尤妙之人,含精于内,外无饰姿。尤虚之人,硕言瑰姿,内实乖反。……夫岂

---

① 《三国志·魏书·陈思王植传》卷一九引裴松之注。

恶奇而好疑哉。乃尤物不世见,而奇逸美异也。是以张良体弱,而精疆为众智之隽也。荆叔色平,而神勇为众勇之杰也。然则隽杰者,众人之尤也。圣人者,众尤之尤也。其尤弥出者,其道弥远。故一国之隽,于州为辈,未得为第也。一州之第,于天下为根。天下之根,世有优劣。是故众人之所贵,各贵其出己之尤,而不贵尤之所尤。"(《人物志·七缪第十》)本来,按照刘劭的逻辑,人伦识鉴可以做到即形质而求其情性。不过,这种逻辑有一个默认的前提,即形质、情性之间具有一致性,而且这种一致性是可以把握的。人伦识鉴中之所以会出现失缪的问题,正是源于这个默认的前提失效了。前提失效分两种情况:第一,从客观条件来说,尤妙之人与尤虚之人内外不一致,因而很难察识其才性;第二,从主观因素来说,众人能够理解、看重那种与自己才性相同而又卓异特出的偏至之才(也就是"一味之美"),而对那种"通达过于众奇"的人(也就是具备"平淡无味"之美的圣人)不能察识、欣赏。

总体而言,刘劭《人物志》作为人伦识鉴方面的专门之作,因为深受汉代人物品藻及其相关理论的影响,也明显染有魏晋玄学的风习,故而其中蕴涵了若干层面的美学意义:首先,深入关注、剖析人的形质层面的各色情态,有利于推进对人物外在形象之美的把握和认识;其次,由外而内的认识路径,有助于士人超脱具象层面,抵达超功利的审美境界;再次,他所提出的平和、平淡无味之美,融贯了儒、道两派的美学理想,从理论层面指明了魏晋美学的新动向。此外,他对美的接识、欣赏的相关认识,是曹魏时期有关审美鉴赏、审美主体修养的重要论述。

第二节 对人格个性之美的品赏

曹魏时期,开始施行九品中正制,东汉以来"以名取人"的做法逐渐演化为"以名取人"与"以族取人"的结合与制度化①。在这种背景下,人

---

① 阎步克:《察举制度变迁史稿》,第155页,沈阳:辽宁大学出版社,1997年。

物品藻与政治生活的关联也就渐行渐远,以往人物品藻中更看重德行、节操、才干等,现在则转而关注人物的风神、气度、仪容等方面。人物品藻在魏晋时期达到新的阶段,出现了许多新的变化,这些变化主要包括强调个体价值,注重个性色彩、超功利的审美意味等。《世说新语》以简约、生动的语言记录了这些变化。

我们认为,《世说新语》的美学意义主要包括三个方面:一是对人格个性之美的品题和欣赏;二是对山水风物之美的发现;三是对于美的理想的极致追求。需要指出的是,我们此处所言"《世说新语》的美学意义",其研究范围涵盖了《世说新语》所记各条(包括刘孝标注),尤其是所述人物的言行。不管这些内容源自何书,在此处我们都将其视为《世说新语》的一部分。从本节开始,我们将以《世说新语》中的人物品藻为重心,逐节分析其美学意义。

从美学的角度来说,要创造美的艺术,必要求创造者有着超越现实功利的精神人格,有着自由的个性心灵,还要蕴涵着一往情深。魏晋士人重视人格之美,重视个性价值,其核心在于追求个性自由与精神自由,希望摆脱精神层面的诸多负累和羁绊。所以,在魏晋时期的人物品藻中,澹远无系的精神人格、张扬洒落的个性自我、自然流露的喜怒哀乐等,都是人们所倍加推重的。这种精神、个性的自由正是审美意识的助推器,它们有助于在这个时代中培植众多有着超越精神和审美人生的艺术创造者。魏晋南朝时期文学艺术的惊人成就,与此期士人追求精神超越和个性自由的风气是息息相关的。

一、雅量与高情:人格之美的评赏与钟爱

《世说新语》三十六门中,部分门类的题目概括了所涉人物的人格特征,如"方正"、"雅量"、"豪爽"、"任诞"、"简傲"、"俭啬"、"忿狷"等。一般而言,其上卷、中卷以及下卷的上半部分对所述人物多持赞誉的态度;而下卷的下半部分对所述人物则常常语含贬抑之意。魏晋人追求无所系累、寄心事外的精神自由,因而推重雅量弘度、高情远致两种理想人格。

在《世说新语》中,作者对具有这种人格之美的人物尤其赞赏。

那些有着恢宏远大的局度的人,他们往往是声名卓著的名士,当这些名士直面死亡和险境的时候,这种恢宏镇定、泰然自若的气度尤其表现得淋漓尽致,显出人格的美和人格的力量来。最广为人知的则是嵇康临刑一幕,"嵇中散临刑东市,神气不变。索琴弹之,奏广陵散。曲终曰:'袁孝尼尝请学此散,吾靳固不与,广陵散于今绝矣!'"(《世说新语·雅量》)嵇康临刑弹琴的举动,更具有震撼人心的力量。在那一刻,他已置生死于度外,因而能够以一种超然的艺术审美的姿态来面对死亡。他所挂怀的,不是一己的当下死亡,而是因其死亡而导致的《广陵散》演奏艺术的永久失传。在那一刻,音乐艺术的美战胜了死亡,也证实了名士嵇康不同寻常的气度。此外,还有不少类似的场景,如夏侯玄被株连之后,"考掠初无一言","临刑东市,颜色不异",刘孝标注引《魏书》补充道:"玄格量弘济,临斩,颜色不异,举止自若。"(《世说新语·方正》)裴楷被收时"神气无变","求执笔作书"(《世说新语·雅量》),以向人求助;庾敳遇人以借钱来构陷时,徐徐地回答说:"下官家故可有两娑千万,随公所取。"(《世说新语·雅量》)嵇康、夏侯玄、裴楷、庾敳等名士在面对险境或死亡时,从容应对,镇定自若,展现出了雅量,也展现出了玄学名士超越生活具象的气度。

当名士身为政局中人,需要担当的不只是一己、家族的安危,更涉及国家的命运时,名士的气度、雅量有时更为重要,也有着更为强大的精神力量。在这一方面,著名的例子是谢安、王坦之赴宴之事。《世说新语·雅量》记载:"桓公伏甲设馔,广延朝士,因此欲诛谢安、王坦之。王甚遽,问谢曰:'当作何计?'谢神意不变,谓文度曰:'晋阼存亡,在此一行。'相与俱前。王之恐状,转见于色。谢之宽容,愈表于貌。望阶趋席,方作洛生咏,讽'浩浩洪流'。桓惮其旷远,乃趣解兵。王、谢旧齐名,于此始判优劣。"在关系到东晋王朝存亡之际,虽面对刀兵相加,谢安镇定淡然,以其旷远风度显现出胸有成竹的意态,产生了一种精神力量,反而使桓温心生畏惧。谢安是《世说新语》中提及条目最多的人物之一,书中反复渲染其过人的气度。如《世说新语·雅量》第二十八条记载谢安隐居东山时,曾与孙绰等人一起坐船出游,"风起浪涌,孙、王诸人色并遽,便唱使还。太傅神情方王,吟啸不言。"第三十五条记载淝水之战时,"谢公与人围棋,俄而谢玄淮上信至。看书竟,默然无言,徐向局。客问淮上利害?答曰:'小儿辈大破贼。'意色举止,不异于常。"这些条目均表现了谢安的雅量、镇静,也解释了谢安作为东晋名臣的人格特质。

名士的雅量气质与人格,显示了一种超越现实功利的人生态度,如谢安不管是面对淝水之战的胜利,还是面对桓温的刀兵威胁,都淡然处之。嵇康在临刑之前弹奏《广陵散》,谢安在刀兵面前作洛生咏,或在风起浪涌时吟啸不已,都是以艺术的美来抗衡加诸一己人生的外在危险或绝境,在特定的时候显示其精神自由的高度。从这种意义上来说,名士的雅量是名士追求精神自由的突出表现,具有超越功利的审美意味。

名士超越现实功利的人生态度也可能表现为高情远致的人格追求。魏晋时期,士人更欣赏那种游心事外、不被尘俗所牵累的人生态度,这同样是名士追求精神自由的表现,因而为人所企羡。

在东晋名士中,许询的高情逸致一向为人所钦服。据《世说新语·品藻》记载,许询和孙绰都是东晋的名士,当时的人"或重许高情,则鄙孙秽行;或爱孙才藻,而无取于许。"支道林曾问孙绰,他与许询相比如何,孙绰坦率地承认:"高情远致,弟子蚤已服膺;一吟一咏,许将北面。"显然,连孙绰自己也承认高情不足,而文才有余。不过,在《世说新语·品藻》中又有如下记载:

> 抚军问孙兴公:"刘真长何如?"曰:"清蔚简令。""王仲祖何如?"曰:"温润恬和。""桓温何如?"曰:"高爽迈出。""谢仁祖何如?"曰:"清易令达。""阮思旷何如?"曰:"弘润通长。""袁羊何如?"曰:"洮洮清便。""殷洪远何如?"曰:"远有致思。""卿自谓何如?"曰:"下官才能所经,悉不如诸贤;至于斟酌时宜,笼罩当世,亦多所不及。然以

不才,时复托怀玄胜,远咏《老》《庄》,萧条高寄,不与时务经怀,自谓此心无所与让也。"

在与抚军大将军司马昱对话中,孙绰先后评价了东晋名士刘惔、王濛、桓温、谢尚、阮裕、袁乔、殷融等七人,最后则以"托怀玄胜,远咏《老》《庄》,萧条高寄,不与时务经怀"自许。所谓"托怀玄胜,远咏《老》《庄》,萧条高寄,不与时务经怀",就是澹泊萧寂,寄情高远,无心于时务,也就是前面所说的"高情"。孙绰本来婴纶世务,多鄙秽之举,当时一些人对他颇为不屑,但他偏偏以超脱时务、萧条高远自许,这正可说明在当时高远人格之为众人所重,就连孙绰这样尘俗之心颇深的人也不免以此自居而"无所与让"。

另一位名士何准也颇有名望,其兄何充曾位居宰相,而何准隐居不出,当他的哥哥劝他出仕时,他回答说:"予第五之名,何必减骠骑?"(《世说新语·栖逸》)何准认为自己作为知名的隐居之士,名声并不下于其兄长。《世说新语·政事》记载道:"王、刘与林公共看何骠骑,骠骑看文书不顾之。王谓何曰:'我今故与林公来相看,望卿摆拨常务,应对玄言,那得方低头看此邪?'何曰:'我不看此,卿等何以得存?'诸人以为佳。"同条刘孝标注引晋阳秋曰:"何充与王濛、刘惔好尚不同,由此见讥于当世。"可见,何充忙于处理政务,无暇参与清谈,反而遭到当时士人的讥笑,他的弟弟何准也以高情自傲,对何充的所为不以为然。有人曾问袁恪,殷仲堪与韩康伯相比怎样? 袁恪回答说:"理义所得,优劣乃复未辨;然门庭萧寂,居然有名士风流,殷不及韩。"(《世说新语·品藻》)

意味深长的是,从以上这些对话可以看出,"门庭萧寂"、有着高情远致的隐居之士"居然有名士风流",反而更加被人看重、敬服。这是因为远离了尘俗的人事,士人拥有了更加充分的精神自由,可以自足于怀,无所牵累,许询、何准等人的高尚人格以及他们的人生态度、人生境界,正是魏晋士人尤其向往的。

二、宁作我：个性价值的发现与肯定

魏晋时期人物品藻的突出特点是注重从整体上把握人物的精神人格，往往超越了纯粹的事功追求，也突破了汉代以来礼法、道德的诸般束缚。他们注重精神人格的追求与精神境界的超越，朝向更为广阔的精神自由的空间，因而更容易发现艺术审美所赋予主体的无限空间，并在其中获得精神上的自足和愉悦，阮籍、嵇康就是很好的例子。魏晋人在追求精神自由的同时，也发现了一己个性的价值，他们抖落精神层面的诸多束缚，无所拘束地纵任驰骋。这可以分为几个方面，如对自我价值之肯定，对他人价值之肯定，对一己个性之张扬等。

首先，认识到自我的价值，对自我价值的充分肯定，是魏晋六朝时期人的自觉极为重要的一面。魏晋时期人物品藻的风气正盛，时论的势力极大，士人对自己所在的品第尤其在意。《世说新语·品藻》记载道："世论温太真，是过江第二流之高者。时名辈共说人物，第一将尽之间，温常失色。"另一方面，士人发现了自身价值，也喜好张扬自身价值，比如："桓大司马下都，问真长曰：'闻会稽王语奇进，尔邪？'刘曰：'极进，然故是第二流中人耳！'桓曰：'第一流复是谁？'刘曰：'正是我辈耳！'"东晋名士刘惔言谈间流露出来的自傲，几乎溢于言表。同条中余嘉锡笺疏引殷芸《小说》所载桓温语："时无许、郭，人人自以为稷、契。"意思是说，由于当时没有许劭、许靖、郭泰这样令人信服的品题专家，于是人人都自以为其才华可以与稷、契这样的杰出人物相比。从另一个角度来说，"时无许、郭，人人自以为稷、契"，正好反映了魏晋名士对自身价值的充分肯定。在上文中，温峤因为自视为一流人物，却发现时论竟然不予认可，所以常常紧张失色。

在魏晋时期的人物品藻中，常常遇到人物之间的比较，有时当事人拿自己与他人进行比较，在品评他人的同时也进行自我评价，这是魏晋人物品藻的特点之一。这时，品评者往往在肯定他人长处的同时，也毫不掩饰对自己某些特点的肯定。前面提到孙绰的例子中，他对许询、刘恢等人赞誉有加,并坦承自身的不足,最后也借机大大地褒扬了自己一番。相似的例子很多,如晋明帝问谢鲲:"君自谓何如庾亮?"谢鲲回答说:"端委庙堂,使百僚准则,臣不如亮。一丘一壑,自谓过之。"(《世说新语·品藻》)也是同样的回答路数。

同样是孙绰,对于自己的得意之作,则主动向人展示。他写成《天台赋》之后,很为满意,拿给范启看,还有点夸张地对范启说:"卿试掷地,要作金石声。"意思是说《天台赋》文辞极美,其音调如同钟声、磬声一样铿锵响亮,甚至掷到地上,还会发出悦耳的声音来。范启故意揶揄他说:"恐怕你的文辞并不能像钟磬声一样切合音律",不过,当他读到赋中的好句时,还是由衷地赞叹不已。(《世说新语·文学》)在这次互动中,核心因素是《天台赋》所显现出来的文采之美。孙绰对于《天台赋》的价值和自己的才华极为自信,对这一作品的自我评价极高,范启开始有些不以为然,后来却也为其文采所折服。

魏晋士人有时虽然只以比较委婉的言辞来肯定自身,其内心却绝不愿示弱。据《世说新语·品藻》记载,有一次抚军大将军司马昱问殷浩:"你和西晋名士裴颜相比如何?"殷浩思考了一会儿,回答道:"或许超过他吧。"又有一次,桓温问他:"你跟我相比如何?"殷浩回答说"我与我周旋久,宁作我。"不管是与早已逝去的名士相比,还是与眼前的强势人物相比,殷浩都显得极为自信。他的言辞和婉,但不卑不亢,对自己的评价丝毫不让于人。"我与我周旋久,宁作我",所肯定的正是"我"的至高价值。"我与我周旋久"这句话中,包含了一种自我审视的视角,仿佛现实中的"我"与理想中的"我"长期在一起如切如磋,如琢如磨,另外则有一个超然的"我"在俯视这一切。当殷浩处于"我与我周旋久"的精神状态中时,这两个"我"之间显然无法容得下外物(或者说外在的精神高岸,比如桓温)。因此,当桓温问起时,殷浩虽然不便直接否定对方,但那个超然的"我"还是直截了当地作出了一个清晰的判断:"宁作我",也就是宁愿做那个现实中的"我",也是独一无二的、真切存在着的"我"。从以上分析可以看出,士人对自我价值的肯定,与其追求精神人格的自由其实是内在地契通的。

类似的例子,如《世说新语·品藻》载:"谢公问王子敬:'君书何如君家尊?'答曰:'固当不同。'公曰:'外人论殊不尔。'王曰:'外人那得知?'"这段对话中的"外人那得知"五字,余嘉锡认为"谢安既自重其书,又甚尊右军,而颇轻子敬。其发问时,盖亦有此意。子敬心不平之,故答之如此。所谓'外人那得知'者,即以隐斥安石,非真与其父争名也。"(同上)不过,如果细细揣摩王献之所答"固当不同"四字,其中显然含有认为自己的书法不同于其父、自成一体的意思,乃至隐然带有与其父王羲之的书法争锋的意味。谢安所言"外人论殊不尔",是针对"不同"二字而发,借外人的话来质疑王献之书法的独特成就和价值,于是王献之才有"外人那得知"的断言。在王献之的话语逻辑中,外人所不知的正是他们父子二人书法"固当不同"的艺术成就,因而,无论其答词中是否暗含了对谢安的不满,他认为自己的书法自成一体(有别于其父王羲之的书法)这一点则是确定无疑的。

其次,认识到他人的个性价值,充分肯定他人的个性价值,是魏晋人价值发现的另一种表现形式。其中所蕴涵的对于人物个性价值的亲近和认同,比起他们对自身的肯定来,显得更加真诚、深沉。

魏晋人表达这样的认同、亲近,主要有两种方式。一是直接向对方表达自己的欣赏、企慕之情。如《世说新语·简傲》所载:"嵇康与吕安善,每一相思,千里命驾。安后来,值康不在,喜出户延之,不入。题门上作'凤'字而去。喜不觉,犹以为欣,故作。'凤'字,凡鸟也。"嵇康与吕安志趣相投,出于思慕、亲近,便可以不辞辛劳。"千里命驾",显示出这种个性、人格上的契通交流,对两人来说极端重要,不可或缺,即使相隔千里之遥,也要相会。两人的千里交往,完全基于对对方个性、人格的充分理解和认同,这种举动本身就是对于对方个性价值的充分肯定,其实,同时也是对自身价值的肯定。而吕安对嵇喜并不怀有这样的理解和认同,于是不愿与之交往,还讥讽他为"凡鸟"。

有时,向对方表达自己的欣慕之情,却有可能不被对方接受。正如吕安、阮籍愿意亲近嵇康,而不屑于与嵇喜交往一样,嵇喜试图与吕安、阮籍交往,便会遭到拒绝。《世说新语·方正》载有如下两则:

> 夏侯玄既被桎梏,时钟毓为廷尉,钟会先不与玄相知,因便狎之。玄曰:"虽复刑余之人,未敢闻命!"

> 王太尉不与庾子嵩交,庾卿之不置。王曰:"君不得为尔。"庾曰:"卿自君我,我自卿卿。我自用我法,卿自用卿法。"

在这两则中,钟会、庾敳出于对夏侯玄、王衍的欣慕而希望有所亲近,但遭到二人的拒绝。有意思的是,虽然王衍拒绝了庾敳以"卿"相称的亲近举动,但庾敳却不改初衷,"卿之不置"。庾敳的举动证实了王衍的个性魅力。不过,庾敳坚持要亲近王衍,其实也是在其内心坚持以王衍作为他的个性楷模,希望以此为引导,最终实现自己的个性价值。

二是叹惜个性人格之美的消逝,这尤其表现在魏晋士人对自己欣慕的亲人、朋友、名士亡逝的无限惋惜上。这些叹惋间接表达了魏晋人对于亡逝者的人格、个性的深刻理解和认同。如《世说新语·赏誉》载:桓温行经王敦墓边过,望着王敦墓感叹:"可儿! 可儿!"余嘉锡笺疏认为,桓温的话透露出,他"赞敦能为非常之举,犹其自命为司马宣王一流人物云耳。"

《世说新语·伤逝》载:庾亮去世之后,何充亲临葬礼,伤感地说:"埋玉树著土中,使人情何能已已!"王敦生前有人品题他为"可人",庾亮则被人视为"丰年玉"(《世说新语·赏誉》),可见二人皆有才美。桓温、何充两人的感叹,充满着对于亡逝者的深切认同,其根基还在于亡逝者过人的才性、个性之美。

以兄弟、朋友、同门等相契之深,当一方亡故之后,对另一方也是致命的精神打击。《世说新语·伤逝》记载了一个感人的事例:支遁在他的同门法虔亡故之后,精神霣丧,风味衰减。他常常对别人说:"昔匠石废斤于郢人,牙生辍弦于钟子,推己外求,良不虚也! 冥契既逝,发言莫赏,中心蕴结,余其亡矣!"仅仅过了一年,支遁也离开了人世。支遁所说的

"冥契既逝,发言莫赏",意思是与我相契合的知友已经故去,我纵然有美妙的言谈,再也没有人来欣赏了。

再次,魏晋人发现、肯定自身的个性价值,有时还表现为比较极端的方式,那就是无所顾忌的个性张扬。人们发现一己个性的自足价值之后,便将所有的羁绊、条规统统扫除,无所顾忌地任由个性挥洒。魏晋人个性挥洒的方式时而平和,人们谓之真率;时而有悖于常理和社会规范,人们谓之狂放无羁、纵任不拘。

士人之真率个性,乃在于其任由自己之真实一面显露在外,而不有意加以掩饰。如太傅郗鉴派他的门生来王家挑选女婿,其他人都显得有些谨重矜持,唯独王羲之"在东床上坦腹卧,如不闻",因而被郗鉴看中,把女儿嫁给了他。(《世说新语·雅量》)从作为"东床快婿"的王羲之,到作为书法家的王羲之,其真率个性是一以贯之的。试读其《自论书》:"吾书比之钟张当抗行,或谓过之,张草犹当雁行。张精熟过人,临池学书,池水尽墨,若吾耽之若此,未必谢之。后达解者,知其评之不虚。"①王羲之将自己的书法与钟繇、张芝两位大家相比,认为自己的书法与之不相上下,足相抗衡,并且认为自己的这番评价很公正,很实在。在这样肯定、真诚的自我评价背后,显示的是王羲之对于自己书法艺术水准的极强自信,因而言辞之间对此并不有意加以修饰。魏晋人崇尚本真自然,郗鉴看中的其实正是王羲之真率自然、不假修饰的个性。

士人个性之纵任不拘,往往任性而行,不受常论或公共规范的约束。当士人以个性价值的实现为重,鄙弃社会的种种规范时,便也放弃了社会所可能赋予他的声名、荣誉等。西晋时期,张翰"无求当世",曾经宣示:"使我有身后名,不如即时一杯酒!"(《世说新语·任诞》)另一位名士毕卓也有类似的言论,他说:"一手持蟹螯,一手持酒杯,拍浮酒池中,便足了一生。"(《世说新语·任诞》)对他们两人而言,人生的终极价值似乎全在这眼前的酒杯中了。显然,只有在特定的情境中,名士才会选择如

---

① 张彦远:《法书要录》卷一,第4—5页。

此无所拘忌地顺性而行,毕竟常论和规范在现实生活中始终具有强大的约束力,魏晋时期同样也是如此。

在另一种情境中,任性而行的名士似乎轻易就可以找到同样不拘形迹的知友。东晋名士王徽之以纵诞不羁而著名,曾经有过"雪夜访戴"的出人意表之举,后文将述及,此处不赘。《世说新语·任诞》记载他与桓伊之间的一次奇特交往:"王子猷出都,尚在渚下。旧闻桓子野善吹笛,而不相识。遇桓于岸上过,王在船中,客有识之者云:'是桓子野。'王便令人与相闻云:'闻君善吹笛,试为我一奏。'桓时已贵显,素闻王名,即便回下车,踞胡床,为作三调。弄毕,便上车去。客主不交一言。"这件事的奇异之处有二:桓伊与王徽之听闻过对方之名,但并不相识,王徽之冒昧相求,而桓伊当时已为显贵,居然很爽快地答应了王徽之的请求,"即便回下车,踞胡床,为作三调",这是颇为奇异的。桓伊为王徽之吹笛"三调",吹完便登车而去,"客主不交一言",这又是令人诧异的。在这样的交往中,身份、地位、礼仪都被双方忽略了,两人的交集便是对音乐的喜好、同样率真的个性。笛音便是两人之间相契共通的语言,此外的任何语言似乎都是多余。在这次心领神会的音乐语言交流中,双方都显现出无所系累的个性之美。

创造美的艺术,必要求艺术的创造者有着自由无滞的个性心灵。王羲之性格真率,桓伊不拘形迹,或许正是这种无所顾忌的个性成全了他们的精湛艺术,也成全了他们审美化的人生。

三、情到深处几成痴:含蕴深情的艺术心灵的发掘

创造美的艺术,还要求艺术的创造者有着一腔深情,一往痴情。魏晋人有着这样的敏感心灵,也不乏痴情无比痴性无限的艺术心灵。

上文所提到的桓伊,他不但是一个不拘形迹的人,同时也是一个情感极丰富的人,有着敏感的心。《世说新语·任诞》还记载道:"桓子野每闻清歌,辄唤'奈何!'谢公闻之曰:'子野可谓一往有深情。'"晋朝时,父母过世,客人吊丧,孝子必呼喊"奈何"。桓伊每次听到悲伤的挽歌,便总

是呼喊"奈何"。谢安听说以后，对人说："桓子野可说是情感丰富的人啊，总是想要一吐为快。"艺术家总是有着一颗敏感的心，听到挽歌，想到生命的消逝，便心生伤感悲悯。情感郁积深了，便容易被触发，也希望能够尽情倾吐。

其实，谢安自己也同样有着丰富的感受，只是他更善于矫情镇物，往往不会轻易流露出来。他曾对王羲之说起："中年伤于哀乐，与亲友别，辄作数日恶。"王羲之回答道："年在桑榆，自然至此，正赖丝竹陶写。恒恐儿辈觉，损欣乐之趣。"（《世说新语·言语》）谢安每当与亲友离别，数日后还会伤感不已，可见他同样是一个深情的人。王羲之的体验更为细腻幽微，因而他的答词更显示出其艺术家的气质来。王羲之认为，随着年龄的增长，自然而然地就容易动情，因而"正赖丝竹陶写"。而且，他在借音乐来宣泄哀伤、喜悦之情的过程中，还体验到了音乐带来的"欣乐之趣"。在王羲之这里，有着一个情感的转化宣泄过程，即"伤于哀乐"→"丝竹陶写"→"欣乐之趣"。一个人在生活中郁积的悲喜，通过音乐的陶写、共鸣、绅绎，转化为审美情境中的情感。沉重的生活情感，便纯化为音乐情感体验中的审美愉悦。这样的审美愉悦，正源自一颗含蕴着深情的艺术心灵，只有它，方能将郁积的生活情感提炼升华，化为艺术之美。

魏晋人的一往情深，在我们今天看来，有的其实是一片至诚至真的痴心痴情。最令人感动的是曹魏时期名士荀粲的故事。《世说新语·惑溺》有如下记载："荀奉倩与妇至笃，冬月妇病热，乃出中庭自取冷，还以身熨之。妇亡，奉倩后少时亦卒。"荀粲为当世名士，一时俊杰，与妻子感情极为深厚。一年冬天，妻子病了，怕热，他便到院子中去挨冻，然后用自己冰冷的身体为妻子降温。在妻子死后大约一年，荀粲便也亡故了。本性至纯至真之人，对待情感也必如此，情到深处，满心里只有病痛中的妻子，已然忘记了自身的安危，荀粲真可谓是痴人！

这样的痴人还有东晋名士顾恺之。顾恺之曾为桓温参军，桓温待之至为亲近。桓温死后，顾恺之拜祭其墓，写诗道："山崩溟海竭，鱼鸟将何依"（《世说新语·言语》），言辞之间蕴涵深情，表达了对桓温的仰慕与伤悼。可见,顾恺之亦为深情之人。不过,顾恺之更为突出的特点,则是其痴性。

顾恺之的痴性,《世说新语·文学》刘孝标注中有详细的记载:

> 《中兴书》曰:"恺之博学有才气,为人迟钝而自矜尚,为时所笑。"宋明帝《文章志》曰:"桓温云:'顾长康体中痴黠各半,合而论之,正平平耳。'世云有三绝,画绝、文绝、痴绝。"《续晋阳秋》曰:"恺之矜伐过实,诸年少因相称誉,以为戏弄。为散骑常侍,与谢瞻连省,夜于月下长咏,自云得先贤风制,瞻每遥赞之。恺之得此,弥自力忘倦。瞻将眠,语捶脚人令代,恺之不觉有异,遂几申旦而后止。"

又,《世说新语·巧艺》刘孝标注记载:

> 《续晋阳秋》曰:"恺之尤好丹青,妙绝于时。曾以一厨画寄桓玄,皆其绝者,深所珍惜,悉糊题其前。桓乃发厨后取之,好加理。后恺之见封题如初,而画并不存,直云:'妙画通灵,变化而去,如人之登仙矣。'"

桓温说顾恺之"体中痴黠各半",也许是看到了顾恺之性格中朴拙、机敏参半的特点。不过,从《续晋阳秋》所载两条来看,顾恺之的"痴绝"中实蕴涵着比常人更多的朴真本性,而少了常人所具有的机变、机心。在个性雄豪的桓温看来,顾恺之痴性太重,机敏不足,从创立事功的角度来看,只能算是平平之人。不过,从美学的角度来看,这样的朴真、痴拙之性,正是艺术创造活动的根基;而其"黠",则是优秀的艺术家在艺术创造中才会显现的灵光。以下几条出自《世说新语·巧艺》所载:

> 顾长康画裴叔则,颊上益三毛。人问其故?顾曰:"裴楷俊朗有识具,正此是其识具。"看画者寻之,定觉益三毛如有神明,殊胜未安时。

顾长康好写起人形。欲图殷荆州,殷曰:

> 我形恶,不烦耳。

顾曰:

> 明府正为眼尔。但明点童子,飞白拂其上,使如轻云之蔽日。

顾长康画谢幼舆在岩石里。人问其所以? 顾曰:

> 谢云:"一丘一壑,自谓过之。"此子宜置丘壑中。

顾长康画人,或数年不点目精。人问其故? 顾曰:

> 四体妍蚩,本无关于妙处;传神写照,正在阿堵中。

从以上几条来看,顾恺之绘画时追求"传神",因而在其人物画中特别重视表现人物的风神气度。为了"传神",他有时在人物(裴楷)身上有所增添,有时又对人物(殷仲堪、谢鲲)和画面加以虚构、修饰,有时又有意不点目精。这些都显示了其卓越的艺术想象力和创新精神。无怪乎谢安评价道:"顾长康画,有苍生来所无。"

第三节 对山水风物之美的发现

在文学艺术作品中描写自然山水之美,《诗经》中已然有之,《楚辞》中张大其词,汉赋(尤其是大赋)中往往杂有山水描写。对于自然山水独立自足的美的发现,却应该归之于晋宋时期。由汉而晋,以曹魏时期的《人物志》与晋宋之交的《世说新语》为代表,可以看出人物品藻正由政治性的品藻转向审美性的品藻。"正是由于人物品藻转变为具有审美性质,并流行在上层社会中,它便极大地促进了审美的意识和教养的自觉与普及,并且直接而广泛地影响到艺术的创造和欣赏,从而又影响到整个美学思想的发展。"[①]在人物品藻注重审美特性的背景下,自然山水之美逐渐被引入人物品藻之中,并最终得以独立。山水风物之美是《世说新语》所构建的审美世界中极为重要的一部分,《世说新语》注重选录这一方面的内容,也受到了晋宋之际山水美学思潮的影响。

---

① 李泽厚、刘纲纪:《中国美学史》第二卷下,第93—94页。

一、自然山水之美的发现

从《世说新语》所载来看,自然山水之美的发现经历了两个阶段:首先,借用自然界中的美好事物来比喻、形容人物之美。这时,自然风物之美只是用来比拟,是一种工具、桥梁,它指向人物品藻的核心——人格之美。这时,往往只是抽取自然风物中极为特殊的一部分,因为它们具有与人物美极为相似的美的质性。这样的人物品藻方式,其内核还是先秦时期的比德观念,只是所比拟的"德"的内涵已经发生转移。其次,山水风物进入士人审美生活中,成为独立自足的品赏对象,人们开始关注自然山水自身的美。这时,山水风物成为士人生活的一部分,人们开始品赏、玩味山水之美。在这一过程中,山水往往作为观照、体察的对象整体出现。当然,即使在第二阶段中,人们还是会像先前一样借用那些美好的事物来形容人格之美。

在第一阶段中,自然风物有着自己显著的、别致的美,它们也因着这种独特的美而被类比为人物美的理想形态。这样的类比方式,在人物品藻出现之初,似乎就已经开始使用。东汉人已经用"谡谡如劲松下风"(《世说新语·赏誉》)来推重李膺刚峻贵重的风节。不过,不同时期的类比,即使借用的是同一类事物,所指向的内涵也不尽相同。比如,同样是比作"松下风",魏人眼中的嵇康"肃肃如松下风,高而徐引"(《世说新语·容止》),与前句相比,去掉了"劲"字,增加了"徐引"这层意思,其意指已大为不同,赞美的是嵇康风姿潇洒美好,就像松林中的清风,清高幽雅而舒缓绵长。具体来说,《世说新语》中常用以下几类自然风物来比拟人物之美:

第一类:"玉"、"珠玉"、"玉树"、"玉山"。其特点是光洁温润、晶莹透亮,常用来喻指一个人风姿俊美秀丽、明净美好。这几种不同的玉,彼此之间有时会有一些细微的差别,多数时候则可以通用。

首先是"珠玉",即珍珠美玉。王济是卫玠之舅,俊迈爽朗,每次见到卫玠就感叹说:"珠玉在侧,觉我形秽!"(《世说新语·容止》)王济把卫玠喻为珠玉,是赞美他的风姿秀美,如珠玉一般洁净照人。也有人把所见到的王衍、王导等王氏一门俊秀比作"琳琅珠玉"(《世说新语·容止》)。

其次是"玉树"。最为典型的是王戎所言:"太尉神姿高彻,如瑶林琼树,自然是风尘外物。"(《世说新语·赏誉》)形容王衍的风神高迈爽朗,就如同神仙世界中的玉树一样洁净美好,不杂尘滓。其他如何充以庾亮之葬为"埋玉树箸土中"(《世说新语·伤逝》),魏人以毛曾与夏侯玄共坐为"蒹葭倚玉树"(《世说新语·容止》),也是借"玉树"来比拟庾亮、夏侯玄姿质秀美。

再次是"玉山"。魏人形容李丰"颓唐如玉山之将崩"(《世说新语·容止》),山涛形容嵇康的醉态"傀俄若玉山之将崩"(《世说新语·容止》),都是用"玉山"来形容他们身材高大,仪容风姿俊美、洁净和凝重。裴楷被称为"玉人","见裴叔则如玉山上行,光映照人"(《世说新语·容止》),则是形容他的仪容俊洁、光彩照人。

此外,也有其他形态的玉,如世人认为"庾文康为丰年玉,稚恭为荒年谷"(《世说新语·赏誉》),这是以"丰年玉"称赞庾亮为太平之世的廊庙之器,以"荒年谷"称赞庾翼为艰难时世中的匡济之才,在比较中见出兄弟二人才性的差别,这就与前引诸种义项不太相同。

第二类:"日月"、"朝霞"、"电"。其特点是光亮灿烂、辉耀夺目,常用来喻指一个人仪态朗亮照人、富有神采。如"海西时,诸公每朝,朝堂犹暗;唯会稽王来,轩轩如朝霞举"(《世说新语·容止》),用"轩轩如朝霞举"来形容会稽王司马昱气宇轩昂、光彩辉耀的仪态。魏人说"夏侯太初朗朗如日月之入怀"(《世说新语·容止》),是形容其仪态光洁朗亮,如同胸怀日月,一片灿然。"岩下电"则常用来形容眼睛清炯有神,如"(王安丰)眼烂烂如岩下电"(《世说新语·容止》),"(裴令公)双目闪闪,若岩下电"(《世说新语·容止》)。

第三类:"春柳"、"清风"。其特点是温润秀美、飘逸舒缓,常用来喻指一个人仪表秀美、清逸舒缓。有人赞叹王恭"濯濯如春月柳"(《世说新语·容止》),以春季的柳树来形容其仪容丰美、光泽鲜丽。刘惔认为王微①之秀出,如同"长松下当有清风耳"(《世说新语·言语》),意思是说,王微之父王澄生性通达,所以,王微之秀出也就理所当然了。

第四类:"孤松"、"野鹤"、"云柯"。其特点是独标高格、性不偶俗,常用来喻指一个人独立不群、卓然高标的品格。山涛推重嵇康的独立品格,"岩岩若孤松之独立"(《世说新语·容止》),意谓嵇康为人品格高峻,如同孤松一样岸然不群。曾有人在王戎面前赞扬嵇绍"卓卓如野鹤之在鸡群"(《世说新语·容止》),也就是说,嵇绍如同野鹤一样卓然独立。王羲之称道刘惔,"标云柯而不扶疏"(《世说新语·赏誉》),赞扬他如同高耸入云的树干,屡居高位而性不偶俗。

宗白华先生曾说:"晋人的理想的美,很可以注意的,是显著的追慕着光明鲜洁,晶莹发亮的意象。"②从以上四个审美意象群来看,《世说新语》中人特别欣慕那些光洁鲜亮、晶莹透亮、光华照人的自然事物,尤其是玉树意象,其光洁绝俗,令人向往。这正是魏晋人所追求的理想的美。

在第二阶段中,晋人发现、欣赏、赞美自然界事物本身之美,流连其中,并以人物品藻的方式道出这种美的内蕴。在《世说新语》中,人物美、山水美二者的对象虽有差异,但所运用的品评方式都是源自人物品藻。正如我们在绘画艺术中已经发现了的一样,这里我们同样可以看到山水美脱胎于人物美之中。

晋人品赏风物美景时,其表述方式大都与人物品藻中的品题相通,主要方式有三种。一是概括性地直接点出所见所思。如,支道林好养马,别人认为这不合风雅,他回答说:"贫道重其神骏"(《世说新语·言语》);他见东阳郡的长山,不禁赞叹道:"何其坦迤!"(《世说新语·言语》)马之神采,山之延绵,有合支道林之心,所以看重、赞叹。二是以物比物,以美景比美景。如顾恺之描述会稽山川之美说:"千岩竞秀,万壑

---

① 刘孝标注:"荆产,王微小字也。王氏谱曰:'微字幼仁,琅邪人。祖父义,平北将军。父澄,荆州刺史。微历尚书郎、右军司马。'"此王微并非《叙画》的作者王微。
② 宗白华:《论〈世说新语〉和晋人的美》,《美学散步》,第180页。

争流,草木蒙笼其上,若云兴霞蔚。"(《世说新语·言语》)顾恺之所看到的山川,群山秀美,众水奔流,草木青青,繁茂之极,他总括为"像云霞蒸腾涌动一般",渲染了山川草木的秀美繁盛、生机勃勃。三是正面、直接、详实地描述所见。顾恺之所谓"千岩竞秀,万壑争流,草木蒙笼其上",就是属于此类。又如,道壹和尚描绘吴中飘雪时的美景:"风霜固所不论,乃先集其惨澹。郊邑正自飘瞥,林岫便已皓然。"(《世说新语·言语》)他的描述犹如从骈文中摘录出来的句子,讲求言辞之美:先述感觉,后述所见;所见先述郊邑雪花飘飞之状,后述山林间已然一片银白世界。

第三种方式直接、集中、有序地描写所体察到的风物之美,与晋宋之际的山水文学关联最深。道壹和尚是在回答"诸道人问在道所经"时这样描绘的。他们既在日常生活中关注山水风景之美,又在言谈交流中共享这种美感,而且都以一种纯粹的、超功利的态度来看待美丽的雪景。这是山水审美意识的自觉兴起,它预示着山水文学艺术必将兴盛。

晋人发现了山水风物的美,不过,他们受玄学思维方式的影响,常常在游赏美景的同时追求一种玄远超迈之致。这正如宗白华先生所言:"晋宋人欣赏山水,由实入虚,即实即虚,超入玄境。"[1]比如,荀羡登上北固山,远望海上云雾,不禁飘然:"虽未睹三山,便自使人有凌云意。"(《世说新语·言语》)荀羡由海上层层云雾的美景而产生飘飘欲仙的意念,这已经由实景进入了虚境。又如,阮孚每次读到郭璞"林无静树,川无停流"等诗句,"辄觉神超形越"(《世说新语·文学》)。这是因为郭璞的诗句写出了超迈于山水风物之外的、永无止息的宇宙生机,使人不禁心生超越这有限的形体、遨游于无限的大化之流中的强烈向往。显然,郭璞的诗和阮孚的感兴,都没有止步于眼前的景物,而是透入到一种玄远幽深的哲思意境中。王胡之到吴兴印渚观赏美景,感叹道:"非唯使人情开涤,亦觉日月清朗。"(《世说新语·言语》)在王胡之看来,美好的景物不仅可以令人胸襟开阔,情思净化,而且连日月也清净明亮起来。

---

[1] 宗白华:《论〈世说新语〉和晋人的美》,《美学散步》,第179页。

晋人欣赏的山水风物，常常哲思、美景交融一体。晋宋以后的山水诗、山水画常常既有着美丽、灵动的景致，又有着空明、悠远的意境，正是因为晋人不仅发现了山水风物之美，而且体察到了与有限的山水风物浑沦一体的那个无限的自在世界。

二、山水风物的情致化

晋人面对山水风物时，还有一个明显的共同点，那就是充满感思，充满情味。宗白华先生有一个著名的论断："晋人向外发现了自然，向内发现了自己的深情。山水虚灵化了，也情致化了。"[①]晋人面对自然风物时，常常推己及物，将一己的情感世界投射到自然风物之上，实现了人与自然的沟通。

不管是人（或人格）的拟物化，还是自然之物的拟人化，其根本还在于人与自然交往的时候，能够撤除物我之间的藩篱，感受到自然风物的真实存在，体察到隐藏在有限的自然风物之后的自在世界。而且，这个自在世界其实是随处都在，随处都可体悟得到的。简文帝来到华林园，对左右随从说："会心处不必在远，翳然林水，便自有濠、濮间想也，觉鸟兽禽鱼，自来亲人。"（《世说新语·言语》）其实，并不是鸟兽禽鱼来亲近游人，而是游人撤除了与鸟兽禽鱼之间的物我界限，于是感受到了它们的自在世界之美，感受到了它们的一举一动都那么和谐、可亲。一个人如果推己及物，总能发现人与物的共通之处。支道林喜爱鹤，有人送给他两只鹤，不久鹤翅长欲飞。他舍不得，于是弄断了它们翅膀上的硬羽，鹤"乃反顾翅，垂头。视之，如有懊丧意。"支道林于是说："既有凌霄之姿，何肯为人作耳目近玩？"于是调养双鹤，让它们的羽翼长成，任它们飞走了。（《世说新语·言语》）人爱好身心的自由，推己及鹤，支道林于是体察到了鹤的心意，有了成全双鹤的自由这一感人举动。

不仅如此，善于发现美的事物、善于推己及物的晋人，还是至情至性

---

① 宗白华：《论〈世说新语〉和晋人的美》，《美学散步》，第 183 页。

的人。那些深情、钟情的人,常会在某一特殊的时候,"对宇宙人生体会到至深的无名的哀感"①,为之流涕伤怀。卫玠当初渡江的时候,伤感地对左右的人说:"见此芒芒,不觉百端交集。苟未免有情,亦复谁能遣此!"(《世说新语·言语》)卫玠看到眼前奔流不息的大江,家国忧愁一齐涌上心头,难以自己。袁宏离别京都,友人前来送别,心中极为凄惘,感叹道:"江山辽落,居然有万里之势。"(《世说新语·言语》)袁宏所见到的旷远景色,更加重了内心的离别情怀。卫玠和袁宏心中本就充满复杂情绪,面对眼前广漠、浩远的山水景观,更凸显个体命运的微渺和人生际遇的难测,深化了他们内心的哀感。

心怀深情的人,即使在美景面前,也会情不自禁地伤怀。以王羲之、王献之父子为例。《晋书·王羲之传》云:"羲之既去官,与东土人士尽山水之游,弋钓为娱。又与道士许迈共修服食,采药石不远千里,遍游东中诸郡,穷诸名山,泛沧海,叹曰:'我卒当以乐死。'"王献之说:"从山阴道上行,山川自相映发,使人应接不暇。若秋冬之际,尤难为怀。"(《世说新语·言语》)山水之美居然引人伤感,令人难以释怀。这并非因为山水之美本身令人伤感,而是因为,能够体验到、把捉到这种纯真自然的美和快乐的人,也就是那种深情至性的人,他们更容易体会到宇宙人生的无名哀感。

除此之外,也有无缘无故地心生悲感的情形。《世说新语·任诞》记载道:"王长史登茅山,大恸哭曰:'琅邪王伯舆,终当为情死。'"茅山是道教的灵山之一,王廞登上茅山,为何要放声恸哭?今天我们已经无从得知。不过,"终当为情死"的内心倾诉,实在是晋人至情至性的明证!这样的无名悲感,与王羲之《兰亭集序》在"俯仰之间"就由乐而悲,实有着内在的一致性。

这个问题或许还可以从另一个角度来看。牟宗三先生说:"名士境界之无得无成只是以天地之逸气而为人间之弃才,乃是风流飘荡而无着

---

① 宗白华:《论〈世说新语〉和晋人的美》,《美学散步》,第182页。

处,乃是软性之放纵恣肆,而唯播弄其逸气以自娱。故名士之基本情调乃是虚无主义的。魏晋人之生命深处不自觉地皆有一荒凉之感。"①当然,魏晋名士之生命并非都陷入了虚无、荒凉之中,比如王导、谢安、庾亮、桓温、郗鉴、温峤等江左名士,在其纵逸、风流之中自有着真美、大智慧、英雄气和担当精神存焉。不过,西晋王衍、王戎等人的鲜洁仪容背后,确也透显出牟先生所说的"风流飘荡而无着处"、"荒凉之感"来。名士有逸气,自然而然地透出清新、鲜亮的神韵。名士为弃才,有着天生的聪明才智。名士鄙夷现实功业,视之为俗务世情,他们凭借着清新纵逸之气足以发现美、表现美,而且可以达到一种超凡绝俗的地步。王衍"神姿高彻,如瑶林琼树,自然是风尘外物"(《世说新语·赏誉》),王衍的这种"风尘外物"的高洁之美是发乎本性的,他的善于清谈也是天性如此。不过,王衍精神世界中缺乏可以立足的"大端"(即牟先生所谓"着处"),在家国危难的紧急关头,这一根本问题终究还是显露出来。这一点,我们在第四章第一节已经有所涉及,这里不再详述。

从这个角度来看王廞的登山恸哭,也许可以作如下理解:登上茅山,王廞看到眼前的无边江山,浩浩风物,默然体悟到宇宙之大,生命之渺小、无常。在这样浩大、无边的宇宙大化之流中,个体无所凭依,能够看到的、把握到的,只是自身的真性情,而这样的真性情也必将消尽。所以,他恸哭"终当为情死",实际上是体会到了弥散在宇宙人生中的莫名的无奈和透骨的伤感,因而为之恸哭。这样的任情,这样的率性,本身就是一种极真极纯的美!

第四节　对美的理想之极致追求

宗白华先生认为,中国美学是从人物品藻的美学出发的②。我们也可以把这句话理解为,《世说新语》确立了美的理想,也确立了士人心中

---

① 牟宗三:《才性与玄理》,第 71 页。
② 宗白华:《论〈世说新语〉和晋人的美》,《美学散步》,第 178 页。

的理想人生。这种理想的美和理想人生,简括言之,就是超尘绝俗,就是唯美。

在《世说新语》中,最能代表这种理想的美的人是王衍。王戎称誉王衍:"神姿高彻,如瑶林琼树,自然是风尘外物。"(《世说新语·赏誉》)同条注引《名士传》也说:"夷甫天形奇特,明秀若神。"王衍天生高迈爽朗,又俊美洁净,明秀出众,因而像是神仙世界中才有的美好洁净的玉树,属于尘俗以外的人。这样的美,出自天性,又不杂尘滓,因而具有超凡绝俗的美的力量,令人折服、欣慕。《世说新语·容止》具体写其容貌之洁白美丽:"王夷甫容貌整丽,妙于谈玄,恒捉白玉柄麈尾,与手都无分别。"东晋人王恭也曾被视为仙人,"孟昶未达时,家在京口。尝见王恭乘高舆,被鹤氅裘。于时微雪,昶于篱间窥之,叹曰:'此真神仙中人!'"(《世说新语·企羡》)除此之外,桓温曾将谢尚比作"天际真人",他说:"仁祖企脚北窗下弹琵琶,故自有天际真人想。"(《世说新语·容止》)谢尚为人不拘细节,不为流俗之事,又嗜好音乐。当其在窗下弹奏琵琶,完全沉浸音乐的自在世界中,他便超离了一切世俗的情怀,所以桓温推重他,比作天边的得道仙人。

晋人的美的理想源自《庄子》。《庄子·逍遥游》云:"藐姑射之山,有神人居焉,肌肤若冰雪,绰约若处子。不食五谷,吸风饮露。"[1]如此超凡绝俗,如此高洁、优雅,正是晋人追求的美的理想,也是中国文学艺术追求的美的极致。

这种美的理想落实在艺术创作中,则务求极致之美。戴逵画佛像极为精妙,庾龢看了以后,却说:"神明太俗,由卿世情未尽。"(《世说新语·巧艺》)戴逵本是东晋著名的隐士和画家,庾龢却还嫌他所画的佛像神情不够超脱尘俗,可见晋人对这种美的理想的追求达到了不容丝毫世俗情怀的地步。

这种唯美的理想,这种对极致之美的追求,最能在山水风物中得到呼

---

[1]《庄子·逍遥游》,郭庆藩:《庄子集释》,第28页。

应和寄托。晋人常在山水风物之中寄托这种唯美的理想。东晋王徽之为人卓荦不羁,爱好竹子,曾经暂寄人空宅住,便令种竹。有人问:"临时住着,何必这样麻烦呢?"王徽之指竹说:"何可一日无此君?"(《世说新语·任诞》)对美的追求、体味,是须臾不可缺少的,即使在偶然、短暂的环境变换中,也不稍停息。王徽之的率性,还表现在他"雪夜访戴"的故事中:

> 王子猷居山阴,夜大雪,眠觉,开室,命酌酒,四望皎然。因起仿徨,咏左思《招隐诗》。忽忆戴安道。时戴在剡,即便夜乘小船就之。经宿方至,造门不前而返。人问其故,王曰:"吾本乘兴而行,兴尽而返,何必见戴?"(《世说新语·任诞》)

雪夜,洁白、美丽的雪景令人心醉,王徽之心为之动,乘船夜访戴安道。经过一夜的行船,来到戴的门前,却又悄然返回,"乘兴而行,兴尽而返"。王徽之雪夜访戴的奇怪举动本身就是超功利的,它只受个人兴味的驱使:在兴味的驱使下,可以整夜行船;一旦兴味消尽,见或不见戴本人反而并不重要,于是又可以做出"造门不前而返"的荒诞之举。他的举动之所以"任诞",是因为他只在乎当下对美的追寻和体味,不因时间的短暂、空间的遥远而稍有迟疑,这是一种极为纯粹的、唯美的人生态度,它抖落了一切附加在审美兴味之上的束缚、羁绊和功利因素。在这样的情境中,人发现了自然,发现了美,人也成为了一种纯粹的、美的存在。

唯美的人生理想,超凡绝俗的美,关键在于去俗、脱俗。晋人视事业功名为外在的尘累,务求去除,转而追求寄情山水之间的高情远韵。东晋时期,孙绰、许询皆为玄学名流,后者有高情,前者有才藻:"或重许高情,则鄙孙秽行;或爱孙才藻,而无取于许。"(《世说新语·品藻》)孙绰也自负其文采,当支道林询问他和许询高下时,他回答道:"高情远致,弟子早已服膺;一吟一咏,许将北面。"(《世说新语·品藻》)不过,孙绰缨绋俗务,颇多秽行,在士人中似乎是公认的。《裴子语林》记载了一件事:"褚公与孙绰游曲阿后湖,狂风忽起,舫欲倾。褚公已醉,乃曰:'此舫人皆无可以招天谴者,唯有孙兴公多尘滓,正当以厌天欲耳!'便欲捉掷水中。

孙遽无计,唯大啼曰:'季野,卿念我!'"①相反,许询的高情,则是众人推重、服膺和仰慕的。如刘惔说:"清风朗月,辄思玄度。"(《世说新语·言语》)许询与简文帝彼此投合,也非同一般:"许掾尝诣简文,尔夜风恬月朗,乃共作曲室中语。襟怀之咏,偏是许之所长。辞寄清婉,有逾平日。简文虽契素,此遇尤相咨嗟。不觉造膝,共叉手语,达于将旦。"(《世说新语·赏誉》)刘惔看到清风明月就思念许询,是因为许询的人格就如同明月、清风一样雅洁,不杂尘滓,与刘惔自己的心志追求是一致的。简文帝与许询彼此契合,不知不觉间竟共谈一宿,也是这个原因。

从"竹林七贤"开始,山水风物就与士人结下了不解之缘,东晋时期,寄情山水俨然成为广被推重的人生理想,山水之美也开始具有独立自足的意义。在晋人眼中,山水之美说到底还是一种人生之美,是一种理想的人生之美。戴逵《闲游赞》云:"夫岩岭高则云霞之气鲜,林薮深则萧瑟之音清,其可以藻玄莹素,疵其皓然者。舍是焉,故虽援世之彦,翼教之杰,放舞雩以发咏,闻乘桴而懔厉。况乎道乖方内,体绝风尘,理楫长谢,歌风逯巡,荡八疵于玄流,澄云崖而颐神者哉!然如山林之客,非徒逃人患,避争门,谅所以翼顺资和,涤除机心,容养淳淑,而自适者尔。况物莫不以适为得,以足为至,彼闲游者,奚往而不适,奚待而不足。故荫映岩流之际,偃息琴书之侧,寄心松竹,取乐鱼鸟,则澹泊之愿,于是毕矣。"(《全晋文》卷一三七)隐居山泽林间不是为了躲避什么,而是为了澹泊平和的心志所需。宋代郭熙则说得更贴近人心:"君子之所以爱夫山水者,其旨安在?丘园养素,所常处也。泉石啸傲,所常乐也。渔樵隐逸,所常适也。猿鹤飞鸣,所常亲也。尘嚣缰锁,此人情之所常厌也。烟霞仙圣,此人情之所常愿而不得见也。"②原来,君子热爱山水,是为了看到自己常处、常乐、常适、常亲、常愿的事物。

---

① 裴启:《裴子语林》,《汉魏六朝笔记小说大观》,第583页。
② 郭熙:《林泉高致·山水训》,文渊阁《四库全书》本,子部八,艺术类一,第1页。

第八章　南朝文论中的美学思想

　　从宋(420—479)、齐(479—502)到梁(502—557)、陈(557—589),历史长河绵延了170年。在这一时期,中国美学留下了众多对后世影响深远的著作,如《文心雕龙》、《诗品》、《古画品录》、《书品》等,同时,由于此期文人对于形式美、感性美的穷力追逐,他们的某些作品和观念也屡屡成为后人诟病的对象。

　　南朝时期,文学艺术成为文人使才逞气的主要场域,如何感受、领悟美,如何创造、表现美,成为文人文化生活的主要内容。玄学中人好智思、重风度,他们的人生是审美化的人生;而南朝人都醉心于文学艺术,他们求新变、尚美感,他们的作品是真正审美至上的作品。南朝人在有限的生活范围内自由自在地发掘美,创制美的表现形式,并且以此自矜自傲。他们身上,真正体现了魏晋六朝的审美自觉。南朝美学作品,主要包括系统性的、总结性的美学著作(《文心雕龙》),艺术专论(如《诗品》、《古画品录》、《书品》),和那些散见于史传、选本、书信等著作中的篇章。本章主要阐述南朝文论中的美学思想,第九章专论《文心雕龙》的美学思想,第十章则讨论南朝书画理论中蕴涵的美学思想。

第一节　追求新奇的文学审美风尚

南朝时代,文学艺术被视为娱乐赏玩生活的重要内容,文人在诗文中无所顾忌地抒写一己情性,这是一个诗文为乐、追求新变的时代,也是一个追求唯美、吟咏情性的时代。南朝人追求新变,主要表现在两个方面:一是形式美理论获得重要的进展,语言声韵之美成为文学作品不可或缺的审美特征;二是情感抒写真正做到听任己心,顺乎自然,无拘无束。

一、诗文为乐的时代风习

南朝人尚文的风习起自刘宋时期。裴子野《雕虫论序》认为源自宋明帝之博好文章:"宋明帝博好文章,才思朗捷,常读书奏,号称七行俱下。每有祯祥,及幸宴集,辄陈诗展义,且以命朝臣。其戎士武夫,则托请不暇,困于课限,或买以应诏焉。于是天下向风,人自藻饰,雕虫之艺,盛于时矣。"(《全梁文》卷五三)刘勰则将之上溯至宋武帝、文帝、孝武帝之爱文多才:"自宋武爱文,文帝彬雅,秉文之德,孝武多才,英采云构。自明帝以下,文理替矣。尔其缙绅之林,霞蔚而飙起。王袁联宗以龙章,颜谢重叶以凤采,何范张沈之徒,亦不可胜数也。"(《文心雕龙·时序》)

南朝时期,皇族成员常常聚集文人,谈论诗文,成为风习。南齐竟陵王萧子良礼才好士,天下文士纷纷归附西邸。《梁书·武帝本纪》载:"竟陵王子良开西邸,招文学,高祖(即梁武帝萧衍)与沈约、谢朓、王融、萧琛、范云、任昉、陆倕等并游焉,号曰八友。"他们聚集西邸,集体赋诗,抄撰诗文,唱和频频。萧衍即位以后,常招集群臣,宴幸赋诗。《梁书·文学传》云:"高祖聪明文思,光宅区宇,旁求儒雅,诏采异人,文章之盛,焕乎俱集。每所御幸,辄命群臣赋诗,其文善者,赐以金帛,诣阙庭而献赋颂者,或引见焉。其在位者,则沈约、江淹、任昉,并以文采,妙绝当时。至若彭城到沆、吴兴丘迟、东海王僧孺、吴郡张率等,或入直文德,通宴寿光,皆后来之选也。"昭明太子萧统尤喜招集文学之士,他们汇聚在萧统周围,编选诗文,讨论文义,一时人才彬彬称盛。《梁书·昭明太子传》云:"性宽和容众,喜愠不形于色。引纳才学之士,赏爱无倦。恒自讨论篇籍,或与学士商榷古今;闲则继以文章著述,率以为常。于时东宫有书几三万卷,名才并集,文学之盛,晋、宋以来未之有也。"简文帝萧纲无论是位居藩王,还是入主东宫,身边始终有一批文士,与其讨论文籍,创作新诗,当时蔚成风气,号为"宫体"。《梁书·庾肩吾传》云:"初,太宗在藩,雅好文章士,时肩吾与东海徐摛,吴郡陆杲,彭城刘遵、刘孝仪,仪弟孝威,同被赏接。及居东宫,又开文德省,置学士,肩吾子信、摛子陵、吴郡张长公、北地傅弘、东海鲍至等充其选。"《隋书·经籍志》亦云:"梁简文之在东宫,亦好篇什,清辞巧制,止乎衽席之间,雕琢蔓藻,思极闺闱之内。后生好事,递相放习,朝野纷纷,号为宫体。"皇族成员聚集文学才士,宴饮赋诗,彼此唱和、品题、切磋,同题竞赛,争奇斗艳。这样的文学集会往往消遣、游戏的色彩比较明显,他们以吟咏诗文作为娱乐方式,大大地提升了文学表现的技巧和形式艺术。

南朝人对于文学,有着异乎寻常的热爱。《资治通鉴·齐纪二》云:"自宋世祖好文章,士大夫悉以文章相尚,无以专经为业者。"①这种文章相尚的情形,《诗品序》中有生动的描述:"今之士俗,斯风炽矣。才能胜衣,甫就小学,必甘心而驰骛焉。于是庸音杂体,各各为容。至于膏腴子弟,耻文不逮,终朝点缀,分夜呻吟。"无论是士大夫子弟,还是富家或平民之后,即便是那些刚进学宫的少年,也一心一意地驰笔于诗文之域,以诗文不如他人为耻,不管是在清晨,还是在深夜,都吟咏不已。东晋人殷仲堪曾说:"三日不读《道德经》,便觉舌本间强。"(《世说新语·文学》)意思是说,如果一连三天不读《道德经》,舌根就会变得僵硬,玄谈的时候就会露拙,由此可见魏晋人对于玄谈和玄学经典的重视。梁武帝萧衍则常

---

① 司马光:《资治通鉴》卷一三六,第 4266 页,北京:中华书局,1956 年。

对人说:"不读谢(朓)诗三日,觉口臭。"①意思是说,如果一连三天不读谢朓的诗歌,便会觉得口中浊臭,吟诗写作的时候便会缺乏灵感,由此可见,南朝人对于诗文写作是何等的看重!

南朝人爱好文学是发乎内心的,他们对文学创作和阅读有着强烈的嗜好,并且以此为乐,不知疲倦。萧纲说自己"少好文章,于今二十五载矣"(《答张缵谢示集书》,《全梁文》卷一一),"七岁有诗癖,长而不倦"(《梁书·简文帝纪》)。萧绎说,他对于文学作品,"心乎爱矣,未尝有歇"(《梁书·刘孝绰传》)。萧统则说自己"监抚余闲,居多暇日,历观文囿,泛览辞林,未尝不心游目想,移晷忘倦"(《文选序》)。南朝时期形成了文学创作、品鉴的良好氛围,这对于文学的发展尤其重要。

与此同时,南朝人对文学创作、文学发展有着极为强烈的担当意识和责任意识,大有文道在斯的气概。如萧纲《与湘东王书》说:"文章未坠,必有英绝,领袖之者,非弟而谁。每欲论之,无可与语,思吾子建,一共商搉。辨兹清浊,使如泾、渭;论兹月旦,类彼汝南。"(《梁书·庾肩吾传》)萧绎《与萧挹书》则认为文学发展的高峰,"士衡已后,唯在兹日"(《全梁文》卷一七)。钟嵘明确标示,他撰写《诗品》,网罗古今文人作品,是想要"辨彰清浊,掎摭病利"。刘勰《文心雕龙·序志》所言夜梦"执丹漆之礼器,随仲尼而南行"的事情,广为后人所熟知,意在衬显出其内心的使命感。南朝人充满前所未有的自信,他们品评前人诗文,提出自己的独到见解。钟嵘《诗品》、刘勰《文心雕龙》、萧统《文选》、徐陵《玉台新咏》就是在这样的文学背景下出现的。

二、张融的"师心"之论

一个人醉心于诗文之中,常以文道自任,本就含有超迈前代、独步文域的意气,因而往往自觉追求与众不同之处,以显示自身的高迈绝伦、卓尔不群。一个人是如此,一个群体也是如此。南朝人看重诗文之作,在

---

① 李昉等编:《太平广记》卷一九八引《谈薮》,第 1483 页,北京:中华书局,1961 年。

诗文中有意识地追求新变,追求奇异,这种新奇主要是与前代人相比而言的。

南齐张融就是一个自觉追求新奇的人。《南齐书》本传说他"文辞诡激,独与众异"。张融在《戒子》中也自述道:"吾文体英绝,变而屡奇,既不能远至汉魏,故无取嗟晋宋。"(《南齐书》本传)他的《门律自序》作于齐永明年间,阐述了一种追求新变的审美观念:

> 吾文章之体,多为世人所惊,汝可师耳以心,不可使耳为心师也。夫文岂有常体,但以有体为常,政当使常有其体。丈夫当删《诗》、《书》,制礼乐,何至因循寄人篱下。且中代之文,道体阙变,尺寸相资,弥缝旧物。吾之文章,体亦何异,何尝颠温凉而错寒暑,综哀乐而横歌哭哉?政以属辞多出,比事不羁,不阡不陌,非途非路耳。然其传音振逸,鸣节辣韵,或当未极,亦已极其所矣。汝若复别得体者,吾不拘也。吾义亦如文,造次乘我,颠沛非物。吾无师无友,不文不句,颇有孤神独逸耳。义之为用,将使性入清波,尘洗犹沐。(《南齐书》本传)

张融认为,诗文写作并没有千百年来恒常不变的体式,因而不应该"因循寄人篱下",不能斤斤拘守前人的体式和典范,而应该大胆变革,独出心裁,"不阡不陌,非途非路""无师无友,不文不句",从而形成自身独有的体式、风格。这也就是"夫文岂有常体,但以有体为常,政当使常有其体"。"文岂有常体"之"常体",指千百年来文章写作中恒常不变的体式,而"常有其体",则是指一个人自己独有的写作体式、风格。文学之道,本来有因有革,而张融强调的主要是变革的一面。

张融追求新奇之美是有所凭恃的。他认为自己的诗文"文体英绝,变而屡奇",内蕴一种英发新奇之致,这是因为其中"颇有孤神独逸耳",也就是其中贯注了自己独有的精神气度。因此,写起来往往"属辞多出,比事不羁","传音振逸,鸣节辣韵",不但撰文记事恣肆不拘,而且声韵往往响亮高亢。张融的诗文,属辞、比事、传音、鸣节都追求新奇之美,其根本原因在于其"师心"的主张。"汝可师耳以心,不可使耳为心师也",也就是说,一个人撰文写诗,应当以己心为师,来融汇所看到的、所听到的前人诗文的体式,像周公制礼乐、孔子删《诗》《书》一样,大胆创变,而不能一味因袭前人的体式、典范,不敢越雷池半步,以至于湮没了一己的文心。

三、萧子显的新变主张

张融"师心"之论,颇有魏晋人纵逸自如之风,他将文学新奇之美归结为一己心性之外现,这样的美学主张在萧子显《南齐书·文学传论》中表现得更加鲜明。《南齐书·文学传论》云:

> 文章者,盖情性之风标,神明之律吕也。蕴思含毫,游心内运,放言落纸,气韵天成。莫不禀以生灵,迁乎爱嗜,机见殊门,赏悟纷杂。若子桓之品藻人才,仲治之区判文体,陆机辨于《文赋》,李充论于《翰林》,张视摘句褒贬,颜延图写情兴,各任怀抱,共为权衡。属文之道,事出神思,感召无象,变化不穷。俱五声之音响,而出言异句;等万物之情状,而下笔殊形。吟咏规范,本之雅什,流分条散,各以言区。若陈思《代马》群章,王粲《飞鸾》诸制,四言之美,前超后绝。少卿离辞,五言才骨,难与争鹜。桂林湘水,平子之华篇,飞馆玉池,魏文之丽篆,七言之作,非此谁先。卿、云巨丽,升堂冠冕,张、左恢廓,登高不继,赋贵披陈,未或加矣。显宗之述傅毅,简文之摛彦伯,分言制句,多得颂体。裴颁内侍,元规凤池,子章以来,章表之选。孙绰之碑,嗣伯喈之后;谢庄之诔,起安仁之尘。颜延《杨瓒》,自比《马督》,以多称贵,归庄为允。王褒《僮约》,束皙《发蒙》,滑稽之流,亦可奇玮。五言之制,独秀众品。习玩为理,事久则渎,在乎文章,弥患凡旧。若无新变,不能代雄。建安一体,《典论》短长互出;潘、陆齐名,机、岳之文永异。江左风味,盛道家之言,郭璞举其灵变,许询极其名理,仲文玄气,犹不尽除,谢混情新,得名未盛。

颜、谢并起，乃各擅奇，休、鲍后出，咸亦标世。朱蓝共妍，不相祖述。今之文章，作者虽众，总而为论，略有三体。一则启心闲绎，托辞华旷，虽存巧绮，终致迂回。宜登公宴，本非准的。而疏慢阐缓，膏肓之病，典正可采，酷不入情。此体之源，出灵运而成也。次则缉事比类，非对不发，博物可嘉，职成拘制。或全借古语，用申今情，崎岖牵引，直为偶说。唯睹事例，顿失清采。此则傅咸五经，应璩指事，虽不全似，可以类从。次则发唱惊挺，操调险急，雕藻淫艳，倾炫心魂。亦犹五色之有红紫，八音之有郑、卫。斯鲍照之遗烈也。三体之外，请试妄谈。若夫委自天机，参之史传，应思悱来，勿先构聚。言尚易了，文憎过意，吐石含金，滋润婉切。杂以风谣，轻唇利吻，不雅不俗，独中胸怀。轮扁斫轮，言之未尽，文人谈士，罕或兼工。非唯识有不周，道实相妨，谈家所习，理胜其辞，就此求文，终然黳夺。故兼之者鲜矣。

萧子显在这篇传论中起笔便阐述了他对文章的基本认识："文章者，盖情性之风标，神明之律吕也"，与张融一样，他把文章的辞采、声韵等因素，视为作者个人情性、性灵的外现。每一作者各自"禀以生灵"，有着不同的天赋和心性，只要"蕴思含毫，游心内运，放言落纸，气韵天成"，也就是说，只要发乎一己心性地自然流动和运行，挥笔成文，写出来的作品就会天然地具有作者自己独特的风貌、气质和品格。萧子显解释文章美学品格的形成，与张融以"孤神独逸"来解释其"文体英绝，变而屡奇"的风貌，其实是同一思路。只是，张融的解释更多的带有个人色彩，是自己审美体验的总结；而萧子显则更多地着眼于建构当代的审美理想，因而强调个人情性是文章的根本。

在这样的理论前提下，萧子显进一步解释了"机见殊门，赏悟纷杂"、"感召无象，变化不穷"的原因，并且列举了历代的文学批评著作和各种文体的名篇。随后，他鲜明地提出了追求"新变"的美学主张："习玩为理，事久则渎，在乎文章，弥患凡旧。若无新变，不能代雄。"他认为，那些用来赏玩、娱乐的事物,如果一直没有什么改变,时间久了就会令人厌倦。文章尤其如此,最怕落入陈旧的窠臼之中,或是沦为平庸之作。一个人的文章,如果没有自己独特的、新奇的创变之处,就无法在一代人中脱颖而出。萧子显接下来连续列举了建安、西晋、江左、刘宋时期的诸家,肯定他们的创变精神,称道他们"朱蓝共妍,不相祖述",即互不依傍,自成一体,各有其美。从以上这一段话中,我们可以看出齐梁时代的文学风尚的主潮:一是文学作品成为赏玩之物,而这与两汉文学首先所要承载的社会教化功能是格格不入的;二是争奇好胜的风习,南朝人必求在一代人中成为杰出之才,这与前面提到的文道在斯的责任意识也是息息相关的;三是文章之美在于新变,切忌凡旧;四是文章之美是多样化、多元化的,只要追求新变,自成一体,便可在保全各自之美的同时,共同形成繁盛之美的局面。

这里必须明确一点,那就是:南朝时期之所以有着独特的美学风貌,其主要动因并不在于南朝文人追求新变,也不在于他们有着担当文道的明确责任意识,而在于他们追求新变的根基与众不同,或者说,他们所意欲担当的文道有着特别的内涵。这个根基包括两方面:第一,在南朝文人眼中,文学艺术成为一种娱乐、品玩之物。这样,他们就从根本上截断了文学艺术与复杂纷繁的现实生活之间的深刻关联,倾力关注文学艺术的审美特性,凸显、强调、深化文学艺术的审美品格。徐陵《玉台新咏序》写道:"虽复投壶玉女,为观尽于百骁;争博齐姬,心赏穷于六箸。无怡神于暇景,惟属意于新诗。庶得代彼皋苏,舋兹愁疾。"在宫中丽人来说,"新诗"与"投壶"、"争博"、"六箸"一样,是一种可以赏玩流连、借以去忧的事物。萧统《文选序》也将文章作品类比于娱玩的器物:"众制锋起,源流间出。譬陶匏异器,并为入耳之娱;黼黻不同,俱为悦目之玩。"第二,他们特别强调顺乎一己情性,真切地抒写性灵,这也就是张融所谓的"师心"。陆机《文赋》提出"诗缘情"的美学观念,南朝人沿着这一思路走得更远。陆机所谓的"情",仍然受到内心某些理性力量的约制,而南朝人所谓的"情性",完全顺乎一己内心的真实感受,而且往往是无法自抑的情绪涌动。这正如萧子显《自序》所言："若乃登高目极,临水送归,风动春朝,月明秋夜,早雁初莺,开花落叶,有来斯应,每不能已也。"(《梁书》本传)也就是说,登高所见,送别所感,时令变换,往往令人触动心怀,不能自禁。萧统《答湘东王求〈文集〉及〈诗苑英华〉书》也说:"与其饱食终日,宁游思于文林。或日因春阳,其物韶丽,树花发,莺鸣和,春泉生,暄风至,陶嘉月而嬉游,藉芳草而眺瞩。或朱炎受谢,白藏纪时,玉露夕流,金风多扇,悟秋山之心,登高而远托。或夏条可结,倦于邑而属词;冬云千里,睹纷霏而兴咏。密亲离则手为心使,昆弟宴则墨以砚露。"(《全梁文》卷二○)无论是兄弟集会,或是四季节候变化,都会有所感悟,"手为心使",任凭内心真情流露,和墨以书。萧纲《答张缵谢示集书》亦云:"至如春庭落景,转蕙承风,秋雨且晴,檐梧初下,浮云生野,明月入楼。时命亲宾,乍动严驾,车渠屡酌,鹦鹉骤倾。伊昔三边,久留四战,胡雾连天,征旗拂日,时闻坞笛,遥听塞笳。或乡思凄然,或雄心愤薄,是以沉吟短翰,补缀庸音,寓目写心,因事而作。"(《全梁文》卷一一)所谓"游心内运"、"手为心使"、"寓目写心",都是强调一颗敏感、丰富的文心在文章写作中的核心地位,从中我们不难看出他们与陆机《文赋》美学观念的一致性。

那么,萧子显所崇尚的审美理想到底是怎样的呢?他对当时文章的三种风格均表示了不满,这三体中,其一出自谢灵运,特点是舒缓典雅,精巧绮丽,但缺乏个体情感,没有什么感染力;其二出自颜延之、谢庄,特点是喜好用典,常用对仗;其三出自鲍照,声调险急,藻绘艳丽,动人心魄,但有违雅正。萧子显指出以上三种风格只知仿效谢、颜、鲍,而缺乏创变,没有自己的独特风格,这当然不会是其理想类型。他心中的审美理想是:"若夫委自天机,参之史传,应思悱来,勿先构聚。言尚易了,文憎过意,吐石含金,滋润婉切。杂以风谣,轻唇利吻,不雅不俗,独中胸怀。"也就是说,理想的文章应当具备以下几点:首先,文章写作应当发自胸臆,自然写成。这就包括文思之触动、流动等方面,都应该顺乎自然,"独中胸怀",既呈现独特风貌,又出自一己心性,而不能像有些作者(如效仿颜延之等人者)一样,事先苦思求索、费尽心思。萧子显《自序》说:"每有制作,特寡思功,须其自来,不以力构"(《梁书》本传),强调的也是文章自然天成的特点。当然,萧子显并没有排斥史传,这与当时讲求学识广博的风气有关,也与他自己作为历史学家有一定关系。其次,文辞要晓畅,易于达意。这个尺度应该与萧子显作为一个史学家的学识修养有着较大的关系,同为史学家的沈约也曾提出"文章当从三易"①的美学观点,都是针对当时某些人写文章过于讲求用事、对仗,或是用语险急艳丽的弊端而发。再次,音韵要响亮和谐、流畅圆转,这有点类似于谢朓所说的"圆美流转如弹丸"(《南史·王昙首传》所附《王筠传》)的审美趣味。"滋润婉切,杂以风谣,轻唇利吻"几句所传达出来的轻柔、婉丽的审美倾向,就显示出萧子显与张融的区别来。可见,同样是强调发乎一己天性,推重创成一体,但由于各人天性禀赋、人生境遇、学识偏好、时代风尚等方面的不同,其审美理想仍是千差万别的。萧子显审美理想中柔婉的一面应当来自民间歌谣的影响,"杂以风谣,轻唇利吻"的说法,与萧绎《金楼子·立言》中"吟咏风谣"、"唇吻遒会"②的美学主张极为相近。

综合张融、萧子显两人的美学主张,我们可以看出:在一个诗文为乐的时代中,诗文所带来的广泛声誉必然刺激人们去大胆尝试、积极创新,而文学艺术的娱乐化也促使文人无所顾忌地去追求美、感受美、表现美,不少对后世影响深远的新题材、新形式正是在这样一个喧闹、热烈的时代中逐渐成形,并初步展露其影响力。南朝时期,是中国文学艺术最为自由、浪漫、奔放、热烈的时代,也是审美意识最为强烈、绝少负荷的时代。他们自由抒发一己感受,听任内心的感受涌动、流淌、展露,他们也尽情地表现所感受到的美。他们是放荡③的,是唯情的,也是唯美的。

---

① 《颜氏家训·文章》载:"沈隐侯曰:'文章当从三易:易见事,一也;易识字,二也;易读诵,三也。'"意思就是说,写文章不要过于冷僻的典故,也不要用过于生僻的字词,而且还要讲求音声的朗朗上口。

② 《金楼子》卷四,《丛书集成》初编本,第75页。

③ 此处是在萧纲"为文且须放荡"的意义上使用这一词语,意即撰写诗文时率真任情,文笔纵意自如,不刻意加以拘限。

第二节　钟嵘《诗品》的诗歌美学

钟嵘(约468—518),字仲伟,颍川长社(今河南长葛)人。七世祖钟雅为晋侍中,因保护晋元帝渡江有功,加广武将军。父钟蹈为南齐中军参军。钟嵘于齐永明三年(485)入国子学,在学期间,因"好学,有思理","明《周易》"(《梁书·文学传》),得到国子祭酒王俭的赏识,荐为本州秀才。齐建武(494—498)初步入仕途,起家为南康王萧子琳侍郎;萧子琳被杀,改任抚军将军,出为安国令。永元三年(501),又改任司徒行参军。萧衍代齐建梁,钟嵘为中军临川王行参军。萧元简被封为衡阳王,出任会稽太守,引钟嵘为宁朔记室,专掌文翰。后改任梁晋安王萧纲记室,卒于官。钟嵘现存诗文极少,其《诗品》作为百代诗话之祖,与刘勰《文心雕龙》并列为魏晋南北朝诗学史、美学史上的杰作。章学诚曾盛赞《诗品》"思深而意远"、"深从六艺溯流别"①。

一、"滋味":诗歌审美的新尺度

钟嵘撰写《诗品》,有着鲜明的时代风尚作为其写作背景。《诗品序》指出:

> 今之士俗,斯风炽矣。才能胜衣,甫就小学,必甘心而驰骛焉。于是庸音杂体,各各为容。至于膏腴子弟,耻文不逮,终朝点缀,分夜呻吟。独观谓为警策,众视终沦平钝。次有轻荡之徒,笑曹、刘为古拙,谓鲍照羲皇上人,谢朓今古独步。而师鲍照,终不及"日中市朝满";学谢朓,劣得"黄鸟度青枝"。徒自弃于高听,无涉于文流矣。嵘观王公搢绅之士,每博论之余,何尝不以诗为口实。随其嗜欲,商榷不同,淄渑并泛,朱紫相夺,喧哗竞起,准的无依。近彭城刘士章,俊赏之士,疾其淆乱,欲为当世诗品,口陈标榜。其文未遂。嵘

---

① 叶瑛:《文史通义校注》,第559页,北京:中华书局,1985年。

感而作焉。①

当时写诗风气之盛,遍及士林,诸如膏腴子弟、轻荡之徒、王公搢绅之士,都热衷于诗歌创作和评议。《颜氏家训·文章》对此亦有记载:"今世文士,此患弥切。一事惬当,一句清巧,神厉九霄,志凌千载,自吟自赏,不觉更有旁人",又云:"吾见世人,至无才思,自谓清华,流布丑拙,亦以众矣,江南号为伶痴符。"然而,在钟嵘看来,士人钟情于诗歌,其风虽盛,但终究流于"庸音杂体,各各为容"的境地。也就是说,他们不辨诗的美丑,即使撰写的只不过是一些平庸之作、杂乱之章,他们也会各立标准,自以为高。这样的情形比比皆是。比如,膏腴子弟不辨"警策"与"平钝"之作,轻荡之徒"自弃于高听,无涉于文流",而王公搢绅之士"随其嗜欲,商榷不同,淄渑并泛,朱紫相夺,喧哗竞起,准的无依"。可见,钟嵘撰写《诗品》,其目的如同刘士章一样,"欲为当世诗品,口陈标榜",想要评定诗歌等第,树立诗歌评价的标准。

钟嵘所确立的诗歌美学标准是:"弘斯三义(即兴、比、赋),酌而用之。干之以风力,润之以丹彩;使咏之者无极,闻之者动心,是诗之至也。"也就是说,斟酌着使用兴、比、赋这三种表现方法,内有刚健的风骨作为主干,外有妍丽的辞采加以润饰,使吟咏的人(也就是作者)可以领受到无穷的兴味,使听到的人(也就是读者)为之动心。这样的诗歌,就是最美、最理想的诗歌,或者用钟嵘自己的话说,是"有滋味者"。

抒写情性而又饰以文采,这是当时人的通识。钟嵘强调情感的力量和文采的妍丽,强调兴、比与赋之间的恰当运用,他所追求的是"有滋味"的审美效应。"咏之者无极,闻之者动心",是诗歌滋味的最高层级。钟嵘解释"兴"的含义时说:"文已尽而意有余,兴也。"他着眼于诗歌的审美效果来解释,强调诗歌应该含蓄而有余味。也就是说,诗歌文辞所意指的,蕴涵着超出其字面意思的内容,所以,诗句虽然完结了,但诗句所建

---

① 凡引钟嵘《诗品》中的文段,均据曹旭《诗品笺注》,人民文学出版社 2009 年版,以下不一一注明。

构的意义世界还在延续,继续影响着接受者。正因如此,方能产生"咏之者无极,闻之者动心"的审美效果。钟嵘说:"五言居文辞之要,是众作之有滋味者也",又说四言诗"每苦文烦而意少,故世罕习焉"。所谓"文烦而意少",是说当时的四言诗作品文辞繁复而内蕴贫乏,没有"滋味"。他实际上是在以有无"滋味"来鉴别四言诗、五言诗的高下。因此,我们说,钟嵘是以"滋味"作为诗歌审美的尺度。

"味"这一范畴最初只指纯粹的感官享受,《论语·述而》提到:"子在齐闻《韶》,三月不知肉味,曰:'不图为乐之至于斯也!'"孔子的话语中,含有将音乐欣赏而产生的精神愉悦与食肉而获得的感官享受相比较的意思,精神愉悦胜过了感官享受。《礼记·乐记》云:"清庙之瑟,朱弦而疏越,壹倡而三叹,有遗音者矣。大飨之礼,尚玄酒而俎腥鱼,大羹不和,有遗味者矣。"同样将音乐之美与羹肴之美并列而论,已经含有余味无穷、余音袅袅的意趣了。

《老子》第六十三章云:"味无味",意思是说,体味那恬淡至虚之味,以恬淡之味为味。这一说法赋予"味"以某种超越性。王弼注道:"以恬淡为味"[1],就是以淡泊无味为至味。在王弼的思想体系中,"无味"具有本体指向的意味,与无形、无名有内在的一致性。他指出:"无名无形者,万物之宗也。不温不凉,不宫不商。听之不可得而闻,视之不可得而彰,体之不可得而知,味之不可得而尝。故其为物也则混成,为象也则无形,为音也则希声,为味也则无呈。"[2]无味之味,至淡至薄,是无法品尝得到的。

"味"作为体道悟玄的一种体验媒介,在魏晋南北朝时期被广泛使用,如味道、味理、玄味等。玄学中人与佛教人士都好用"味"字来表达其精神上的愉快感。朱广之说:"仆夙渐法化,晚味道风,常以崇空贵无,宗

---

① 《老子道德经注》,楼宇烈:《王弼集校释》,第 164 页。
② 《老子指略》,楼宇烈:《王弼集校释》,第 195 页。

趣一也。"①这里的"味",含有精神沐浴和境界追求的意味,这样方能同时把握佛、道两家的真髓。苏轼所谓"发纤秾于简古,寄至味于澹泊"②,就是沿着老庄和魏晋玄学这一意脉而创发的诗歌审美理想。

魏晋六朝审美观念中的"味",主要是循着前一条路径(即大羹之"味"与"遗味")而生。《文赋》顺着《礼记·乐记》说:"阙大羹之遗味,同朱弦之清泛。虽一唱而三叹,固既雅而不艳。"意思是说,清虚婉约的文辞虽然格调高雅,但缺少声色之美,因而没有余韵遗味。可以看出,艺术审美上的以味为美,与老庄玄学以无味为至味有着明显的差异。老庄玄学以体道悟玄为宗,顺遂其自然之性,视情欲和具象为有,因而声色感官之愉悦属于排遣的对象,而非欣慕的对象。然而,魏晋六朝美学中的尚"味"倾向,正是基于情感、辞采、音韵等具象层面的。陆机特别强调华美的声色对诗文余味的重要性。刘勰《文心雕龙·情采》说:"繁采寡情,味之必厌",有采无情,固然容易令人生厌;而义理遮蔽辞采,读来也会过于平淡,缺少滋味。结合陆机、刘勰的观点可以看出,有滋味的文学作品需要情感与辞采的相融相生。

魏晋六朝人固然从滋味的角度来领略文学作品,如《文心雕龙·总术》说:"视之则锦绘,听之则丝簧,味之则甘腴,佩之则芬芳",但文学之美有时是无法完全用语言描述出来的。因此,魏晋六朝人也重视甘之不厌的余味和遗味。刘勰论班固《汉书》时说:"儒雅彬彬,信有遗味"(《文心雕龙·史传》),钟嵘认为张协的诗"词采葱蒨,音韵铿锵,使人味之,亹亹不倦"。

魏晋六朝人对余味、遗味的钟爱,与玄学思想有着内在的关联。"滋味",源自口、舌等感觉器官的体验,它给主体带来的愉悦感与音乐的艺术效果有相通之处。所谓"遗味",正是借助于比拟一唱三叹的"遗音"来表述。"遗味"与"遗音"一样,是一种对美好事物的回味和记忆延伸,并

---

① 朱广之:《咨顾欢夷夏论》,《弘明集》卷七,《四部精要》第 15 册,第 39 页,上海古籍出版社,1993 年。
② 苏轼:《书黄子思诗集后》,《苏轼文集》,第 2124 页,北京:中华书局,1986 年。

非真正还存在着其"味"、其"音"。这种脱离"朱弦"和"大羹",似乎获得一定独立性的"遗味"、"遗音",相对于先前的实存意义上的"味"和"音"而言,因其虚拟性而暂时获得一种超越其象的地位,这就预置了通往玄学的津梁。宗炳《画山水序》说:"圣人含道映物,贤者澄怀味像。"贤者所体味的物象,既是具体的事物,也是形成某种浑融情境的一部分。所以,贤者所体味的是似即似离而实际上不即不离的物象。由"遗味"到"味象","味"的对象更广泛,"味"的过程更虚灵。

魏晋六朝美学中的尚味倾向是在玄佛味道、味理的语境中发生的,它将感官层面的"遗味"、"滋味"提升到审美愉悦的层面,强调一种言尽而味无穷的审美效果。魏晋六朝人追求超越文辞的情致和兴味。它不离于象,而又超出象的拘囿;它不离于文辞,但又具有超出文辞的意趣。文学作品要获得这样的审美效果,就要讲求真情与辞采。与此同时,文学艺术的独立意识不断增长,文学艺术对自身审美特性的认识逐渐深入,文学艺术的审美自觉趋向也体现在整体把握文学艺术之美的方式上。"滋味"、"余味",是一种浑圆一体地把握文学艺术之美的方式,因而被广泛应用。

正是在这样的审美语境中,钟嵘《诗品》以"滋味"作为五言诗的审美尺度,"滋味"成为诗歌审美的新尺度。《诗品》四次提到"味"字①,分别为:

> 永嘉时,贵黄、老,尚虚谈,于时篇什,理过其辞,淡乎寡味。
> 五言居文词之要,是众作之有滋味者也。
> (晋黄门郎张协诗)词彩葱蒨,音韵铿锵,使人味之,亹亹不倦。
> (魏侍中应璩诗)华靡可讽味焉。

前两处是"滋味"的意思,后两处是"品味"(品赏滋味,反复体味)的意思。第一例中,"淡乎寡味",《隋书·经籍志》也提到:"永嘉已后,玄风既扇,辞多平淡,文寡风力。"此处的"味",主要指的是诗歌中由充沛情感

---

① 有些版本"咏之者无极",作"味之者无极",则"味"字共出现五次。

为主而形成的风力。第二例中,"众作之有滋味者"之"滋味",指五言诗"指事造形,穷情写物,最为详切"的审美特性。也就是说,五言诗描摹物象、抒发情感时,最为细腻贴切,因而最具有审美"滋味"。第三例中,"使人味之",此处体味的,主要是张协诗歌的词彩繁盛、音韵和谐之美。第四例中,"华靡可讽味",指应璩"济济今日所"这首诗(已佚)的辞藻华丽绮靡,值得反复地讽诵玩味。综合以上四种义项可以看出,五言诗的审美"滋味"包括以下三个因素:一是内蕴深厚的情感,富于动人的力量;二是描摹生动的审美形象;三是饰以妍丽的词彩、流靡的音韵。合而言之,诗歌的"滋味"在于风力、形象、藻采的恰当融合。

前面已经提到,魏晋六朝美学中的"味",是一种浑融地把握对象的审美方式,它很少仅仅源自言辞、外形之美,一般都是情采交织而形成的整体性美感。钟嵘《诗品》所确立的诗歌审美理想也是一种均衡的美、整体的美。也就是:"宏斯三义(兴、比、赋),酌而用之,干之以风力,润之以丹采,使咏之者无极,闻之者动心,是诗之至也。"一首诗如果内树风骨,外饰文采,富有无穷的审美兴味,令人动心,这便是诗歌中的上品。

钟嵘诗歌美学思想的深刻性在于,他所追求的五言诗的审美"滋味",不但是一种整体的、均衡的美,而且富于令人亹亹不倦、无足无极的余味。更重要的是,这样的遗味、余味根源于诗歌内蕴的风力和审美形象。也就是说,钟嵘要求五言诗的风力和审美形象本身就必须富于耐人寻味的美。这一点,我们在以下的分析中还会有所阐述。

总之,从"滋味"这一审美尺度可以看出,钟嵘是以一种纯粹而又执著的态度来追寻诗歌之美,这就与刘勰、萧纲等人有所不同。刘勰《文心雕龙》有着明显的"原道"、"征圣"、"宗经"的倾向,影响了他的美学思想的纯粹性。萧纲等人追求纯粹的诗歌之美,却往往只是将诗歌视为愉悦之物,流连于诗歌中审美形象之美、藻饰之美,忽视了诗歌内在的风骨之美,也忽视了诗歌整体的、均衡的美,因而缺乏深刻性。南朝美学家中,唯有钟嵘的美学思想兼具纯粹性和深刻性,最能体现此期审美自觉的趋向。钟嵘的美学思想,集中体现在"滋味"这一新的美学尺度上。而且,

"滋味"进入审美标准的序列,也说明六朝人在对审美对象的整体鉴赏方面有了质的提升。当然,这既与此期审美自觉趋向有着密切关联,也与玄学体道方式的影响有关。

二、"雅怨":悲怨之美及其表现形态

钟嵘强调诗歌的审美"滋味",重风力,尚均衡。钟嵘所谓的"风力"、"骨气",主要指以悲怨为主的个体感思;而且,他深入探求个体情感的表现形态,要求情感的抒发、显露必须合于雅正。两者合而言之,即为"雅怨",也就是诗中既充满生命悲感和凄怨,其表现形态又有着雅正之风。"雅怨"的审美理想,追求的正是内在情感与其外显形态之间的自然无间、浑融一体,是内外和谐而产生的无尽"滋味"。

诗歌中的情感从何而来?为何诗歌中的情感具有如此动人的力量?钟嵘以物感说来解释这一切。他指出:"气之动物,物之感人,故摇荡性情,形诸舞咏。"他把人的情感触动归结为物,又把物的运动变化归结为气。气弥漫天地宇宙之间,无处不在,无时不在流动变化。气的运动引起了天地间万物的生长变化,万物的变化引起了人的情感动荡,人的情感摇荡,便形之于乐舞诗篇。由此可以看出,诗歌中情感的力量,源自气的永恒运动在人情上的显现。人的情感为外物所鼓荡,需要用切当的方式抒发出来,归根结底,这种情感抒发也是气的流动变化的结果。因而,诗歌中的情感抒发,便如气的流动一样,自然而然地具有感染人心的力量。

钟嵘《诗品序》进一步解释了诗歌情感兴起的原因:

> 若夫春风春鸟,秋月秋蝉,夏云暑雨,冬月祁寒,斯四候之感诸诗者也。嘉会寄诗以亲,离群托诗以怨。至于楚臣去境,汉妾辞宫;或骨横朔野,或魂逐飞蓬;或负戈外戍,杀气雄边;塞客衣单,孀闺泪尽;或士有解佩出朝,一去忘返;女有扬蛾入宠,再盼倾国:凡斯种种,感荡心灵,非陈诗何以展其义;非长歌何以释其情?

这一段话阐述了诗情兴起的两种原因。其一是四时节候的变化引起人心的感动。此前,陆机《文赋》率先道破节令景物与人情之间的联系:"遵四时以叹逝,瞻万物而思纷。悲落叶于劲秋,喜柔条于芳春。心凛凛以怀霜,志眇眇而临云。"陆机敏锐地认识到:四时节令与万物变化都可以挑动人的情思,春天树木抽出新枝,令人心喜;秋天黄叶悄然飘落,令人生悲;冷霜使人心情肃重,白云使人心志渺远。《文心雕龙·物色》也指出:"物色相召,人谁获安? 是以献岁发春,悦豫之情畅;滔滔孟夏,郁陶之心凝;天高气清,阴沉之志远;霰雪无垠,矜肃之虑深。"刘勰详细阐述了"四时动物"、"物色相召"的种种情形。其二是个体遭际引起无法自抑的情感涌动。钟嵘先简论嘉会之欢应当寄托于诗,随后连举楚臣、汉妾、塞客、孀闺等种种情状,充满离别、相思的痛苦。此等凝聚个人遭际的情感,其强度、浓度和力度,均超过春风秋蝉之类纯粹物景所引起的情感。圣人云:"《诗》可以群,可以怨",《诗》中的情感当然更多的是指类似于楚臣、塞客心中的感遇,而不是春风秋蝉所引发的物情。

在四时节候("四候之感诸诗者")与个体感遇("嘉会寄诗以亲,离群托诗以怨")之间,钟嵘更重视后者对诗歌情感的影响。而在"嘉会寄诗以亲"与"离群托诗以怨"之间,钟嵘则更为重视离群相思之悲怨对诗歌的影响。此前,谢灵运《归途赋》也曾提到个体命运对于文学作品的影响:"昔文章之士,多作行旅赋。或欣在观国,或怵在斥徙,或述职邦邑,或羁役戍阵。事由于外,兴不自已。"(《全宋文》卷三〇)所谓"事由于外,兴不自已",与"凡斯种种,感荡心灵,非陈诗何以展其义,非长歌何以释其情"等语句,表达的正是同样的意思。在中国美学史上,钟嵘第一次全面、深刻地阐述了诗歌与个体命运之间的内在关联。

由此也可以见出,钟嵘所说的"风力",其中的情感类型主要应为因个体遭际而自然产生的悲怨之情。要写出咏之无极、闻之动心的诗歌来,关键在于要"干之以风力,润之以丹彩"。诗歌要"润之以丹彩",这是南朝人的主流认识。主张诗歌要"干之以风力",在齐梁时期则可谓是钟嵘的独到之见。"风力"一词,钟嵘多次提及,如:"孙绰、许询、桓、庾诸公,皆平典似《道德论》,建安风力尽矣","宋徵士陶潜诗,其源出于应璩,又协左思风力"。风力,也就是文辞内蕴的风骨笔力。在钟嵘看来,诗歌的风力主要源自诗歌情感的内在力量,以及诗歌情感的流动性,而这种情感主要是指悲怨凄怆的个体感遇之情。钟嵘有"建安风力"的说法,刘勰《文心雕龙·时序》也说:"观其时文,雅好慷慨,良由世积乱离,风衰俗怨,并志深而笔长,故梗概而多气也",其中,"世积乱离,风衰俗怨"、"梗概而多气"等说法,正好阐释了"建安风力"的具体内涵及其成因。

钟嵘在引用《论语·阳货》中语句时,特别拈出:"《诗》可以群,可以怨。"从"离群托诗以怨"等语句也可以看出,钟嵘尤其重视"离群之怨"。钟嵘推重悲怨之美,在上品诸家中,弥漫着极为浓郁的悲怨之风,尤其是钟嵘所推重的汉魏古体,往往怨深情悲。上品一共十二家("古诗"作为一家),明显带有悲怨字样的有六家,占去一半。它们分别是:古诗,"文温以丽,意悲而远";汉都尉李陵诗,"文多凄怆,怨者之流";汉婕妤班姬诗,"《团扇》短章,辞旨清捷,怨深文绮;得匹妇之致";魏陈思王植诗,"情兼雅怨,体被文质";魏侍中王粲诗,"发愀怆之词,文秀而质羸";晋记室左思诗,"文典以怨,颇为清切,得讽谕之致。"在中品、下品诗家中,也有类似的评语。如:汉上计秦嘉、嘉妻徐淑诗,"事既可伤,文亦凄怨";晋太尉刘琨诗,"善叙丧乱,多感恨之词";晋处士郭泰机诗,"'寒女'之制,孤怨宜恨";梁左光禄沈约诗,"不闲于经纶,而长于清怨";魏武帝诗,"甚有悲凉之句";魏侍中缪袭《挽歌》诗,"唯以造哀尔"。概括言之,哀重怨深,凄怆以闻,正是钟嵘所谓"风力"的特色。

钟嵘极为重视个体遭际对于诗歌情感内容的影响,所以,他常常结合作者的人生经历来论述其诗情的现实来源。比如,他论汉都尉陵诗,指出:"文多凄怆,怨者之流。陵,名家子,有殊才,生命不谐,声颓身丧。使陵不遭辛苦,其文亦何能至此!"论晋太尉刘琨诗时,说:"琨既体良才,又罹厄运,故善叙丧乱,多感恨之词。"论汉上计赵壹诗,则充满感慨地说:"元叔散愤兰蕙,指斥囊钱,苦言切句,良亦勤矣。斯人也,而有斯困,悲夫!"钟嵘明确指出李陵"不遭辛苦,其文亦何能至此",认为李陵的文学成就正是源自其不幸的人生遭际。他论刘琨"多感恨之辞",也是从刘琨的特殊身世着眼。可以看出,钟嵘对李陵、刘琨、赵壹等人的不幸遭际充满着极为真诚的同情和惋惜。在论诗过程中,他完全摒弃了汉儒政教德化的诗歌美学理念,纯粹以风力与文采来论诗。所以,李陵这样有历史污迹的人,其诗歌也能居于上品。

当然,钟嵘重视悲怨之情,以悲怨为美,也与魏晋六朝时期以悲为美的审美风习有关。嵇康《琴赋序》已指出汉魏时期音乐欣赏中的悲美风习:"称其材干,则以危苦为上;赋其声音,则以悲哀为主;美其感化,则以垂涕为贵",并表示不满。又据《宋书·乐志一》记载,晋武帝泰始九年(273),荀勖典知乐事,"勖作新律笛十二枚,散骑常侍阮咸讥新律声高,高近哀思,不合中和。"而且,曹操、曹丕等人的悲歌多保存在《宋书·乐志》中,也说明尚悲之风确已渗入西晋国家礼仪。曹丕等建安文人的作品中也多"悲响"、"悲弦"、"悲笳"之类的词句。所以,陆机《文赋》以"应"、"和"、"悲"、"雅"、"艳"为文章之美的标准,认为"和而不悲"、"悲而不雅"同是文章的弊病。可见,尚悲的审美风习对文学艺术影响极深,以致在《文赋》中顺理成章地成为了文学审美的评价尺度。钟嵘的诗歌美学尚悲怨,正是远承魏晋时期以悲为美的审美风习的结果。不过,也与其格外崇重汉魏古诗有很大关系。

钟嵘尚悲怨,同时又极为重视悲怨之情的表达形态,也就是"雅怨",这一点最能体现出钟嵘所谓"滋味"的审美特性。"雅怨",出自钟嵘对曹植诗歌的评语"情兼雅怨",也就是说,曹植诗歌情感兼有《国风》、《小雅》之长,即:怨诽而不乱,变而不失其正。深入关注悲怨之情的表达形态,这一点最能体现钟嵘"滋味"的审美特性:"风力"感动人心,而又具有持续的影响力和无尽的兴味。诗歌本是外部事物"感荡心灵"的结果,如果只是简单地陈诗"展其义"、长歌"骋其情",虽然可以达到抒发心中所思所感的目的,但并不一定就会"有滋味"。诗歌不但要抒发个体内心的感思,而且要让这份感思的流动富于悠长的韵味,或富于奇拔的个性,要让情感及其流动形态显得清雅工丽,这样才能"有滋味",才能令人歌咏之时领受到无限兴味。

在钟嵘看来，不但悲怨之情的抒写应是这样，而且一切诗歌情感的抒发都应如此，即都必须合于雅正。不过，诗歌情感的外在表现形态是多样化的，在这些合于雅正而又多样化的情感表现形态中，钟嵘最为推重的是奇遒、平远、清净三种形态，或者说三种风格。

首先，奇遒的风格。奇，即奇拔、奇警；遒，即刚健、遒劲。本章第一节提到，南齐张融追求新变，任其孤神独逸洒落文章之中，其文自然奇高。他在《戒子》一文中说："吾文体英绝，变而屡奇。"（《南齐书·张融传》）钟嵘《诗品》尤其推重这样奇拔新警、超迈群伦的诗歌。他评价曹植诗说："骨气奇高，词彩华茂"，评价刘桢诗说："仗气爱奇，动多振绝。贞骨凌霜，高风跨俗"，评价张华诗说："其体华艳，兴托多奇"，评价谢朓诗说："奇章秀句，往往警遒"。相反，钟嵘对那些因好用典故而缺乏独特风貌、个性的诗歌，则常持贬义，如"近任昉、王元长等，词不贵奇，竞须新事。尔来作者，寖以成俗"，"昉既博学，动辄用事，所以诗不得奇"。这是因为，任昉等博学之士喜好在诗文中大量运用典故，以旧事写己情，无论行文组织得多么精美细致，毕竟自己的情感隐藏于历史陈旧之事背后，其中隔了一层，难以展现其个性和风貌。

奇遒的风格往往与诗人特具的高岸爽朗之气有关，曹植之骨气、刘桢之高风都是如此。钟嵘论晋司空张华诗，虽然肯定"其体华艳，兴托多奇"，却也指出："疏亮之士，犹恨其儿女情多，风云气少"，亦即华冶有余，而高奇不足，这也是钟嵘认为张华诗歌"置之甲科疑弱"的根本原因。

其次，平远的风格。平，即平和、舒缓；远，即深远、悠远。平远，即诗情寄托深而远，写来却不急不疾，舒缓有致。同样一份深沉的情感，本来就可以有多种抒发方式：有些人骨气高拔奇警，于是言词之间英气逼人，情绪高亢；有些人却以柔克刚，在舒缓悠远之间寄托深情。在钟嵘看来，只要其情发乎真诚，则二者都是美的。平远的风格，有可能是诗人的个性文雅如斯，如古诗"意悲而远"，魏侍中应璩诗"善为古语，指事殷勤，雅意深笃,得诗人激刺之旨",都在深沉之中显出远大之气。当然,平远的风格也可能源自时局的刺激、局限,使其不得不摧刚为柔,无意于远大,却自致远大。最为典型的是阮籍的诗歌,其"《咏怀》之作,可以陶性灵,发幽思。言在耳目之内,情寄八荒之表。洋洋乎会于《风》、《雅》,使人忘其鄙近,自致远大。颇多感慨之词。厥旨渊放,归趣难求"。正因为阮籍有着极深的隐衷,所以,其所寄不得不如此深远。

情感流露或奇逸,或平远,风格虽异,却都合于雅正,各有其美。相反,如果情感抒发时不能持守雅正,只知道一味地峻切直露,则难以成其为大美、至美。如魏文帝"新歌百许篇,率皆鄙直如偶语",嵇康诗"过为峻切,讦直露才,伤渊雅之致",鲍照诗"不避危仄,颇伤清雅之调"。他们三人之所以被置于中品,部分原因也正是在于,他们抒情时过于直露危仄,有违雅正。

再次,清净的风格。清净,即清新洁净。钟嵘论诗,特重清新。前面所论奇逸、平远两种风格,如与清新洁净的风格交融,则或显出清奇之风,或显出清远之风。如,晋太尉刘琨、晋中郎卢谌诗,"善为凄戾之词,自有清拔之气",即诗风清新而又刚健劲拔;嵇康诗"托谕清远",就是说嵇康诗中所寄托的情怀,清净而又高远。诗风清新,则诗中所抒发的情感往往发乎自然,不假雕饰,其心声潺潺流出,即有清新洁净之美:心性刚直如刘琨者,其诗自然有"清刚之气"、"清拔之气";心性高远如嵇康者,其诗自然"托谕清远"。在南朝时期,钟嵘最先发现并肯定陶渊明诗歌之清新自然而又内蕴华靡的审美特质[1]。他指出:"宋徵士陶潜诗,其源出于应璩,又协左思风力。文体省静,殆无长语。笃意真古,辞兴婉惬,每观其文,想其人德。世叹其质直,至如'欢言酌春酒'、'日暮天无云',风华清靡,岂直为田家语耶?古今隐逸诗人之宗也。"钟嵘之所以能够发现陶渊明诗歌之美,主要还在于钟嵘对清新自然诗风极为推重,而

---

[1] 刘勰《文心雕龙》未有只字涉及陶渊明,颜延之为陶渊明作诔,也未及陶诗。钟嵘最早肯定陶诗,其后萧统《陶渊明集序》中对陶诗的评价,也明显受到《诗品》的影响。

钟嵘能够发现陶诗清新自然的诗风背后所隐藏的华靡,则显得尤为深刻独到①。

其他还有众多的诗人,因其诗歌有清新自然之气而入选《诗品》之中。如,班姬的诗清新明快,"辞旨清捷,怨深文绮";左思的诗清新真切,"文典以怨,颇为清切,得讽谕之致";沈约的诗怨思清新,"不闲于经纶,而长于清怨。"谢瞻、谢混、袁淑、王微、王僧达等人的诗清新浅显,"务其清浅,殊得风流媚趣";范云的诗清新条畅,"清便宛转,如流风迴雪";谢庄的诗清新雅致,"气候清雅,不逮于王、袁,然兴属闲长,良无鄙促也";鲍令晖的诗清新奇巧,"往往崭绝清巧";江祏的诗清新华美而又温润,"猗猗清润"。也有一些诗人,只是因为某些诗句清新秀出,因而得到钟嵘的特别赞赏,如戴逵的诗不乏清新工丽,"诗虽嫩弱,有清工之句";虞羲的诗句清新秀拔,"奇句清拔,谢朓常嗟颂之"。

在以上三种审美风格中,不但有悲怨之诗,也有其他情感类型的诗歌。在具有同样审美风格的诗中,钟嵘往往将悲怨之诗置于其他诗篇之上,足以映证他对悲怨之美的特别青睐。不过,在情感的外显形态上,钟嵘或重其奇遒劲拔,或重其平远舒缓,或重其清新雅洁,统而言之,必须合于雅正,不可流于峻切险僻,这样才能产生无穷的审美兴味。

三、"直寻":审美形象的自在呈现

钟嵘在《诗品序》中还提出了"直寻"这一新的诗歌美学范畴,并以此来解释古今名句佳辞的成功之道。"直寻"这一美学范畴,强调审美形象的自然呈现,也强调诗人无所用心地、不假思索地领受世界之美,体现了钟嵘诗歌美学重自然、尚真美的特征,也代表了钟嵘美学的深刻之处。这一诗歌美学范畴关系到中国诗歌美学的发展方向,对唐代美学的影响尤其深远。

---

① 苏轼《与苏辙书》中认为陶诗"质而实绮,癯而实腴",元好问《论诗绝句》中认为陶诗:"一语天然万古新,豪华落尽见真淳",均可谓是从钟嵘这几句话中生发出来的。

《诗品序》说：

> 若乃经国文符，应资博古；撰德驳奏，宜穷往烈。至乎吟咏情性，亦何贵于用事？"思君如流水"，既是即目；"高台多悲风"，亦惟所见；"清晨登陇首"，羌无故实；"明月照积雪"，讵出经史？观古今胜语，多非补假，皆由直寻。

"直"，即直接地、不假思索地。"寻"，本来指考索、寻求、探求，这里指诗人无所依凭，一无所系，任由世界自在兴现，任由一己情感无遮无掩地融入世界之中，仿佛不是诗人在寻求恰当的表达，反倒像是诗人的感怀与眼前的美景自然而然地跃入诗中。合而言之，"直寻"，即不假思索地抒写心中所感，眼前所见，任自我融入眼前的浑全自在的世界之中。这就要求诗人要弃绝一切过往的、现成的写法，"但写所见，情有所感，眼有所见，辄可成诗"①。钟嵘说陆机的诗注重法度，看重词藻错落之致，有损诗歌的"直致之奇"。所谓"直致"，也就是自然而然地、率直天真地显现，这样就会有一种本然的、新奇的美，便是"直致之奇"。"直致"，实与"直寻"同义。

首先，钟嵘提倡"直寻"，是针对刘宋大明、泰始以来用事的风习。既然"直寻"强调即目所见，不假思索，当然更不需要假借经史典故了。钟嵘认为，"吟咏情性"与"经国文符"、"撰德驳奏"不一样，这在当时属于共识，萧纲、萧子良等人都有此区隔。既然"吟咏情性"不同于它们，就不应宗尚"用事"。钟嵘以四个成功的诗例②来验证这一看法，以下逐一略加分析。

其一是徐干的诗句："思君如流水"，语出《室思》诗第三章，原诗为："浮云何洋洋，愿因通我辞。飘摇不可寄，徒倚徒相思。人离皆复会，君独无返期。自君之出矣，明镜暗不治。思君如流水，何有穷已时。"这首

---

① 罗宗强：《魏晋南北朝文学思想史》，第 400 页。
② 以下所引的四首诗，均据逯钦立《先秦汉魏晋南北朝诗》，徐干《室思》第三章见第 377 页，曹植《杂诗》见第 456 页，张华诗见第 622 页，谢灵运《岁暮诗》见第 1181 页。

诗写闺中妇对漂游在外的丈夫的思念，"思君如流水"，意思就是说，思念你的情怀就像身边的流水一样，绵绵不绝。思君是蕴藏于心的情感，流水是触目随见的物事，两者的共同之处是：绵延不断，无休无止。

其二是曹植的诗句："高台多悲风"，语出《杂诗》，原诗云："高台多悲风，朝日照北林。之子在万里，江湖迥且深。方舟安可极？离思故难任。孤雁飞南游，过庭长哀吟。翘思慕远人，愿欲记遗音。形影忽不见，翩翩伤我心。"这首诗写对远人的怀思，首句"高台多悲风"渲染一幅高台上大风呼啸不止的悲凉画面。"高台"为远望怀思之地，高台多风，本是诗人亲身经历；此刻，诗人临台当风，遥思游子，油然兴起无限悲感。

其三是张华的诗句："清晨登陇首"，诗题已不得而知。原诗散佚不全，今仅存以下四句："清晨登陇首，坎壈行山难。岭阪峻阻曲，羊肠独盘桓。"这首诗主要内容应为抒写前路艰难之感。此诗首句"清晨登陇首"，直写出行的时间（清晨）、地点（陇首），至于为何清晨即登临此地，却并不写出。

其四为谢灵运诗句："明月照积雪"，语出《岁暮诗》，原诗也已经散佚，只存以下六句："殷忧不能寐，苦此夜难颓。明月照积雪，朔风劲且哀。运往无淹物，年逝觉易催。"这几句先写诗人内心的深重郁愁，最后写其时日消逝感，而中间忽荡开一笔，描绘寒夜中明月、积雪相互映照的情景[①]。此时此刻，只见明月自然显现，积雪映入眼帘，眼前浑然就是一个月光、积雪相互辉映的银白玲珑世界。

后两个诗例表面上与诗情毫无关涉，"清晨"、"明月"两句只是用淡淡的笔调写出身历所见的物事，所到之处而已，并无情感溢流出来。眼前所见，即目而已，看似如此。但一个人举目四顾的时候，可见、可闻、可感者何止茫茫万千！诗人却只拈出"流水"、"高台"、"悲风"、"陇首"、"明

[①] ［明］胡应麟《诗薮》外编卷二云："'池塘生春草'不必苦谓佳，亦不必谓不佳。灵运诸佳句，多出深思苦索，如'清晖能娱人'之类，虽非锻炼而成，要皆真切所致。此却率然信口，故自谓奇。至'明月照积雪'，风神颇乏，音调未谐。钟氏云云，本以破除事障，世便喧传以为警绝，吾不敢知。"见《诗薮》，第 149 页，上海古籍出版社，1979 年。

月"、"积雪"等景物来,这是因为,此时此刻,它们恰恰就在诗人眼前自在显现。明末著名学者王夫之说:"身之所历,目之所见,是铁门限"①,只有亲眼所见,亲身所历,当下所感,方才具有自然真切之美。大明、泰始以来,典故用事成风,诗人们只顾借用他人经历与感思,反而湮没了诗歌的自然之美,失却了诗歌的审美"滋味"。

其次,"直寻"这一美学范畴,简约地概括了诗歌中审美形象的呈现方式。这时,呈现出来的审美形象,具有三个基本特点:

第一,它是即时显现的。"直寻"重在"直",即直接、径直,也就是即时。"思君如流水",这样生动的比喻,其喻体"流水"只是诗人触目所及,眼前有绵永不断的流水经过,而心中的思念也同样深长,于是吟咏成句。这就是所谓"即目"。即眼前所见之景,写心中所怀之情。景和情都是当下所见、所怀的,是即时显现的。情和景都以其最为真切、自然的形态出现,没有理智、功利的成分掺杂其间。"直寻"或"直致",就在于其当下呈现,只截取了当下活泼泼的一段,所得的审美形象,仿佛永远定格在诗人"即目所见"的一刹那。然而,它却有着以一显万的特殊效用:在那一刻凝定的审美形象,那个简切直接的审美形象,至今却还在努力地显现出比其自身多得多的含义来,这也正是诗歌的审美"滋味"。

第二,它是自然本真的。正因为审美形象是即时呈现、不假思索的,它所显现的恰恰就是一个天然本真的世界,一个美的世界。谢灵运的诗句"明月照积雪",描绘了一个美的自在世界。乍一看,这个自在世界似乎是偏离谢灵运诗中的情感主调的。因为,"殷忧不能寐,苦此夜难颓"、"运往无淹物,年逝觉易催"等诗句,所抒写的都是年岁易逝、殷忧极深的人生感受。但是,"明月照积雪"这幅冰雪晶莹的美景,是在夜间无法入睡的情况下所见,自在展现于诗人面前的,它所逼出的正是下一句:"朔风劲且哀"。这样读起来,它与其余的诗句的情感又显得一致了。钟嵘所追求的,正是这样一种不期然而然的美,本然天真地展现出来的美,也

---

① 王夫之:《夕堂永日绪论内篇》第七则,《船山全书》第十五册,第 821 页,长沙:岳麓书社,1996 年。

就是"真美"。钟嵘因为陆机的诗歌"尚规矩"而有所贬抑,认为这"有伤直致之奇",也就是不满陆机诗歌过于注重效仿古诗的体式法度,反而忽视了古诗情感、形象均本真自然的长处。同样的,他批评王融等人讲求诗歌声律,"使文多拘忌,伤其真美",也是认为声律拘忌会影响到情感、形象的自然传达。

第三,它是新鲜亲切的。钟嵘说陆机的诗歌崇尚法度,"有伤直致之奇",此处的"奇",除了"奇拔"之义,还含有"新奇"的意思。当诗人不假思索地、无所预定地"直寻",此时所呈现出来的审美形象,自在、本真,更重要的是,它是独一无二的,也是新鲜的。前面已经提到,宇宙间的一切事物,都是生生不息、涌动不止的气所化成,自然界的万物都处于永无止息的变化、流动之中。诗人是如此,诗人所在的周边世界也是如此。当诗人在某一瞬间无所预备地领受到一个美的自在世界时,这个瞬间似乎便永远定格了。它永远都如此活泼泼地显现在诗人面前,也如此生动地显现在那些间接领受者(比如此首诗的某些受众)面前。在万物气化之流中,这样的瞬间是唯一的,这个瞬间里显现出来的审美形象更是独一无二的,它洋溢着新鲜的、动人的气息。

从另外一个角度来说,诗人之所以能够"直寻",是因为他在这一瞬间脱离了现实世界的一切功利纠结、物质欲求和智识成见,融入一个美的自在世界中,从而领略到其中的美和自然。为什么会是这一个,而不是另外一个? 在钟嵘的诗歌美学中,审美形象自在呈现之时,诗人内心实蕴藏着某种充盈而流荡的情感意向,只是诗人自己未能察知。当他融入美的自在世界中时,某些物象不知不觉间在他面前显现,它们契应于他的情感意向,于是与之融合为一个审美形象,跃显出来。许文雨《诗品讲疏》说:"直寻之义,在即景会心,自然灵妙。"[1]"即景会心",意思就是,"即"眼前之"景",而有"会"于"心"中,四个字极为简切地指明了"景"与"心"之间的默会冥契。对诗人来说,这个审美形象无疑是亲切的,也是

---

[1] 转引自曹旭《诗品笺注》第 100 页。

令人感动的，因为它契合了诗人内心潜藏的情感走向。钟嵘对"风力"的重视，他对悲怨之情的近乎偏爱，都说明了这一点。

而这一切，所追求的正是"自然英旨"的审美理想。"英"，本指花，这里指妍丽的辞藻外饰。"旨"，本指美味，此处指诗歌的无尽兴味。钟嵘所追求的诗歌审美理想是：诗歌的情感既发乎本性，而其辞藻又自然妍丽。这样，诗歌便能产生无尽的兴味。

与钟嵘"直寻"范畴相近的有沈约"直举胸情"之论。沈约《宋书·谢灵运传论》说："至于先士茂制，讽高历赏，子建函京之作，仲宣灞岸之篇，子荆零雨之章，正长朔风之句，并直举胸情，非傍诗史。"这里所举的四例，分别指的是曹植《赠丁仪、王粲》、王粲《七哀诗》、孙楚《征西官属送于陟阳侯作》、王瓒《杂诗》①。这四首诗都可以说是"直举胸情，非傍诗史"。强调诗歌应该直接抒发胸中的情思，而不假借于前人诗句和历史典故，这一点是钟嵘和沈约所共通之处。不同的地方是：第一，沈约借此四个诗例，说明它们的成功主要在于"正以音律调韵，取高前式"，强调诗歌美学的法度，而这恰恰是钟嵘所竭力反对的。第二，沈约所谓"直举胸情，非傍诗史"，是从一首诗的整体而言，强调直接抒情的重要性，对于依傍诗史的现象则只是略及而已。钟嵘所谓"多非补假，皆由直寻"，是就诗篇中的佳辞名句而言的，所关注的是诗歌审美形象的呈现方式，他否定了审美形象藉由"补假"而呈现的可能性，点明其必须由"直寻"而来。可以看出，钟、沈两人的论述切入诗歌美学的不同层面，因而对假借前人诗句、典故的态度明显不同。

此外，关于"直寻"与后世美学的复杂关系，需要略加补充说明。

许文雨《诗品讲疏》说："文资事义者谓之补假，《文心雕龙》专辟《事类编》以论之矣。直寻之义，在即景会心，自然灵妙。实即禅家所谓'现

---

① 曹植《赠丁仪、王粲》内有"从军度函谷，驱马过西京"的诗句，王粲《七哀诗》内有"南登灞陵岸，回首望长安"的诗句，孙楚《征西官属送于陟阳侯作》内有"晨风飘歧路，零雨被秋草"的诗句，王瓒《杂诗》内有"朔风动秋草，边马有归心"的诗句。

量'是也。"①许文雨将"直寻"与"现量"相沟通,而"现量"正是明清之际王
夫之诗歌美学的重要范畴之一,因此,"直寻"这一范畴也正是钟嵘《诗
品》与王夫之诗歌美学的相通之处。试读王夫之《夕堂永日绪论内篇》第
五则:"'僧敲月下门',只是妄想揣摩,如说他人梦,纵令形容酷似,何尝
毫发关心? 知然者,以其沉吟'推''敲'二字,就他作想也。若即景会心,
则或推或敲,必居其一,因景因情,自然灵妙,何劳拟议哉? '长河落日
圆',初无定景;'隔水问樵夫',初非想得:则禅家所谓现量也。"②"'长河
落日圆',初无定景;'隔水问樵夫',初非想得"几句,与钟嵘《诗品》"'思
君如流水',既是即目;'高台多悲风',亦惟所见;'清晨登陇首',羌无故
实;'明月照积雪',讵出经史"等话语极为相似,两人指出了同一个现象,
即:极美极佳的诗歌审美形象,并非苦思所得,也不是可以预定的,它们
都出于瞬间的直观所得。王夫之借用禅家"现量"一词来概括这种审美
观照活动的三种性质,即"现在"、"现成"、"显现真实"③。

相比唐诗的审美意境,《诗品》中"直寻"而得的审美形象,仍然显得
有些单薄、简略。在《诗品》所举的四个诗例中,审美形象其实是契应着
诗人内心潜藏的情感意向而呈现出来,审美形象的呈现——很多时候是
一种静谧的呈现④——是有限的。钟嵘的"直寻",还无法如一首好的唐
诗那样,营构出一个宏大而自足的意义场域。一个简单的场景,因为契
应于主体内在的情感意向而显得"自然灵妙",但往往只是"自然灵妙"的
一笔、两笔,并未构建出一幅完整而又自我表义的画面来。而且,因为简
短,往往可以作多向解读,这有赖于在原诗的境域中去品读。后者固然
启动的时候也契应于主体内心的情绪暗示,此画面完成之后,便有了自
我言说、稳定自洽的功能。其完整的叙述已足以使各句的义项相聚而集

---

① 转引自曹旭《诗品笺注》,第 100 页。
② 《船山全书》第十五册,第 820—821 页。
③ 参读叶朗:《中国美学史大纲》,第 460—465 页。
④ 这种静谧的呈现,更多的是卡西尔所说的"动态的静谧"。参读:《人论》,[德]恩斯特·卡西
尔著,甘阳译,第 234 页,上海译文出版社,2003 年。

中,犹如箭镞群,在此一情形下,它固然任人解读,但其基本义项是不容曲解的。钟嵘"寻"的结果,无论如何还是一"景",而且这一审美形象受到诗人的情感意向所牵引。唐诗"悟"的结果,诗人消融于审美意境之中,物我泯然一体,而审美意境是由"景"与"景"的排列组合而成,形成了阔大、完整而又自洽的"境"。

"直寻"所得的审美形象也具有较好的表意功能。不过,它毕竟缺乏一种首尾相顾、浑然一体的表意环境,因而其言说中所蕴涵的复杂含义在诗人的情感意向之牵引下很快就趋于收缩,仿佛清澈无余的水,这实际上限制了它的言说功能的展开。关键的问题是,审美形象的动态是有限的,它自我呈现之后,便迅速定格化、静态化。由于此一审美形象的动态呈现如此真实而自然,它的意蕴便会超出诗人的情感意向之规约。另一方面,这种生动的言说甫一脱口便戛然而止,难以形成一种完整、强大的意义场域。因为它在自我呈现时是动态而自然的,因而具有某种程度的自我言说功能;又因为它的运动是有限而短暂的,因而其言说的丰富性、多向性被遮断了。动态呈现而又迅速定格化、静谧化,有所言说而又并不完整,没有展开,这就是"直寻"所得之审美形象的基本特点。钟嵘"直寻"的根本义完全可以通向唐诗之"境",这一点充分显示出钟嵘诗歌美学的深刻性。

总而言之,钟嵘《诗品》建构了以审美"滋味"为核心的诗歌美学,强调诗歌的均衡美、整体美,以使诗歌具有无尽的兴味。他对诗歌悲怨之美的偏好,延续了魏晋文学艺术的悲美风习,而他对诗歌情感表现形态的阐述,显示了其崇尚自然的美学倾向。而且,他的"直寻"说显示了其诗歌美学的深刻性。因此,钟嵘《诗品》从整体上推进了南朝美学的纯粹性和深刻性,是南朝诗歌美学的最高峰。

第三节 《文选·序》、《玉台新咏·序》的审美倾向

选文本身就以鉴赏为前提,也能反映出编选者的审美意识、审美趣

味以及时代审美风尚,这是容易被美学史忽略的内容。魏晋南北朝留存至今的文学选本主要有二:其一是萧统《文选》,其二是徐陵《玉台新咏》。明代赵均指出:"昔昭明之撰《文选》,其所具录,采文而间一缘情。孝穆之撰《玉台》,其所应令,咏新而专精取丽。"[①]他指出,昭明太子萧统编撰《文选》,以文采为本,兼及缘情之作;徐陵编撰《玉台新咏》,以新异为本,专取绮丽之诗。这个判断极为精到。萧统编选《文选》,徐陵编选《玉台新咏》,他们的审美倾向基本体现在两本选集的序言之中,它们从另一个角度反映了南朝时期多维的审美趣味。

一、"以能文为本":萧统《文选·序》的审美倾向

萧统是南朝梁武帝萧衍的长子,2岁时就被立为皇太子,31岁时早逝,谥号"昭明",所以人称"昭明太子"。终其一生,萧统信奉佛法,谨于仁孝,喜爱诗文典籍,又礼贤好士,广招才俊,颇有效仿西汉梁王、淮南王刘安、魏文帝曹丕等人的志向。《昭明文选》,今天流传较广的本子是清代乾嘉年间胡克家刻本,辗转流播,与萧统原本已有差异。比如,萧统《文选·序》明明说"都为三十卷"[②],而胡刻本为六十卷。胡刻本所收文类为三十七类,今人提出应为三十九类[③],且"诗"这一大类中还应增加"临终"这一小类。因为此类争议并不影响我们讨论《昭明文选》的美学倾向,因而这里仍以胡刻本为依据而展开论述。

萧统的美学倾向在《文选·序》中显得有些晦暗不明,因为他所提出的一些美学主张往往掩藏在正统美学观念的修饰之中。这个现象很有意思。萧统作为太子,思想相对正统。不过,他组织人员编撰《文选》和《诗苑英华》,这种文学活动本身就包含了对诗文之美的欣赏。萧统爱好诗文之美,又自觉地归于正统美学,这是他的基本美学倾向。

---

① 《玉台新咏笺注》所附的"原书序跋",见《玉台新咏笺注》,第532页。
② 萧统:《文选·序》,《文选》,中华书局,1977年。凡引《文选》及序,均据此书。
③ 即在现有三十七类的基础上,增加"移"、"难"两大类,见傅刚:《昭明文选研究》,第185—192页,北京:中国社会科学出版社,2000年。

萧统作品中,如《与何胤书》、《七契》、《陶渊明集序》等,多次表达对于"口厌刍豢,耳聆丝竹者之娱"(《与何胤书》,《全梁文》卷二〇)的鄙弃。他强调值得玩味的是两类事物:一是"精义"、"玄理";一是文史、六籍。他所留下的《令旨解二谛义》、《令旨解法身义》两篇长文,记载了他与萧纲、萧恭、萧正立等皇室子弟,以及南涧寺、招提寺、栖玄寺等寺庙中的僧人交流佛学义理的详细内容。这些内容,应该就是他所谓的"精义"和"玄理"。他又"渔核坟史,渔猎词林","静然终日,披古为事"(《答晋安王书》,《全梁文》卷二〇)。萧统耽于义理钻研,又有着相对沉静的性格,这就决定了他对于文学之美的追寻不会太过张放。他的美学趣味也是克制有节的。不过,身处梁代前期,承平日久,绮艳的文风已经开始盛行,他的审美趣味不能不受到影响,在《文选·序》中也是如此。

首先,《文选·序》指出,文学之美是必然趋势。萧统提出,"踵其事而增华,变其本而加厉"是文学的必然方向。在此之前,东晋时期葛洪的《抱朴子》已经力主新变,肯定文学之美。其中,《钧世篇》说:"古者事事醇素,今则莫不雕饰,时移世改,理自然也",由古至今,事物从崇尚醇素到追求雕饰,这是自然而然的事情,完全合乎时世发展的规律。从文学的角度纵向比较的话,"《毛诗》者,华彩之辞也,然不及《上林》、《羽猎》、《二京》、《三都》之汪濊博富也"[1]。葛洪用历史进化的眼光来看待文学现象,认为汉大赋的博富恣肆之美优于《毛诗》的华彩。这里,作为儒家经典的《诗经》,其权威性和艺术性同时在急骤下降。葛洪意在凸显文学形式美的自然进化趋势,体现出了他对文学内在规律的深入认识,尽管他这种比较方式略显粗率和简单化。

相比而言,萧统论证文学之美的必然性就显得从容、中规中矩一些。他结合了文籍诞生的历史、《周易》的人文理念以及增冰寒于积水、大辂胜于椎轮的日常事实等方面来进行论证,最终顺理成章地得出"物既有之,文亦宜然"的结论。萧统完全以自然进化观来看待文学的发展,包括

---

① 葛洪:《抱朴子·钧世》,杨明照:《抱朴子外篇校笺》(下)卷三〇,第 77、70 页。

文学的产生、功用,最后,当然是文学的华美之质。萧统试图在人文教化与文学之美之间达成某种平衡。他意图在人文教化的目标下追求文学之美。因此,他很谨慎地在大辂、椎轮的比较之下来谈"踵其事而增华",又在增冰、积水的比较之下来谈"变其本而加厉",似乎因为君王的车驾之类变得华美了,文学之美也就合乎情理。

《文选·序》以下所阐述的内容,就是广义上的文学作品变化改易的基本脉络。在这种阐述脉络中,萧统依然用近乎"曲终奏雅"的方式来显露其美学趣味,表现得极为克制、理性,而不像萧纲、萧绎一样把自己的美学观念直接表述出来。

其次,萧统《文选·序》认为,文学之用在于审美愉悦。萧统将文学类同于"入耳之娱"与"悦目之玩",这就意味着文学的功用在于审美愉悦。萧统在梳理各种文体演变历史的时候,以赋、骚、诗、颂为主,随后连续列举箴、戒、论、铭、诔、赞等多种文体,最后总结道:"众制锋起,源流间出。譬陶匏异器,并为入耳之娱;黼黻不同,俱为悦目之玩。作者之致,盖云备矣。"在萧统看来,各种文体的纷繁变化,不同作者的种种意态,这些只是形态上的差异而已,其效应却是一样的。这就好像陶匏、黼黻,虽然各各不同,但都属于用以悦目娱耳的器物。萧统将各种文体和作者意态类比成悦目娱耳的器物,这不是无意的,也不是偶然的。《文选·序》下文提到了萧统日常生活的一个细节:"余监抚余闲,居多暇日。历观文囿,泛览辞林,未尝不心游目想,移晷忘倦。"这样看来,"入耳之娱"、"悦目之玩"的说法,是萧统沉吟、吟咏、玩味、涵泳于文苑辞林的结果。

对于萧统以及他周围的文学群体来说,文学已然成为一种愉悦身心的寄托。当然,前面我们已经提到,萧统所玩味其中的内容有多个方面,不仅仅只是文学作品而已。但是,文学作品已经开始成为一种纯粹意义上的审美愉悦的对象。这样的趋向,意味着文学审美活动的内在化。萧统《答晋安王书》中说他接到晋安王萧纲寄来的诗后,"吟玩反覆,欲罢不能"。正是出于对于文学本身的爱好和深切体验,所以,萧统才会说出"心游目想,移晷忘倦"、"吟玩反覆,欲罢不能"之类的话语来。这也意味着文学之美在个体精神世界里真正扎下根来。萧统《答晋安王书》中提到:"炎凉始贸,触兴自高,睹物兴情,更向篇什。"(《全梁文》卷二〇)萧统因为时令迁逝而触物感兴,情感郁积于中,不由自主地想要吟咏、写作,以此抒发内心情绪。这种抒发、写作,当然是自然而然的,并不是有意作自我拘限、约束。

魏晋南北朝时期,人们对于文学艺术的美的阐述,往往是基于他们自身长期自觉地投身于文学艺术的欣赏和创作活动之后得出的。也就是说,这些美学观念是出自他们自身不断体验、陶冶、参与所获得的直接感受,然后加以提炼和总结而来。这就不同于两汉美学思想,它们基于教化和儒家理念,因而外在于文学艺术自身。这也是秦汉美学与魏晋南北朝美学的重要区别之一。

由于萧统沉吟其中的内容是多方面的,因而他的《文选》所持的是一种杂文学观念。以今天的标准看来,《文选》其实是一部内容和文体驳杂多样的文学选集。萧统《文选·序》未能对文学之美作出详尽的阐述,基本上是点到即止。不过,"入耳之娱"、"悦目之玩"等词语,在不经意间流露出了他对于审美愉悦感的熟悉、向往,以一种不易察觉的方式显示了萧统的审美自觉。

再次,《文选·序》提出了"以能文为本"的审美尺度。萧统"历观文囿,泛览辞林",将历代文学作品中的"清英"(即有着清新俊美的文辞的篇章)编选成集,同时也明确地将诗文等文学作品与经、子、史之类的文章区别开来。他区别文学与经、子、史之类的作品,就是看这些作品是否"以能文为本"。

在萧统看来,"姬公之籍,孔父之书"是人伦道德的规范所在,当然不以"能文"为重。老子、庄子、管子、孟子等人的文章,以阐述本人思想为主,也不追求"能文"。先代的历史著作,包括杂史、杂传之作,"方之篇翰,亦已不同",也不予选录。唯有历史著作中的"赞论"、"序述"有合乎"能文"之处,故而有所收集。萧统以"篇章"、"篇翰"、"篇什"来指代"以能文为本"的文学作品,其核心词就是"篇"。《文选·序》中有所谓"降将

著'河梁'之篇",指的是相传为李陵所作的《与苏武》,其三中有"携手上
河梁,游子暮何之"①的诗句。可见,他所谓的"以能文为本"的作品,就是
此类。这样的篇章,其主要目标,既不是追求善("褒贬是非"),也不是追
求真("纪别同异"),而是追求文辞之美,也就是"以能文为本"。

　　"以能文为本"既是文学作品与其他作品的根本区别,同时也是萧统
编集《文选》、甄选历代"词人才子"作品中的"清英"的审美标准。如何判
定一个作品是否"能文"? 如前所述,萧统是以一种看似不经意的方式点
出这一根本标准,即"事出于沈思,义归乎翰藻"。

　　"事出于沈思,义归乎翰藻"是针对"记事之史,系年之书"中的赞论、
序述而言的。《文选》所选史籍中的赞论、序述主要指史论、史述赞两大
类,包括:班固《汉书》之《公孙弘传赞》、《述高纪》、《述成纪》、《述韩英彭
卢吴传》,干宝《晋纪》之《论晋武帝革命》、《总论》,范晔《后汉书》之《皇后
纪论》、《二十八将传论》、《宦者传论》、《逸民传论》、《光武纪赞》,沈约《宋
书》之《谢灵运传论》、《恩幸传论》等。萧统之所以看重这两类作品,是因
为它们或者"综缉辞采",或者"错比文华"。说到底,是因为这些作品的
文辞错综排布,显示出华美的文采来。所谓"事出于沈思",意思是说这
些传主的史事之选择经过了深思熟虑。所谓"义归乎翰藻",则是指针对
这些史事而发的"赞论"、"序述",在表达其主旨时讲求文采、辞藻之美。
萧统提出"事出于沈思,义归乎翰藻"的审美标准,强调的是后一句,也就
是要求文学作品在表达时要讲求文采、藻饰之美。这样的文学作品,才
值得反复玩味、沉吟,阅读者才能从中获得与"入耳之娱"、"悦目之玩"相
似的审美愉悦。

　　所谓"义归乎翰藻"绝不只是片面追求文采和藻饰,而是要求"义"与
"翰藻"的内在和谐、统一,具有文质彬彬的美学品格,这是萧统"以能文
为本"的美学主张的全部内涵。萧统《答湘东王求〈文集〉及〈诗苑英华〉
书》(《全梁文》卷二〇)中详细阐述了这一美学思想。他说:"夫文典则累

---

① 萧统:《文选》,第413页。

野,丽亦伤浮,能丽而不浮,典而不野,文质彬彬,有君子之致,吾尝欲为之,但恨未逮耳。"所谓"丽而不浮",就是文辞华美而不流于肤浅浮薄。所谓"典而不野",就是文义典正,文辞又不过于朴野无华。一味追求文义典正,而不讲求辞采,就会失之朴野,难以令人餍足;一味讲求文辞华丽,而不注重雅正,就会失之浮浅,有伤君子之德。

在萧氏文学群体中,萧统的美学观念是比较节制的。不过,我们仍然可以从中看出时代的确切消息。第一,萧统以"综缉辞采"、"错比文华"为理由,选入数篇史论和史述赞,它们入选的根本原因还在于其富于文采和藻饰。第二,所谓"文典则累野,丽亦伤浮",强调不可因为文义典正而使文辞流于朴野,这样,文辞之美成为萧统最为看重的文学特性;"丽而不浮,典而不野"两句,文辞在前而文义在后,依然是在强调文辞之美的首要地位。所以说,尽管萧统主观上意欲追求文义典正与文辞华美和谐统一的美学理想,但是,他又在不自觉间流露出对于文采、藻饰的偏重。正因为如此,他承认,对于文义典正与文辞华美和谐统一的美学理想,"尝欲为之,但恨未逮耳";而他自己的文集,"集乃不工,而并作多丽"(《答湘东王求〈文集〉及〈诗苑英华〉书》,《全梁文》卷二〇)。也就是说,萧统觉得自己还没有臻达这样的美学理想,因为他的作品文义典正不足,而文采藻饰有余。对于"丽而不浮,典而不野"的审美理想,萧统虽然心向往之,但坦承自己力不能至。这,也许就是时代风尚的影响力所在吧。

二、"惟属意于新诗":徐陵《玉台新咏·序》的审美趣味

《陈书·徐陵传》和《南史·徐摛传》所附的徐陵传中,均未曾提及徐陵编撰《玉台新咏》一事,而《隋书·经籍志》明确记载有:"《玉台新咏》十卷,徐陵撰。"关于这本选集的来由,刘肃《大唐新语·公直》说:"先是,梁简文帝为太子,好作艳诗,境内化之,浸以成俗,谓之宫体。晚年改作,追之不及,乃令徐陵撰《玉台集》,以大其体。"①《玉台集》,就是《玉台新咏》。

① 刘肃:《大唐新语》,第 42 页,北京:中华书局,1984 年。

晁公武《郡斋读书志·总集类》著录《玉台新咏》十卷，并附有解释："唐李康成云：'昔陵在梁世，父子俱事东朝，特见优遇。时承平好文，雅尚宫体，故采西汉以来词人所著乐府艳诗，以备讽览。'"①大约徐陵编撰《玉台新咏》的事情发生在梁简文帝为太子之时，因为所选录的诗歌好尚新艳，此事又无关军国大体，加之徐陵的主要事迹都系于陈代，所以唐初撰史者对这件事都采取隐而不录的态度。至于编书的原因，刘肃认为是为了"大其体"，也就是光大宫体；李康成则认为《玉台新咏》的编撰是顺应当时的诗歌风尚，"以备讽览"。总之，二人都认为徐陵编撰《玉台新咏》这件事，是在梁简文帝为太子，徐氏父子俱事东朝时所发生，而且与宫体诗有着直接关系。

　　从其序言可以看出，《玉台新咏》有着特定的读者群体和编选用意。徐陵《玉台新咏·序》毫不隐讳地指明这本选集的读者群体及其选辑原则，并总括道："撰录艳歌，凡为十卷。"②《玉台新咏》所预设的受众是特定人群，即居住深宫、富有才情的佳丽；其目标也极为明确，就是为这些丽人消解愁闷。《玉台新咏·序》盛赞宫中丽人富于文才、妙解文章、工于诗赋，对于文章极为爱好，她们所创作的作品也极为繁多："天时开朗，逸思雕华，妙解文章，尤工诗赋。琉璃砚匣，终日随身；翡翠笔床，无时离手。清文满箧，非惟芍药之花；新制连篇，宁止蒲萄之树。九日登高，时有缘情之作；万年公主，非无累德之辞。其佳丽也如彼，其才情也如此。"宫中丽人如此佳美而又富有才情，当然足以一时倾国倾城。但是，君恩总有衰减之日，一旦如此，便陷入"优游少托，寂寞多闲"的境地，其内心的苦寂、愁闷可想而知。这时，虽然有诸多游戏活动可以怡情尽欢，然而习久之后，也会心生厌倦，于是唯有寄情新诗："虽复投壶玉女，为观尽于百骁；争博齐姬，心赏穷于六箸。无怡神于暇景，惟属意于新诗，庶得代彼皋苏，蠲兹愁疾。"对于丽人来说，新诗具有传说中皋苏的神奇功效，可

① 晁公武：《郡斋读书志》卷二，第97页，上海古籍出版社，1990年。
② 吴兆宜等：《玉台新咏笺注》，中华书局，1985年。凡引《玉台新咏》及其序，均据此书，后不再注。

以释劳,也可以祛除日渐郁积的愁怨。我们姑且不去推究徐陵的这种预设是否也是承梁简文意旨,不过,我们注意到一个基本事实,那就是:在徐陵这里,诗歌(我们也暂且不去推究诗歌的具体类型)已经被类同于种种游戏活动,用来"为欢"、"心赏"、"怡神",而且,诗歌的功效明显超过这些游戏活动,足以在更深层次上安慰人心,"蠲兹愁疾",以消遣深宫中的漫漫时日。以往这些丽人写作诗赋的时候,或许还有逞才争宠的意思,如今在愁闷之中阅读诗歌,则既不是寻求身后声名的不朽,也不是希望借此挽回君恩,纯粹只是为了安慰自我、消遣时日而已。总而言之,诗歌只是关乎个人的一种审美活动,或者说,一种高层次的智力游戏。前面我们谈到,萧统《文选·序》将文学作品比作"入耳之娱"、"悦目之玩",已经在消解文学的神圣光环,不过,萧统思想仍趋于正统,因而说得有些影影绰绰。徐陵《玉台新咏·序》则十分直白地交待文学作品的游戏效用和消遣色彩。

而且,《玉台新咏·序》明确指出了全书追求新艳的审美倾向。《玉台新咏》一书的审美倾向,全在"艳诗"二字。明人袁宏道曾说:"抽架上书读之,得《玉台新咏》,清新俊逸,妖媚艳冶,锦绮交错,色色逼真。"[1]正因为《玉台新咏》有着特定的受众群体和审美原则,所以,时过境迁之后,后代读者对其审美趣味褒者少,贬者尤多,而褒扬者又多着眼其保存诗歌文献方面,像袁宏道这样直接赞扬《玉台新咏》选诗之艳美者,实在是少之又少。清人纪容舒曾指出:"六朝总集之存于今者,《文选》及《玉台新咏》耳。《文选》盛行,《玉台新咏》则在若隐若显间,其不亡者幸也。"为何两本总集会有如此相异的命运呢?其实,从纪容舒本人的态度也可看出其中端倪,他在撰写《玉台新咏考异》完毕之后慨叹:"丹黄矻矻,盖四阅月乃粗定。耗日力于绮罗脂粉之词,殊为可惜。"[2]很明显,纪容舒将《玉台新咏》中的诗歌视为并不值得耗费时日精力的"绮罗脂粉之词"。

---

[1]《玉台新咏笺注》附录之"补序跋二十八篇",第539页。
[2] 同上书,第543页。

梁启超的评价则要平允一些,他指出:"《新咏》为孝穆承梁简文意旨所编,目的在专提倡一种诗风,即所谓言情绮靡之作是也。其风格固卑卑不足道,其甄录古人之作,尤不免强彼以就我。虽然,能成一家言。欲观六代哀艳之作及其渊源所自,必于是焉。故虽漏略,而不为病。且如魏武帝、谢康乐诗一首不录,阮诗仅录二首,陶诗仅录一首,然而不能议其隘陋者,彼所宗不在是。"①

《玉台新咏》的"所宗",不像昭明太子萧统在《文选·序》中那样,说得含糊而又若有若无。《玉台新咏·序》明确其"所宗"在于"新诗",在于"艳歌"。徐陵《玉台新咏·序》之所以开篇花大量笔墨来描绘宫中丽人的居所、相貌、才艺、影响、情爱等,然后才进入正题,这既是有意使丽人群体形象更为丰满、真实,坐实"玉台"这个词语,也是他一向追求新奇的表达习惯使然。"新诗"之"新",并非时代之"新",而是风格之"新",也就是上文刘肃、李康成、袁宏道、梁启超等人都提及的《玉台新咏》的基本审美品格:"艳"。《玉台新咏》诗歌审美追求"新",首先在于上文已经详述的审美态度。也就是说,以《玉台新咏》为对象的诗歌审美活动,其目的在于投身于诗歌带来的美感体验,在其中释放自我,从而超越现实生活带来的郁悒情怀。这样的美感体验,完全是个人化的,个性化的,非功利的,因而也足以冲破一切加诸诗歌审美之上的外在因素的束缚。所以,《玉台新咏》所"属意"的"新诗",在其审美活动的起始处就已经抛开(或者说淡忘)了萧统《文选·序》中所念念不忘的"风雅之道"。

《玉台新咏》诗歌审美追求"新",其次在于其审美趣味之"新"。徐陵明确指出,所有抄录、选入《玉台新咏》的诗均为"艳歌"。他所说的"艳歌",一是全以女性为描写对象;二是情感放荡直露,不避艳情;三是文辞绮靡艳冶,摇曳着绮罗脂粉之气。所以,从描写对象、情感内容,到文辞风格,《玉台新咏》都有别于以往的文集,唯以艳丽取胜,故而令时人耳目一新。另一方面,徐陵又认为这些诗歌"曾无忝于雅颂,亦靡滥于风人,

---

① 《玉台新咏笺注》附录之"补序跋二十八篇",第 551—552 页。

泾渭之间,若斯而已"。所谓"无忝于雅颂",意思是说,《玉台新咏》无愧于《雅》、《颂》所代表的雅正之道;所谓"靡滥于风人",意思是说,《玉台新咏》并不比《国风》更为淫放。这就意味着,《玉台新咏》中的诗歌,无愧于雅正的《雅》、《颂》,也没有逾越《国风》的尺度,因而合于《诗》道,与之在"泾渭之间"。

显然,所谓"无忝于雅颂",只是徐陵的虚饰之辞。徐陵没有像萧纲一样明言"文章且须放荡"(萧纲《诫当阳公大心书》),但他所编选的《玉台新咏》,显然已经疏离了诗歌的雅正之道,追求新艳,其审美趣味也正在"放荡"二字。

也许,我们可以追问:为什么宫中丽人唯独"属意于新诗"? 为什么她们特别倾心于古往今来的艳诗? 或者说,《玉台新咏》完全以艳丽为标准,裁断、汰选古今诗歌,有何内在根据? 从美学的角度来说,"美是作为无蔽的真理的一种现身方式"①,那么,任何类型的文学作品都有可能使一种存在澄明,从而在作品中嵌入美的光亮,并且被读者所领受。从读者的角度来说,领受便意味着一种融入和敞开。丽人被"新诗"所吸引,是因为当她们阅读时,这些"艳歌"所照亮的某种存在对她们敞开了,她们可以自然而然地融入到这些敞开者之中去。相反,捣衣、织锦等传统的女工活动,女性本也可以从中获得某种美感,但宫中丽人对这些活动如此陌生,因而很难融入其中,才会有所谓"纤腰无力,怯南阳之捣衣;生长深宫,笑扶风之织锦"。这些丽人更为熟悉的是音乐才艺和诗赋文章,"妙解文章,尤工诗赋",既然"妙解"、"尤工",则已有相当高的文学素养了。不过,这些仍然不足以解释"撰录艳歌"的根本原因。

根本原因还在于这些"艳歌"的女主人公的命运足以引起丽人的共鸣,这种共通的命运感促使丽人融入其中、陶醉其中。梁启超说:"欲观六代哀艳之作及其渊源所自,必于是焉。"《玉台新咏》所收诗歌确有"哀艳"的特点。"哀",是因为诗中女主人公的命运多有不偶;"艳",是因为

---

① 海德格尔:《艺术作品的本源》,《林中路》,第43页。

诗中女主人公锁居深闺,陈设、服饰大多考究华美,也与艳情有一定关联。这些,与《玉台新咏·序》中所描绘的宫中丽人的情形何其相似!这些"新诗"(或者说"艳歌")的主人公美丽的衣饰、明艳的外貌,她们的才情、修养,她们与恋人相聚的欢愉,与恋人久别的忧愁,这些都足以令锁闭深宫的丽人产生强烈的认同、共鸣。这种生活情调和情感体验,都是丽人最为熟悉的,也是她们最易于领受的。在这样的美的领受中,丽人既是他人命运的领受者,也是自身命运的体验者,达到演员与观众的重叠合一。丽人领受美的光亮,她们沉醉于这种光亮之中,并不会去注意这种光亮本身的边界所在。

不管徐陵撰录《玉台新咏》的真实目的是不是为丽人消解愁闷,他的序言所建构的内在逻辑却正是如此,即:深宫丽人凭借才艺得宠→君恩衰弛之后寄情诗歌→撰录艳歌助其消遣永日。即使徐陵只是假托所谓的深宫丽人而为之,他追求"新"、"艳"的美学趣味却在《玉台新咏》及其序言中得到了深刻体现。《玉台新咏》唯选"艳诗",有时甚至不惜"强彼以就我",也就是主观臆测,不惜割裂作品的原旨,"最明显者莫过于入选的阮籍两首《咏怀》。这两首无疑都在讽刺世间友情的善变,所谓'刺时人无故旧之情,逐势利而已',但《玉台新咏》全不顾,前者单取男、女相恋,后者则是作为娈童诗的滥觞"①。正是这种务求其极的审美态度,冲破了萧统所斤斤执守而不敢跨越的美学界限,因此,"其文颇变旧体,缉裁巧密,多有新意"(《陈书·徐陵传》)。

第四节　文笔之辨的审美维度

由魏晋而南朝,文学的发展一波三折。在中国文学史上,这是最为自由、最有活力的时期之一,也是中国古典文学蜕故孳新的重要阶段。尽管历经曲折(比如魏晋之际的沉重气氛、东晋时期体玄祛情的风尚),

---

① 朱晓海:《论徐陵〈玉台新咏·序〉》,《中国诗歌研究》(第四辑),第 18 页。

文学毕竟挣脱了正统观念的影响,开始顺着自身轨迹前行,中国文学的根本性质、形式特点逐渐凸显出来。魏晋南朝文学对中国文学的基本气质、品格的影响是根本性的,也是极为深刻的。从美学的角度来说,魏晋南北朝时期对文学形式理论的深入探讨,实际上是文学对于自身审美特性的自觉,所以说,"对文学艺术形式美的追求,是魏晋南北朝美学的重要特征"①。具体而言,这主要表现在两个方面,其一是文笔之辨,其二是声律理论。因此,本节与下一节专门讨论这两个方面的问题。

一、"文笔"的基本含义

"文笔之辨"是在宽泛意义上的文章范围内辨析"文"与"笔"各自的含义、界限以及两者的差异。通过这种区划,人们对文学的基本类型、审美特性有了更为深入的认识。魏晋南朝时期,人们对于"文"、"笔"的区分,基本上是以审美为尺度,以文学的审美特性为标向,"文学"的内涵越来越倾向于后代的纯文学、美文学。所谓六朝文学的自觉,从根本意义上来说,就是文学审美特性的自觉。所以,"文笔之辨"既是六朝文学自觉的重要标志,也是六朝审美自觉的重要内容。

"文笔之辨"的深入,与文体种类增多、区分细化有很大关系,正因为人们对于不同文体的审美特点有了更加细致深入的认识,所以,在逐步细化的同时,也认识到它们在体制、形式等方面的明显差异。魏晋南朝时期文体的逐渐细化,我们在上一节有关《文选·序》的内容中有所论述,此处不一一列举。值得注意的是,萧统《文选》在诗、赋这两大文体类别下再行划分门类,其中赋包括十五个二级门类,诗包括二十三个(或说二十四个)二级门类,两者篇幅合起来为《文选》全部选文的二分之一②。明显将诗、赋从众多文体中区分出来,显示出对于诗、赋等纯文学作品的

---

① 袁济喜:《六朝美学》,第 341 页,北京大学出版社,1999 年。
② 今本《文选》共为六十卷,其中,卷一至卷一九是赋,卷一九至卷三一是诗,诗、赋两种合起来占了三十一卷。

重视。这与徐陵《玉台新咏》专选诗歌、钟嵘《诗品》专论五言诗,其实是同一趋向。

当然,文体意识强调不同文体各自的审美特性、体制特点、使用途径等,"文笔之辨"则强调在泛文学意义上作品内部的根本区分,也就是某些文体的作品与其他文体的作品之间的根本差别。这种区分有时看起来是出于使用途径,或是体制特点,但根本的差别还在于它们各自的审美特性。也就是说,文学作品的审美特性是区别"文"、"笔"的根本原则。

这种区分的原则,在魏晋时期还是模糊晦昧的。这时,人们虽然对某一种或几种文体的特性有较深的认识,但对作为文学作品共通的审美特质都还只是一种相对粗放、模糊的认识①。比如,曹丕《典论·论文》依次论述奏议、书论、铭诔、诗赋,陆机《文赋》依次论述诗赋、碑诔、铭箴、颂论、奏说,两人论述的排序基本相反,但大体上是按照有韵之文与无韵之文分列的。进入南朝,随着文学作品和文学之士的地位逐渐提升,人们对于文学创作的兴趣大增,尤其是齐梁时期,"贵贱贤愚,唯务吟咏","世俗以此相高,朝廷以兹擢士。禄利之路既开,爱尚之情愈笃"。② 这样的结果,就是便于吟咏的有韵之文地位日高,影响日重;而无韵之文因为强调实用、不便吟咏,逐渐与前者区分开来。

魏晋时期,"文笔"泛指文章,并未细加辨析。如曹操《选举令》:"国家旧法,选尚书郎取年未五十者,使文笔真草,有才能谨慎,典曹治事,起草立义。"(《全三国文》卷二)闻人牟准《魏敬侯卫觊碑阴文》:"(卫觊)所著述、注解、故训及文笔等甚多,皆已失坠。"(《全三国文》卷二八)《晋书》中多处用到"文笔"一词,都泛指文章,既包括实用性的论议之文,也包括抒写个人心性的诗赋。如《晋书·侯史光传》:"光儒学博古,历官著绩,文笔奏议皆有条理。"《晋书·贺循传》附杨方传:"在郡积年,著《五经钩沈》,更撰《吴越春秋》,并杂文笔,皆行于世。"《晋书·王鉴传》:"鉴少以

---

① 陆机《文赋》作为例外,已然认识到这些,并且以之为"文"的共同特点,但他只是单独谈"文"的特性,而并不是在"文笔之辨"这个视域中来谈的。
② 李谔:《上隋高帝革文华书》,《隋书·李谔传》,第 1544 页。

文笔著称。"《晋书·范汪传》附范坚传:"(范坚、范启)父子并有文笔传于世。"《晋书·蔡谟传》:"谟博学,于礼仪宗庙制度多所议定。文笔论议,有集行于世。"《晋书·习凿齿传》:"凿齿少有志气,博学洽闻,以文笔著称。"《晋书·袁瑰传》附袁乔传:"(袁)乔博学有文才,注《论语》及《诗》,并诸文笔皆行于世。"《晋书·文苑传》:"(张翰)其文笔数十篇行于世","(曹毗)凡所著文笔十五卷,传于世","(袁宏)累迁大司马桓温府记室。温重其文笔,专综书记。"

所以说,魏晋时期,人们将有韵之文(如诗赋)、无韵之文(如论议)相属连类地陈述措置,显示了一种相对粗放的、下意识的区分,不过,这时"文笔"常常连用,并未细分。《晋书》虽为唐人所编,但唐人编史所本,大多应为晋宋时期的书籍,所反映出来基本上仍可视为晋人观念。上引材料中,张翰、曹毗、袁宏等人入《文苑传》,则其文集中诗赋应不在少数,而蔡谟、侯史光等人博通儒学,其文集中主要为典章制度论议之作,他们的文章都统称"文笔"。这说明,魏晋人虽然逐渐认识到文体之间的某些细微区分,但尚未从理论上自觉认识不同文体之间的审美共性,更没有以"文笔"来具体指称这些共性。

从魏晋到南朝,"文笔之辨"是一个动态的认识过程,这个问题"在南朝的文论家中,经历了不断发展与完善的过程,标志着人们对文学性质和特点的认识越来越加深,从最初注重韵律美到要求韵律、词采美与情感的自然抒发融为一体,体现了魏晋、南朝时文论家把形式美与文学的抒情特质密切加以联系的美学观念"[①]。

二、颜延之的言笔之辨

据史料记载,最早将文、笔明确加以区分的人是刘宋时期的文学家颜延之。《宋书·颜竣传》:"太祖问延之:'卿诸子谁有卿风?'对曰:'竣得臣笔,测得臣文,㚟得臣义,跃得臣酒。'"又《宋书·颜延之传》云:"元

---

① 袁济喜:《六朝美学》,第 350 页。

凶弑立,以为光禄大夫。先是,子竣为世祖南中郎咨议参军。及义师入讨,竣参定密谋,兼造书檄。劭召延之,示以檄文,问曰:'此笔谁所造?'延之曰:'竣之笔也。'又问:'何以知之?'延之曰:'竣笔体,臣不容不识。'劭又曰:'言辞何至乃尔。'延之曰:'竣尚不顾老父,何能为陛下。'劭意乃释,由是得免。"由以上两则史料可知,"笔"指的是檄文之类的实用性文章。

不过,在颜延之看来,"笔"也是讲求文采的。《文心雕龙·总术》:"颜延年以为笔之为体,言之文也;经典则言而非笔,传记则笔而非言。"《尚书》等经典只是简洁地记载前人的口头语言,拙直而不重文采,因而是言,而不是笔;《左传》等传记著作,记载的口头言语经过了修饰整理,生动而有文采,所以是笔,而不是简单的言。颜延之的这种观点与时人的看法有些不同。《文心雕龙·总术》提到:"今之常言,有文有笔,以为无韵者笔也,有韵者文也。夫文以足言,理兼诗书,别目两名,自近代耳。"时人以有韵、无韵来区分文笔,而颜延之则强调笔也是需有文采的,这当然与他个人追求藻绘雕琢、错彩镂金的文风有关。

颜延之明确区分"文"、"笔",但并未提出"文"、"笔"的划分标准。与常人观念不同的是,他提出了"经典非笔"的看法,在无韵之文中作了进一步的区分,实际上明确了"笔"需有文采的特征。这一观点主要出于他自己的创作体验和文风追求,并不意味着他对经典的鄙弃或轻视。事实上,颜延之《庭诰》(《全宋文》卷三六)强调"内居德本"和"观书贵要"。所谓"要",他先后列举了《诗》、《春秋》、《易》等,全是儒家经典。可以看出,颜延之"经典非笔"的论述,显示了对经典文辞过于拙直的不满,这主要是从文学之美的角度提出的。至于做人修德,则须务本,所以仍然离不开经典。这实际上已经暗含了萧纲《诫当阳公大心书》中所宣示的为人、为文分途的观点,显示出晋宋之际美学观念的新变。

颜延之以文学之美为标准,对经典文辞有所不满,这令主张征圣宗经的刘勰深感难安。他提出:"易之文言,岂非言文?若笔不言文,不得云经典非笔矣。将以立论,未见其论立也。予以为发口为言,属翰曰笔,常道曰经,述经曰传。经传之体,出言入笔,笔为言使,可强可弱。分经以典奥为不刊,非以言笔为优劣也。"(《文心雕龙·总术》)他认为言、笔的区别只不过是前者由口头宣达,而后者形诸笔墨。由此出发,他认为经、传都出入言、笔,并无颜延之所暗示的优劣之分。

刘勰为了维护经典至高无上、牢笼诸文的神圣地位,宣称圣人之文都是富于文采的。他说:"圣文之雅丽,固衔华而佩实者也"(《文心雕龙·征圣》),又说:"圣贤书辞,总称文章,非采而何!"(《文心雕龙·情采》)这样的说法,显然是很勉强的。"文章"本是泛指所有文学作品,南朝人正是要从中区分出那些富于文采的作品来,而刘勰声称南朝人的此一追求可以追溯到圣人的典范、遗则,这反映出刘勰的矛盾心态。一方面,他认识到文学作品之道包括声文、形文、情文,这是因为重文采、重情性的时代文风深深影响了他的审美观念;另一方面,他又主张原道、征圣、宗经,力图以此来矫正时人追逐新奇、流荡不归的弊端。

刘勰的用心可谓良苦,确有其合理性,梁陈文学的发展走向也充分证实了他的忧虑。不过,从颜延之、萧纲区分为人与为文来看,南朝人已经将文学视为一个有着自身独立价值的领域,并且试图在这一领域内建立相对两汉人而言更为独立的审美评价标准。刘勰身处这种时代潮流之中,坚持要将为人、为文重新合轨同辙,这本身就是一种充满理想色彩而又颇为矛盾的立场。本来,圣贤之德与圣贤之文都是值得不断回溯的,它们代表着一种文明的精神家园,可以照亮后人的道路,在一个缺乏理想、精神空洞的时代中,尤其如此。但是,这种对圣贤书辞的回溯,必须结合当下的人心和文学自身的需求,才能有着正面的引导作用。刘勰绍继往圣的意愿极其强烈,这种强烈愿望转化为一条无形的审美标尺,影响了他对文学史和当代文学的基本认识。比如,他在《明诗》、《诸子》、《通变》、《情采》等篇中多次批评近世文学的弊端,流露出"从质而讹,弥近弥澹"(《文心雕龙·通变》)的文学史观,就是根据这样的逻辑预设和审美标尺而得出。他的这种文学史观,虽然准确反映了当下文学发展中的某些问题,但显然误判了当下文学的内在需求,也偏离了文学发展的内在规律。后世许多评论家和研究者在谈到南朝文学、美学时,其实也深受刘勰这种文学史观的影响。

不过,刘勰的《文心雕龙》基本接受了时人以有韵、无韵来区分文笔的做法。其《序志》说:"论文叙笔,则囿别区分。"《文心雕龙》上篇论文体,正是依有韵之文、无韵之文的顺序来论述的:从《明诗》到《谐讔》十篇,论述了诗、赋、颂等有韵的文体;从《史传》到《书记》十篇,则论述了史传、诸子等无韵的文体。而且,《文心雕龙》多处以"文""笔"对举,比如"笔区云谲,文苑波诡"(《体性》),"属笔易巧,选和至难,缀文难精,而作韵甚易"(《声律》),"夫裁文匠笔,篇有大小","搜句忌于颠倒,裁章贵于顺序,斯固情趣之指归,文笔之同致也"(《章句》),"孔融气盛于为笔,祢衡思锐于为文,有偏美焉"(《才略》)等。此外,刘勰偶尔也用"文笔"来泛指文学作品,如"唯藻耀而高翔,固文笔之鸣凤也"(《风骨》)。

三、范晔的"文笔说"

范晔的《狱中与诸甥侄书》概述了自己在清谈、文学、史学、音乐、书法等方面的修养和成就,对自己的文学、史学成就尤其引以为傲。

在这封家书中,他也谈到了文笔的差异性。他说:"年少中,谢庄最有其分,手笔差易,文不拘韵故也。吾思乃无定方,特能济难适轻重,所禀之分,犹当未尽。但多公家之言,少于事外远致,以此为恨,亦由无意于文名故也。"(《宋书·范晔传》)在范晔看来,文笔的差异性体现在两个方面:其一是有韵与无韵之别。所谓"手笔差易,文不拘韵故也",就是说"手笔"写起来相对容易一些,这是因为它可以不拘用韵的缘故。这里的"文",是泛指文章。范晔擅长写"公家之言",也就是书记章表之类实用性的文章,所以对"笔"更为熟悉,所谈便从"手笔"的角度来说。其二是"公家之言"与"事外远致"之别。"公家之言"都是实用性很强的文章,属于无韵之"笔",这在当时并不能为作者带来"文名"。"文名",即善于写文章的名声,这里的"文"是指诗、赋之类的有韵之文。与"笔"追求实用不同,"文"更多地追求"事外远致",范晔这里谈到了文学作品的一个极为重要的审美特征,前人对这一点还没有引起足够的重视。

"事外",即世俗事务(尤其指公务)之外;"远致",即高远的情致。合而言之,就是超迈于世俗事务之外的高远情趣。魏晋玄学崇尚自然无为,冀望遗弃万有,悟达超脱、无羁的精神境界,因而追求高情远致。在范晔看来,"文"就是要表现这种超脱的意趣,或者说超脱之美。他因为心系世俗之事,无意追求"能文"的名声,所以,写起文章来"多公家之言",缺乏一种超越之美,他对此颇感遗憾。范晔在谈到自己的音乐感悟时,对超越之美颇多体验:"吾于音乐,听功不及自挥,但所精非雅声,为可恨。然至于一绝处,亦复何异邪?其中体趣,言之不尽,弦外之意,虚响之音,不知所从而来。"(《宋书·范晔传》)他认为雅乐与俗乐在最高境界上是一体相通的,而且感受到了在具体的、有形的音声之外音乐所特有的美和意趣。

因为范晔在音乐世界中把捉到了这种超越的美,这种"事外远致",所以,他以此作为文笔的重要区别。文学之美本是多元化、多姿多彩的。颜延之对于文采美的崇尚,范晔对于超越之美的向往,是在"文笔之辨"这一话题下出现的多元美学追求。范晔对超远之致的向往,也从一个侧面解释了刘宋时期山水文学、美学兴起的原因。

此外,从范晔"以此为恨,亦由无意于文名故也"的陈述可以看出,范晔所在的刘宋时期,富于"事外远致"的诗赋之类的文学作品(如山水诗)已经占据了文坛的主流,为时人所重。要想获取"文名",必须写出有着"事外远致"的佳作来。由此可见,当时"文"的地位在迅速上升,影响力在增大。相对而言,"笔"则更多地运用于具体事务处理之中。"文"、"笔"分途的趋势这时已经十分明显了。"文"、"笔"之间的区别,不再停留在有韵、无韵这一相对简明易辨的层面,而是逐渐深入到它们各自不同的用途、极具差异的审美特质和此消彼长的影响力等复杂层面。

四、萧绎的"文笔说"

齐梁人对于文学,有着异乎寻常的嗜爱,也有着足够的自信。他们提出自己的独到见解,以个性化的审美标准品评、编选前人诗文,相互交流、切磋。这个时期的文人群体,有着如下两个鲜明的特点:其一,对文学创作、文学发展有着极为自觉的、强烈的担当意识,颇有激浊扬清、文道在斯的气概;其二,对文学创作和阅读有着发乎真性的强烈嗜好,以此为乐,不知疲倦,尤其以萧统、萧纲、萧绎兄弟及其周围的文人为代表。钟嵘《诗品》、刘勰《文心雕龙》、萧统《文选》、徐陵《玉台新咏》,就是在这样的文学背景下出现的。

这一时期,人们对文学的审美特质有了更为深入的认识。以萧统、萧纲、萧绎三人为例,虽然他们的文学观念各有不同,但对文学的审美特征都有较为深刻的认识。萧统的文学观念折中的痕迹比较明显,不过,其《文选·序》所宣称的"综缉辞采"、"错比文华"、"事出于沉思,义归乎翰藻"等美学理想,已探及文学作品与非文学作品的根本区别。兄弟三人中,萧纲的文学观念最为洒落不羁,也最富个性色彩。他在《诫当阳公大心书》中提出"立身"与"文章"的分途,主张"文章且须放荡",认为文学作品应当无拘无束地表达作者的个体情性;其《答新渝侯和诗书》(《全梁文》卷一一)又提出了"性情卓绝,新致英奇"的审美理想。

萧绎的文学思想则主要集中在《金楼子·立言》,其"文笔说"也包含在其中。《金楼子·立言》说:

> 古人之学者有二,今人之学者有四。夫子门徒转相师受,通圣人之经者谓之儒。屈原宋玉枚乘长卿之徒,止于辞赋,则谓之文。今之儒,博穷子史,但能识其事不能通其理者谓之学。至如不便为诗如阎纂,善为章奏如伯松,若此之流,泛谓之笔,吟咏风谣,流连哀思者谓之文。而学者率多不便属辞,守其章句,迟于通变,质于心用。学者不能定礼乐之是非,辩经教之宗旨,徒能扬榷前言,抵掌多识。然而挹源知流,亦足可贵。笔退则非谓成篇,进则不云取义,神其巧惠,笔端而已。至如文者,惟须绮縠纷披,宫徵靡曼,唇吻遒会,

情灵摇荡,而古之文笔,今之文笔,其源又异。①

在上段话中,萧绎在"儒"、"学"、"文"、"笔"的视域中来审视"文"、"笔"的根本差异。他列举了"文"的主要文体,包括诗、赋辞,同时也列举了"笔"的代表性文体,即章奏。郭绍虞先生说:"盖六朝文、笔之分,实源于两汉文学、文章之分"②,指的就是这种视角。所谓"古之学者",应该就是指汉代学者。汉代的"儒",今天分为"儒"和"学";汉代的"文",今天则分为"文"和"笔"。齐梁人所谓"文学"(或"文学之事之士"),是兼指"文"、"笔"而言的。善于撰写章奏等实用文章的人,依然被视为擅长文章,"文学"在这时还是泛指文章的。但是,在"文学"或文章内部,人们已经清晰认识到"文"、"笔"的根本不同。

萧绎以上这段话的美学意义在于,他根据审美特性的不同对"文"、"笔"作了严格的区分,提出了关于"文"的审美标准,这已经很接近于今天的纯文学观念。他所提出的"文"的审美标准包括三个方面:一是强烈而动人的情感。"情灵摇荡",指思想情感被触发、感动,与钟嵘《诗品·序》所说的"摇荡性情,形诸舞咏"同义,不过前者还可以指"文"的阅读效果。"流连哀思",指沉湎于悲愁的情绪之中,也就是刘勰《文心雕龙·乐府》所说的"志不出于淫荡,辞不离于哀思"。二是和谐悦耳的声律。"宫徵靡曼,唇吻遒会",指声调柔美曼妙,节奏富于变化。三是华美的文辞藻饰。"绮縠纷披",指华美的文辞藻绘,如同各种艳丽的丝织品盛陈。

将萧绎关于"文"的审美标准与陆机《文赋》相比较,可以清楚看出二者的传承关系:萧绎所说的"宫徵靡曼,唇吻遒会"、"绮縠纷披",即《文赋》中的"其遣言也贵妍。暨音声之迭代,若五色之相宣"。陆机用来形容音声更迭起伏的"五色",被萧绎用来形容辞藻艳丽繁多。萧绎所说的"情灵摇荡"、"流连哀思",也就是《文赋》中的"和而不悲"、"悲而不雅"之"悲",即感动人心。二者在追求文辞华美藻绘、音声曲折动人上是一致

---

① 《金楼子》卷四,《丛书集成》初编本,第75页。
② 郭绍虞:《中国文学批评史》,第123页,天津:百花文艺出版社,1999年。

的。二者的显著区别在于,《文赋》所主张的情感内容,要"悲"而"雅",在动人的情感背后,有一种理性的力量在无形地牵制、约束、规范它,而在萧绎的美学标准中,并没有这种无形的约制力量的存在。

萧统、萧纲等人的美学主张同样显示出这种传承关系。他们的美学主张的差异主要在于情感的张放程度不同,萧统比较理性,类似于陆机,萧纲则最为恣肆。他们对于文藻美、声律美的追求,并无明显差异,都与陆机是一脉相承的,这也与齐梁时期的美学风尚息息相关。这样看来,南朝的"文笔之辨",实是把陆机《文赋》笼统归之于"文"的审美特性,清晰地归之为经过区别、限定之后的"文",作为其审美标准。不过,在这一看似简单的回归过程中,"文"的声律起伏更加规范有序,情感抒发也更为自然、无拘无束了。

第五节　声律论的美学意义

齐武帝永明年间出现的声律论,标志着南朝文人对于音声节律之美的自觉追求,基本决定了此后中国古典诗歌的体制特点,对中国文学的诸种文体都有着至为深远的影响。从美学的角度来说,声律论的形成,"是当时人自觉追求文学形式美的结果"[1],也是人们追求诗文内在的音乐美的结果。声律论试图在诗句内部建立一种高低起伏、错落有致的次序,这种次序依托于每一音节的平仄、声韵等要素(或特性),彼此调和配合,从而产生一种悦耳动听的音乐美。关于声律论在齐梁时期出现的原因,朱光潜先生解释说:"齐梁时代,乐府递化为文人诗到了最后的阶段。诗有词而无调,外在的音乐消失,文字本身的音乐起来代替它。永明声律运动就是这种演化的自然结果。"[2]可以说,声律论是文人诗由朴拙而工雅的发展过程中极为重要的一步。

① 袁济喜:《六朝美学》,第357页。
② 朱光潜:《诗论》,第196页,上海古籍出版社,2001年。

一、声律论的基本内容

永明年间,政局稳定,士人生活安逸,《南齐书·良政传序》说:"永明之世,十许年中,百姓无鸡鸣犬吠之警,都邑之盛,士女富逸,歌声舞节,袨服华妆,桃花绿水之间,秋月春风之下,盖以百数。"文人士子聚集谈论文章,称为一时风习。《南齐书·刘绘传》说:"永明末,京邑人士盛为文章谈义,皆凑竟陵王西邸。"正是在这样的文学氛围中,以声律论为核心的"永明体"新诗产生了。《南史》卷四八记载说:"时盛为文章,吴兴沈约、陈郡谢朓、琅邪王融以气类相推毂,汝南周颙善识声韵。约等文皆用宫商,将平上去入四声,以此制韵,有平头、上尾、蜂腰、鹤膝。五字之中,音韵悉异,两句之内,角徵不同,不可增减。世呼为'永明体'。"《梁书·文学传》也提到:"齐永明中,文士王融、谢朓、沈约文章始用四声,以为新变,至是转拘声韵,弥尚丽靡,复逾于往时。"

永明声律论的出现,除了以上朱光潜先生所提出的诗乐分离的原因之外,还有其他若干原因。一是魏晋宋齐时期的文人,诵读诗文、清谈高论时都很重视音声之美。《世说新语·言语》记载:"道壹道人好整饰音辞,从都下还东山,经吴中。已而会雪下,未甚寒。诸道人问在道所经。壹公曰:'风霜固所不论,乃先集其惨澹。郊邑正自飘瞥,林岫便已皓然。'"道壹道人的答辞既有对仗,又讲求押韵,虽然只是一次平常的应答,却显示了一种自觉追求语言韵律之美的倾向。宋齐时期,史册上所载此类事例更多,如《宋书·张敷传》、《南齐书·周颙传》、《南齐书·刘绘传》均有记载。二是佛教徒诵经说法时也常常需要音声美妙、抑扬动听,以提高宣讲的感染力。《高僧传·经师论》就说讲经的宗旨就是"以微妙音歌叹佛德",所谓"微妙音",即"精通经旨,洞晓音律。三位七声,次而无乱;五言四句,契而莫爽。其间起掷荡举,平折放杀,游飞却转,反叠娇弄。动韵则流靡弗穷,张喉则变态无尽。故能炳发八音,光扬七善"[1]。三是四

---

[1] 汤用彤校注:《高僧传》,第 508 页,北京:中华书局,1992 年。

声的发现和佛经的传译。据《南史》所载,齐梁人周颙撰有《四声切韵》,沈约撰有《四声谱》,王斌撰有《四声论》,都行于当时。沈括《梦溪笔谈》卷一四指出:"音韵之学,自沈约为四声,及天竺梵学入中国,其术渐密。"①由此可知,在声律论的发展过程中,四声的发现和佛经的传译都曾起到极为重要的作用。

永明声律论的基本内容,就是所谓的"四声八病"。

所谓"四声",就是《南齐书·陆厥传》所说的"以平上去入为四声"。平、上、去、入,指汉语音节的四种不同声调。在发现四声规律之初,既有理解认同的,也有不理解、不认同的。《文镜秘府论·天卷》引刘善经所言:"梁王萧衍不知四声,尝从容谓中领军朱异曰:'何者名为四声?'异答云:'天子万福,即是四声。'衍谓异:'天子寿考,岂不是四声也?'"②朱异在仓促之间所举的"天子万福"四字,其声调依次是平、上、去、入,涵括了四声;而萧衍所举的"天子寿考",其声调依次是平、上、去、上,只能算是涵括了三声。这个故事说明萧衍并不真正了解四声。钟嵘《诗品·序》说自己"至如平上去入,则余病未能",他所谓的"未能",当然并不是说自己根本不懂"平上去入"的意涵,而是说自己还不能(或者说不愿)熟练地遵循"四声"运用的规则,显然带有不愿认同这些烦琐规则的意思。

所谓"八病",根据宋代李淑《诗苑类格》、魏庆之《诗人玉屑》等书所言,应当是指平头、上尾、蜂腰、鹤膝、大韵、小韵、旁纽、正纽八种,也就是《文镜秘府论·西卷》"文二十八种病"的前八种。齐梁时期,声律论在五言诗中广泛应用,沈约《答甄公论》指出了谨守声律论而产生的美学效果:"作五言诗者,善用四声,则讽咏而流靡;能达八体,则陆离而华洁。"(《文镜秘府论·天卷》)这里,"八体"就是"八病"。声律论的根本原则在于:"宫羽相变,低昂互节,若前有浮声,则后须切响。一简之内,音韵尽殊;两句之中,轻重悉异。妙达此旨,始可言文。"(《宋书·谢灵运传论》)

---

① 胡道静:《梦溪笔谈校证》,第 490 页,上海古籍出版社,1987 年。
② 王利器:《文镜秘府论校注》,第 100 页,北京:中国社会科学出版社,1983 年。以下凡引《文镜秘府论》,均据此书。

也就是一行或两句中的音节,其平仄、轻重、清浊、声母、韵母都彼此不同,在错落变化之中实现和谐,从而产生"流靡"(华美悦耳)、"华洁"(清新华美)之美。常人作诗,很容易造成前后文辞的病累。"八病"就是指诗文中特定位置的音节的声调、韵母、声母之间需要避忌的八种病犯情形。

以下根据《文镜秘府论·西卷》"文二十八种病"所言,缕述"八病"的基本内容:

第一,平头。平头诗,也就是五言诗两句之内,第一个字不得与第六个字同声,第二个字不得与第七个字同声。同声,也就是不能同为平、上、去、入四声,犯者名为犯平头。平头诗曰:"芳时淑气清,提壶台上倾。"上句第一、二两字是平声,则下句第六、七两字不应用平声,然下句开头两个字均为平声,因而犯平头。

第二,上尾。上尾诗,也就是五言诗两句之内,第五个字不得与第十个字同声,名为上尾。如陆机诗曰:"衰草蔓长河,寒木入云烟。"上句第五字("河")是平声,则下句第十字("烟")不得复用平声,否则就是犯上尾。上尾,齐、梁以前,时有犯者。这是比较明显的声病,齐梁之后诗人尽量避免此病。若是犯上尾,文人会认为其人在诗文方面根本还没有入门。

第三,蜂腰。蜂腰诗,也就是五言诗一句之中,第二个字不得与第五个字同声。如果犯有此病,就会两头粗,中央细,犹如蜂腰。诗曰:"闻君爱我甘,窃独自雕饰。"上句中,第二个字("君")和第五个字("甘")同为平声,因而犯蜂腰。沈约解释说:"五言之中,分为两句,上二下三。凡至句末,并须要杀。"也就是说,五言诗中每一句的节奏为"二三",前两个字与后三个字可以视为前后两个分句,每一诗句中的第二个字、第五个字是这两个分句的句末字,因而要避免同声。

第四,鹤膝。鹤膝诗,也就是五言诗四句之中,第五个字不得与第十五个字同声。如果犯有此病,就会两头细,中央粗,犹如鹤膝,因为其诗中央有病。如班婕妤诗云:"新裂齐纨素,皎洁如霜雪;裁为合欢扇,团团似明月。"在这首诗中,第一句末尾的"素"字与第三句末尾的"扇"字同为去声,因而属于鹤膝诗。

第五,大韵。大韵诗,也就是五言诗两句之中,前面九个字不得与第十个字(即韵脚)的韵部同类,否则,即为犯大韵病。诗曰:"紫翩拂花树,黄鹂闲绿枝;思君一叹息,啼泪应言垂。"这首诗第十个字是韵脚"枝"字,那么,第七个字不得用"鹂"字,此为同类,应当避之。全诗二十字中,不得出现"羁"、"雌"、"池"、"知"等类。

第六,小韵。小韵诗,也就是五言诗两句之内,除韵以外,其余九个字不得同韵,否则,即为犯小韵病。诗曰:"搴帘出户望,霜花朝澹日;晨莺傍杼飞,早燕挑轩出。"这首诗第九字是"澹"字,那么上句第五字不得复用"望"字等音。犯小韵,如果出现在一句诗五字以内,情况就比较严重;如果出现在两句之内,就会稍微轻缓一些。这种病犯还算不上极为严重的问题,不过最好能够避免。

第七,旁纽。旁纽诗,也就是五言诗一句之中如有"月"字,更不得安"鱼"、"元"、"阮"、"愿"等字,此即双声,双声即犯旁纽。五个字中犯旁纽,是比较严重的声病;如果是在十个字中犯旁纽,情况就没这么严重。诗曰:"鱼游见风月,兽走畏伤蹄。""鱼"、"月"双声,"兽"、"伤"双声,此即犯旁纽。

第八,正纽。正纽诗,比如,"壬"、"衽"、"任"、"入"四字为一纽;那么,五言诗一句之中,如果已有"壬"字,更不得安"衽"、"任"、"入"等字。如此之类,名为犯正纽之病。诗曰:"心中肝如割,腹里气便燋;逢风回无信,早雁转成遥。"在这首诗中,"肝"、"割"同纽,诵读起来,深为不便。所有诗文,都须避免此病。若犯此病,就会音声龃龉,难以诵读。

二、声律论的美学意义

永明声律论兴起之后,随之而生的是一系列的争论和反响,而声律论的美学意义也在这些争论和反响中显现出来。

　　首先,由自然音调发展到人工音律①,这是南朝审美自觉的重要表现,对后世的影响尤为深远。由汉魏乐府到齐梁五言,文人诗逐渐成熟,诗歌与音乐分离开来。这一点,钟嵘《诗品·序》说得很清楚:"古曰诗颂,皆被之金竹,故非调五音,无以谐会。若'置酒高堂上','明月照高楼',为韵之首。故三祖之词,文或不工,而韵入歌唱。此重音韵之义也,与世之言宫商异矣。今既不备于管弦,亦何取于声律邪?"钟嵘正是以诗乐已然分离为理由,反对声律论。他又说:"使文多拘忌,伤其真美。余谓文制,本须讽读,不可蹇碍。但令清浊通流,口吻调利,斯为足矣。"以往乐府诗重韵,"调五音",主要是讲求押韵,而"文或不工",偶有合于平仄者,也是语言感觉自然所致,并不明其所以然。换而言之,前人主要是运用自然音调,或合律,或不合,当然不如人工音律处处追求合律了。"世之言宫商",说的就是齐梁人之追求人工音律。钟嵘的思考方向,与沈约等人的思考方向正好相反:前者认为五言诗既然不再入乐歌唱,所以,作诗者但求自然通畅即可,无须遵循严格的声律要求;而后者则认为自然音调不够精准,而隐藏在自然音调背后的,其实是诗文内在的音律谐和之美,这是千古以来未尝发现的一大秘密。

　　钟嵘与沈约之间的分歧,关系到诗歌形式的发展方向。到底是像《古诗十九首》等汉魏诗歌一样,质朴、自然地抒发所思,顺从自然音调之美即可,还是追求一种雕琢词句、推敲音节,实现诗歌字辞内在的韵律之美呢? 归根结底,他们的分歧是声律层面的自然美与人工美之间的纷争。钟嵘指责声律论使"文多拘忌,伤其真美",这当然是无可辩驳的。刘勰也指出:"夫吃文为患,生于好诡,逐新趣异,故喉唇纠纷"(《文心雕龙·声律》),也就是说,过分追求新异,反而使音韵不畅。不过,美本是多向的、多元化的,并非只有"真美"方才是美。而且,"因音律之考究而增其真美者,亦未尝没有"②,也就是说,音律之美也可以有助于情感的自

①　"自然音调"、"人工音律"的说法,借用自郭绍虞《中国文学批评史》,见该书第138页。
②　郭绍虞:《中国文学批评史》,第140页。

然抒发,使其声情并美。此外,由自然美走向人工美,用声律巧思之美取代自然音调之美,是文学审美发展的必然方向。隋人刘善经就曾反驳钟嵘说:"嵘徒见口吻之为工,不知调和之有术,譬如刻木为鸢,搏风远飏,见其抑扬天路,骞翥烟霞,咸疑羽翮之自然,焉知王尔之巧思也。"(《文镜秘府论·天卷》)

齐梁文人追求新异,认为"在乎文章,弥患凡旧。若无新变,不能代雄"(萧子显《南齐书·文学传论》),而声律论正是他们引以为自豪的重大发现之一。他们着意寻究人工声律之美,雕章琢句,正是魏晋南北朝时期审美自觉的重要表现。齐梁声律论所确立的错落、变化的美学原则,经过隋唐人的完善、定型,最终成为中国古典诗歌的金科玉律。声律论对于后世文学、美学的影响,无疑极为深远。平允而论,这一点应该予以承认。所以,纪昀也曾指出:"齐梁文格卑靡,惟此学独有千古。"①

其次,自觉运用"四声八病"等声韵理论,合理地调配诗歌②的音节,使之具有和谐流畅的音韵美,对于增加诗歌的形式美,有着特别重要的意义。诗歌声韵的形式美,主要表现在两个方面:第一,两句之内,声、韵、调各各不同,形成一种错落之美;第二,两句之内,其内部结构在错落之中又呈显出一种整体和谐之美。

陆机《文赋》提出:"音声之迭代,若五色之相宣",主张文章应该音声错落,音韵流美,切忌偏弦独张之病。陆机已经敏锐地意识到音声高低起伏、参差错落而又彼此协调一致的内在之美,他的主张可以说是齐梁声律论的先声。沈约《宋书·谢灵运传》说:"夫五色相宣,八音协畅,玄黄律吕,各适物宜。故使宫羽相变,低昂互节,若前有浮声,则后须切响。

---

① 《文心雕龙·声律篇·评》,转引自郭绍虞《中国文学批评史》,第140页。
② 永明声律论虽主要运用于五言诗,但并不局限于此。《文镜秘府论·西卷》"文二十八种病"引刘滔语:"下句之末,文章之韵,手笔之枢要。在文不可夺韵,在笔不可夺声。且笔之两句,比文之一句,文事三句之内,笔事六句之中,第二、第四、第六,此六句之末,不宜相犯。"且举魏文帝《与吴质书》为例:"同乘共载,北游后园。舆轮徐动,宾从无声。清风夜起,悲笳微吟。""园"、"声"、"吟"三个字皆为平声,同在句尾,因而犯了上尾之病。这就说明永明声律论可以通用于文、笔。不过,为了叙述方便,以下仍只以诗歌为例。

一简之内,音韵尽殊;两句之中,轻重悉异。妙达此旨,始可言文。"从借用"五色相宣"这一比拟可以看出,沈约的声律理论明显受到陆机的影响。不过,陆机的主张只是强调"迭代"、"相宣"的美学原则,而沈约则将这些美学原则具体化,使其有明确的规则可以遵循。《南史》卷四八也有类似的记载:"时盛为文章,吴兴沈约、陈郡谢朓、琅邪王融以气类相推毂,汝南周颙善识声韵。约等文皆用宫商,将平上去入四声,以此制韵,有平头、上尾、蜂腰、鹤膝。五字之中,音韵悉异,两句之内,角徵不同,不可增减。"此段更指出了实现"宫羽相变,低昂互节"这一要求的具体途径和方法。魏晋时期,文章的声韵之美还只是一种朦胧的理想,只有少数语言感受力极佳的人才可以达到。到了齐梁时期,沈约等人提出了具体的、明确的声韵规则,文人只要遵循这种规则,也就可以写出抑扬起伏、变化和谐的诗歌来。

声律论的原则之一是"迭代",也就是交互替代,轮流出现,从而实现形式变化错落之美。这个原则也可以用上段中的两句引文来概括,即:"一简之内,音韵尽殊;两句之中,轻重悉异","五字之中,音韵悉异,两句之内,角徵不同"。在五言诗中,每句五字,两句十字,首先是每句诗中的五个字内部的声、韵、调都互有差异,然后是两句诗中相同位置的字的声、韵、调又互不相同,从而使一个诗句内部和两句诗之间的音声形成高低起伏、错落抑扬的变化来。一句诗前后的字,声、韵、调错落变化;两句诗上下对应的字,声、韵、调也各各不同。所谓"八病",就是需要预防的八种声律病犯,主要就是为了强化两句诗(甚至四句诗)内部这种变化、错落的声韵格局。沈约说:"自古辞人岂不知宫羽之殊、商徵之别。虽知五音之异,而其中参差变动,所昧实多。"(《南史》卷四八)在沈约看来,自古词人从自然音调的角度来感受音声变化之美,所遗落的音声之美数不胜数;而声律论正是由此出发,人为地强化音声的错落变化,强化音声形式给人的美感。

声律论的另一原则是"相宣",也就是彼此协调一致,互相成全,达到一种整体和谐之美。这种协调一致尤其体现在声调起伏上。比如"八病"中的"蜂腰",强调五言诗一句之内第二字不得与第五字同声,是因为五言诗一句中的五个字,上二下三,相当于两句,第二字、第五字就相当于两句的句末字,如果同声,人们在诵读的时候就会被这两个同声的字所吸引,从而弱化其他音节。于是,这两个字就会显得与整句诗中的其他字不一致、不协调。所谓"大韵"、"小韵"、"旁纽"、"正纽",也是出于整体和谐之美而须预防的病犯。齐梁人追求诗句整体的流动变化之美,他们强调各种声病,正是为了保证五言诗的音声在变化错落之中达到整体的默契配合,形成一种和谐而又流动无滞的美。

再次,声律论有助于增强诗句的流动性,使诗句的内在节奏明畅流丽,产生一种跃动之美,从而增强诗歌的艺术效果。

汉魏古诗之美,在于其抒情方式质朴、真诚、自然,往往有一种素朴动人的美。不过,汉魏古诗的节奏一般都比较慢,显得悠长舒缓,这是因为它们的节奏感主要靠诗句的韵脚来体现。散文化、口语化的用语,加上间隔出现的韵脚,使汉魏古诗的内在节奏自然而然地偏于悠长缓慢。汉魏古诗的节奏主要依靠在规定位置出现的韵脚来维系,而那些处于两个韵脚之间的大量语词,因为运用起来往往相对自由,并不分担体现节奏的功能。如《古诗十九首》第十首:"迢迢牵牛星,皎皎河汉女。纤纤擢素手,札札弄机杼。终日不成章,泣涕零如雨。河汉清且浅,相去复几许。盈盈一水间,脉脉不得语。"(《文选》卷二九)韵脚分别为"女"、"杼"、"雨"、"许"、"语"等字,整首诗主要依靠它们的间隔出现来维系一种内在的节奏感,形成一种回旋往复之势。但是,韵脚音节的相似性往往使诗歌的节奏感延长,而这首诗中的叠音词更使全诗的节奏变缓。反复诵读之下,这样的诗歌自然而然地给人情感深沉、绵长的感受,这就与其内在节奏缓慢悠长有关。

齐梁声律论则把五言诗中每一个字都纳入其形式美追求的整体构想之中,其声、韵、调都有定规,于是,整首五言诗就相当于一首歌,诗中的每一个字都是其中的有效音符,承载着一定的表达节奏的功用。错落起伏的声律,使诗句中的每一个字都显得声音分明、不可或缺,音节密集而又充满紧张感,全诗节奏鲜明,流动性大大增强。如谢朓《秋夜》:"秋夜促织鸣,南邻捣衣急。思君隔九重,夜夜空伫立。北窗轻幔垂,西户月光入。何知白露下,坐视阶前湿。谁能长分居,秋尽冬复及?"(《玉台新咏》卷四)这首诗当然还有一些犯"八病"的地方,例如第一、二句中"秋"、"南"犯了"平头",第三句中"君"、"重"、第五句中"窗"、"垂"、第九句中"能"、"居"犯了"蜂腰",第一、三句中"鸣"、"重"犯了"鹤膝"。虽然与上一首同样写女性的相思情绪,不过,全诗音声平仄间隔,清浊变化,内在的节奏感明显加快,情绪还是那样的深沉,但是情感的抒发显得跳荡自如,从而产生一种跃动之美。所以说,声律论不但可以促使诗句内部显得参差错落,和谐有致,它还能有效地增强诗句内在的节奏感和流动性。

诗句内在的节奏感和流动性本属于可以感受得到,但又难于指实的东西,也是诗歌的美的真髓所在。刘勰《文心雕龙·声律》对此有所讨论:"响在彼弦,乃得克谐,声萌我心,更失和律,其故何哉?良由外听易为察,内听难为聪也。故外听之易,弦以手定,内听之难,声与心纷;可以数求,难以辞逐。"在刘勰看来,诗句的节奏感源于人心内在的节奏感,它有赖于文辞,但又高于文辞,只能通过诗句内音节高低变化的协调一致来实现。刘勰"内听"的说法,是顺着沈约"妙达此旨,始可言文"(《宋书·谢灵运传》)来谈的,都有意强调作者的审美感受能力。沈约认为,只有领悟到音声内在的这种节律之美,才能谈论诗文或写作诗文,这样的领悟能力也就是刘勰所说的"内听"之聪。在沈约心中,谙熟声律之美,是从事文学创作和理解文学作品的先决条件,这就大大提升了语言形式在文学创作中的地位,南朝诗文注重形式美的普遍风习,可以由此得以解释。

借用陆机、沈约的比拟,我们可以说,齐梁声律论追求的正是一幅幅色彩斑斓、绚丽的美丽图画,或者说是一幅幅色彩艳丽、动人的丝织品。刘勰《文心雕龙·神思》云:"视布于麻,虽云未贵,杼轴献功,焕然乃珍。"正如精美的布匹是一经一纬交错织成的,一根一根的麻线虽不足珍贵,但织出的布匹却令人赞叹,齐梁人也是这样来看待声律论的:单个的音节似乎没有什么特别的地方,但是由一系列彼此错落、协调一致的音节组成的诗篇,却自会透出其不可掩抑的声文之美来。

第九章　《文心雕龙》的美学思想

　　刘勰(约 465—520),字彦和。早年家贫而好学,终生未娶,寄居江苏镇江钟山的南定林寺中十余年,跟随僧祐研读佛书及儒家经典。32 岁时开始写作《文心雕龙》,历时五年完成,共五十篇,三万七千余字,骈体文形式,篇末有"赞",总结全篇,或作补充说明。除了《文心雕龙》,刘勰还写过不少有关佛理的文章,现仅存《梁建安王造剡山石城寺石像碑》和《灭惑论》。

　　在《四库全书总目》中,《文心雕龙》被称为"论文之说",归入"诗文评类"。在现代学科视野中,《文心雕龙》被当作文学理论或文章学著作,从美学角度讨论的论文、著作也很多。刘勰认为自然声音、色彩、形状和图像都是"道之文",由重视自然之"文"而重视辞采、声韵,重视各种自然美和形式美,这是《文心雕龙》与美学显而易见的联系。辞藻、声韵、风格、技巧研究,对于思想性、知识性、应用性的文章来说是不重要的,或者说,这类文章在形式上要求规范,不要求独特性和创新性,因而,刘勰就全体文展开的形式研究,实际上是在探讨文学艺术的形式特性。又,刘勰对于创作心理、接受心理等问题的探讨,也不适用于学术著述和应用文,而是揭示了文学艺术活动的特性和特殊规律,包含着重要的美学论述。

　　《文心雕龙》兼采儒、易、道、玄、佛等多家学说,将历代哲学思想与文论思想熔于一炉,整合了中国美学的基本观念,如美在自然、美即自然的艺术本源观,情感内容与形式美相结合的艺术本质观,明道经世、建德树言与寄心相统一的艺术价值观;明确了文学艺术的一些基本原则和规范,如宗经与通变相结合的原则,如附物切情的诗歌美学标准和中和之响的音乐美学标准,如雅丽结合的美文观念;还深入探讨了一系列具有中国美学特色的范畴和命题,如神思、物色、知音、风骨等。《文心雕龙》还建构起严整的理论体系,既集前代美学思想之大成,也是后世美学展开的基础。正如黄侃所说:"其所树精义,后人或标为门法,或矜为己宗,实则被其牢,无能逾越。"①本章以《文心雕龙》中的重要美学范畴和命题为中心,探究其美学观念,就是要从当代美学理论建构的目的出发,力求把握这些精义和门法。

第一节 自然之美和宗法经典的美学原则

《文心雕龙》前五篇在《序志》中被称为"文之枢纽",探讨"文"的本源和发展变化。刘勰讨论的对象,主要是"圣贤书辞"。文章是文化载体,刘勰的中心论题是如何保障文章能够传承优秀的思想文化。艺术和美学问题不在其视野。这是因为当时各门艺术还不发达,人的精神需求、审美需求问题还没有突出出来。不过,毕竟刘勰心目中的"文"是包括艺术在内的,因此他的许多论说也适用于艺术和美学问题。"文之枢纽"论"文"的本源和流变,从艺术和美学角度看:一是《原道》篇由自然之道引申出自然美观念,二是《征圣》《宗经》对于美的创造来说是确立了揣摩、体法名家经典作品的原则,三是《正纬》《辨骚》肯定了内容的丰富多样性和形式美的变化,为文学艺术发展拓宽了道路。

在《原道》篇中,刘勰以道为本源,论说美的重要性和美的事物出现的必然性。故而,"自然之道"有必然之理的意思,也有"道"自然显现为

---

① 黄侃:《文心雕龙札记》,第3页,北京:人民文学出版社,2006年。

文和采的意思。自然之美是以天地万物必然有美来高度肯定自然美。

《原道》篇首先提出了文是"道之文"、文的起源是自然之道的观点：

> 文之为德也大矣，与天地并生者何哉？夫玄黄色杂，方圆体分，日月叠璧，以垂丽天之象；山川焕绮，以铺理地之形：此盖道之文也。仰观吐曜，俯察含章，高卑定位，故两仪既生矣。惟人参之，性灵所钟，是谓三才。为五行之秀，实天地之心，心生而言立，言立而文明，自然之道也。

这段话要结合《周易》中的文明起源论、汉代易学和老学中的宇宙生成论来理解，大意是：道化生天地万物，文伴随天地而生，有着显示道的伟大作用。各种天象、地象都是"道之文"，是道的显现。人是其中有心灵、有感悟和思考能力的生物，能够参悟道的化生规律，通过观察万象，把握各类事物的外貌特征、性质及彼此关系，而用语言符号表示出来，这就形成了以各种文为载体的精神文化。

道是宇宙生成本源的观念在汉代非常盛行，魏晋玄学家注重探讨哲学义理，避开了宇宙生成论的问题，并未否定宇宙生成道本源论。刘勰说"人文之元，肇自太极"，是接着前人学说的论断。刘勰由原道而展开的，是对文章写作、精神文化传承和变化规律的探讨，艺术和美学问题包含其中。

刘勰说一切文都是"道之文"，意味着一切文都具有不言而喻的重要性。语言、文章、文化是人与动物区分的标志，是社会活动的必要媒介，文具有一般意义上的重要性，这是无需论证的。刘勰之所以要借助道本源来强调文的重要性，乃是因为在先秦两汉学者眼里，文有高下优劣之分，有的文是不重要的，汉儒推崇具有思想性和社会功用的文章。与此相应的观念是，文的形式不重要，道——思想内容才重要。刘勰需要解决的问题，不是一般地说明所有文都重要，而是需要特别说明，文章的形式美重要，那些越来越多地出现的、缺乏思想性和社会功用的文，包括休闲娱乐的文学艺术也重要。他通过文章变化的事实，显示出时代的变化和价值观念的变化,让文学艺术观念变化也成为自然之道和必然之理。道本源论是他的理论支撑,他由此来说明文章、艺术及各种美的事物是必然出现的:

> 傍及万品,动植皆文:龙凤以藻绘呈瑞,虎豹以炳蔚凝姿;云霞雕色,有逾画工之妙;草木贲华,无待锦匠之奇。夫岂外饰,盖自然耳。至于林籁结响,调如竽瑟;泉石激韵,和若球锽:故形立则章成矣,声发则文生矣。夫以无识之物,郁然有采,有心之器,其无文欤?

"文"有纹饰、文采的含义,"文"是自然创生的,"采"和"美"也是必然出现的。自然界有各种色彩和声音,人作为"有心之器",能够体"道",怎么可能不创造"文"呢?这是"自然之道",也就是说,人类认识和精神需求必然发展,审美事物必然出现。文章的发源,文采的丰富,审美意识的起源和发展,都是"自然之道"。"自然之道"不是什么可以具体言说的道理,其实就是历史的进程。刘勰接下来的工作,就是继续说明这一进程,说明文章和文化究竟怎样在变化,文章的形式美为什么不断发展,美文或"无用"的文学艺术为什么出现,应该怎样看待和把握这种演进。他以自然之道为依据,尽力作出"唯务折中"的回答。

《原道》篇说"道沿圣而垂文,圣因文而明道",这就引出《征圣》和《宗经》对文章发展原则的探讨。刘勰认为,上古圣人体道而创制文章,孔子是最后一个公认的圣人,既创制又整理经典。最高、最精深的"道"汇集于五经。圣人是"理想作者",是一切作者的典范,经则是一切文章的典范,也是最高的尺度。因此,在《征圣》篇和《宗经》篇中,刘勰明确了保障文章能够传承优秀文化的基本原则——宗经。五经都是文字著述,宗经原则似乎仅就文章写作而言。康德说:"天才就是那天赋的才能,它给艺术制定法规。"[1]天才艺术家对于艺术创造的作用有如圣人对于文章写作的作用。文章写作也好,艺术创造也好,都有难以言传的法门,需要实践

---

[1] 康德:《判断力批判》上卷,宗白华译,第 15 页,北京:商务印书馆,1964 年。

和训练,也需要揣摩经典作品。圣人和经典是理想作者、理想艺术品的代名词,征圣、宗经作为美学原则,就是要求取法乎上,入门须正,从学习和揣摩名家经典作品入手。绘画、音乐、书法等可能更具有天才创造的成分,更推崇个性和创新,对于语言艺术,和具有文学性的戏曲、音乐艺术来说,从经典阅读入手就更重要了。

《正纬》和《辨骚》是依据宗经原则对纬书和楚辞作出评判。一方面要求规范文章的思想内容,可以说是在谈文化学术问题;另一方面肯定文章写作本身的新变,包括形式的变化,则与文学艺术问题有关。

刘勰对屈原及其作品的分析,更能体现他对文章新变、形式美发展、情感之文或游戏文章出现的通达态度,这种态度与他的自然美观念一致,也与通变的美学方法论一致。

刘勰宗经是分类别的,不同文体宗法不同经典:"故论说辞序,则《易》统其首;诏策章奏,则《书》发其源;赋颂歌赞,则《诗》立其本;铭诔箴祝,则《礼》总其端;纪传铭檄,则《春秋》为根。"五经中唯有《诗经》是以情志为主的。刘勰以《诗经》为辞赋之宗,认为楚辞体接近上古经典,还带有战国时期的风格,较之《诗经》不是那么雅正,较之后世辞赋则要雅正得多。他指出屈骚有继承《诗经》传统的四方面:典诰之体、规讽之旨、比兴之义、忠怨之辞,也有异乎经典的四方面:诡异之辞、谲怪之谈、狷狭之志、荒淫之意。"典诰之体"见于孔安国《古文尚书序》:"典、谟、训、诰、誓命之文凡百篇。所以恢宏至道,示人主以轨范也。"也就是经典文体的意思,是至道与规范形式的结合。"规讽之旨"和"比兴之义"常见于诗经序论。"忠怨之辞"是刘勰针对屈骚提出的,虽为怨,而出于忠。这是刘勰基于宗经原则推崇屈骚的基本点。"诡异之辞"、"谲怪之谈"、"狷狭之志"、"荒淫之意",是说在文章中讲些离奇怪诞的事情,以狭隘心胸抒泄狂躁情绪,描写那些纵情欢乐的场景,刘勰认为这是违背了思想纯正、理性处事、自我约束、文字干净的基本要求,背离了《诗经》雅正的道路。刘勰没有因此否定屈骚,不认为这类内容在屈骚中所占比重足以影响到屈骚的总体内容和形式,而是认为其"骨鲠所树,肌肤所附",都是"取熔经意,亦自铸伟辞",思想内容上融入了经义,表现形式上则有伟大的独创。"取熔经意"是一个模糊的判断,究竟在多大程度上取熔经意?这个程度被模糊了,那么,屈原的多数作品就避免了合乎经典与否的追问。然后,刘勰就可以将重点转移到"自铸伟辞"方面。"自铸伟辞"并非只是形式上的独创,也包括内容上的超越。刘勰充分肯定了屈骚的超前启后:

> 故《骚经》《九章》,朗丽以哀志;《九歌》《九辩》,绮靡以伤情;《远游》《天问》,瑰诡而慧巧,《招魂》《招隐》,耀艳而深华;《卜居》标放言之致,《渔父》寄独往之才。故能气往轹古,辞来切今,惊采绝艳,难与并能矣。

这种超越,在于情感的丰富和个体意志的强烈,个性的张扬,独到的人生体悟和认识,还有辞采上的华丽、手法的多样、想象力的丰富等等。"气往轹古,辞来切今,惊采绝艳,难与并能",这一评价已经突破宗经的范畴了。考虑到屈赋是辞赋之宗,赋后来又演变为骈文及作为纯文学文体之一的散文,我们可以说,对屈原的肯定,也是对一切美文和纯文学作者的肯定。

美文和纯文学概念是民国时期才出现的,梁启超写过《中国美文之历史》,刘经庵写过《中国纯文学史纲》。刘勰的时代没有这样的概念,由他对屈骚的态度看,观念上是认同美文和纯文学的。民国学者痛感封建思想束缚美的发展,急于确立纯文学观念,因此对于刘勰以经为文学标准深为不满。其实,刘勰的宗经与通变是相辅相成的。他对屈原及其作品的高度褒扬,充分肯定了文章新变,肯定了纯文学文体的审美特性,肯定了对情感和形式美的追求。至于他坚持宗经原则,以风雅传统规范文学文体,并不会阻碍文学发展。文学艺术作品不一定非要传达某种思想观念,不一定非要具有某种社会作用,但是,起码应该避免传达错误的思想观念,造成不良的社会影响,因此道、圣、经作为一般原则始终是有意义的。道、圣、经不等于某种具体的思想或某个权威的解释,而是历代思想家们所阐述的至道、正道,它需要不断求索,已经存在的经典是求索的出发点。历代思想家和经典是避免思想迷乱的保障,也是创新的基础。尊圣宗经原则是没有问题的,不要将它等同于盲从圣人和经典就是了。

第二节　附物切情的诗歌美学标准

《文心雕龙》的"论文叙笔"部分是具体讨论各种文体的。诗、赋是两种典型的文学文体,《明诗》《乐府》《诠赋》三篇最能够体现刘勰的纯文学观念和美学思想。诗的艺术特征在刘勰之前已经得以多方面揭示,刘勰最为关注的是情志和感物,因此本节主要讨论附物、切情的诗歌美学标准。《乐府》前承乐论,后接词曲艺术论,在今天对应的是歌曲艺术,因此在下节专论。赋是最早出现的审美休闲文体,是典型的游戏文字,对应于今天的散文。刘勰揭示其体物特征,探讨其铺陈手法,对于叙事文学发展有推动作用,本章第四节予以专论。

刘勰说《古诗十九首》"婉转附物,怊怅切情,实五言之冠冕也"。这不仅见出他对《古诗十九首》的高度推崇,也见出附物和切情是他评价诗歌的最高标准。附物切情是对诗言志、诗缘情、感物说的整合和提升。情志要以物象表现,物象要切合情志,于是刘勰将物与情统一起来,提出了附物切情这一诗歌美学标准。曹丕说"诗赋欲丽",陆机说"诗缘情而绮靡",辞藻华丽无益而有害于附物,也难以切情,因而刘勰不以"丽"和"绮靡"为诗歌评判尺度。

刘勰是立足诗歌创作和诗歌观念发展的历史来阐述其诗歌美学标准的。《明诗》考察诗体源头和流变,既注重传承也注重新变,不断总结那些可以为后世效法的内容或形式特征。上古诗歌有的只是"辞达而已",即词能达意,没有什么兴寄;有的则含有赞颂或针砭的意思,开创了美刺传统。美刺是汉儒解释《诗经》的基本出发点。刘勰当然也推崇那些具有颂美和讽谏性的诗作,不过他的诗歌美学标准要宽泛得多,是全面地把握《诗经》内容和形式方面的典范性。他说《诗经》"四始彪炳,六义环深",风、小雅、大雅、颂是内容方面的基本尺度,赋比兴是基本表现方式。运用赋法能够充分展现民风民志,也能够充分地颂美和讽谏。比兴则是婉曲的手法,是借助各种事物来表现、暗示或激发思想与情志,乃至隐喻一些道理。陈子昂后来提出"兴寄"说,强调了"寄",刘勰的六义说则是包括兴寄内容和兴寄方法两方面,是内容要求与形式要求的统一。刘勰看到,《古诗十九首》不仅情志丰富,并且恰到好处地表现出了作者的情志。它们的语言和行文风格"直而不野",质朴而不显得粗鄙,尤其能够"婉转附物,怊怅切情",就是将微妙的情志恰切地寄托于物象,婉转地表现出来。附物以切情相当于赋、比、兴手法,"情必极貌以写物"是赋法,以物比附人的情志是比兴。这是诗歌特有的艺术手法,也是标志文学特征的技巧。刘勰没有指出附物以切情是诗歌特殊内容决定的特殊形式,但是既然五言诗已经鲜明呈现出这一特征,那么他就当作是新变而特别指出。《诗经》是各种诗歌的集合,语言比较古老,不能鲜明呈现诗体本身共同的形式特征。刘勰由《古诗十九首》看到并充分肯定附物以切情,实际上是确定了这样一个诗歌美学标准。他由建安诗歌进一步表达了"婉转附物,怊怅切情"的审美理念:"怜风月,狎池苑,述恩荣,叙酣宴,慷慨以任气,磊落以使才。造怀指事,不求纤密之巧;驱辞逐貌,唯取昭晰之能。""物"不是仅指景物、物象,而是指与"我"相对的一切外界事物,包括社会事件。"造怀指事"便是主体胸怀、情志与社会环境、个人处境的统一,物我相合,就是"附物"。"情"与"志"通用,彼此包含、互相指代,切情就是切合情志,其前提是诗歌要有情志,也就是兴寄。表意清楚就是切情,无需在辞藻上下过多功夫。如果说言之有物、物中有我是内容要求,附物切情便是形式要求。刘勰不满"正始明道,诗杂仙心",在诗中直接说理,不符合附物的要求,不仅不能切情,甚至根本就缺乏情志。他这个观念对后世影响很大,宋诗说理遭诟病,严羽认为当如汉魏晋唐诗歌"羚羊挂角,无迹可求",这是附物切情的禅理化表述。按照附物切情的要求,诗歌必然自觉地走向意象、意境塑造。意象是物与主体情志交融难分,意更为丰富,象也更为朦胧,意境则是相对较为明晰的意与境合,意由境生。二者是文学作品尤其是诗歌特定的表现方式,适用于表现那种难以言传的情志或体悟。

刘勰说"嵇志清峻,阮旨遥深",肯定阮籍、嵇康作品寄意深远,也肯定应璩的诗作思想正确而有讽谏作用。对于张载、张协、张亢、潘岳、潘尼、左思、陆机、陆云等人,刘勰认为他们较之建安、正始诗人更讲究辞采靡丽,情志和思想的感染力则不如前人。可见绮靡是无益而有害于附物切情的。刘勰说东晋士人"溺乎玄风;嗤笑徇务之志,崇盛亡机之谈",这不仅是无物也无情了。陶渊明的田园诗应该是附物切情的,刘勰只字不提,大概是觉得陶渊明诗中有过多人生思考,如玄言诗一样理过其辞。山水诗"俪采百字之偶,争价一句之奇;情必极貌以写物,辞必穷力而追新",发展了"附物"的方面,但是忽略了情志、思想和现实意旨,刘勰也不大认可。

由刘勰对诗体流变的评述,可以看到诗言志、诗缘情、感物说共同影响着他的诗学观念。因此有必要探讨刘勰如何整合这三种观念,以进一步说明附物切情的美学内涵和美学史意义。

诗言志是最为古老的诗歌观念,它作为一个理论命题的提出,最早见于《左传·襄公二十七年》记赵文子对叔向所说的"诗以言志",意为赋诗言志,即借用或引申《诗经》中的某些篇章来暗示自己的某种政教怀抱或外交要求。《尚书·尧典》中记舜的话说:"诗言志,歌永言,声依永,律和声。"是说诗言说诗人的意图、思想、志向。《庄子·天下篇》说:"诗以道志。"《荀子·儒效》篇说:"《诗》言是其志也。"都是一样的意思。屈原在《离骚》中说"屈心而抑志","抑志而弭节",在《怀沙》中说"抚情效志兮,冤屈而志(自)抑","定心广志,余何畏惧兮?"开始将情与志相提并论。《毛诗序》说:"诗者,志之所之也,在心为志,发言为诗,情动于中而形于言。"在这里,诗缘情说已经初露端倪,不过与诗言志说还没有明显的区分。

刘勰最为推崇的《古诗十九首》和建安诗歌,是环境、事件描写切合情志的典范,它们由偏重言志到偏重抒情的变化,则为诗缘情从诗言志中分离出来提供了实践基础。

《古诗十九首》中,有许多诗篇是由功业、爱情等方面的心志、意愿未遂、难遂而生发情感。曹操的诗,鲜明突出的也是志,如《步出夏门行》四章《观沧海》、《土不同》、《冬十月》、《龟虽寿》四章的结尾都是"幸甚至哉,歌以咏志。"曹操所咏之"志",由曹操讨伐辽西的创作背景看,首先是一统天下的志向、抱负。"东临碣石,以观沧海。水何澹澹,山岛竦峙。树木丛生,百草丰茂。秋风萧瑟,洪波涌起。"曹操的志向和抱负,联系着一种如"洪波涌起"的情感。"日月之行,若出其中;星汉灿烂,若出其里。"江山如此多娇,曹操的惊喜、赞叹、热爱之情与激越壮怀是共生的。他为什么发出"幸甚至哉"的概叹?当年击败袁绍,可以说是险中求胜,征伐辽西,也不是毫无风险,因此,"幸甚至哉",不仅是有幸观沧海,也是抒发胜利后的喜悦之情。进一步说,曹操由观沧海而怀想天下,有统一的决心,并无必胜的把握,更何况,他已经53岁了!沧海奇观强化了他的抱负和信念,由沧海看到日月之行,联想到整个星汉、整个天地,渺小个体面对浩瀚对象,不由要提升精神、超越自我来对抗,于是就有了把握历史命运的宏大心志,有了天下入怀的想象和豪情。这样,《龟虽寿》就为他的老骥伏枥之志做了一个很好注脚。"神龟虽寿,犹有竟时。腾蛇乘雾,终为土灰。老骥伏枥,志在千里;烈士暮年,壮心不已。"人总是要死的,但他还要南征,完成统一大业。"盈缩之期,不但在天;养怡之福,可得永年。"这句话,与《古诗十九首》中"努力加餐饭"类似,只不过目的不同,一个是为壮志,一个是为爱人。人一辈子很短暂,不必太在意得失成败,要敢于继续努力,壮心不已;个体是渺小的,东征西讨的战士固然有冬寒之苦,有思乡之苦,但可以体验天下奇观,体验更为丰富的人生,可以延伸精神生命。曹操的激越壮怀,就这样与热爱生命、热爱大自然的情感结合在一起。因此可以说,曹操是"歌以咏志"而志中含情。

《观沧海》的物象与情志是完美地结合在一起的,符合刘勰附物切情的标准。他在《乐府》中誉之为"气爽才丽"。

曹丕诗较之曹操诗有崭新的面貌。情在他的诗中非常突出,志退居文字背后,事和景成为情的依托和表现手段,也就是以物比情,情附于物。如《燕歌行》之一,整首诗并无一个情字,但都是围绕女子思念丈夫之情展开。"秋风萧瑟天气凉,草木摇落露为霜。群燕辞归雁南翔,念君客游思断肠。"这是起兴,时令、景物奠定了凄凉感伤的情调,鸟儿南归触发了丈夫回家的强烈愿望,这种"志"看来难以实现,所以主要体现为"思断肠"之情。"慊慊思归恋故乡,君何淹留寄他方?贱妾茕茕守空房,忧来思君不敢忘,不觉泪下沾衣裳。"思念里有担忧,不仅仅是为自己孤独,更是因为丈夫境况不明,这种忧,才是更强烈的思情。"援琴鸣弦发清商,短歌微吟不能长。"这不仅是指思妇借琴排遣而不能够,恐怕也是喻指她哽咽不成声。"明月皎皎照我床,星汉西流夜未央。牵牛织女遥相望,尔独何辜限河梁?"夜深不眠,再次发问,在战事未平、通讯不便的三国,"胡不归"之问充分表露了思妇悲苦无奈的心情。

《燕歌行》之一可谓"情以物迁,辞以情发",而《燕歌行》之二则是更直接而强烈地抒情。"别日何易会日难,山川悠远路漫漫。"李商隐的"相见时难别亦难,东风无力百花残"渊源于此。当后世诗人体会够了相见时难之后,就更加难以接受离别,因为能够预想到相见时难,就预支了那种痛苦。李商隐用"东风无力百花残"来极写女子伤别和思夫之际的状况:柔情若水泄地,精神情绪不振,整个人绵软无力。曹丕没有在词句优美婉转方面用力,而是比较简明直接地表述了相见而见不到的无奈和痛苦之情。接下来就写思妇思念不敢对人说,想要丈夫回来却没法告诉丈夫,不禁以泪洗面:"郁陶思君未敢言,寄声浮云往不还。涕零雨面毁容颜,谁能怀忧独不叹?"她想要排遣,"展诗清歌聊自宽",可是根本乐不起来,相反悲从中来,"乐往哀来摧肺肝"。"摧肺肝"按"哀而不伤"的标准,按婉曲、借景抒情的唐诗原则,是直白了一些,而正是这种直白,才有如此强烈的冲击力。"耿耿伏枕不能眠,披衣出户步东西,仰看星月观云间。飞鸽晨鸣声可怜,留连顾怀不能存。"睡不着只好出门漫无目的地游荡,仰望云空星月,耳听鹤声悲凄,已经到了不能承受思念的地步。这种直白无技巧、不刻意借助景物的抒情,如王夫之《姜斋诗话》《古诗评选》)所言,是"唯抒情在己,弗待于物"①,是作者心中只有情,不介意诗法和辞采。思妇之情深若此,志意、境况、景物等等在百结柔肠中变得模糊了。

曹丕之诗与曹操之诗相比,不只是"志"的主旋律为"情"所取代,也在于其情其志发生了变化,由天下大志变成日常生活中的小小心愿,由英雄豪情转化为人之常情。《芙蓉池》表现"遨游快心意",《秋胡行》写与佳人的约会,"企予望之,步立踟蹰。佳人不来,何得斯须"。都是日常生活之事与情。普通人的小小心志,更接近于情,更容易转化为情,因此,情志的界限逐渐淡化了。

曹丕的诗,或触景生情,或缘事发情,乃至于为情而写物,为情而造景,这是附物的更深层的含义,源出《诗经》的比兴传统。

情的突出和个人化、生活化,也体现曹植及建安七子的诗中。如曹植的《赠白马王彪》之五的主题是"自顾非金石,咄唶令心悲"。他的人生苦短之情,不像曹操那样与天下之志结合。又如徐干的《室思诗》六首,纯粹是描写"良会未有期,中心摧且伤"的思念之情,是"君去日已远,郁结令人老"的愁情,用"思君如流水,何有穷已时"来形容此情的无奈和强烈。其中之"志"与大志、抱负无关,想见见不着,忧愁到痛哭流涕:"自恨志不遂,泣涕如涌泉。诚心亮不遂,搔首立惆惆。"然后就是希望对方不要变心:"人靡不有初,想君能终之",不要"重新而忘故"。

当然,这种变化,不是取代,而是新增。也就是说,不论是情还是志,不论是与天下大志相关的豪情,还是个体小小心愿触发的一己之情,从此都会在诗文中不断重现。陆机提出"诗缘情",标志着"情"成为比"志"更重要的概念,昭示了诗的本质特征,而无论抒情还是言志,都要依托于物,要缘事而发,要兴寄于景,因此物是诗歌本质构成中不可或缺的要素。陆机说"诗缘情而绮靡,赋体物而浏亮",这是受骈文体裁限制而表达不明确,应该说既各有侧重,又有一定互文性。刘勰在诗论中,将附物

---

① [清]王夫之评选,张国星点校:《古诗评选》,第 22 页,保定:河北大学出版社,2008 年。

切情统一起来。

刘勰一般情况下不会很严格地区分情与志,但在涉及诗歌特质时,无疑接受了诗缘情说,搁置了诗言志观。并且,他从理论上将情与志区分开来,这是他对于诗缘情说的发展,是他在揭示诗歌本质特性方面的最大贡献。他通过七情说与感物说的连接,将情导向今天意义上的情感,而区分于今天意义上的意志。《礼记·礼运》中说:"何谓人情?喜、怒、哀、惧、爱、恶、欲,七者弗学而能。"也就是说七情是人自然具备的。《礼记·乐记》中说:"凡音之起,由人心生也。人心之动,物使之然也。感于物而动,故形于声。"又说"凡音者,生人心者也。情动于中,故形于声。""情动于中"就是"感","感"是人心与物的互相作用。七情先天就有,因此《乐记》指出触物而感是以情为前提:"乐者,音之所由生也,其本在人心之感于物也。是故其哀心感者,其声噍以杀;其乐心感者,其声啴以缓;其喜心感者,其声发以散;其怒心感者,其声粗以厉;其敬心感者,其声直以廉;其爱心感者,其声和以柔。六者,非性也,感于物而后动,是故先王慎所以感之者。"刘勰综合这些论说,将情作为感的前提,志则成为情感驱动的表达:"人禀七情,应物斯感;感物吟志,莫非自然。"志是情感驱动的,自然还含有情的成分,二者难以截然分开,但作为感的结果,经由了吟的过程,更具有理性成分。

情与志作为创作者的心理因素很难区分,诗歌创作可能是因为主体之情为外物触发,也可能是因为某种心志不得满足,将这种不得满足的心志抒泄出来的结果也可能是情。在心理学、语言学都不发达的齐梁时代,刘勰难以更清晰地阐说这些问题。重要的是他对情与志作了区分,使情感真正成为诗歌的核心要素、本质成分。诗是缘情而发还是因志而发,本身是一个难以判断的问题,刘勰以情而非志为诗歌创作的心理根源,意味着对诗歌艺术本质的基本判断:只有缘情而发的诗才是真正的诗,如果是为了表达某种意愿,不论是否采取韵文的形式,那都不是严格意义上的诗。人的多种心理动机常常混杂在一起,因此任何具体的诗文作品都可能兼有多重目的和多方面内容,这与刘勰从理论上确定诗缘情的理想尺度不矛盾。

刘勰综合前人有关感物、体物的观念,融成附物说,不仅支撑起诗歌以情感为中心的观念,也改变了诗言志命题:诗歌所言之志是附于物、近于情的志,是不可具体言说的志。依次类推,诗歌说理,不是表达理性认识,而是借助物象来传达一种感悟。

第三节 "中和之响"的音乐美学标准

乐府是西汉王朝设立的音乐管理机构,乐府机构保管的音乐作品也就被称为"乐府",用刘勰的说法是"声文"。这些音乐作品包括乐谱和歌词。单纯的歌词,今人称为乐府诗,若是与乐相配,则应当称之为歌或歌曲。公木对诗与歌的关系有过说明:"古代,诗即是歌,歌即是诗;后世,歌还是诗,诗不必是歌。所谓歌,包括徒歌与乐歌。凡成歌之诗谓之歌诗,凡不歌之诗谓之诵诗。诵诗从歌诗当中分离出来,又经常补充着歌诗,歌诗在诵诗上面产生出来,又最后演变为诵诗。二者同时存在,并行发展,又互相影响,不断转化。"①公木说的这种情形,自词曲出现以后已经不是主流。词曲取代了歌诗,诗除了保留一些基本韵律要求外,与音乐不再有必然联系。词曲本身非常讲究韵律,具有歌的性质,至于是清唱,还是配上乐器唱,由演唱者和听众随机而定,并不存在固定的徒歌与乐歌。曲后来与叙事文学结合,发展出戏剧和各种曲艺,至今影视剧还配乐、配歌,就是这个传统。

在现代汉语中,双音词"诗歌"特指"诗","歌"的含义消失了;"歌"的全称则是"歌曲"。古代词曲本身讲究音律,与乐一体。今天的曲谱是独立的。讨论乐府,既可以专论乐,也可以专论诗,总的来说还是应该归于乐论,而非诗论。这个"乐论",与今天的音乐专论有些区别,只能理解为歌曲艺术论。今人往往从文学史角度专论乐府诗,作为美学史,则应该

---

① 公木:《歌诗与诵诗——兼论诗歌与音乐的关系》,《文学评论》,1980 年第 6 期。

以歌曲艺术的视点来看。刘勰的《乐府》篇兼论乐和诗,严格来说是综论歌曲艺术,以论乐为主。刘勰对诗体的讨论已经见于《明诗》,《乐府》篇不同于《明诗》篇之处就在于它衔接前代乐论,探讨了声文作为歌曲艺术的特性,并在前代乐论基础上提出"中和之响"的音乐美学标准,作了理论提升。

刘勰首先指出,乐府是运用声律来达到吟咏效果,以充分抒发情志。乐府的声律包括宫、商、角、徵、羽等音调,还有黄钟、大吕等十二律和五音配合,构成曲调、旋律。这与诗的声律是有区别的。诗歌追求音乐效果,是上古歌乐一体的遗风,是乐府的余响。《宋书·谢灵运传论》中说:"夫五色相宣,八音协畅,由乎玄黄律吕,各适物宜。欲使宫羽相变,低昂互节,若前有浮声,则后须切响;一简之内,音韵尽殊;两句之中,轻重悉异。妙达此旨,始可言文。"从沈约四声说到唐代律诗及宋词元曲的声律,都是追求诗的音乐美,但是终究不能够与音乐旋律的千变万化相提并论。以律诗、绝句来说,单看个别作品是很有美感的,大量作品重复同样的音乐模式,则未免显得机械了。读者主要是看律诗,而非朗读律诗,着意于意象或情境,乐感就淡了,诗人苦心孤诣迎合格律,显得是枉费工夫。宋词最初是突出演唱,强调乐感,重视声律。苏轼、辛弃疾等以诗为词、以文为词,诗的意境胜过了音乐感。元曲作为舞台演出底本,接续了乐府传统,由于多数唱腔失传,留给今人的还是文学文本。律诗之外也有很多古体诗,不那么强调音乐性。新诗则完全改变了音乐性的含义,诗的音乐性与音乐的声律不再密切相关,可以说只是类似音乐性,是语言与生命节律的互动。了解了诗的历史,可以知道,运用声律来达到吟咏效果的乐府,本质上属于乐或歌,而非诗。

刘勰沿袭传统乐论,谈乐府的社会作用,与单纯的音乐较少直接、必然关联,而是从歌词角度着眼,属于诗论,与《明诗》篇差不多。因此,"雅正"是中和之响的基本内涵。他说:"匹夫庶妇,讴吟土风,诗官采言,乐盲被律,志感丝篁,气变金石:是以师旷觇风于盛衰,季札鉴微于兴废,精之至也。"采诗官去民间采风,主要是选择那些能够反映社会舆情的歌谣,由乐师谱曲后演唱给王公贵族们听,以观风观志。显然,民风民志主要由歌词表现出来,而非通过各种乐器表达出来。乐器只不过是一个工具,演奏音乐可以"寓讽于乐",不是乐更不是乐器有美刺作用。师旷主要是由歌词看到楚国士气的盛衰,吴国公子季札是从《诗经》文字中看出周王朝与各诸侯国的兴亡,这没有什么精妙的。前人不仅夸大了歌乐的社会功能,还混淆了诗与乐的不同效果。刘勰在这方面沿袭旧说,并无突破。当然,音乐本身有让人沉醉的,也有振奋人心的,能够直接作用于人的精神,胜过任何说理,这就是"精之至也"。"夫乐本心术,故响浃肌髓,先王慎焉,务塞淫滥。"正因为音乐艺术具有特殊功效,能够放大歌词对于人心的影响力,所以先王力戒靡靡之音。刘勰强调歌曲艺术的雅正原则,显然包括歌词和音乐两方面。他提倡"雅声"、"正音",是宗经思想在音乐领域的贯彻,是以古乐为典范和本源。可是刘勰并不能够听到古乐,只是依据前人的乐论,而前人乐论将乐与诗混而论之,比如说以乐观风观志、以乐教民,都是指歌词,乐不过是使词义广为传播和深入人心的辅助手段。因此,刘勰以古乐为典范只是理论上的表述,实实在在地还是以《诗经》为乐府本源。其"雅声"、"正音"之论,也就是哀而不伤、怨而不怒、温柔敦厚等诗学观在音乐领域的贯彻。

《乐府》笼统论歌诗,有时论乐,有时论诗,有时兼论歌词和歌曲。刘勰指出雅正的音乐渐渐衰落,不合正道的靡靡之音渐渐兴起,其原因是"正音乖俗",也就是阳春白雪不合下里巴人的爱好,所以难于发展,这是就歌曲艺术整体而论。他说曹氏父子用乐府旧题写时事,音节美妙平和,这是论诗,"音"不是指音乐艺术,而是效法音乐艺术的韵律节奏。他认为曹操的《苦寒行》、曹丕的《燕歌行》等作品,抒写缺乏节制,情调比较低沉,较之《韶乐》、《大夏》等古乐的庄重、典雅有很大变化,这都是就文字而论,与乐无关。他又说傅玄通晓音乐,写了许多祭祀天地祖宗的雅歌,张华也创作了一些宫廷舞曲,这是说歌曲艺术。他还专门讨论了音乐艺术乃至技术,说杜夔所调音律,节奏舒缓而雅正;荀勖改变了钟磬的尺寸和悬挂在架上后的距离,音节急促而不协调,受到阮咸批评,后来用古代的铜尺才校准。刘勰由此说:"和乐精妙,固表里而相资矣。"即中和之乐需要各方面互相配合协调,才能够恰到好处,产生精妙的效果。在这里,"中和之响"是就整个歌曲艺术而言,是歌词、曲调、乐器、演唱者的整体配合,也分别适用于诗艺和音乐技艺。

对于音乐技艺来说,音律协调是旋律与噪音的区别所在,"中和"是最基本的尺度。刘勰说,古乐那种舒缓庄严不应该一成不变,荀勖改变钟磬尺寸及悬挂后彼此的间距是创新,其音节急促,可以带来前所未有的审美效果。同时,刘勰又要求有美妙的歌词与之相配:"故知诗为乐心,声为乐体。乐体在声,瞽师务调其器;乐心在诗,君子宜正其文。"诗是乐府的核心,对于歌曲来说,乐曲与歌词意义的协调是最理想的。这就是"中和"原则。当代歌曲艺术,注重演唱,注重演员包装和声光效果,最弱的是歌词,违背了歌词与音乐相配的原则。"中和之响"要求合乎经典之义的歌词与声律完美地结合在一起。这个见解,对于今天的歌曲艺术来说,仍然是值得重视的。

刘勰于《明诗》外另立《乐府》,对诗与歌进行区分,是沿袭刘向的做法。"凡乐辞曰诗,诗声曰歌"。刘勰是按《诗经》的标准来要求歌词的。他区分诗与歌的目的,就是强调要有好的歌词,以使乐府具有《诗经》那样的思想性和社会功用。《诗论·唐风·蟋蟀》中说"好乐无荒",是要求不因为过分娱乐而影响正事。季札听《郑风》的演奏,不仅欣赏音乐,更注意到其辞意,认为其中有男女调笑之辞,是亡国的预兆。刘勰由此说明歌词的重要性。他认为后来乐府歌词写缠绵的恩爱或决裂的怨恨,思想感情不良,为它谱上曲也不是好歌。然而人们偏偏喜欢这些新奇的歌曲,于是歌词和曲调都脱离了正道。

刘勰还就歌词提出了一些具体意见,概言之就是简约,因为"声来被辞,辞繁难节",如果一首歌的歌词太长,谱曲可就难了。白居易的《长恨歌》,就是谱成曲,唱起来也麻烦。当然后来元曲的发展突破了刘勰的结论,"故事性"使得长篇唱词有了市场。

第四节 赋论中的雅丽范畴和美文观念

"丽"是一个是标志形式美的范畴。以美文或纯文学观念看,用物象或形象来表现情、志、理,是文学作品的形式特征,这属于内在形式。"丽"则属于外在形式,是语言形式美。正如物象与情感对应,"丽"与"雅"对应,"雅"即雅正,思想情感不偏离正轨,这是对文章内容的要求。在《文心雕龙》中,"雅丽"首先就是作为一个词组在《征圣》中出现的:"然则圣文之雅丽,固衔华而佩实者也。"《原道》篇中出现的"丽"字是附着的意思——"以垂丽天之象","雅"则是指《诗经》中的《大雅》、《小雅》。由此可见,"雅丽"本身在《文心雕龙》中是一个更为重要的美学范畴,是文章内容规范与形式美的统一,孤立强调哪一方面都是不足的。《辨骚》中说:"然其文辞丽雅,为词赋之宗,虽非明哲,可谓妙才。"因为刘勰首先折服于屈骚的辞采绝艳,同时也认为屈骚"取熔经意",有"雅"的成分,所以将"丽"放到了"雅"的前面。"丽"是形式美,但不是形式主义。《宗经》中说:"故文能宗经,体有六义:一则情深而不诡,二则风清而不杂,三则事信而不诞,四则义直而不回,五则体约而不芜,六则文丽而不淫。"文辞过于华丽就是淫,是绮靡。《辨骚》中说:"故《骚经》、《九章》,朗丽以哀志;《九歌》、《九辩》,绮靡以伤情。"《离骚》、《九章》的优美文辞能够很好地表现屈原的情志,这是刘勰推崇的,而《九歌》、《九辩》辞藻繁琐,情志不够鲜明,这种伤情的绮靡是刘勰反对的。

追求雅与追求丽是有一定矛盾的,前者容易导向复古主义、保守主义,后者容易走向形式主义、唯美主义。就雅与丽的关系而言,美文观念的发展,不在于对丽的单纯肯定,而在于处理好雅与丽的关系。《诗经》是经过实践检验、众人评判、圣人删定的诗集,诗歌立足《诗经》传统发展,就比较容易做到亦雅亦丽。《宗经》中说:"赋颂歌赞,则《诗》立其本。"实际上,赋作为一种晚出的、语言形式发生较大变化的文体,是不大容易做到宗法《诗经》的。赋的直接源头是楚辞,骚体较之《诗经》,新变远远超过效仿,所以在赋的写作实践中,风雅之义有名无实,华丽张扬倒是实实在在的。汉代文人写作大赋,常常要标榜一下指陈帝王过失的用心,从作品本身看则非如此。首先,作者是为了充分展示文字才华,满足那种张扬自我的强烈意愿;其次,在绘画材料、技术、艺术尚不发达的时代,他们全景再现宫殿、苑囿和盛大奢华场面,是满足自己和读者对奇观和崇高美的追求;其三,作为御用文人,他们歌颂帝王的伟大"政绩工程"和盛世气象,是为了满足帝王的虚荣心和审美需求。因为大赋有阿谀之嫌,又容易被指斥为游戏文字,毫无用处,因此作者可能会加上一点讽谏内容,这正如《史记·司马相如列传》中所说:"扬雄以为靡丽之赋,劝百而讽一。"小赋多是个人随心即景之作,是心灵的自然再现,往往是漫无目的或者心志不明。刘勰的可贵之处,在于他并不是机械地拿汉儒说诗所阐述的雅正观念——经夫妇、成孝敬、厚人伦、美教化、移风俗等来要求赋,而是充分尊重赋的写作事实和惯例,以客观介绍赋的文体流变和审美特征为主,很少涉及讽谏劝诫之旨。在此过程中,雅丽原则被自然而然地提了出来,雅的要求也在与写作实践的结合中发生了一些变化。

刘勰首先说明了赋体的源起:

> 《诗》有六义,其二曰赋。赋者,铺也,铺采摛文,体物写志也。昔邵公称:"公卿献诗,师箴瞍赋。"传云:"登高能赋,可为大夫。"诗序则同义,传说则异体。总其归途,实相枝干。刘向云明不歌而颂,班固称古诗之流也。至如郑庄之赋《大隧》,士蒍之赋《狐裘》,结言扭韵,词自己作,虽合赋体,明而未融。及灵均唱《骚》,始广声貌。然则赋也者,受命于诗人,拓宇于《楚辞》也。于是荀况《礼》《智》,宋玉《风》《钓》,爰锡名号,与诗画境,六义附庸,蔚成大国。遂客主以首引,极声貌以穷文。斯盖别诗之原始,命赋之厥初也。

刘勰指出赋源于《诗经》,在《楚辞》影响下才真正成为一种文体,没有具体说明诗、骚、赋之间的关系。按照他勾勒的赋体流变线索来分析,赋首先是《诗大序》归纳的六种要义之一。六义说中的风、雅、颂是一切诗的内容标准,风是要有教化作用,雅是思想要纯正,也潜含有形式要高雅的意思,颂是要歌颂神圣美好的对象和事物,相应就要讽谏不好的思想和行为。赋、比、兴作为基本手法,与内容要求相应。赋是直言其事、铺陈其事,比兴则显得更为委婉,符合温柔敦厚之旨。刘勰将赋解为"铺采摛文,体物写志",指出赋的特征是"极声貌以穷文",由此与诗相区分。"极声貌以穷文"是由赋体作品的实际状况得来的结论,又正是"铺采摛文"的结果,即借助赋法所达到的效果。因此,赋体与《诗经》中的赋法不仅仅是借用名称的关系,赋体的形成确实是与赋法的运用有关的。

严格来说,赋法并非一种确定的写作手法,只是比较翔实的叙事、描写和说明,自然而然地显示情志,而非刻意抒情言志,如周民族史诗,在对历史的铺叙中流露出对先民的崇敬之情和民族自豪感,又如《七月》在对日常生活的描述中流露出生活自足感。非常自觉而强烈的抒情言志是在魏晋以后。赋法可以参照海明威的"冰山原则"或新写实主义的"零度介入"来理解,不刻意追求主观表现,作者可能有深情、深意灌注其中,也可能确实是比较淡然随意,因为没有作者的特定引导,反而能够激发起读者的更多情思。故可以说,赋法作为手法接近于"无法",又可能是文学叙事的最高法门,作者可能没有明确的论事说理目的,不追求抒情言志的强烈效果,却可能更加发人深省或感人至深。赋法作为无法之法,在《诗经》中随处可见,而不像比兴那样能够找到明确的例句。比兴是特殊的写作手法,不宜经常使用。如果经常先言他物以引起所咏之词,会让人觉得矫情、繁琐;如果经常以此物比彼物,难以找到合适的类比对象,反而显得拙劣。《诗经》作者在很大程度上是不自觉地运用这些手法的。《诗经》中那些主要运用赋法的诗,就其叙事、描写或"体物"的内容来说更接近于散体文,只是形式同于诗;而主要运用比兴手法的诗,更合乎"缘情"诗。又,比兴之法,点到即止,宜于诗作;赋法更多关乎事实和现象,可以展开长短不同的文字,可以更为充分地描写对象,表现感受、体悟和思想,因此,赋法可以广泛地运用于各种散体文,也就不成为一种特定的手法,倒是那些通篇运用赋法而"铺采摛文"、"写物图貌,蔚似雕画"的作品,就自然以"赋"为文体名称。

在先秦史书和诸子文章中,为了论事说理,很多说客和作者大量运用举例、譬喻的方法,如《触龙说赵太后》,先言他事以引起所论主旨,类似于"兴"的方法。《庄子》中有许多寓言故事,效果类同"比"的方法。比兴方法委婉,具有容易被接受的效果。比兴之法明显有助于实现论说者的目的,汉儒说诗,注重政教义理的阐发,因而非常推崇比兴之法,"比"主要是从说理角度而论,"兴"则是从抒发情志角度而论。赋法本身并无特殊效果,更加依赖于读者来完成其效果。从情志角度看,即便铺陈其事不能够让读者对作者产生共鸣,也会有自己对于其事的情志反应,读者与作者的情志很难说一致,也很难说不一致。但是就说理而言,如果作者不明确地阐说,仅仅描述现象、记载事情,读者可能理解,可能误解,也可能不懂,这种差异是很明显的。也就是说,赋法不利于说理。屈骚已经显示出情感强烈而思想朦胧的特点,屈骚大量描写各种景象和事件,可以说是运用了赋法,因此刘勰认为屈原创作《离骚》对于赋体形成有很大推动作用。

赋体之定名、与诗体的这种区分以荀况的《赋篇》和宋玉的《风赋》、《钓赋》为标志。其独立发展以至于兴盛则在汉代。《汉书·枚皋传》中说枚皋随汉武帝出行,西至陕甘宁地区,东至泰山,"上有所感,辄使赋之。为文疾,受诏辄成,故所作者多。司马相如善为文而迟,故所作少而善于皋"。因此,赋的题材内容更加丰富,"皋、朔已下,品物毕图"。没有什么不可以成为摹写对象。刘勰认为,大赋描绘京城和宫殿,叙述苑囿和狩猎,记载帝王出巡情况,考察城市面貌和田野山川形势,这是有意义的重大题材;篇首一般有序言说明写作主旨,篇末则有"乱辞"来总结意义和提升气势。这是继承"殷人辑《颂》"的传统,内容合乎雅正尺度,不过毕竟还是以体物为主。小赋描写草木禽兽等各种平凡对象,"触兴致情,因变取会。拟诸形容,则言务纤密;象其物宜,则理贵侧附"。即触景生情,感物言志,表现情志的方式是拟物,运用各种词语来精心刻画对象,同时,刘勰也不忘提出要以自然对象来比附人事道理。如果说大赋追求气势的话,那么小赋的追求则是奇巧。

刘勰按历史顺序列举了一些代表性的赋体作家,概括其特征,也进一步提出了赋的基本规范。他说荀卿赋自设问答,有如设谜和解谜;宋玉赋言辞巧妙,但过于华丽;枚乘的《梁王菟园赋》,用词精确简练而新奇;司马相如的《上林赋》内容丰富而辞藻华丽;贾谊的《鵩鸟赋》善于阐明情理;王褒的《洞箫赋》能够穷尽箫声的变化;班固的《两都赋》辞句明朗绚丽,内容丰富而思想雅正;张衡的《二京赋》思想丰富而尖锐;扬雄的《甘泉赋》寄意含蓄而深远;王延寿的《鲁灵光殿赋》描写飞檐雕栏,有飞动之势,用字铸词能曲尽其妙。要区分不同作者的特征是很困难的,对于魏晋赋家,刘勰可能难以找到更多合适的词语,所以说得不是那么明确,我们略加补充和发挥,转换为今天的表述是:王粲文思敏捷而细密,发端有力——刘勰言外之意,是说这种气势和力度不能够贯彻始终,可能由于王粲体弱之故,难以为继。这是陆云在《与兄平原书》中说过的:"视仲宣集《述征》《登楼》,前即甚佳,其余平平,不得言情处。"徐幹博学多才,他的赋既有气势又有文采;左思赋和潘岳赋以规模建功,如《三都赋》和《藉田赋》都是鸿篇巨制;陆机的《文赋》区分文体特征,探索作文用心,成公绥的《啸赋》极力称颂啸作为自然之音胜于金石丝竹等人工之器的妙处,提出因形创声、随事造曲的音乐见解,他们的成就都在于理论创见;郭璞的赋中既有绮丽景象,又有非常丰富的道理蕴涵其中;袁宏的赋,慷慨激昂,韵味无穷。

由刘勰的描述可知赋体作品的内容和形式都是丰富多样的,刘勰对此是兼容并包的。当然,接下来他也提出了一些基本规范,包括重复强调《明诗》中附物切情的美学标准,还有雅丽的要求:

> 原夫登高之旨,盖睹物兴情。情以物兴,故义必明雅;物以情观,故词必巧丽。丽词雅义,符采相胜,如组织之品朱紫,画绘之著玄黄。文虽新而有质,色虽糅而有本,此立赋之大体也。然逐末之俦,蔑弃其本,虽读千赋,愈惑体要。遂使繁华损枝,膏腴害骨,无贵

风轨,莫益劝诫,此扬子所以追悔于雕虫,贻诮于雾縠者也。

人会睹物生情,但是不能被动地为外物所制,作者一定要保持头脑清楚,思想纯正;事物是由主体情志来把握的,作者会以各种辞藻和手法来再现对象,表现主观感情,而不限于平实的描绘,因此作品就会有文辞之美,有技巧手法之妙。这是说文章的辞藻和技巧要不断创新,充实的内容始终是根本。这是作赋的要点,也是一切文学创作的基本要求。刘勰认为只有这样,赋及文学作品才会具有教益,有助于劝诫。即便不谈教益,也只有遵循这些规范,赋才具有最佳的审美效果。

这段话表明刘勰论赋确实是以《诗经》为宗的,由诗言志、诗缘情、感物说、兴寄说等自然过渡到丽词雅义的立赋之大体。刘勰又不拘泥于诗教传统。"物以情观,故词必巧丽"一句,由彰显情志和思想的要求来肯定语言形式美和写作技巧,肯定了赋的审美特征。"义必明雅"不再是作为一种对内容的要求,而是作为对形式的规范:如果要有益劝诫,就不能过于追求辞藻。他淡化了雅义与讽谏之旨的关系,由雅义要求来纠正赋体创作存在的弊端,使丽词与绮靡区分开来,确立了赋的美学规范。

刘勰肯定赋的语言形式美,内容方面则淡化了汉赋作者自我标榜的讽谏要求,推动了美文观念或纯文学观念的发展,也就是现代学者所谓的文学自觉。同时,刘勰对于赋的特性阐述得还不很清晰,又制约着美文观念发展,这也是值得今人继续探讨之处。比如说,他认为荀况的《赋篇》是典型的赋体,明代学者徐师曾则认为《赋篇》不是赋体。他们对赋体特性的认识,也反映出他们对文学特性的认识,由此可以讨论美文观念本身的发展。

刘勰说荀况的《赋篇》是隐语,"事数自环",就是自设问答,反复论证,如同猜谜,透过谜面去寻求谜底。《赋篇》的论说方式有如柏拉图的对话体著作,从重视礼、论说君子的智慧、提倡云的境界和蚕的情怀、论劝诫之理等五方面主旨出发,不断提出反面意见,加以辩驳,最后回到作者预先设定的结论,亦即荀况对上述主旨的解说:"致明而约,甚顺而体,请归之礼。""血气之精也,志意之荣也,百姓待之而后宁也,天下待之而后平也,明达纯粹而无疵也,夫是之谓君子之知。""托地而游宇,友风而子雨,冬日作寒,夏日作暑,广大精神,请归之云。""冬伏而夏游,食桑而吐丝,前乱而后治,夏生而恶暑,喜湿而恶雨,蛹以为母,蛾以为父,三俯三起,事乃大已,夫是之谓蚕理。""一往一来,结尾以为事。无羽无翼,反复甚极。尾生而事起,尾遭而事已。簪以为父,管以为母。既以缝表,又以连里:夫是之谓箴理。"

《赋篇》有着明确的目的,运用铺陈其事的赋法来论事说理。刘勰在《才略》篇说荀况此文"象物名赋,文质相称",认为可以归于赋体。明代学者徐师曾的《文体明辨序说·赋类》则认为《赋篇》"工巧深刻,纯用隐语,若今人之揣谜。于《诗》六义,不啻天壤,君子盖无取焉"①。这是就《诗经》赋法应该直陈其事而言的。徐师曾之所以与刘勰对《赋篇》的看法不同,是因为他们对于赋体特征的认识都不是很清晰,也是因为"赋"一直就是一种界限不明的文体。严格地说,"铺采摛文,体物言志"、"写物图貌,蔚似雕画"、"极声貌以穷文"等等,并非赋的专利,我们不难从诗歌、小说、戏曲作品中看到这些特征。刘勰所概括的是整个文学作品的特征,不只是赋体的特征。赋体与其他文学体裁的区别只在于外部形式,或者说"体式"、"体制"。从外部形式来说,赋体的最终发展,是今天的"散文"。汉代以后,凡是不属于诗体、也不能归入其他文体的文章,都可以称之为"赋"。"赋"之所以作为一个文体名称渐渐消失,就是因为它除了"铺陈"之外并无特点,名下可以涵括太多文章,名称也就失去了意义。今天的"散文"界限很不分明,也是这个原因。如果换个角度,以"文学性"为标尺来界定"赋"或"散文",就清楚多了:赋以写景、抒情、言志、叙事、传达感受和体悟本身为目的,不必然强调说理和实际功用,形式上要求整齐,讲究对偶、排比,有时还要求押韵。作为文学文体的"散文",与赋的区别在于散体,奇字单行。这是韩愈提倡古文运动的结果,虽然

---

① [明]徐师曾,罗根泽校点:《文体明辨序说》,第101页,北京:人民文学出版社,1962年。

在音乐美方面有所缺失，但是为铺叙展开更为广阔的天地，从语言表达方面为小说发展打下了一定基础。民国时期的白话文运动，大量使用双音词、词组和成语，丰富了词汇，也丰富了语言的表现力。赋体虽然有形式美，但不如白话散文自由，题材内容几乎没有限制，抒情写志酣畅淋漓，写人拟物穷形尽相，记事不厌其详，说理方式多样。若论抒写伟大崇高对象，只要才力不逊于古人，那么同样也可以铺张扬厉，规模宏大，气势恢弘。若论面对小人物、小事件、小景观，白话散文的笔触更是无所不知，莫不曲尽其妙。

郑玄对赋的解释是："赋之言铺，直铺陈今之政教善恶。"（《毛诗正义》引）而《赋篇》并无此类内容。刘勰认为《赋篇》是赋，则是因为他对赋的内容并无特定要求。他将赋溯源于《诗经》，只是泛泛而论，实际上更强调赋对屈骚传统的继承。屈骚"文辞丽雅"，"朗丽以哀志"，"绮靡以伤情"，以情志为主，远离外在功利目的，题材内容因而得以展开，可以"叙情怨"、"述离居"、"论山水"、"言节候"，同时也进一步释放了文辞之美。赋法的最大特点是创作主观意图的淡化，赋作最大的特点是摆脱了功利目的。赋体不受汉代经学家们的重视，这也使得赋论受儒家诗论影响较小。汉代学者对赋的态度是模棱两可的，没有哪种观点占上风。多数大赋能够打着劝诫的旗号而追寻文字本身的魅力就是这个原因。小赋更是作为私人化写作，朝着背离《诗经》的道路独立发展。刘勰的赋论尊重作品事实，更多关注其审美特性，不仅保障赋继续在自己的轨道上发展，也肯定了这样一种写作方式：注重辞藻美和特殊的写作手法，自然而然地抒写情志，比较随意地叙事说理，专注于拟物，甚至专注于文字本身，为写作而写作。无目的、非认知乃至非理性是艺术的特性，文学作品不排斥目的、认知和理性，但它作为语言艺术，在一定程度上允许无目的、非认知和非理性，这对于其他科学文章或应用文来说则是不允许的。因此，刘勰对赋的肯定，标志着美文观念的初步形成。

第五节 神与物游的艺术思维

神与物游是一个美妙的美学术语,是对艺术思维特征的精妙揭示。《神思》要与《物色》连接起来,才能够昭示《神思》篇不是一般地论文章构思,而确实是专论艺术思维。因为对于学问文章来说,景物,尤其是景物的外观一般是不值得精心描摹的。

一、《神思》的一般性与特殊性

刘勰首先说明了文思的特点:

> 古人云:"形在江海之上,心存魏阙之下。"神思之谓也。文之思也,其神远矣。故寂然凝虑,思接千载;悄焉动容,视通万里;吟咏之间,吐纳珠玉之声;眉睫之前,卷舒风云之色;其思理之致乎! 故思理为妙,神与物游。神居胸臆,而志气统其关键;物沿耳目,而辞令管其枢机。枢机方通,则物无隐貌;关键将塞,则神有遁心。

"形在江海之上,心存魏阙之下"语出《庄子·让王》,意为不做官了,但是忘怀不了官场。刘勰借此说明精神活动的特征,思想可以远离身体到处遨游。人脑中一瞬间可以转过很多个意念,凝神中思想可能跨越千年,脸色微微改变,心灵之"眼"却可能看到万里以外。这与陆机《文赋》中"观古今于须臾,抚四海于一瞬"是同样的意思。

刘勰分析了写作时的心理活动状况:

> 夫神思方运,万途竞萌,规矩虚位,刻镂无形。登山则情满于山,观海则意溢于海,我才之多少,将与风云而并驱矣。方其搦翰,气倍辞前,暨乎篇成,半折心始。何则? 意翻空而易奇,言征实而难巧也。是以意授于思,言授于意,密则无际,疏则千里。或理在方寸而求之域表,或义在咫尺而思隔山河。是以秉心养术,无务苦虑;含章司契,不必劳情也。

这是陆机《文赋》中描述过的状况,本来无需多加分析。不过,在将神思区分为艺术思维和科学思维后,本段涉及的言意之辨命题,就有了重新认识的基础。构思是借助语言赋形于意,将无形之意转化为象。这也不是特指文学创作。说明文就常常涉及事物的描述。论说文可能只是将意化为语言,不需要以象为中介,不过论说文也可能涉及事物描述。文学作品则可能直接以语言来呈现物象,意是朦胧的,甚至是可以忽略的。比如说"鹅鹅鹅,曲项向天歌,白毛浮绿水,红掌拨清波",就无所谓意。西方现代小说,如《墙上的斑点》,也不必论所表之意。

刘勰在言意关系问题上综合了前人见解而表述得更清楚。所有文章写作都存在一个言不尽意的难题,不同类型文章难点不同。学术文章表意不清,主要是研究不到位,认识不清楚。应用文章表意不清,主要是主意不定,决断不明。文学文章表意不清晰,是因为此意主要是情绪和感觉,语言无法完全表述。由此刘勰强调文术,强调一般规则,对于学术文章来说,掌握了一般的文法,具备一定的语言功底,文章如何就取决于思想认识本身是否清楚了。对于文学创作来说,掌握文法和语言能力是远远不够的。这是刘勰所未展开论述的。

刘勰指出文思敏捷和迟缓都可能写出好文章,关键在于"博而能一",既有学术见闻方面的丰厚储备,又心思专一,进入虚静状态。能够做到的做了,言不尽意也就不成其为问题:"拙辞或孕于巧义,庸事或萌于新意;至于思表纤旨,文外曲致,言所不追,笔固知止。至精而后阐其妙,至变而后通其数,伊挚不能言鼎,轮扁不能语斤,其微矣乎!"文字功夫差一点,或者描写事情平凡一点,只要尽力而为,都能够写出好文章。那些精微的道理,点到为止就可以了。当然,这是退而求其次的说法,也是为了强调文思活跃的前提在于文章之外的功夫。

二、物和情的互动

神思是一个心物互动的过程,也就是《物色》篇所谓"物色之动,心亦摇焉"。"感物说"是一个古老的命题,人类一切认知、意欲和情感的诞生都是因为感物。"物"作为万事万物的总称,本来不是特指文学作品中的"物象"。如王弼玄学中的"应物",就包括对外物的一切反应。刘勰也不是一贯将"物"当做文学作品的特殊对象。《原道》篇以"无识之物"与"有心之器"相对,表明物是人的对象,这个"感"的对象首先是认识对象,《征圣》中说"辨物正言,断辞则备","参物序,制人纪",圣人体物是体道,认识事物,创生文明,建立社会制度。只有当物与情、感结合,才成为审美意义上的物象,主要是自然物象。"是以献岁发春,悦豫之情畅;滔滔孟夏,郁陶之心凝。天高气清,阴沉之志远;霰雪无垠,矜肃之虑深。岁有其物,物有其容;情以物迁,辞以情发。一叶且或迎意,虫声有足引心。况清风与明月同夜,白日与春林共朝哉!"这些优美的景象,是刘勰本人欣赏自然美的记录,和他在寺庙写作时心情的写照。

赋的体物特征,陆机说过,刘勰也说了很多。陆机没有特别指出体物一定要表现情、志、理,刘勰则首先强调"体物写志"。这关系到他们如何看待单纯写景的游戏文字。在《谐讔》中,刘勰将图象品物的《隐书》看做是游戏文字:

> 昔楚庄、齐威,性好隐语。至东方曼倩,尤巧辞述。但谬辞诋戏,无益规补。自魏代以来,颇非俳优,而君子嘲隐,化为谜语。谜也者,回互其辞,使昏迷也。或体目文字,或图象品物,纤巧以弄思,浅察以衒辞,义欲婉而正,辞欲隐而显。荀卿《蚕赋》,已兆其体。至魏文、陈思,约而密之。高贵乡公,博举品物,虽有小巧,用乖远大。夫观古之为隐,理周要务,岂为童稚之戏谑,搏髀而忭笑哉!然文辞之有谐隐,譬九流之有小说,盖稗官所采,以广视听。若效而不已,则髡祖而入室,旃孟之石交乎?

刘勰认为《隐书》是将主观意图隐藏于游戏文字,或者这种游戏文字客观上蕴涵有某种思想意义。他还是强调用物象、场景、事件来寄寓思想、意志和感情。

物、象可以呈现意义,也可以不呈现意义,并且不一定呈现确定的意义。刘勰注意到体物、品物可以构成一类离道、圣、经很远的特殊"文章",只是不很认可,也没有给出一个美文的概念。在《物色》篇中,脱离具体文本,他基本上是在阐说美文特征了。"色"相当于现象,"物色"连用,意味着刘勰所讨论的不是应物之情、感物之志、格物之理,而是物象本身,剥离了事物所关联的主体理性,仅仅是描绘感官所及事物的表象。"物色相召"就是各种自然、社会现象触动人的情绪,这种触动,当然也可能引发思考,形成认知,但无需格物致知、无需理性分析也能够形成文字。"岁有其物,物有其容;情以物迁,辞以情发。"这时候的情,不再需要联系本性来考察,因为物之"容"是可以直观的,停留于感悟就可以了。"是以诗人感物,联类不穷。流连万象之际,沉吟视听之区。写气图貌,既随物以宛转;属采附声,亦与心而徘徊。"这是《神思》中描述过的形象思维,这种思维不需要经过理性,而是物与情的互动,是表象与不可诉诸概念和判断之心意或体悟的结合。这种写作,是汉魏以来盛行的方式:"自近代以来,文贵形似,窥情风景之上,钻貌草木之中。吟咏所发,志惟深远,体物为妙,功在密附。故巧言切状,如印之印泥,不加雕削,而曲写毫芥。故能瞻言而见貌,印字而知时也。"这里的"形似",不是与"神似"对应的,形与质相对应,形似是指诗赋及于物之现象,不及其本质,没有形成认知。刘勰对于这种形似之作当然有所不满:"然物有恒姿,而思无定检,或率尔造极,或精思愈疏。"他并不否定这种追求形似的写物之文,只是要求效法文学作品的两个本源:"且《诗》《骚》所标,并据要害,故后进锐笔,怯于争锋。莫不因方以借巧,即势以会奇,善于适要,则虽旧弥新矣。"刘勰不认为效法《诗经》、楚辞就是亦步亦趋,而是肯定进一步的创新:"古来辞人,异代接武,莫不参伍以相变,因革以为功,物色尽而情有余者,晓会通也。"这与《宗经》中强调"经"的绝对典范地位是有很大不同的,原因就是《物色》所论实则是文学艺术中的特殊物象,更要强调通变,肯定对自然美的把握,肯定摹写自然物象带来的形式美、感性美。

第六节 风骨说的内涵

"风"本身是一个重要的美学概念,是人内在精神的显现,通过作品所抒发的情志表现出来,因此有风格、风貌的意思;"风"是作品感染力的根源所在,也可以理解为作品的社会作用,如《诗大序》中所言:"上以风化下,下以风刺上。""骨"作为人的主体构架,是主体精神最深层的、最坚实的载体,如《汉书·礼乐志》中说:"夫乐本情性,浃肌肤而藏骨髓。"《文心雕龙·辨骚》中说:"观其骨鲠所树,肌肤所附,虽取镕经旨,亦自铸伟辞。""骨鲠"就是意义载体。《附会》篇说:"必以情志为神明,事义为骨髓,辞采为肌肤,宫商为声气。"也是同样的意思。"风骨"连用,在汉魏以来的人物品评中已经出现了,如《晋安帝纪》中说王羲之"风骨清举",桓玄说刘裕"风骨不恒,盖人杰也"。刘勰既将风、骨二字并用或对举,也多次连用。如《诠赋》篇中说:"遂使繁华损枝,膏腴害骨,无贵风轨,莫益劝诫。"是说华丽辞藻削弱了思想情感的力量,损害诗的风化作用。本节先立足《风骨》篇一般地解说风骨的内涵,说明情、志、事、理及其表现形式是风骨的基本要素;然后再在《文心雕龙》的整体语境中,结合刘勰心目中有风骨的典范作品,及与刘勰风骨论关系密切的相关言论,说明风雅精神、刚健风格是风骨指向的文化品格和艺术理想。

一、风骨范畴的基本内涵和理论意指

《风骨》篇集中体现了刘勰对风、骨及风骨范畴的理解和运用。篇首说:"《诗》总六义,风冠其首,斯乃化感之本源,志气之符契也。"这是根据气化万物、亦是精神构成元素的观念,指出风是作者的气——内在精神的显现,是诗具有教化作用的根源。"是以怊怅述情,必始乎风;沉吟铺辞,莫先于骨。故辞之待骨,如体之树骸;情之含风,犹形之包气。"这是说抒情述志时要从风也就是内在精神的显现开始,遣词造句则需要有根本精神、核心思想、主旨、实质内容等来统率,以使字词句构成一个整体。

如果语言组织严整，文章就立起来了，刚健的内在精神鲜明显现出来，文章就有了如风吹散云雾一般的感化作用："结言端直，则文骨成焉；意气骏爽，则文风清焉。"光有辞藻，没有风骨，作品就不会有感染力，因此刘勰强调"缀虑裁篇，务盈守气"，也就是强调主体的修养。而要具有风骨，一方面要精选那些能够准确表现意旨的词句，并且精心组织，要鲜明地表现思想感情："故练于骨者，析辞必精；深乎风者，述情必显。"

刘勰对风骨的组合使用，使得它成为一个新的美学范畴，兼容风、骨二字原有内涵，意义更为丰富，核心理念更为突出。它首先是指艺术作品的风格或审美对象的风貌，是外显的健朗之风、阳刚之气、深沉之慨等；其次是指艺术作品或审美对象所附载的主体情感、意志、胸臆、识见等；再次，它作为一种艺术理想和文化理想，强调文学艺术作品如风一般的影响力，这就要求作品本身具有实事、真情和正确的思想观念，尤其是关乎经国大业的大道和影响君臣万民的普遍观念。

由于风和骨出现于多种学术文本中，具有多义性，风骨范畴的内涵也丰富而模糊，并在后人的解释和运用中变得更加难以确切把握。可以确定的是，风骨范畴包含情辞关系，基本要求是内容与形式兼重，"骨"以及思想内容是主要方面。"风骨"还是文之"正道"，是理想之文的标尺，这个尺度主要也是由"骨"来确定的。风骨之力归根结底取决于气，刘勰引用了曹丕的话："文以气为主。气之清浊有体，不可力强而致。"文气说是曹丕评论"建安七子"的理论基础，也是刘勰探讨风骨问题的理论基础。

二、慷慨悲凉之气与刚健之风

风骨与文化品格、艺术精神的关系，由《原道》、《征圣》、《宗经》篇中对道与文关系的论述不难理解。刘勰从来没有脱离"道沿圣而垂文，圣因文而明道"这个基本点。当他更多探讨文章的形式特点和文学艺术特性时，文与文化的关系、道所涵盖的文化品格和艺术精神并没有离开他的理论表述，只是词语发生了变化，比如风，就是由风雅精神开始的，骨，也是指精神内核。风骨的这些内涵,在后世学者那里得到了更为清晰的阐释。陈子昂《与东方左史虬修竹篇序》将道与风骨关联起来,也与汉魏文章、文化关联起来,对于后世从文化品格和艺术精神角度使用风骨范畴影响最大。陈子昂说:

> 文章道弊五百年矣。汉、魏风骨,晋、宋莫传,然而文献有可征者。仆尝暇时观齐、梁间诗,彩丽竞繁,而兴寄都绝,每以永叹。思古人,常恐逶迤颓靡,风雅不作,以耿耿也。一昨于解三处,见明公《咏孤桐篇》,骨气端翔,音情顿挫,光英朗练,有金石声。遂用洗心饰视,发挥幽郁。不图正始之音复睹于兹,可使建安作者相视而笑。

陈子昂所谓汉魏风骨,是指汉魏文章具有丰富的情志,传承着风雅精神,风格刚健明朗,语言形式也有助于充分发挥内在精神的感染力。陈子昂心目中的典范和刘勰心目中的理想作家,是建安时期的三曹、七子和正始年间的阮籍、嵇康。《时序》篇中说:

> 自献帝播迁,文学蓬转,建安之末,区宇方辑。魏武以相王之尊,雅爱诗章;文帝以副君之重,妙善辞赋;陈思以公子之豪,下笔琳琅;并体貌英逸,故俊才云蒸。仲宣委质于汉南,孔璋归命于河北,伟长从宦于青土,公幹徇质于海隅;德琏综其斐然之思;元瑜展其翩翩之乐。文蔚、休伯之俦,于叔、德祖之侣,傲雅觞豆之前,雍容衽席之上,洒笔以成酣歌,和墨以藉谈笑。观其时文,雅好慷慨,良由世积乱离,风衰俗怨,并志深而笔长,故梗概而多气也。

刘勰对这些作家的风骨特征只是点到为止,其他篇目中也没有更详尽的分析。具体分析这两个时期诗文的情志特征,对于进一步理解风骨范畴的内涵是必不可少的。

曹氏父子领衔的邺下文人集团,以慷慨悲凉的诗作反映出"世积乱离,风衰俗怨"的时代特征,是创生"风骨"范畴的源头。

刘勰概括建安文学的基本特征是"慷慨"、"梗概多气"。这是三国战乱频仍造就的,也是历经劫难、看惯生死的曹操最为典型地表现出来的。

曹诗是理解建安风骨的关键。

先看他的《薤露行》和《蒿里行》：

> 惟汉廿二世，所任诚不良。沐猴而冠带，知小而谋强。犹豫不敢断，因狩执君王。白虹为贯日，己亦先受殃。贼臣持国柄，杀主灭宇京。荡覆帝基业，宗庙以燔丧。播越西迁移，号泣而且行。瞻彼洛城郭，微子为哀伤。

> 关东有义士，兴兵讨群凶。初期会盟津，乃心在咸阳。军合力不齐，踌躇而雁行。势利使人争，嗣还自相戕。淮南帝称号，刻玺于北方。铠甲生虮虱，万姓以死亡。白骨露于野，千里无鸡鸣。生民百遗一，念之断人肠。

这两首诗都是借乐府中的挽歌旧题写时事，明代钟惺的《古诗归》说它们是"汉末实录，真诗史也"。诗中有史、有事、有景、有论、有感。《薤露行》背后的史实是：公元 189 年，汉灵帝驾崩，太子刘辩即位，何太后临朝听政，宦官张让、段珪等把持朝政，何太后之兄、大将军何进，密召凉州军阀董卓来京城洛阳铲除宦官势力，张让等获知后，率先杀了何进，劫持少帝和陈留王奔小平津，后被率兵进京的董卓劫还。董卓窃取大权，废除少帝为弘农王，不久杀之，立陈留王刘协为帝，即汉献帝。关东各州郡军阀起兵讨伐董卓，董卓放火烧毁了京城，挟持献帝迁都长安。汉朝从此陷入了军阀混战的局面。

这首诗突出哀伤而没有表现愤怒，这是一种国难当头的悲哀。曹操的悲凉和叹息伴随着一种对天道无常的不解。"白日贯虹"的天象反映出他的困惑和无奈。白虹贯日指太阳中有一道白气穿过，古人认为这是上天预示给人间的凶兆，往往应验在君王身上。困惑加重了悲凉，以至于曹操一时间忘却了愤怒。因此他的这首诗主要就是氤氲着一种悲凉之气。

《蒿里行》中有更为沉重的悲凉。

这首诗流溢出愤怒的情绪，悲凉之气更为凝重，二者互相加强，烘托出一种力挽狂澜的慷慨之气。虽然曹操独自进军失败，但是他敢为人先的勇气，必灭奸贼的决心，都预示着天将降大任于斯人。而众多生命的消逝，应该会激发他恢复大地生机的强烈愿望。唐人曹松《己亥岁感事》诗中说："凭君莫话封侯事，一将功成万骨枯。"这是旁观者之叹。而曹操的"白骨露于野，千里无鸡鸣"，则是当事者之悲。"万骨枯"与"一将功成"固然对照鲜明，但有刻意对照的成分，曹操的平实描写则让人触目惊心。

刚健是可以直观的风格，与语词色彩及声韵有关。以曹诗为代表的汉末诗章，情是豪情，不是悱恻缠绵之情，是一个时代甚至是超越时代的普遍情怀，不是个人的自怨自怜之情。"志"也是与时代命运休戚相关的壮志，不是一己得失之虑，不是唧唧歪歪的无病呻吟。氤氲着慷慨悲歌之气，语言质朴凝练，这就是所谓"汉音"。曹丕称帝后，诗歌有汉音余响，内容上个体情志为主，形式上更加繁缛艳丽，这就是"魏响"。晋代以后，汉音余响更弱，直至齐梁"兴寄都绝"。陈子昂并非认为只要有兴寄就是理想诗作，而是以曹诗寄托了天下之志、兴发万物之情为最高标准，此后魏晋诗文侧重一己情志，是一种退步；齐梁诗文连"兴寄"本身都绝迹了，那就是真正的沦落。在刘勰那里，较低的要求是，只要内容充实，情志充满骨髓，就可以说有骨，而最高的要求，则是要有风雅精神，体现出思想力量、情感力量、道德力量。这才是刚健。何谓刚健？《易·乾》中说："大哉乾乎！刚健中正，纯粹精也。"孔颖达解释说："谓纯阳刚健，其性刚强，其行劲健。"指人就是性格刚强，言行有力，做人坚强，做事坚定。指文就是情志内容超越小我，超乎常人，应乎时代，超越时空，形式明朗干脆。

三、兴寄的现实空间和想象空间

建安文学包括诗、辞赋和其他文章。汉魏风骨还要从文章方面看。李白《宣州谢朓楼饯别校书叔云》中有"蓬莱文章建安骨"的名句。"蓬莱"是东汉国家图书馆的名称，李白用来指代汉代文章。这句诗是化用陈子昂的"汉魏风骨"之说。情和志的基础是"事","缘事而发"才是根本。在诗歌中,"事"往往隐藏在情志背后,不容易为读者看到。辞赋则充分体现出事与情志的结合,更能够体现文化意义上的风骨,揭示文学艺术作品更高层面的精神价值。

就整个建安文学来说,曹植作为代表是公认的,刘勰多次说他是"独冠群才"、"群才之英"、"群才之俊",只是对他有些作品不以为然。钟嵘说曹植"骨气奇高",若按"气"的标准,曹植和曹丕远逊于曹操。《文心雕龙·才略》中说:"文帝以位尊减才,思王以势窘益价。"这就带来一个问题:曹操和曹植究竟谁是建安文学的代表。这决定着对建安风骨的理解,也是对风骨特殊内涵的理解。建安风骨,是慷慨悲凉之气和刚健之风,以曹操诗作为代表,与浩气、崇高、阳刚等美学概念对应。风骨,则除了包含建安风骨的特殊内涵,还一般地指内容充实、情志丰富。只有当思想感情的强度与生活的广度相结合,作品才更加具有感染力。这里的生活不只是历史和现实生活,还包括人类的精神世界。这方面曹植文章是代表。几乎在各种文体中,刘勰都提到了曹植,有几种推曹植为典范。尤其是他的辞赋最具有想象力,极大地扩展了文学的意义空间,展开了更为丰富的精神世界。

建安赋今存 150 多篇。较之汉赋,题材充分扩大了。汉赋主要铺写京都、宫苑,三国辞赋的描写对象则几乎无所不包,由题名即可见出,军政活动、田猎、日常生活、各类人物、各种物品、动植物、山川名胜、情绪感受等等,都在描写之列。题材扩大了,反映社会现实的功能也增强了,更符合《诗经》的现实主义传统。陈子昂之所以不满于晋宋文学,是因为除陶渊明外,多数诗文缺乏实质性内容,流于空洞的情感和玄虚的说理。他所提倡的风骨,一般层面就是要有内容,更高层面就是要有兴寄,最高层面就是情志要强烈鲜明。

想象和虚构的生活,对于情志表现有特殊作用,艺术真实的价值并不低于生活真实。人会按照头脑中已经有的意识去行动,文学通过影响人的意识来影响人的行为,从而影响现实,可能会造就新的现实。刘勰的风骨范畴强调文学作品要有内容,并未在现实反映与想象虚构之间区分高下优劣。曹植的多数诗赋是缘事而发,并且多为实事,与曹丕及"建安七子"的赋在题材、情志等方面都有很大的相似性。他超出同侪者,是其《洛神赋》的浪漫主义色彩,凭借天才的想象力建构起特殊情境,展现出特殊的心志和情怀。曹植将想象化成亲身经历,与洛神邂逅,形容美女的笔法,也许未必强于屈原刻画山鬼形象和宋玉描摹东邻女,而能融合山鬼难以形容之"虚"与东邻女的绝艳之"实":"翩若惊鸿,婉若游龙","髣髴兮若轻云之蔽月,飘飖兮若流风之回雪"。"明眸善睐",有如真人站在眼前;"忽焉纵体","凌波微步,罗袜生尘。动无常则,若危若安。进止难期,若往若还"。这又是不可及的神女。虽然彼此有意,但是"人神之道殊",只能相对流泪,依依惜别。

如果风骨的尺度是刚健的话,曹植就不能够在建安风骨命题中讨论了。就兴寄是风骨的一般尺度而言,曹植的《洛神赋》可谓有充实丰富的内容、强烈的情感、深沉的思绪。建安风骨特指建安时期以曹诗为代表的慷慨悲凉之气和刚健之风;风骨作为文学的一个基本审美尺度,既要有以事为基础的丰富情志、感悟乃至理性思考,又要有丰富而合适的形式。

第七节 质文代变与形式美学发展

刘勰对于文质关系始终持折中态度,反对形式主义而不反对形式美。他在《正纬》和《辨骚》篇中已经肯定了文章形式的发展,在《通变》篇中不光谈到内容的新变,也谈到语言变化、手法技巧变化,后者属于形式美学的范畴。整个"割情析采"部分,以讨论文术为主,当然是在情采、辞理并重的框架下。"术"是与"道"对应的概念,文道是有关文章和文化发展的一些基本观念、原则,相对具有稳定性和普适性,文术是这些原理、原则的具体展开和实际运用,因时而变,因人而异,需要具体问题具体分析,根据目的、对象不同而灵活运用。"文之枢纽"确定了文章宗经和通变以保障优秀文化(道)传承的基本原则,探讨了文的起源和发展的一般规律,侧重于质,也就是文章内容;"论文叙笔"将这些基本原理、原则贯彻于诸文体论中,同时也是结合诸文体予以具体考察;"割情析采"则是要从不同层面和角度来展开文道,对"采"和"术"进行探讨,侧重于"文",也就是文章形式美,以及各种技巧、手法。这标志着形式美正式进入理论视野,标志着形式美学发展抵达一个新阶段。

刘勰的形式美学要从三方面看:一是他确立了立文之道,也就是对文体进行定性分类,为一些特殊文体突出形式美、突出技巧手法做好了理论铺垫,当然还有通变观念的支撑;二是从史的角度总结质文代变的一般规律,肯定某些艺术文体文胜于质的必然性与合理性;三是从总体上看,其"割情析采"部分具体探讨了各种文术,不仅揭示了审美活动的特殊规律,而且推进了语言、音律、技巧、手法研究,使得形式美学研究在后世成为惯例,成为夹杂在诗文评和书画论中的重要内容,并出现一些专论。

一、立文之道和文采之美

《情采》篇将文质关系置换为情采关系,不是简单地重复文与质、情与采、辞与理的协调,而是侧重讨论文胜其质的现象,强调为了表现情志必须要有文采,并有因为表现情感而尤其凸显文采之美的意思。刘勰承接《原道》中文采必然出现的论说,指出文章必定有文采,文采是手段和形式,依附于内容,同样的,内容必须要依靠文采来显现:"圣贤书辞,总称文章,非采而何? 夫水性虚而沦漪结,木体实而花萼振,文附质也。虎豹无文,则鞟同犬羊;犀兕有皮,而色资丹漆,质待文也。若乃综述性灵,敷写器象,镂心鸟迹之中,织辞鱼网之上,其为彪炳,缛采名矣。"文、采或文采,与"道之文"既是一个意思,又有所引申,是指文章的外在形式,与内容相对而言。文采不能按现代汉语去理解为形式美,又确实包含审美意味。各种事物都是内质与外形的结合,涟漪之于水,花朵之于树木,不论物体性质如何,都是文附于质。又,事物的内质也要由外形来体现,虎豹皮毛如果没有花纹,就看不出它们与犬羊的皮有什么区别;犀牛皮涂上丹漆,更加结实耐用而且美观,由此可见质也不能离开文。同理,展现人的内在精神,描绘客观对象,需要借助各种符号和纸张,精心组织成文章,这就是通过丰富的文采来彰显人和事物的内质。

《原道》篇中说"道沿圣而垂文",《情采》篇接着指出道转化为文有三种基本方法或模式,或者说文有三种基本形式或类型:

> 故立文之道,其理有三:一曰形文,五色是也;二曰声文,五音是也;三曰情文,五性是也。五色杂而成黼黻,五音比而成韶夏,五情发而为辞章,神理之数也。

刘勰说这三种模式或方法是"神理之数",强调不是他本人随随便便定的,而是道必然如此显现。

"形文"是由五色构成的"文",五色泛指各种色彩,以及各种线条、形状。形文包括图形、图像、绘画、书法、卦象等等。图像符号表意太不确定,解释性的文字更重要。比如占卜,不在于所占卦象本身如何,而在于占卜人的解释。卦象、图谶这类形文,就是用来欺骗、蛊惑无知大众的。随着语言文字的发展,形文在文章中只有辅助作用,比如数学、化学符号。倒是在艺术和美学领域,形文有广泛施展的天地。

声文即由五音构成的"文",主要是指歌谣、乐谱、口头文学之类。有些声文与文字作品有相同的内容,因此,乐论隶属于广义的文论。先秦两汉的乐论一般是谈立乐和用乐的政治伦理原则,如嵇康认为声无哀乐,根本立意在于倡无为之治,行不言之教,追求"大音希声"、"至乐无声"的理想境界。刘勰论乐府,首先也是关注文的思想性和社会功能。

"情文"即由人的精神本质构成的文。董仲舒认为仁、义、礼、智、信等是人的五种基本属性,是人之所以为人的本质,情要受性的制约。王弼在《论语释疑》中注"性相近,习相远也"说:"不性其情,焉能久行其正,此是情之正也。若心好流荡失真,此是情之邪也。"①又在《周易注》中释"乾元者,始而亨者也;利贞者,性情也"时说:"不性其情,何能久行其正?"②这是继续承认性对情的制约作用。又,王弼认为"圣人茂于人者神明也,同于人者五情也",将性与情区分开来。刘勰沿用五性、五情之说论立文之道,有意无意地模糊了性与情的界线。"情文"是由人的本性或性情构成的书辞、辞章或文章,并非以情感为本的文学,又隐含了以情为本的意思。魏晋以来,诗文理论不再单纯强调性本论,曹丕说"诗赋欲丽",陆机说"诗缘情而绮靡",情和美成为诗文理论新的焦点,也在文章写作和艺术创作中由不自觉发展到自觉追求。刘勰是以情和美——情志内容和美的语言形式来观照一切文。他说:

> 《孝经》垂典,丧言不文;故知君子常言,未尝质也。老子疾伪,故称"美言不信",而五千精妙,则非弃美矣。庄周云"辩雕万物",谓藻饰也。韩非云"艳乎辩说",谓绮丽也。绮丽以艳说,藻饰以辩雕,文辞之变,于斯极矣。研味《孝》、《老》,则知文质附乎性情;详览《庄》、《韩》,则见华实过乎淫侈。若择源于泾渭之流,按辔于邪正之路,亦可以驭文采矣。夫铅黛所以饰容,而盼倩生于淑姿;文采所以饰言,而辩丽本于情性。故情者文之经,辞者理之纬;经正而后纬成,理定而后辞畅:此立文之本源也。

《孝经》中说居丧期间说话不需要什么文采,由此可见有文化的君子平时说话一般都是有文采的,并非都是大白话。又如老子虽然说"美言不信",但是他的《道德经》既包含精深哲理,语言也非常美妙,可见即使说理也无需排斥美言。《庄子·天道》篇中说:"古之王天下者,知虽落天地,不自虑也;辩虽雕万物,不自说也。""辩雕万物"是用精巧言辞来描绘万事万物,这是对藻饰的高度重视。《韩非子·外储说左上》中说:"夫不谋治强之功,而艳乎辩说文丽之声,是却有术之士,而任坏屋折弓也。"这

---

① [魏]王弼著,楼宇烈校释:《王弼集校释》,第631页。
② 同上书,第217页。

是说论辩语言过于华丽。描写对象和论事说理只需要做到平实、精细，但是有些作者也讲究文采。刘勰由此指出，文章不论是华美还是质朴，都是依附于作者性情的，也就是说情性内容决定了辞采形式；不能够脱离内容需要，过于华丽或过于质朴。思想内容犹如文辞的经线，文辞好比内容的纬线；确定了经线才能够织上纬线，写文章也要先确定内容，然后才能展开文辞，这就是"立文之道"或"本源"，亦即文章写作的根本原则。

刘勰认为《诗经》是将情志内容与美的语言形式完美结合的典范："昔诗人什篇，为情而造文；辞人赋颂，为文而造情。何以明其然？盖风雅之兴，志思蓄愤，而吟咏情性，以讽其上，此为情而造文也；诸子之徒，心非郁陶，苟驰夸饰，鬻声钓世，此为文而造情也。"由此可见，刘勰所谓"情"，不一定是情感的意思，而可能是泛指作品的思想内容。二者是有关联的：因为作者有大济天下之志和报效国民之情，因而能够写出有现实内容的作品，这些现实内容，也会体现出作者心怀天下的本性和忠君爱民的真情。刘勰不满那些缺乏本性真情、为文而文乃至为文而造情的辞赋家。反对为写作而写作，片面追求辞采形式美，内容空泛，文风浮靡。他阐述的"立文之道"是以抒写情志为根本，文采是为本性真情服务的。这是对文采的规范，也是对文采的肯定。

由刘勰的立文之道，首先可以分析文字著述的一般属性和文学作品的情感特征及形式美。任何一篇文章都与情有关，有的是以表现情志为主，有的则是在情感推动下去记载和思考。衡量一篇文章是否属于纯文学，不能机械地以情为尺度，而要看其中包含主观情感的程度，如果是占主导地位，那么它就是文学作品。以情为主的文学作品，必然更加具有形式美，这是曹丕、陆机都说过的，刘勰当然也这样认为。他更认为所有文章都具有形式美。比如章表，他以《尧典》、《大禹谟》为源头，强调的规范是"风矩应明"、"骨采宜耀"、"要而非略，明而不浅"，认为："魏初表章，指事造实，求其靡丽，则未足美矣。至于文举之荐祢衡，气扬采飞；孔明之辞后主，志尽文畅；虽华实异旨，并表之英也。"由此可见，只要不违背情采统一的原则,他是非常强调文采的。

二、《时序》与艺术技巧发展

《时序》的主题是"时运交移,质文代变"。这一主旨直接见诸《通变》,也是在其他很多篇目中贯穿的一个基本思想。《通变》中说:"夫设文之体有常,变文之数无方",这是《宗经》中已经指出的,各种文体源出于经典,与五经"名理相因",不同经典决定了不同文体的基本要求,这是不变的。可变的是"文辞气力",这在《正纬》和《辨骚》中已经说明,道不变,表现道的文辞会变。

在《体性》篇中,刘勰指出作者才能和性情的不同决定文章体式的变化:"若夫八体屡迁,功以学成,才力居中,肇自血气;气以实志,志以定言,吐纳英华,莫非情性。"要避免文体脱离正轨,就要有学养,有正气,有精神力量,以本性、真情、雅志来支配文辞。《风骨》顺着这一见解,进一步指出要"熔铸经典之范,翔集子史之术,洞晓情变,曲昭文体,然后能孚甲新意,雕昼奇辞"。这就是《宗经》篇中"禀经以制式"的原则。

《通变》虽然承认变,也肯定变,但其结论与《体性》、《风骨》一样,认为"规略文统,宜宏大体",强调"还宗经诰"。《定势》继续阐明情志决定体裁风格的观点,讨论文章写作应该以及如何"因情立体,即体成势"。不过如果一味强调"因情立体",任由文体自然变化,那就有可能出现各种不良文风。因此,刘勰反过来又强调定势。各种既有文体本源于经典,具有一定特征,如"模经为式者,自入典雅之懿;效《骚》命篇者,必归艳逸之华";特定文体与特定情志已经形成一定的对应关系,也确立了一些基本要求,后世作者首先要遵循这些要求:"章表奏议,则准的乎典雅;赋颂歌诗,则羽仪乎清丽;符檄书移,则楷式于明断;史论序注,则师范于覈要;箴铭碑诔,则体制于宏深;连珠七辞,则从事于巧艳:此循体而成势,随变而立功者也。"

文章发展问题在前面已经谈得很多,《时序》篇还要继续谈,绝非简单的重复,而是有着重大推进。首先,此前的发展论,是由道文关系和情

采关系确定宗经、因情立体、从诸种文体既定规范出发的原则,而《时序》
则是客观地从史的角度,结合具体作者和作品来说明作品内容和形式变
化的基本脉络,揭示其基本规律。刘勰强调宗经主要是从明道和表现性
情的角度讲的,对于屈骚那样的缘情之作,他也是肯定变的。对于辞采、
文法,他主要强调变,只是要求从揣摩经典入手,使得这种变化有所依
凭,能够充分吸收优良传统。而《时序》则正是专门探讨辞采和文法之
变。其篇末说"蔚映十代,辞采九变",清楚地表明刘勰所论是辞采。这
种辞采和文法与内容的性质没有必然联系。不论是什么内容的作品,刘
勰关于辞采和文法的讨论都成立。其次,刘勰强调作品的思想性和政教
价值,因此使得其宗经原则容易教条化,《时序》从史的角度立论,可以克
服这一弊病。第三,最为值得注意的是,刘勰论辞采,在很大程度上相当
于讨论纯文学,探讨语言艺术及其他艺术的审美特征。古汉语中的"文
学"是文章与学问的统称,不同于今天意义上的纯文学概念。刘勰没有
区分学问文章与主情志、重辞采的文章,也不会区分"文学"与"文章"这
两个概念,不过他极少使用"文学"一词,主要使用"文章"、"词章"、"辞
章"等词,事实上将文章与学问分开了。"文学"一词在《文心雕龙》全书
中只出现过三次,《时序》篇中出现了两次:

> 春秋以后,角战英雄,六经泥蟠,百家飙骇。方是时也,韩魏力
> 政,燕赵任权;五蠹六虱,严于秦令;唯齐、楚两国,颇有文学。
> 自献帝播迁,文学蓬转,建安之末,区宇方辑。

齐国稷下学宫贤士云集,"文学"——文化学术发达,具体体现为以
孟子、荀子为代表的诸子百家文章传世;楚文化的代表是屈原,传世文章
主要是今天意义上的文学作品。汉末建安时期的"文学",大多不是学问
文章,而是纯文学作品。刘勰使用"文学"这个概念时,已经模糊了它与
文章的界限,也就是淡化了"文学"一词中的学问含义。他在叙述作品内
容和形式变化时所列举的例子,也多是今天意义上的文学作品。也就是
说,在刘勰那里,"文学"和"文章"都是侧重于"文"而非"学"的,都开始具

有纯文学的意味。日本明治维新时期，深受中国文化影响的学者翻译西方"文学"概念（literature）时，选择"文学"一词，特指语言艺术，其渊源当追溯到《文心雕龙》。中国学者围绕"文学"概念的本义和新义有过一些歧见，最终能够统一于新义，也是因为早在刘勰那里，文章与学问就有所分离。

《时序》关于"时运交移，质文代变"的评述，与纯文学史基本一致。他说："故知歌谣文理，与世推移，风动于上，而波震于下者。"这揭示了文学作品的特点：诗言志，诗缘情，叙事文学是心灵的历史，《诗经》开启了文学抒情言志和展示社会生活、精神状况的传统。论说文、应用文，都不具备这些特点。他说建安作者："观其时文，雅好慷慨，良由世积乱离，风衰俗怨，并志深而笔长，故梗概而多气也。"在论说文和政论文中，我们不会看到真切的现实，不会看到民情风俗，更不会看到时人的情绪和心态，不会体验到梗概多气的风格。

"质文代变"的趋势是"文胜其质"，这样的现象在商周时代已经出现了，刘勰认为是自然之道、必然之理，可见他不反对这种趋势。有了情文、声文、形文的分类，不难推论，刘勰对于那些思想性、知识性、应用性的文体，还是要求文质协调的，情理为本辞采为辅，内容胜于形式；对于文学艺术，则是更为强调新变，尤其是形式创新。

三、文术——形式美学的实践性内容

刘勰充分肯定了文采的重要性，也肯定了文术的重要性。《情采》篇至《总术》篇可谓是专门"析采"，对文的形式、技巧进行方方面面的探讨。这既是实践经验的总结，也是返归于实践的要求和指南。

按照《序志》所说，割情析采都是"毛目"，就是将纲领细分出条目。写作论属于文术，比较容易理解，但是文体流变论、作者论、接受论并非方法、技巧，似乎不是"术"。其实，"术"并非就是方法、技巧，它与道相对，首先是指道之用，文术即文之原理的运用，是相对于纲领的毛目，文道的运用涉及方法和技巧，这才有了具体的"术"。《时序》之后五篇都可以按照"术"来解释:懂得文章流变规律,作者就不会故步自封,不会以名害实;明了作文的主体要素,就知道如何写出理想的文章;理解知音之难,就不会一味慨叹"文章千古事,得失寸心知",而是会有比较达观的心态,首先努力写出自己,也尽量考虑读者。由此可见,《时序》至《程器》,不仅是文道的具体展开,也确实可以当做"术"来指导实践。文术相对于文道来说是具体化,相对于文学艺术实践来说又是一般要求。

从《神思》到《总术》是探讨文章写作包括艺术创作的全过程,从论思维活动开始——《神思》;然后论作品体貌、风格与作者才能、性格的关系——《体性》,以及作品的内在精神结构与外在效力——《风骨》;进而论文体形式的变化规律,及相对稳定的模式——《通变》和《定势》;然后论内容与形式的关系——《情采》,这一篇具有前后连接作用,前面五篇侧重论"情",即思想内容,此后诸篇专门讨论"采"。从《熔裁》到《炼字》探讨文章的技巧、手法、文字润色等。《隐秀》既是具体讨论文章如何以含蓄手法寓含更为丰富的意蕴,也揭示出文学艺术的审美特性;《养气》既是具体讨论文章写作或艺术创作时如何孕育和保持文气,也是讨论作者如何进行综合性的精神训练。《神思》中讲文章写作或艺术创作的虚静状态,也讲学习、思考、实践、培养文字功夫和艺术技巧等——这些都是养气的手段。虚静就是让人综合的精神素养能够充分发挥。文章写作和艺术创作本身也是具体训练与综合精神训练的结合。《附会》讲作品整体的安排,和《神思》谈最初的构思呼应,主要是讲完成后的修改润色。《总术》是总体而论技巧手法的重要性和运用原则。

"割情析采"就是将"文"分割为"情"和"采"进行分析。有的《文心雕龙》版本中将"割"字写成"剖"字,今人比较认同,大概是因为"剖析"如同医学解剖一样,更能够解释对象的内在结构和奥秘。"割"在古文献中更为常见,如《论语·阳货》说"割鸡焉用牛刀"。《左传·襄公三十一年》中说"犹未能操刀而使割也"。刘勰使用"割"字是很自然的。"割"就是分割,"割情析采"就是将实践上不可分割的作品从理论上分割为"情"和

"采"两方面来讨论。

"割情析采"这一思路本身就是文论摆脱道论传统而相对独立的标志。理清刘勰的思路,可知他对"采"的特殊重视。《序志》在说完"上篇以上,纲领明矣"后紧接着说"至于割情析采,笼圈条贯,摛《神》、《性》,图《风》、《势》,苞《会》、《通》,阅《声》、《字》……"刘勰没有在上段话中列出《情采》篇名,在《文心雕龙》中也没有将《情采》篇排在首位,可能会令人不解,这正是疏通刘勰思路的关键之处。《情采》前五篇是不分内容和形式整体而论的,其后从《熔裁》到《附会》的十二篇,都是专论"采"。《情采》在其间有着衔接作用,其前面五篇是探讨文章从未完成到完成的过程,是从道文关系角度展开论说,目的是阐明以情为本、情志兼顾的立文之道。其后篇目至《总术》则是文章从完成到完善的过程,主要是讲"采"。因为汉学重道轻文,从不专门探讨文术,所以从《神思》到《情采》,并非仅仅是试图矫正晋宋文章追求新奇和绮丽的文风,也是为了说明重采的必然性和合理性,为接下来着重讨论形式技巧做好理论铺垫。《体性》篇中,刘勰由先天性情出发谈各种文风的差异,八种文体各有长短,各自都有不同程度上的变化,还会互相转化,提出以后天的努力来保障各种文体都能够扬长补短。这种努力既包括作者的修养,研习经典,养性、养气,也包括文章写作过程中的构思、布局、修改、各种手法和技巧的运用,这些都是以后诸篇中将要具体探讨的"文术"。《风骨》篇强调文辞要有内在的文气,具有思想情感力量,这样就会体现为一种外在的具有感染性的风貌,进而发挥风化的效力。《风骨》篇接着《体性》篇的"八体"说谈文章外在风貌和内在气质的多样性,更加明确地强调要效法经典,也借鉴其他圣贤书辞:"熔铸经典之范,翔集子史之术,洞晓情变,曲昭文体,然后能孚甲新意,雕昼奇辞。"《通变》篇梳理了"文体解散"的历史过程,既肯定"文律运周,日新其业。变则其久,通则不乏",又指出这种变化中有一种走向肤浅、浮华的不良趋势,要"矫讹翻浅",就得"还宗经诰","望今制奇,参古定法"。于是在《定势》中针对提出要确定一些相对稳定的法则,总结一些带有普遍性的文术。这样就自然导向《情采》篇中的"立文之道",而可以在此后十余篇中专门就"采"或具体文术展开探讨。

"析采"或文术论对于纯文学观念和艺术观念演进有着重要意义,这要结合言意之辨这一源远流长的命题来谈。《神思》篇论文思,是接着陆机《文赋》讨论言不尽意的难题。这就是为什么《神思》篇被列为"割情析采"之首。古代典籍由于语言的原因,会有很多难解之处,这是随着语言进步就可以解决的问题,如有疑难,需要古文字学家去解决,无需理论探讨。一般情况下,言是可以尽意的。按刘勰的看法,只要效法经典,文就可以明道,言也可以尽意。庄子说得意忘言,王弼说得意忘象、得象忘言,都是因为"至道"难以凭借通常语言表述和传达,既要借助象和言,又不能拘执于象和言。人的情绪、感受、体悟也如微妙精深的"道"一样难以言传,只能够通过物象去传达和领会。魏晋以来,应用文和学问文章表意都是比较清晰的,往往是诗赋中会有超乎言外、超乎象外的微妙之意和婉曲之情。陆机作为写作者和论文家,体会到文思难以把握,但没有去深究原因。刘勰则看到,"情数诡杂,体变迁贸,拙辞或孕于巧义,庸事或萌于新意",也就是人们所要表现的情志内容和哲理思考越来越丰富复杂,表现形式也就很难从经典中找到现成样板,作者虽有精义,却不一定能够找到恰当的文辞来表达,新的思考也未能依托于合适的事例。经典中蕴涵简明而深刻的道,经典之文是与天地并生的,是"道之文",圣人借助文字、文章来明道,这种文章形式自然而然地合乎道的表现需要,无需专门在文采上下功夫。"道"流变为方方面面的思想和情志,必然带来形式的变化,体裁、风格变得多种多样,技巧手段越来越丰富,包括语言本身也在进步。这就是刘勰专门论"采"的理由。就"道"、"理"、知识、学问而言,尽管越来越丰富,但按"原道"思维来说,万变不离其宗,不会越来越晦涩。即使不讲"原道",后世文章中确实会不断出现新思想,只要是与实践有关,都不会晦涩。所谓"思表纤旨,文外曲致",主要不是指知识、学问类文章,而是指文学类文章。或者说,如果一类文章,它表现的思想和感情是深刻而难以言传的,那么就应该归于文学类。哲学、历史著作不应该存在言不尽意的问题,其他社会科学和自然科学著述更非如此。因此说,刘勰论《神思》,接续言不尽意的命题,是在讨论艺术构思。《神思》篇赞曰:"神用象通,情变所孕。物心貌求,心以理应。"这再次表明刘勰所讨论的对象实际上是今天意义上的文学。

西方诗学自亚里士多德始就注重现象研究和经验总结,其修辞学更是具有非常强的实践性,这种传统一直贯穿至现代文学理论。俄国形式主义、英美新批评、叙事学、神话人类学、精神分析学中有很多对文本结构或心理结构的深入剖析。刘勰的"割情析采"讨论文术,虽然没有完全摆脱道论传统,宗经与通变之间存在一定矛盾,文体划分缺乏科学性,没能揭示学问文章与艺术作品的区别,但是他毕竟开启了形式美学的路径,对于文学艺术观念发展意义重大,此后大量形式美学研究的事实存在,不能不归功于刘勰将文采和文术纳入理论视野。

第八节　知音范畴与鉴赏批评论

知音不仅是一个文论和美学范畴,也是人际交往和思想对话的理想状况。俞伯牙摔琴谢知音,曲洋和刘正风共谱笑傲江湖曲,蔡锷与小凤仙相知相爱,让知音一词本身成为一个传说、一个意象或一种境界。刘勰的知音论,由知音难逢的感慨,谈到文人相轻、贵古贱今、崇己抑人、信伪迷真等现象,分析了"音实难知"的主客观原因,尤其是主观心理原因,提出了艺术鉴赏和批评的一些基本要求及方法:批评者应该具有广博的见闻,以增强鉴赏能力;排除狭隘的私见,克服个人的偏好,保持批评的客观公正;仔细地品味作品,领会其微妙的感受和体悟。

刘勰在讨论这些美学问题时,直接、间接引用了曹丕的许多言论。曹丕关于文人相轻的论述,更是刘勰讨论知音问题的直接起因。他超出曹丕的地方,是以相当于现代审美心理学的视点,对文人相轻的主观原因作了深入分析。尽管鉴赏和批评的尺度问题是一个难题,刘勰还是认为正确理解和评价作品是完全有可能的,实际上也谈论了批评尺度问题。这是刘勰知音论中最有理论价值的两点。另外,他对审美差异性和共同性的分析、对鉴赏批评方法的探索等,虽然在今天属于常识,但在美学史上还是很有讨论价值的。

一、审美心理与批评态度

曹丕在《典论·论文》中提出"文人相轻"的话题,作过初步的心理学解释:"常人贵远贱近,向声背实,又患暗于自见,谓己为贤。"刘勰首先接着"贵远贱近,向声背实"的意思说,自古以来的评论家,常常轻视同时代人而仰慕前代人,正像《鬼谷子》中所说的:"日进前而不御,遥闻声而相思。"天天在眼前的并不任用,老远听到声名却不胜思慕。

刘勰认为知音难求除了贵古贱今、崇己抑人的心理,还有一点是接受者水平不够,"信伪迷真",看不出作品的好坏来。这里也有一种类似武大郎开店的心理因素,通过肯定次一等的作品来肯定自己。

曹丕和刘勰也揭示了文人好逞才、斗才的心理,好将自己与他人比较,或将他人进行比较。他们当时还找不到足够的典型事例,后世则有更多文人来为他们提供佐证。如《旧唐书·文苑上·杨炯传》载,杨炯与王勃、卢照邻、骆宾王齐名,时人称为"王杨卢骆",亦号为"四杰"。杨炯对人曰:"吾愧在卢前,耻居王后。"认为自己不强于卢照邻,不逊于王勃,大家彼此不相伯仲,显然是不服"王杨卢骆"的座次。文人好比较的心理,在评论家那里也有体现。如李白看到崔颢的《登黄鹤楼》,"欲拟之较胜负"(《苕溪渔隐丛话》),后来做了《登金陵凤凰台》:"凤凰台上凤凰游,凤去台空江自流。吴宫花草埋幽径,晋代衣冠成古丘。三山半落青天外,一水中分白鹭洲。总为浮云能蔽日,长安不见使人愁。"这两首诗引发了批评家们的优劣之争。刘克庄《后村诗话》中说:"今观二诗,真敌手棋也。"方回《瀛奎律髓》中说:"太白此诗,与崔颢《黄鹤楼》相似,格律气势,未易甲乙。"金圣叹对李白的诗冷嘲热讽说:"然则先生当日,定宜割爱,竟让崔家独步。何必如后世细琐文人,必欲沾沾不舍,而甘于出此哉。"就是说李白不必为争高下而露怯。

二、审美差异性与知音方法论

严格来说,史书应该秉笔直书,客观记载人物事件,尽可能给出比较合理的因果解释,后人是否同意自己的判断并不重要,后人是否理解作者的身世更不重要。如果写史还要考虑到后世读者的看法,那就违背了史书的基本性质。至于论道说理之文,知识性文章,更不存在知音之说,而是要追求真理,把握真知。作者与作者的思想相通,不等于他们把握了真理。说理时引经据典,有可能是以误证误,广征博引近乎以多欺寡,征引权威言论有似仗势欺人,都是不合学理的。唯有文学艺术,讲的是同声相应,同气相求,趣味无可争辩,难得趣味相投。又有一些关于人生世事的体悟,一些难以言传的情绪,唯有知音能够给予自己一种认同感,让漂浮的意绪拥有一个着落点。因此刘勰"音实难知,知实难逢,逢其知音,千载其一乎"的感慨,实际上是应该在文学艺术领域探讨的。

刘勰将文人相轻归因于贵古贱今、暗于自见等,这不是要害所在。说审美具有差异性,才是知音难觅的根源。"然鲁臣以麟为麕,楚人以雉为凤,魏民以夜光为怪石,宋客以燕砾为宝珠。形器易征,谬乃若是;文情难鉴,谁曰易分?"这是说地域不同造成人们的审美差异性。他在《才略》和《程器》中举例说明了,文人所处时代不同,处境地位不同,经历学养不同,审美趣味、思维方式、看问题的视角有着种种区别,于是彼此认同的可能性小。在古代社会,同时代人知音难觅,是因为文人数量有限,作品传播不广。放眼整个历史,寻求到知音的可能性就大。文人的知音不一定在文人,艺术创作是以物象写照心灵,生活中的很多人有着共同的体验、意绪和感悟,如果作品能够广泛流传,就不会有这么强烈的知音难觅之慨。进入现代社会以后,有文化艺术素养的人比较多,文学艺术的传播媒介比较发达,知音难觅的问题就不是那么突出了。所以真正值得重视的不是知音问题,而是审美的差异性与共同性,可以参照读者反应批评、接受美学乃至精神分析来展开。

刘勰对于提高艺术鉴赏和批评水平提出了一些具有方法论意义的

建议。艺术现象是千变万化的,批评要克服自己的偏见,也要增强自己的素养。"凡操千曲而后晓声,观千剑而后识器。故圆照之象,务先博观。阅乔岳以形培塿,酌沧波以喻畎浍。无私于轻重,不偏于憎爱,然后能平理若衡,照辞如镜矣。"这个基本要求,不仅是针对当时文人相轻的倾向,对于今人也是很重要的。刘勰提出的六观之术,为后人提供了研究文学艺术的一些角度。"夫缀文者情动而辞发,观文者披文以入情,沿波讨源,虽幽必显。"文无定法,但人的心理、社会环境、历史传统都有一定共同性,所使用的语言也决定了思维和观念上的同源性,所以,由艺术现象出发,去总结一些内在规律,运用于创作和批评,这是可能的,也是必要的,当然也是很有难度的。中国的文学理论和美学在这方面的努力远远不足,学者们往往会以文无定法、审美趣味无可争辩、小说以无法为最高法、艺术没有固定法则等来取消这种努力。批评可以在一定层面上制定规则,不过如果借助政治、学术权威将批评标准教条化,反而会造成对于批评标准的逆反心理。

第九节 树德建言的艺术价值观

文学艺术的功用和价值问题在刘勰之前已是一个老生常谈的问题。刘勰在《文心雕龙》中多处涉及文的功用,集中表述则是在《序志》篇中:"唯文章之用,实经典枝条,五礼资之以成,六典因之致用,君臣所以炳焕,军国所以昭明。"意思是说著书立说阐发经义,有着辅弼经书的重大作用,各种礼仪要靠它来完成,一切政务也要用它来实施;纲常伦理赖以发扬光大,军国大计靠它筹划清楚。本节不谈文章功用而谈艺术价值,乃是从魏晋南北朝美学士人自觉、个体意识和生命意识高度觉醒、精神生命安顿和审美超越的主题出发的。艺术价值是相对于主体精神而言的,文章功用则与社会需求有关。刘勰的艺术价值观,也是集中表述于《序志》篇,包括树德建言、文果寄心,刘勰对文章之用的表述,也要按照艺术价值观重新解读。

《序志》篇对书名的解释,便体现出刘勰的人生价值观:

> 夫"文心"者,言为文之用心也。昔涓子《琴心》,王孙《巧心》,心哉美矣,故用之焉。古来文章,以雕缛成体,岂取驺奭之群言雕龙也。

"用心"之说,在陆机《文赋》已见:"余每观才士之作,窃有以得其用心。""为文之用心"可以理解为写作动机或目的,也可以理解为写作时的心理活动,还可以理解为文章所体现的、作者在写作时所投入的心思,所展开的思考,所倾注的感情。这些应该是陆机和刘勰都看得到、并且深有体会的,因此都是"文心"的题中之义。"文心"作为书名是仿效前例,涓子有《琴心》①,王孙子有《巧心》②,刘勰觉得"心"这个词很美,同时也是觉得"心"是天地间神奇美好的存在,如在《原道》篇中,他说人是"有心之器",又说"圣人原道心以敷章",可见"心"对于著述和明道来说至关重要。又,他说"道心惟微",而"道沿圣而垂文,圣因文而明道",文即道之文,是道的体现,"文心"与"道心"相对应,表明了文源于道、文以明道的观点。此外,他将"文心"纳入书名,可能还与他的佛学素养有关。般若学非常强调"心"超越一切的力量,慧远坚持形尽而神不灭,很多学者不以为然,但是若从立言不朽的角度来说,"心"即精神是可以长存的。《序志》篇末的"赞"说:"生也有涯,无涯惟智。"刘勰激赏"心"字,是因为"文果载心,余心有寄"。思想可以超越时光,永世长存。

至于"雕龙",典出《史记·孟子荀卿列传》:

> 驺衍之术迂大而闳辩;奭也文具难施;淳于髡久与处,时有得善言。故齐人颂曰:"谈天衍,雕龙奭,炙毂过髡。"

刘向在《别录》中解释"雕龙奭"说:

---

① 涓子即环渊,《田完世家》中说他属于"文学游说之士",为齐王所用,"赐列第,为上大夫"。《太平御览》卷六七〇道部一二引《集仙录》说:"涓子,齐人也,饵术,著《三才经》。淮南王刘安得其文,不解其旨。又著琴书三篇,甚有条理。"故《琴心》可能是论琴艺。
② 王孙是姓,不知其名。《巧心》又名《王孙子》。

> 驺衍之所言,五德终始。天地广大,书言天事,故日谈天。邹奭
> 修衍之文,饰若雕龙文,故日"雕龙"。

意思是说,邹衍的阴阳五行学说博大精深,邹奭在阐扬其学说时,遇到理解和表述的困难,需要反复斟酌,就像工匠雕龙一样需要高超技艺,也需要耐心和细致。由目前所知出土文物来看,雕龙艺术可能始于商代后期的青铜龙形足圆鼎、龙虎樽、西周的龙头觥、春秋时期的双龙耳壶、吴王夫差剑上的龙、战国时代的四龙脊铜壶。战国时期有龙的玉器不少,如三龙形玉璧、四龙四凤玉带勾、龙形玉佩等等,应该是雕出来的。在当时条件下,雕龙是非常难的,但所雕又是美好神奇之物,刘勰以此喻作文之难,也有对文章事业的颂美。陆机《文赋》中说"恒患意不称物,文不逮意。"刘勰也说"意翻空而易奇,言徵实而难巧","暨乎篇成,半折心始"。他们都认识到,作文像雕龙一样,辛辛苦苦雕出的龙体未必尽如人意,殚精竭虑写出的文章却离原来的意旨差了很多。《序志》篇末,刘勰说"言不尽意,圣人所难,识在瓶管,何能矩镬"。就是他写完《文心雕龙》后,对于作文难的深深感慨。他将"雕龙"作为书名,正是基于"道心惟微"、言不尽意的认识。"文章千古事,得失寸心知",只要竭尽了雕龙之力,那么"文心"就能够接近于圣人的体道之心,接近于"道"。"茫茫往代,既沉予闻;眇眇来世,倘尘彼观也。"刘勰谦虚而不失自信地说,前人著作里给了他很多启发,《文心雕龙》或许也可以供后人参考吧。

《文心雕龙》的书名已经表明了此书的一个写作动机,那就是基于言不尽意的困惑,继续探讨陆机提出的"作文之利害所由"。当然三十而未立的刘勰显然并不满足于学术本身的目的,而是有更远大的志向。他认为,在芸芸众生中,贤者凭才智出类拔萃;时光不会停留,人的智慧、功名只有依靠文字才能够永远存在:"形同草木之脆,名逾金石之坚,是以君子处世,树德建言,岂好辩哉? 不得已也!"时光短暂是魏晋人最为普遍的感慨,人的肉体如同草木一样脆弱,这在很多作品中都有反映。建功立业、及时行乐、谈玄、修仙、学佛、著述以求精神不朽,都是对抗人生苦

短意识的方式。曹丕在《典论·论文》中对文章的伟大作用和不朽价值的高度肯定,无疑是激励刘勰展开论文之说的强大动力。曹丕说:

> 盖文章,经国之大业,不朽之盛事。年寿有时而尽,乐荣止乎其身,二者必至之常期,未若文章之无穷。是以古之作者,寄身于翰墨,见意于篇籍,不假良史之辞,不托飞驰之势,而声名自传于后。故西伯幽而演《易》,周旦显而制《礼》,不以隐约而不务,不以康乐而加思。夫然,则古人贱尺璧而重寸阴,惧乎时之过已。而人多不强力,贫贱则惧于饥寒,富贵流于逸乐,遂营目前之务,而遗千载之功。日月逝于上,体貌衰于下,忽然与万物迁化,斯亦志士大痛也!融等已逝,唯干著《论》,成一家言。

"经国之大业"容易被看做是重点,"不朽"也可以与大业联系起来。联系"三不朽"来说,立德,是最大之功,立言,是记载功德以励后人,记载经验以助后人建功,总之核心点在于社会功用。但是,曹丕后面的话说得很清楚,贫贱富贵,现世事务,都是暂时的,相貌形体都挽留不住。只有文章能够让精神永存。曹丕说这话时是深有感慨的,他在《与吴质书》中说:"昔伯牙绝弦于钟期,仲尼覆醢于子路,痛知音之难遇,伤门人之莫逮。诸子但为未及古人,亦一时之隽也。今之存者,已不逮矣。"七子已逝,留下的就是文章。尤其是徐干有专著留下,能够让他的才华、思想、品行流传后世,更让曹丕体会到什么才是真正的不朽。

曹丕的价值观念与追求,由《典论·自叙》可以看得很清楚。《自叙》记载了自董卓叛乱以来自己的一些经历:曹操打小就让曹丕学习骑射,他后来又学会了剑术及其他武艺。曹操爱好诗书文籍,在军旅中经常手不释卷。在曹操影响下,曹丕读遍了《五经》、《四部》、《史记》、《汉书》、诸子百家文章,截至写这个自叙时,已经著有书论、诗、赋等六十篇。曹丕的自我定位,是"智而能愚,勇而能怯,仁以接物,恕以及下",其目标是"以付后之良史",就是做一个好君主,青史留名。由整个《典论》目前残存的文献来看,曹丕很想用文章记载下前代及当世各种有意义的人物和事件,并试图提出一些带有普遍性的见解。他评述了当时各种奸谗之人;记载了桓灵之际社会各阶层尖锐对立的状况;探讨了社会交往、沟通的重要性;认为法律应该简明,执法者应该公平;论妇人祸乱家国;论酒乱人性之害;论修身养性、修仙学道诸事;论太宗、孝武帝、周成王和汉昭帝等历史人物;如此等等。

曹丕一方面希望以自己的实际作为在历史上留下美名,另一方面也希望自己的思想、行为能够以文章形式流传后世。这固然是受"三不朽"之说影响,更是由"建安七子"人已逝去、唯文章存留引发的感慨和认识。由此可见,曹丕对文章价值的强调与他的价值观念及人生追求是一致的。这种价值观念对刘勰的影响是不言而喻的。

刘勰将"树德"与"建言"相提并论,是葛洪说文章与德行犹十尺之于一丈的翻版。他们都是受到"三不朽"说的鼓舞,同时又要在立德、立功、立言之间有所抉择。

第十章　南朝书画论中的美学思想

　　汉魏之后,随着书画艺术的持续发展,有关书画艺术的审美意识渐次成熟,因此,书论和画论不断涌现,它们与那些优秀的书画作品一道,代表着魏晋南北朝书画艺术的巨大成就。

　　魏晋南朝的书论极为丰富,主要有钟繇《用笔法》、卫夫人《笔阵图》、王羲之《书论》、羊欣《采古来能书人名》、王僧虔《论书》、袁昂《古今书评》、庾肩吾《书品》等。这些书论提出了许多颇具创见的书法美学观念和范畴,如以"意"、"肥"、"瘦"、"天然"、"功夫"等范畴论书,以及"书之妙道,神采为上,形质次之"等审美观念。相比而言,魏晋南朝的画论则略显滞后,不过,以顾恺之《论画》、《魏晋胜流画赞》、宗炳《画山水序》、王微《叙画》、谢赫《古画品录》、姚最《续画品》为代表的画论,提出了诸多对后世影响深远的美学观念,与此期的书法美学观念彼此呼应。如顾恺之提出"以形写神"、"迁想妙得",宗炳提出"澄怀味象",谢赫提出"气韵生动",这些美学观念关注所描绘的人、物之外在形象与其内在生命的契合一致,试图把握住人与物虚灵、生动的一面,体现了极为深刻的绘画美学思想,极具美学价值。

　　限于篇幅,本章选取南朝时期宗炳《画山水序》、王微《叙画》、谢赫《古画品录》、庾肩吾《书品》等四种代表性的书画论作品,依序探讨其美学思想。

第一节　宗炳《画山水序》的美学思想

　　魏晋南北朝绘画艺术的重心仍在人物画。晋宋之际，开始出现独立的山水画。唐代张彦远《历代名画记》记载了若干，如顾恺之《绢六幅图山水》、戴逵《吴中溪山邑居图》、戴勃《九州名山图》等。有关山水绘画的理论总结也开始出现。顾恺之论画说："凡画人最难，次山水，次狗马"①，并写有《画云台山记》，可见当时山水绘画已经积累了一些创作经验。

　　刘宋时期，宗炳自为《画山水序》，王微作《叙画》，前者为序，后者为书信，两文提供了对山水画的艺术规律、艺术特征的独到认识，颇有理论价值，同为"中国真正的山水画论"②的开端之作。宗、王两人都寄情山水，栖隐绝俗③，对于山水绘画有着出乎本性的爱好。《宋书》本传中都提到他们作了大量的山水画，只可惜迭经变乱，这些画竟都没有留存下来。《历代名画记》对他们二人比较推重。张彦远感慨说："图画者，所以鉴戒贤愚，怡悦情性，若非穷玄妙于意表，安能合神变乎天机？宗炳、王微皆拟迹巢由，放情林壑，与琴酒而俱适，纵烟霞而独往。各有画序，意远迹高，不知画者，难可与论。"④两人画论中的美学思想，既是刘宋时期艺术美学的主要创获，也是南朝美学的重要组成部分。本节论宗炳《画山水序》的美学思想，下一节则论王微《叙画》的美学价值。

　　有关宗炳及其《画山水序》，有两点必须先加以说明。其一，宗炳与同期山水诗人谢灵运对山水的基本态度是有区别的。宗炳本性喜好山

---

① 张彦远：《历代名画记》卷五，第52页，沈阳：辽宁教育出版社，2001年。
② 徐复观：《中国艺术精神》，第141页，上海：华东师范大学出版社，2001年。
③ 《宋书·隐逸传》说"(宗炳)志托丘园，自求衡荜。恬静之操，久而不渝。"《宋书·王微传》说："(王)微栖志贞深，文行惇洽。生自华宗，身安隐素。"分别见《宋书》第2277页、1672页。
④ 张彦远：《历代名画记》卷六，第61页。晋宋之后，迭经"侯景之乱"、江陵之陷，以及隋炀帝扬州船覆之祸，前代名画所存寥寥。唐时，张彦远即已无缘得见宗炳、王微的山水画作，因而《历代名画记》中亦未有记载。

水,自觉沉浸在山水之美中,这种山水情怀一直保持到终老。他与山水是无间的,心中并无其他潜在的功利欲求。这样的态度,有如陶弘景回答梁武帝的诗:"山中何所有? 岭上多白云。只可自怡悦,不堪持寄君。"①宗炳沉浸在山水之中,是因为山水之美可以给他带来无尽的怡悦。不过,这样的怡悦,必须是心中一片澄澈之人方能体会得来。比如那岭上的白云,我心为之怡悦,对方如果没有闲静、澄澈的心境来领会,恐怕就"不堪持寄"了。正因为宗炳面对山水时没有功利欲求,所以,他的《登半石山诗》、《登白鸟山诗》纯粹描绘山上景物,不杂入其他。谢灵运免官后山居始宁,当他沉浸在山水之中的时候,确也深深地领会到了山水之美。不过,他心中总还是无法淡忘现实时世,在他再三强调一种闲旷清虚的心境时,我们总能体会到他内心某处其实还隐藏着很深的纠结。谢灵运以山水之美来抚平内心郁积(尽管这种郁积有时隐藏极深),每当面对山水时,他的内心其实是有所欲求的。这就决定了他无法始终如一地沉浸在山水之中,每每在诗歌后段谈玄,以特殊的方式来自我排遣。

其二,由于诗歌和绘画有着不同的审美传统,晋宋时期山水诗和山水画走向不同。晋宋之际,山水诗从玄言诗中脱胎而成,所以,谢灵运的山水诗带有谈玄的成分,追求恬淡清虚。从总体来说,此后的山水诗逐渐走向类似宗炳《登半石山诗》的路径,即注重体物,以景写境。山水画则是从人物画中脱胎而来,而"人物至六朝,由'生动'入于'神'亦自然之发展也"②。就艺术表现本身而言,虽然"唐以前之山水画仍不脱装饰意味,只显刻画技巧之长,而乏气韵生动之致"③,但是,晋宋山水画的美学理想追随着此期的人物画,本然地超越形似,而追求神韵。

在这样的视野中来考察宗炳《画山水序》,我们认为,其美学思想主要包括以下三个方面:"澄怀味像"、"以形写形"和"畅神"。

首先,宗炳山水美学的基点是"澄怀味像"。《画山水序》开篇说:"圣

---

① 陶弘景:《诏问山中何所有赋诗以答》,《先秦汉魏晋南北朝诗》,第 1814 页。
② 邓以蛰:《画理探微》,见《邓以蛰全集》,第 201 页,合肥:安徽教育出版社,1998 年。
③ 同上书,第 206 页。

人含道应物,贤者澄怀味像。至于山水,质有而趣灵,是以轩辕、尧、孔、广成、大隗、许由、孤竹之流,必有崆峒、具茨、藐姑、箕首、大蒙之游焉。又称仁智之乐焉。夫圣人以神发道而贤者通,山水以形媚道而仁者乐,不亦几乎?"①在这段话中,圣人"含道应物"、"以神发道",与三国时王弼所说的圣人相似。圣人"神明茂故能体冲和以通无","应物而无累于物者也"(《三国志·魏书·钟会传》),圣人神明秀出,所以能够体道应物,无往而非大道之流。圣人体大道而入于万有,贤者则由万有而体察大道。从山水审美的角度来说,"澄怀味像",与《宋书》本传所说"澄怀观道,卧以游之",两者指的是"同一个心理过程"②,即"澄怀"→"味像"→"观道"。宗炳认为,要进行审美观照,首先要有审美的心胸,这是审美的必要条件。因此,必须先空虚其心,令心中一片澄澈朗然,然后方可。"像",这里指山水物象,严格地说,是作为审美形象的山水风物。一个人抛开了外在的纷扰尘滓,心境空明虚静,便可无所羁绊地在山水的自在世界中游玩、品味。"道",按宗白华先生的说法,指的是"这宇宙里最幽深最玄远却又弥沦万物的生命本体"③,也就是大道。当一个人体悟到山水之美的自在世界,获得一种怡悦、欣喜的审美体验,便能由之而体悟到生生不息、周流万物的大道。

在自然山水之间为何可以实现"澄怀味像"、"澄怀观道"? 这是因为山水的特殊质性,即:"质有而趣灵","以形媚道"。所谓"质有",指的是山水有各种各样的特殊姿态、外形。"趣灵",指的是山水特具的虚灵的意趣,也就是周流其间的大道。"媚",使怡悦。宗炳认为,山水的外形姿态具有一种自在之美,使人愉悦,这是因为山水能够以其有限的外形姿态,显现那虚灵不昧的大道,显现宇宙万物的无限生机。也就是说,山水之美源于大道的化成,因而是形神的融合一如。沟通有限和无限,无限

---

① 凡引《画山水序》文字,均据张彦远《历代名画记》卷六所载,第59—60页。

② 叶朗:《中国美学史大纲》,第209页。关于"澄怀味象"这一美学命题的具体内涵和美学史意义,参读该书第207—212页。

③ 宗白华:《论〈世说新语〉和晋人的美》,《美学散步》,第187页。

表现在有限之中,通过有限而达到无限,这是魏晋玄学的基本思维方式,也是宗炳山水美学的基点。从宗炳对自然山水特质的认识来看,《画山水序》的美学思想是植根于魏晋玄学的,尤其是"老庄美学思想的体现"①。

其次,宗炳认为,山水画的基本心法是"以形写形,以色貌色"。如果从《宋书》宗炳本传所载来看,"像"也可以意指凝定在山水画中的山水形象。自然山水中的美的世界如何转化为山水画中的美的世界? 宗炳的基本心法是"以形写形,以色貌色",也就是长时间地亲身游历、观赏自然山水,将其中的美的外形、颜色凝定为山水画中的美的外形、颜色。显然,宗炳是崇信"言尽意"的,所以认为"旨微于言象之外者,可心取于书策之内"。既然超于言象之外的微妙意旨还可以在典籍之中用心寻思得来,那么,亲身所历、亲眼所见的山水之美,也可以通过"画象布色"、"以形写形,以色貌色"而求取得到。

这一美学主张也反映了六朝人物山水画的基本观念。气韵生动是山水画、人物画所追求的审美理想,但是,"人物山水必托形以存,形必有所似,是形似当为人物山水之本"②。所谓"以形写形,以色貌色",实际上就是先追求形似,确立山水画之"本"。自然山水当然无法原样搬入山水画中,所以,这种形似还在于"类之成巧"、"诚能妙写"。宗炳也探讨了如何"成巧"、"妙写",他已经认识到:"夫昆仑山之大,瞳子之小,迫目以寸,则其形莫睹,迥以数里,则可围于寸眸。诚由去之稍阔,则其见弥小。今张绡素以远映,则昆、阆之形可围于方寸之内。竖划三寸,当千仞之高;横墨数尺,体百里之迥。"这些实际上相当于今天绘画理论中所说的透视法。

在宗炳的山水美学中,山水画的基本心法在于形似,但山水画的审美理想却绝不止于形似。正如自然山水之中隐涵着大道的周流运行,山

---

① 叶朗:《中国美学史大纲》,第 207 页。
② 邓以蛰:《画理探微》,《邓以蛰全集》,第 211 页。

水画追求的正是以其山水形象沟通那虚灵不滞的大道,这也是所有中国艺术的最高理想。至于如何透过审美形象的形似而达到超越这一审美形象的"神超理得"的理想境界,由于刘宋时期山水画的实践经验和理论积累毕竟还相当有限,因而宗炳也没能更为深入地探究和阐述。不过,随着绘画艺术的逐渐发展,大致在南朝梁代末年,谢赫《古画品录》在这一方面就有了更为深入、系统的认识。

　　再次,宗炳认为,山水画的功用在于"畅神"。《宋书·隐逸传》本传说"凡所游履,皆图之于室,谓人曰:'抚琴动操,欲令众山皆响。'"宗炳明明知道画面上的山水只是"一图"而已,却还冀望在自己弹奏琴曲的时候,声音能在山间回荡不绝,这其实与他"卧以游之"是同一心理。宗炳一生性好山水,在自然山水中游玩、鼓琴,品味山水之美,把捉山水的神韵,暮年卧躺室中,还无法割舍这种山水情怀。他在品赏山水画作之时,想象自己还如同以往一样游历名山胜水,获得无尽美感和愉悦,甚至在室内弹奏琴曲,还想如同以前山间奏琴一样,再听到众山的回音。"卧以游之"、"欲令众山皆响",都凸显了山水画的特别功用,即《画山水序》所提出的"畅神",它强调山水艺术的作用在于给人以精神上的怡悦、畅快、解脱。此前,东晋孙绰《天台山赋》已经提到过"释域中之常恋,畅超然之高情"的审美体验,《庐山诸道人游石门诗序》也提到游历石门山时"神以之畅"的审美感受,宗炳"畅神"之论应当就是承此而来。

　　《画山水序》说:"于是闲居理气,拂觞鸣琴,披图幽对,坐究四荒。不违天励之藂,独应无人之野。"这几句描述的就是宗炳静对山水画图而畅神的情状:闲居一室,虚空其心,有时对饮,或弹鸣琴,静静地展图品味,虽然身在室中,神思却远游穷荒之地,便领悟到天地万物都是大道所化成,山水亦是如此,仿佛间,独自遨游在广漠无人之野。宗炳的这种审美体验,明显受到《庄子》的影响。在宗炳的山水美学中,当他身在山水之间,可以"味像"、"观道";而当他静对山水画图,同样可以"神超理得"。对一个探寻大道的人来说,山水和山水画具有同等重要的意义。如果山水画"类之成巧",观赏者就可以披图应会,在山水形象中意会到神思与大道,那么,"虽复虚求幽岩,何以加焉?"下文所谓"诚能妙写,亦诚尽矣",也是同样意思。在中国美学史上,宗炳第一次充分地肯定了山水画的艺术地位和美学价值,将之提到与自然山水完全同等的高度,初步显示了南朝艺术美学的高度自信,是魏晋六朝美学自觉的深刻反映。

宗炳《画山水序》涵括了山水美学的两个重要方面,即自然山水和山水画。他提出自然山水"以形媚道"、"质有而趣灵"的论断,由此而提出"澄怀观像"的美学命题,对后世美学的发展影响尤其深远。他认为山水画的基本心法是"以形写形,以色貌色",这探及了山水艺术的根本,而他对山水画美学价值的高度肯定,无疑体现了魏晋六朝美学的自觉和自信。

第二节 王微《叙画》的美学意义

王微出身琅琊王氏,"生自华宗"(《宋书·隐逸传》),擅长文学、书法、绘画、音乐、医术等,在钟嵘《诗品》中居于中品。王微仕途并不顺遂,始终只是小吏,显示了世家大族的政治地位确实在不断下降。他为人颇有古风,《宋书》本传说他"不好诣人,能忘荣以避权右","常住门屋一间,寻书玩古,如此者十余年"。他在《报何偃书》中自述道:"性知画缋,盖亦鸣鹄识夜之机,盘纡纠纷,或记心目,故兼山水之爱,一往迹求,皆仿像也。"王微坦言,自己像黄鹄一样善于记取山川形势,所以爱好山水画,凭着自己特别敏锐的感受力和记忆力,往往能够生动地再现山水的形迹。

王微与谢灵运颇有几分相似:出身华族,但仕途不顺;感受敏锐,情感丰富;爱好文学,文情俱佳。王微《叙画》应当是从他给颜延之的回信中摘录下来的论画文字。从其中文字,也可看出其文辞华丽、情感飞扬的特点,无怪乎其弟王僧谦推许他的文章"骨气英丽"(《宋书》本传)。以下概述王微《叙画》的美学意义。

第一,王微充分肯定了山水画的审美特性,将其与实用性的地理图经区别开来。山水画脱胎于人物画,除了与人物画息息相关之外,它还与古代的地理图经之类——比如后文提到的《山海经》——有一定的渊源，两者很容易混淆起来。有的山水画甚至就是山川地形图。《历代名画记》引载了《拾遗录》云："孙权尝叹魏蜀未平，思得善画者图山川地形，夫人乃进所写江湖九州山岳之势。夫人又于方帛之上，绣作五岳列国地形，时人号为'针绝'。"①从所记来看，吴夫人所进呈的，显然是极为注重实用性质的地形图（尽管是绣品一类）。

王微强调山水画与图经的区别，应当与颜延之的信件内容有关。颜延之来信提到"图画非止艺行，成当与易象同体"②，他认为图画与易象一样，可以"通神明之德"（《易传·系辞下》），而不同于普通的技艺，这就高度评价了绘画艺术的价值。王微延续这个思路，将图画与艺行的区分具体化到山水画中，他把山水画与实用性极强、追求准确的地形图之类明确区分开来，"古人之作画也，非以案城域、辨方州、标镇阜、划浸流，本乎形者融灵，而动变者心。"地形图强调的是实用性，追求的是准确度，因此需要查核城市疆界，辨识州郡位置，标明要塞山丘，区别湖泊河流。山水画则不同，她在自然山水的审美形象之中融入了化成天地万物的神灵。山水是由神灵（即后文所说的神明，它是天地万物的本体）化育而成，自然山水所表现出来的美，可以沟通有限的山水形态和无限的神明。但是，这种神灵是灵动不居的，有赖于山水画作者的心去发现，去把捉，去表现。这种美通于神明之德，所以，王微在信尾说，"岂独运诸指掌，亦以神明降之"，也就是说，山水画绝不仅仅只是对山川地形了如指掌就够了，还必须在山水形态、草木河流的审美形象之中融入神明。

王微强调山水画的审美特性，指出了它与山水图经的区别在于，它

---

① 张彦远：《历代名画记》卷四。王嘉《拾遗录》又名《拾遗记》，今查核《汉魏六朝笔记小说大观》所收录之《拾遗记》，其卷八载吴主赵夫人事，详记其"作列国方帛之上，写以五岳河海城邑行阵之形"，并未提及"进所写江湖九州山岳之势"。见《汉魏六朝笔记小说大观》，第544—545页。
② 张彦远：《历代名画记》卷六。凡引《叙画》，皆据《历代名画记》卷六，第60—61页。

以其通灵之美实现了对于实用性的超越。

第二，王微揭示了山水画的灵动之美，包括其对品赏者神思的激发效用。王微《叙画》所体现出来的美学观念，与宗炳《画山水序》美学思想最大的不同在于，《叙画》所揭示的山水之美（不管是自然山水之美，还是画中山水之美），都有着变化生动、灵动不居的特点。

山水画之美，在于山水形象与变动不居的神明融合为一。如果山水形象中不融入神明，则这个山水形象会缺乏灵动之美。在王微看来，山水画的灵动之美表现在多个方面。一是山水画的笔法充满灵动之势："曲以为嵩高，趣以为方丈，以叐之画，齐乎太华，枉之点，表乎隆准。"曲，即向内收敛；趣，即纵笔挥写；叐，猝然突起、曲折多变的笔画；枉，即"柱"，沉着有力的点[1]。无论是用笔势表现嵩山之高、方丈之远，还是用笔画来表现山之巍峨峻拔、耸出形貌，都有一种内在的力量之美、流动之美。二是山水的审美形象也富于动态之感："眉额颊辅，若晏笑兮。孤岩郁秀，若吐云兮，横变纵化，故动生焉。"画出的山水形态生动，有的如同人面，似乎还在温和地微笑；有的茂密秀丽，像有云雾奔涌而出；其结构纵横交错，变化多姿，因此生动无比。在王微看来，山水画应当用流动而富于力感的笔法来表现，所画成的山水形象也应当有一种内在的、自然的生动情态。三是观赏者品赏山水形象时，其神思也充满飞扬浩荡之致："望秋云神飞扬，临春风思浩荡。虽有金石之乐，珪璋之琛，岂能仿佛之哉？披图按牒，效异《山海》。绿林扬风，白水激涧。"品赏者伫立山水画前，遥望画面上秋天淡远的云朵，不禁神采飞扬；细看画面上春风吹拂，情思不禁为之流荡。山水画中生动有致的审美形象，如"秋云"、"春风"、"绿林"、"白水"，令欣赏者神思飞扬流荡，难以自已。山水画的灵动之美，本来自生生不息的神明所化成，由作者敏感、灵动的心把捉到，然后以充满流动感、力量感的笔法表现出来，使其山水形象富于内在的跃

---

[1] 此处对"曲"、"趣"、"叐"、"枉"四字的解释，参考了李泽厚、刘纲纪：《中国美学史》第二卷下，第528—530页。

动情态,这样,观赏者在面对山水画时,便会神思飞扬、情绪流荡,自然而然地体悟到融入山水形象之中的神灵。所谓"灵"、"神明",是山水画灵动之美的本源,也是山水画的内在生命力所在。

这种灵动之美的来源是多方面的。首先,王微从易象之体来谈论绘画艺术,而"生生之谓易",生生不息、变动不居正是易体的基本特征。既然天地万物都是由这种变动不居的本体(即灵、神明)化育而成,山水当然也是其中之一,那么,所谓山水之美,便是山水形态与变动不居的神明、灵的融合为一,山水之美于是具有灵动、变化的特性。这也可以说明山水画与地理图经的区别:前者是富于灵性的,变化生动的,动态的;后者则是务求真实的,始终如一的,静态的。其次,这与王微对艺术美的特性的认识有关。王微《与从弟僧绰书》提到:"文辞不怨思抑扬,则流澹无味。文好古,贵能连类可悲,一往视之,如似多意。"(《宋书》本传)他强调文章应当抒发跌宕起伏的悲怨之情,情感色彩要悲怆强烈,富于力度,否则,读起来就寡淡无味。而这,又与其性格有一定关系。王微为人耿介绝俗,"作一段意气,鄙薄人世"(《报何偃书》,《宋书》本传)。王微作为华族子弟,仕途始终不顺,于是心怀耿介之气,这种耿介之气散发到文学艺术作品中,便产生一种富于生气的流动之美。王微的文章确实颇有文辞抑扬之势,从《宋书》本传中收录的四封书信体文字可知①。其实,谢灵运的诗文也有这个特点,只是,其生动之气常常被诗文中的玄理冲淡、化解。

值得注意的是,王微《叙画》最后谈到山水画的欣赏效果时指出:"虽有金石之乐,珪璋之琛,岂能仿佛之哉!"金石,指可以铭刻金石的功绩。珪璋,指用于庄重礼仪的玉制礼器。两者合而言之,代指富贵功名。王微认为,创作、品赏山水画,玩味其中的灵动之美,这样的审美人生,哪里是功名富贵所可比拟的呢! 我们可以看到,宗炳和王微都认为山水和山

---

① 王微的诗却往往写得柔婉浅丽,颇似张华,《诗品·中品》说他的诗"务其清浅,殊得风流媚趣",他的两首《杂诗》尤其如此。这应当与他追求诗歌之"味"有一定关系。

水画所指向的美的自在世界,是一个与现实世界不同的、有其独立价值的世界;同时,山水和山水画所代表的审美人生,才是人生的真正价值所在。所以,宗炳暮年依然不舍山水,留恋画作;王微则认为山水画的价值超出功名富贵。在中国美学史上,他们第一次充分地肯定了山水画的艺术地位和美学价值,这充分显示了南朝艺术美学独立、自信的品格,也是魏晋六朝美学自觉的深刻反映。

第三,书画相通的美学观念。中国书法艺术源远流长,魏晋以后涌现大批杰出的书家。唐代张怀瓘《书断》列为神品者25人中,魏晋南北朝人占了15人;列为妙品者98人,魏晋南北朝人占了73人。魏晋南北朝时期,书法艺术达到一个顶峰,"工篆隶者,自以书巧为高",也就是认为书法的地位高于绘画,似乎也在情理之中。王微兼通书画,并不认同这种通常看法。他提出要"并辩藻绘,核其攸同",就是要辨析、考较书画的相同之处,从而说明彼此相通、地位相同。后世书画相通的观念,就是始于《叙画》。上文所提到的"曲"、"趣"、"夌"、"枉"("柱")等多种绘画的笔势、笔画,就是将书法艺术中的笔势、笔画转化迁移而来。其后有关山水画的艺术效果,其说法同样可以用于书法艺术[1]。

《叙画》的美学意义是多方面的,它明确地把山水画与山水图经区别开来,又主张书画相通,这些都是卓越的美学见解。最为重要的是,《叙画》从《易》出发,追求一种新的美学理想,即灵动之美。相比宗炳的美学思想,王微对灵动之美的阐述,更能显示出刘宋时期的山水美学正在逐渐摆脱玄学的影响,开始向齐梁的情感美学过渡。

第三节　谢赫《古画品录》的美学思想

与钟嵘《诗品》相继出现的,有谢赫的《古画品录》和庾肩吾的《书品》,它们以分等品评的方式,各自列举了前代至齐梁时期的书法、绘画

---

[1] 参读李泽厚、刘纲纪:《中国美学史》第二卷下,第528—532页。

名家,同时也明确显示了他们的美学主张。正如《诗品》追求诗歌的审美"滋味",《古画品录》《书品》追求"气韵生动",追求虚灵不滞的神韵,同时又注重表现形体色彩之美的技法。另一方面,它们又主张形神相融相济,主张"天然"与"工夫"兼美。总而言之,它们都渴望在有限的艺术表现中实现无限的自在之美。

一、"六法"来源与断句问题

关于《古画品录》的作者谢赫,正史上并无记载,画史所记也甚为模糊。从张彦远《历代名画记》所载来看,谢赫《古画品录》曾先后论及齐梁时期的一些画家,如南齐的姚昙度、蘧道愍、章继伯、丁光、刘瑱、毛惠远,梁代的陆杲、江僧宝。而《历代名画记》卷七将谢赫列入"南齐"画家名录。谢赫的情形,可以大致推知如下:作为画家,谢赫在南齐时期已经颇有名气;而他所撰的《古画品录》,则迟至梁代中期方才成书①。《古画品录》这一名称,并非谢赫本人所取。此书原名当为《画品》,《历代名画记》就曾提及"谢赫等虽著《画品》",则唐时尚称为《画品》。不过,宋代郭若虚《图画见闻志》卷一中,已经将此书记作"《古画品录》",则宋时已使用现名,此后便成为通行的名称。

谢赫《古画品录》在中国美学史上具有极为重要的意义,对后世文学艺术的影响也极为深远,这主要是因为它第一次提出了有关中国绘画美学的系统理论(即"六法")。这一美学理论后来逐渐影响到诗歌、戏曲、小说等其他创作领域,有的论者称道:"六法精论,万古不移"②。《古画品录》指出:

虽画有六法,罕能尽该,而自古及今,各善一节。六法者何?
一、气韵生动是也;二、骨法用笔是也;三、应物象形是也;四、随类赋

① 据《梁书·陆杲传》,陆杲卒于中大通四年(532),谢赫《古画品录》评论陆杲之画时说:"传于后者,殆不盈握",则《古画品录》的成书,至少在中大通四年陆杲卒后,此时梁武帝萧衍称帝已逾三十年。
② 郭若虚:《图画见闻志》卷一,第7页,沈阳:辽宁教育出版社,2001年。

彩是也;五、经营位置是也;六、传移模写是也。[1]

这里,首先需要澄清有关"六法"的两个问题[2]。

一是关于"六法"的来源问题。英人勃朗(Percy Brown)在其所著的《印度绘画》(*Indian Painting*)一书中,认为印度绘画"六支"(Sadanga),较之中国绘画艺术中的"六法"要早几个世纪,因而中国的"六法"是源自于此。对于 Percy Brown 这一观点的错谬之处,中外学者多有纠正。日本学者金原省吾早在 20 世纪 20 年代就指出:印度绘画"六支"与中国绘画"六法"之间并无传承关系。他的基本观点,徐复观《中国艺术精神》曾加以概述:"金原氏的大著(注:指日人金原省吾 1923 年在岩波书店出版的《支那上代画论研究》一书)第三六二—三六九页引有 Percy Brown 在其所著的 *Indian Painting* 中,认印度的 Sadanga 画的六法则,较中国的六法,要早几个世纪;所以中国的六法是由此出。经金原氏考查的结果,Sadanga 里面含有六法中的应物象形,随类赋彩,及气韵生动;而没有含有经营位置,与传移模写,及骨法用笔。并且 Sadanga 中相当于气韵生动的第三第四,没有气韵生动的内涵丰富;所以两者只是数字上的偶合,并无传承的关系;其说甚谛。"[3]我国学者金克木撰有《印度的绘画六支与中国的绘画六法》一文[4],从二者产生年代的先后、二者内容的根本差异等方面加以详细论证,最后得出一个毋庸置疑的结论,那就是:无论从其时间先后来说,还是从其思想内容来说,中国绘画"六法"都不可能源出于印度绘画"六支"。金原省吾、金克木的阐述虽有不同,但他们的基本观点是相近的,也是完全正确的。事实上,"六法"中的"气韵"、"骨法"等美学范畴,是源自中国哲学传统中"气"的观念,同时受到汉晋以来人物品鉴的极大影响,逐渐从人物形相之美转移到文学艺术神韵之美上来。

---

[1] 谢赫:《古画品录》,王原祁等纂辑:《佩文斋书画谱》(第二册)卷一七,中国书店 1984 年(影印 1919 年扫叶山房本),第 415—417 页。凡引《古画品录》,均据此书。

[2] 有关这两个问题,可参读叶朗《中国美学史大纲》第 213—216 页。

[3]《中国艺术精神》第三章"释气韵生动"附注 4,第 129 页。

[4]《读书》1979 年第 5 期,第 81—84 页。

《诗品》《古画品录》《书品》等美学论著,同样与人物品鉴活动有着内在联系。西方学者根据他们所推定的年代先后,以及两者同为"六"项,就断定两者存在传承关系,难免失于粗率和武断,这与他们对"六法"的内涵缺乏深入了解有关。

二是关于"六法"的断句问题。唐人张彦远《历代名画记》与宋人郭若虚《图画见闻志》在转述谢赫"六法"时,均作:"一曰气韵生动,二曰骨法用笔,三曰应物象①形,四曰随类赋彩,五曰经营位置,六曰传移模写。"张、郭等人的转述,句式十分整齐、规则,因而不会在断句上发生分歧。钱钟书《管锥篇》第四册中则标点为:"一、气韵,生动是也;二、骨法,用笔是也;三、应物,象形是也;四、随类,赋彩是也;五、经营,位置是也;六、传移,模写是也。"他认为历代以来没有能够发现其中断句的错误,乃是因为"重视者昧其文,漠视者怒其旨"②。《管锥篇》这样标点,其主要依据在于:如果按照原来的标点,则整段话的文理不通,"是也"一词只需在"传移模写"之后出现即可,无需连续出现六次。他还提到"骨法用笔"四字文意不通,认为"气韵生动"等说法,"生动"就是紧接着来解释"气韵"的含义。针对《管锥篇》的标点问题,叶朗《中国美学史大纲》和李泽厚、刘纲纪《中国美学史》先后提出了不同意见③,他们的主要观点为:一、谢赫对"六法"的表述受到佛经的影响,他在每句之后缀以"是也",这属于佛经的习见用法,常用来加强语气,并非文理不通;二、"气韵"与"生动","骨法"与"用笔","应物"与"象形","随类"与"赋彩"等几对概念,每一对的前后两个概念并非相等的概念,因而不能用后者来解释前者;三、如果将"气韵"理解为"生动",将"骨法"理解为"用笔",则"气韵"、"骨法"两个概念的美学含义将大打折扣。应该说,《中国美学史大纲》《中国美学史》的理解更符合谢赫的原意,也更切合齐梁艺术美学的实际。

---

① "象",《图画见闻志》作"像"。
② 钱钟书:《管锥篇》第四册,第 2109 页。
③ 叶朗:《中国美学史大纲》,第 215—216 页;李泽厚、刘纲纪:《中国美学史》,第 817—823 页。

二、"气韵生动"的美学意涵

"六法"之中,"气韵生动"尤其具有丰富的美学意涵。谢赫所论"六法"中,"气韵生动"尤为后人所重,宋人邓椿就曾指出:"画法以气韵生动为第一。"①谢赫"气韵生动"的美学主张,与东晋顾恺之的"传神写照"论,有着极为密切的关联。元人杨维桢甚至将二者等同起来,其《图绘宝鉴序》说:"传神者,气韵生动是也。"②从顾恺之的"传神写照"论到谢赫的"气韵生动"论,有一点始终未变,那就是:他们都执著于传达人物的神韵和精神风貌。不过,"气韵生动"的美学内涵,已经大大超出"传神写照",并非后者所可比拟。

顾恺之"传神写照"的美学观念,深受魏晋玄学思想的影响,因而独重人物的风度神韵。《世说新语·巧艺》云:"顾长康画人,或数年不点目精。人问其故,顾曰:'四体妍蚩,本无关于妙处;传神写照,正在阿堵中。'"汤用彤先生分析道:"数年不点目睛,具见传神之难也。四体妍媸,无关妙处,则以示形体之无足重轻也。汉代相人以筋骨,魏晋识鉴在神明。顾氏之画理,盖亦得意忘形学说之表现也。"③顾恺之所谓"传神写照",就是要超越形体的相似,捕捉并传达出人物内在的神韵。显然,在顾恺之看来,这种神韵只蕴藏于人物形体的某些特定部位之中,或是蕴藏于某些特定种类的事物(如人、山水)之中。所以,他也曾说过:"凡画人最难,次山水,次狗马。台榭一定器耳,难成而易好,不待迁想妙得也。"(《历代名画记》卷五)画人物之难,难在透过某一特定的动作神情而精妙地传达出其内在神韵来;至于其余部位的摹写,则与人物的神韵传达并无紧密关联。由此,顾恺之在凝注于人物之"神"的同时,相应地弱化了对于人物之"形"的关注;正如玄学强调得意忘言一样,顾恺之画论

---

① 邓椿:《画继》卷九,叶朗主编:《中国历代美学文库》"宋辽金卷(下)",第 275 页。
② 杨维桢:《图绘宝鉴序》,叶朗主编:《中国历代美学文库》"元代卷",第 330 页。
③ 汤用彤:《魏晋玄学论稿》,第 36 页。

明显追求得"神"忘"形",以"传神"为绘画的最高境界。

　　谢赫"气韵生动"的美学观念则将整个画面——不管所画之物是人物、山水,还是蝉、雀、龙、马之类①——视为一个元气充盈、神韵灵动的整体。

　　谢赫"气韵"之"气",源自汉人的元气学说。汉人视"气"为天地万物生成、变化的根本,如王充《论衡》:"人禀元气于天","人之善恶,共一元气";魏晋时期有些思想家(如阮籍、嵇康),其学说还受到这种元气论的影响。不过,魏晋玄学的主流是崇尚虚无的,因而其时的文学艺术更重视虚灵无形的"风神"、"神韵",顾恺之"传神写照"的美学主张就是在这样的思想氛围中诞生的。到了齐梁时期,玄思退去,元气论在文学艺术领域重新发挥影响。前面已经提到,钟嵘诗歌美学的理论基础就是"气",谢赫"气韵生动"的美学命题也正是在这种理论背景下提出的。谢赫评画,多次涉及画面之"气"。他有时强调贯注于画面的"气"的力量感,如:"(卫协)虽不该备形妙,颇得壮气","(顾骏之)神韵气力,不逮前贤;精微谨细,有过往哲","(夏瞻)虽气力不足,而精彩有余";有时又强调"气"的灵动、富于生气的一面,如:"(晋明帝)虽略于形色,颇得神气。笔迹超越,亦有奇观","(丁光)虽擅名蝉雀,而笔迹轻羸,非不精谨,乏于生气"。从以上评语我们可以清晰地看出,在谢赫的心目中,形色的精微谨细、惟妙惟肖,终究不及"神气"之完足充沛。谢赫强调"气",体现了中国美学深厚的哲思底蕴,这正如叶朗先生所言:"中国美学要求艺术作品的境界是一全幅的天地,要表现全宇宙的气韵、生命、生机,要蕴涵深沉的宇宙感、历史感、人生感,而不只是刻画单个的人体或物体。所以,中国古代的画家,即使是画一块石头,一个草虫,几只水鸟,几根竹子,都要表现整个宇宙的生气,都要使画面上流动宇宙的元气。"②虽然谢赫的人

────────────

① 谢赫所评的画作,主要仍是人物画。此外,也有画蝉、雀(如顾骏之、刘胤祖、丁光)、龙(如曹不兴)、魑魅鬼神(如姚昙度)、马(如毛惠远、蓬道愍、章继伯)、鼠(如刘善祖)、山水(如宗炳)等物者。总体而言,较之顾恺之所在的东晋,齐梁时期绘画题材的范围和品类已经明显扩大。
② 叶朗:《中国美学史大纲》,第224页。

物画曾被姚最评价为"笔路纤弱,不副壮雅之怀"①,但他毕竟已经体认到"气"的重要性,这是极为可贵的。

谢赫"气韵"之"韵",来自魏晋人物品鉴,意即风度、神气,是一个人内在情调、个性、气度的外显。《世说新语》及刘孝标注中多次以"韵"来概括人物举手投足、言谈举止之间显现出来的神采、风度,如:"阮浑长成,风气韵度似父,亦欲作达"(《世说新语·任诞》),"(向秀)少为同郡山涛所知,又与谯国嵇康、东平吕安友善,并有拔俗之韵"(《世说新语·言语》注),"(高坐)和尚天姿高朗,风韵遒迈"(《世说新语·言语》注),"(阮)孚风韵疏诞,少有门风"(《世说新语·雅量》注),"(王)澄风韵迈达,志气不群"(《世说新语·赏誉》注)。"韵"或"风韵",都是一种整体性品鉴的结果。"韵"带有明显的审美意味,在人物的穿着、言谈、举动、神情等外在形相中显露出来,但又绝非这些外在形相本身,而是透过这些直观的外在形相所捕捉到的人物特有的个性、神采。谢赫评画,同样强调画作中透过线条、色彩等形相而显现出来的"韵",强调一种高雅脱俗之美,如:"(毛惠远)力遒韵雅,超迈绝伦","(顾骏之)神韵气力,不逮前贤;精微谨细,有过往哲。"不过,谢赫以"韵"评画时,似乎更倾向于富于情味、韵味的审美形象,如:"(陆绥)体韵遒举,风彩飘然","(戴逵)情韵连绵,风趣巧拔"。谢赫赞赏陆绥画中人物的体态风致飘然高迈,也赞赏戴逵画中山水的情味韵致连绵不尽。这些画作之"韵",在于直观形象与内在风致的自然融合,在于形神融合为一而产生的无尽美感。

"气"与"韵"两者之间的关系,叶朗先生有一段精到的分析:"'韵'和'气'不可分。'韵'是由'气'决定的。'气'是'韵'的本体和生命。没有'气'也就没有'韵'。'气'和'韵'相比,'气'属于更高的层次。所以不能把'气'等同于'韵'。而且就绘画作品来说,'气'表现于整个画面,并不只是表现于孤立的人物形象。"②顺此而言之,谢赫"气韵"这一美学概念,

---

① 姚最:《续画品》,王原祁等纂辑:《佩文斋书画谱》(第二册)卷一七,第 419 页,北京:中国书店,1984 年。

② 叶朗:《中国美学史大纲》,第 221 页。

既强调审美形象的外在形相与内在神采融合无间，又强调整个画面（包括审美形象本身）是一个元气充盈的整体。"气韵"兼有美的本源、美的形相、美的风致三层含义，这与顾恺之"传神"论专注于刻画人物内在的神采当然有着很大不同。

合而言之，"气韵生动"这一美学命题强调画面元气充盈，审美形象意态生动，神韵完足。"生动"，意即意态灵动、富于生气。有"气韵"的画作，必定有"生动"的意态，却不一定能够达到意态"生动"的极致，这是因为，只有"气韵"充盈，方能极尽"生动"之致。姚最评论谢赫的画时指出："气韵精灵，未穷生动之致"①，意思就是说，谢赫的画气韵精纯、灵动，但尚未达到意态充盈生动的极致。虽然如此，谢赫提出"气韵生动"的美学理想，明确指出了新的艺术美方向，即：不仅要求审美形象富有神采，足以传达某种形而上意味（这与顾恺之等人受玄学思想影响的画论相似）；而且要求整个画面有着充盈的元气作为艺术美的本源②，要求审美形象意态灵动、富于生气（这与汉代艺术风貌有些相似）。毫无疑问，这是极有美学理论价值的。

在谢赫所品评的诸家中，他对陆探微、卫协最为推重。他说卫协之画"虽不该备形妙，颇得壮气"，本节前已论之，此处略去。他论陆探微的画："穷理尽性，事绝言象。包前孕后，古今独立。非复激扬所能称赞，但价重之，极于上上品之外，无他寄言，故屈标第一等。"真可谓极尽赞美之辞。如果仅就以上评判而论，似乎谢赫的绘画美学受玄学思想影响极深，"穷理尽性，事绝言象"，完全是玄学高人的言词。不过，比较他人的评语，我们就可以知道谢赫的意旨所在。张怀瓘评陆探微云："陆公参灵酌妙，动与神会，笔迹劲利，如锥刀焉，秀骨清像，似觉生动，令人懔懔，若对神明，虽妙极象中，而思不融乎墨外。"（《历代名画记》卷六）张怀瓘指出了陆探微画作的诸多特点：灵妙神会，有骨力，生动，妙极象中。比较

---

① 姚最：《续画品》，王原祁等纂辑：《佩文斋书画谱》（第二册）卷一七，第 419 页。
② 实际上是要求在整个绘画过程中，画家本人一直都能够领受到充盈于天地万物之间的元气，以作为其艺术美的本源。

以上我们对"气韵生动"的分析,可以看出,陆探微画作表现出来的这些特点,正契合着谢赫的美学理想,无怪乎他如此不吝赞美之言。

此外,要领受到审美形象的生动"气韵",毕竟有待于画者自己的独具机杼。从元气论而言,气充盈于天地万物之间,生生不息,周流无滞,只有出乎画者一己之心性,才能建立起画者与事物之间的默契神会,画者才能在这一浩浩洪流中领受到某一事物的自在之美,进而形之于笔墨。在这一点上,张融、谢赫、钟嵘、萧子显等人都是相通的。与其他人一样,谢赫也崇尚新奇,崇尚创变。比如,他盛赞张则"意思横逸,动笔新奇。师心独见,鄙于综采。变巧不竭,若环之无端。"他认为张则的画意气奔放,笔致新奇,变化无穷无尽,这是因为他总以一己之心为师,于是他对事物的领受、闻见与默契常常与众不同。相反,在陆探微的效仿者中,袁蒨"志守师法,更无新意",已有不足;顾宝先"全法陆家,事事宗禀",与袁蒨比起来,就更加是小巫见大巫了。

值得注意的是,因为"六法"之中,唯"气韵生动"仍保留着玄学的形而上意味,后世论者有时不免将其推向神秘化。宋代郭若虚认为"气韵"得自天机,无以师法:"骨法用笔以下,五者可学,如其气韵,必在生知,固不可以巧密得,复不可以岁月到,默契神会,不知然而然也。"[1]明代董其昌也以为"气韵"是自然天授:"气韵不可学,此生而知之,自然天授。"[2]毫无疑问,"气韵"离不开画者心性之默会。不过,艺术之道,在于"外师造化,中得心源",如果片面地强调画者之"心源",忽视"造化"的作育之功,显然已偏离绘画美学的正途。

三、"骨法用笔"及其他画法

在绘画艺术中,"气韵生动"是总体的美学理想,是其纲要、总则。不过,这种理想和纲要必须依托于具体的形象摹写而实现。谢赫在"气韵生

---

① 郭若虚:《图画见闻志》卷一,第 7 页,沈阳:辽宁教育出版社,2001 年。
② 董其昌:《画旨》卷上,叶朗主编:《中国历代美学文库》"明代卷(中)",第 204 页。

动"以下,提出了五种具体的绘画技法,分别为"骨法用笔"、"应物象形"、"随类赋彩"、"经营位置"、"传移模写"。"骨法用笔",就是以富于骨力的笔法描绘出审美形象的骨体相貌;"应物象形",就是顺应审美形象的自身特征,逼真地描绘其形体;"随类赋彩",就是根据审美形象的不同类别,施用不同的色彩;"经营位置",指精心设计画面的结构布局,包括审美形象在画面中的位置,以及审美形象各部分之间的相对位置;"传移模写",指以纸、绢平覆在旧本之上,然后加以移拓,或是直接临摹、摹仿古人的画作。

"气韵生动"的美学理想意味着:在一幅画作中,元气周流、盈贯于审美形象及其周边,使整个画面呈现出神韵灵动之美。要实现这样的美学理想,就必须在每一个绘画步骤中,包括结构布局、骨架、外形、色彩等方面,都贯注于这一目标。在五者之中,"骨法用笔"与"气韵"的关联最为密切。

"骨法"本指骨相,古人(如汉代人)认为与人的命运有关,魏晋时期随人物品鉴而进入人物画理论中。"用笔"应当源自书法艺术。两者都属于可见的、外显的形迹,但人物内在的、不可见的神气,却首先必须依凭于它们方能显露;而且,骨相和笔迹最能展现"气"的流畅与否,可以说是一幅画外显形迹的大端。因此,论者常常取二者的相似处,一体视之。邓以蛰说:"骨法者,在乎手运笔而心使之,所谓心手相应,乃能创出种种笔致,此之谓骨法也。"①邓以蛰的解释实际上就将"骨法"、"用笔"二者杂糅在一起。谢赫评论张墨、荀勖之画说:"风范气候,极妙参神,但取精灵,遗其骨法。若拘以体物,则未见精粹;若取之象外,方厌膏腴,可谓微妙也。"他同样将"骨法"、"用笔"糅在一起来使用:"精灵",就是姚最所说的"气韵精灵",这里指精纯而又灵动的气韵。"骨法",即骨相,这里是指人物的骨相及其笔法。他大力赞扬张墨、荀勖的画,认为它们有着精纯而又灵动的气韵,极为神妙,鉴赏者不能只停留在其骨相、笔法的层面。

"骨法用笔",还意味着行笔时有骨力贯注其中,这一层意思,应当是谢赫将两者并列而置的主要原因。画者行笔时骨力充沛,其笔迹自然振

---

① 邓以蛰:《六法通诠》,《邓以蛰全集》,第 229 页。

拔有力,显示出"气"的周流顺畅,就能更好地传达出人、物的神韵风度。相反,画者行笔时骨力不足,其笔迹便会显得羸弱乏力,画作之"气"便阻滞不畅,无法传达出人、物的神气来。谢赫十分称赏那些笔力壮逸的画家,如陆绥"体韵遒举,风彩飘然。一点一拂,动笔皆奇",毛惠远"出入穷奇,纵横逸笔",张则"意思横逸,动笔新奇",陆杲"点画之间,动流恢服",晋明帝"虽略于形色,颇得神气。笔迹超越,亦有奇观",刘胤祖"笔迹超越,爽俊不凡",刘绍祖"笔迹历落,往往出群",正是因为他们行笔时纵意自如,富于风力,体现出灵动的"气韵"。相反,谢赫对于那些笔迹轻弱的画家则颇有微词,比如,他认为刘瑱体察事物很周详,其画也用意绵密,但"笔迹困弱,形制单省",即局部精细而整体简弱;又认为丁光虽然以擅长画蝉、雀而闻名,但"笔迹轻羸,非不精谨,乏于生气",也就是严谨精细有余,但缺乏骨力和生气。

除了"骨法用笔",谢赫对于"应物象形"、"随类赋彩"、"经营位置"等表现手法都颇为重视。对于第一品的五人,他皆推以神妙;而对于第二品的三人,他开始强调其精微谨细的笔法,强调其富有新意的色彩、形象。与顾恺之相比,谢赫开始从正面来理解绘画中人物的姿态、动作、色彩,以及画面的体制格局等。他充分肯定人物描写中精细准确的笔法,比如,顾骏之的画"神韵气力,不逮前贤;精微谨细,有过往哲",蘧道愍、章继伯"并擅寺壁,兼长画扇。人马分数,毫厘不失。别体之妙,亦为入神",这在顾恺之几乎是不可想象的。他又注重色彩的敷设,指出顾骏之"始变古则今,赋彩制形,皆创新意",夏瞻的画"虽气力不足,而精彩有余",不但体察到这些画家的用心所在,而且肯定其雕琢之功。同时,他注重画作的整体布局,称赞顾恺之的画"格体精微,笔无妄下",吴暕的画"体法雅媚,制置才巧",对刘瑱的画"形制单省"颇表不满。

从谢赫开始,南朝画论开始显示出对于绘画艺术本身——尤其包括线条、色彩等基本要素——的深入理解和系统总结。这一点对于绘画美学来说尤为重要,它展现了南朝绘画美学强烈的自觉意识。同时,南朝时期,绘画美学对于自身要素的深入理解,与诗歌美学发现诗歌的基本要素(如声律、辞藻),其趋向是相同的。总之,南朝文学艺术朝向自身,深入地发掘美、追寻美、表现美,极为生动地体现了中国艺术美学的自觉精神。

第四节　庾肩吾《书品》的审美倾向

庾肩吾(487—551),南阳新野(今属河南)人。他一生中与萧纲、萧绎兄弟的关系至为密切:萧纲为晋安王时,庾肩吾为其常侍,历王府中郎、云麾参军,并兼记室参军;萧纲封为太子之后,庾肩吾兼任东宫通事舍人,除安西湘东王(萧绎)录事参军,随后以本官领荆州大中正;萧纲即位,庾肩吾官度支尚书,此时适逢“侯景之乱”,一年之后庾肩吾即离世,萧绎为之撰《中书令庾肩吾墓志》。庾肩吾擅长诗文,是萧纲文学集团中的主要成员之一;又有书名,袁昂《古今书评》、萧衍①《古今书人优劣评》对其书法艺术有所评议,似都认为其品次不高。唐代张怀瓘《书断》下指出:“(庾肩吾)才华既秀,草隶兼善,累纪专精,遍探名法,可谓赡闻之士也。变态殊妍,多惭质素,虽有奇尚,手不称情,乏于筋力。‘文胜质则史’,是之谓乎! 尝作《书品》,亦有佳致。大宝元年卒。肩吾隶、草入能。”②他认为庾肩吾才华秀出,草、隶兼善,遍探名法,称得上博闻广识之士;不过,庾肩吾志尚虽高,而“手不称情”,他最擅长的隶书、草书也只能列入“能”。按张怀瓘神、妙、能三品论书的审美标准来看,则庾肩吾的书法品次也不高。

《书品》的成书,应晚于《诗品》,且钟嵘、庾肩吾两人曾同为晋安王萧纲的僚属,或受钟嵘《诗品》影响而撰,亦未可知。《书品》分汉魏以来的书家为上、中、下三品,每一品中又分为上、中、下三等,也就是所谓“推能相越,小例而九,引类相附,大等为三”③,这样的体例与曹魏以来的九品

---

① 《古今书人优劣评》是否为萧衍所撰,后人颇有争议,本书仍作萧衍。下文所涉的羊欣《采古来能书人名》(见载于《法书要录》卷一),亦如此。
② 张彦远:《法书要录》卷九,第 300 页,北京:人民美术出版社,1984 年。
③ 张彦远:《法书要录》卷二,第 63 页。凡引《书品》及序论,均据此书,后不另注。

论人法极为相似,显然受到了后者的影响,这也许与庾肩吾曾领荆州大中正这一职位有关。

庾肩吾《书品》品评历代书家,系以等级,上承羊欣《采古来能书人名》、王僧虔《论书》、袁昂《古今书评》、萧衍《古今书人优劣评》等书法美学论著①,下启唐人李嗣真《书品后》、张怀瓘《书断》等著作,在书法美学史上有着非常重要的意义。

一、重汉晋、轻齐梁的书法艺术史观

庾肩吾《书品》有一个突出的特点,那就是,在评定品级时,尤为重视汉、魏(包括吴)、晋三代的书家,而相对轻视宋、齐、梁三朝的书家。这一品评倾向,在上品 17 家中表现得极为明显(见表一:《书品》上品书家朝代分布统计表)。

表一:庾肩吾《书品》上品书家朝代分布统计表②

朝代	上之上	上之中	上之下	小计
后汉	张芝	崔瑗　杜度　张昶　师宜官	梁鹄	6
魏	钟繇		韦诞　胡昭　钟会	4
吴			皇象	1
晋	王羲之	王献之	索靖　卫瓘　荀舆	5
宋				0
齐				0
梁			阮研	1
小计	3	5	9	17

从上表可以看出:在上品 17 家中,汉、魏、晋三代分别占 6 家、4 家、5 家,吴占 1 家,合计达 16 家,占据了绝对多数;在宋、齐、梁三代中,则唯

---

① 据虞和《论书表》所载,东晋书法家卫恒撰有"《古来能书人录》一卷",惜今已失传,然由此可知羊欣《采古来能书人名》等著作实亦有所本。
②《书品》中书家常有跨朝代的现象,此表中书家所标示的朝代,系根据《佩文斋书画谱》卷二二至二四之《书家传》而定。

有梁代阮研 1 家,所占比重确乎微不足道。总体而言,庾肩吾推重汉、魏、晋书家,而贬低宋、齐、梁书家,这一书法审美倾向是极为明显的。

在钟嵘《诗品》、谢赫《古画品录》①中,也呈显出相似的审美倾向。如下表二中所示,在《诗品》上品 12 家中,晋朝 5 家,汉、魏各 3 家,宋 1 家,汉晋诗家占据绝对多数。在《古画品录》第一品 5 家中,晋朝独占 3 家,吴、宋各 1 家。将以上三人的上品各家合计起来,在 34 家中,晋朝受到三人的一致推重,占据了 13 家;汉、魏分别占据 9 家、7 家;而宋、齐、梁三代合起来一共才只有 3 家。可以看出,从总体上来说,谢赫、钟嵘、庾肩吾等齐梁美学家对于晋、汉、魏三代文学艺术的评价,显然要远远高于宋、齐、梁三代。

表二 《诗品》、《古画品录》、《书品》上品各家朝代分布统计表

朝代	钟嵘《诗品》上品	小计	谢赫《古画品录》第一品	小计	庾肩吾《书品》上品	小计	总计
汉	古诗　李陵　班婕妤	3		0	张芝　崔瑗　杜度　张昶　师宜官　梁鹄	6	9
魏	曹植　刘桢　王粲	3		0	钟繇　韦诞　胡昭　钟会	4	7
吴		0	曹不兴	1	皇象	1	2
晋	阮籍　陆机　潘岳　张协　左思	5	卫协　张墨　荀勖	3	王羲之　王献之　索靖　卫瓘　荀舆	5	13
宋	谢灵运	1	陆探微	1		0	2
齐		0		0		0	0
梁		0		0	阮研	1	1
小计		12		5		17	34

---

① 钟嵘《诗品》上品诗家所在的朝代,《诗品》已标出,本表据此统计。有些问题(如阮籍所在朝代,署名李陵的诗歌是否为李陵所作)确有可商议之处,不过,此处不作深究。谢赫《古画品录》第一品画家所在朝代,则系根据《佩文斋书画谱》卷四五之《画家传》而定。

看上去上表确实呈显出了某种明显的审美一致性,不过,其中却也至少暗含了两个突出的问题:其一,在齐梁时期,文人既然以诗文艺术为乐,崇尚创变新奇,为何在审美理想方面却崇重汉、魏、晋三代,尤其是晋朝?其二,同样是推重汉、魏、晋,所重者其实是有不同的。比如,同样是推重晋人,《诗品》、《古画品录》钟情的都是西晋时人,而《书品》则西晋、东晋兼重,对东晋人(如王羲之、王献之、荀舆)更为青睐一些,这是为什么?

这两个问题,我们可以放在一起作如下理解:首先,齐梁美学以元气论作为其共通的思想基础,他们视每一件诗歌、书法、绘画作品为一完整自足的生命体,这个生命体,既熔铸了流布于天地万物间的"气",也发乎作者的自然天性和生命体验。在齐梁人看来,文学艺术上的所有创变、新奇都应该顺应这种美学理想,方能获得成功,而最能体现这种美学理想的,就是汉、魏、晋人中一流的文学艺术作品。因此,他们一致推重汉晋文学艺术。其次,晋朝文学艺术上承汉、魏之风气骨力,下启南朝宋、齐、梁、陈之新声丽色,兼有风力与丹彩之美,有着齐梁人所汲汲追求的审美"滋味",因而最受他们推重。诗歌、绘画更看重审美形象之美,西晋人首先捕捉到了这一点,很好地展现了这种趋势,因而得到后人的礼赞。书法艺术则更强调"意"的贯注流动,汉魏、西晋时期不乏这样的高手;不过,东晋时期,由于玄学思想的持续熏染,书法艺术结出了更多的硕果,因而东晋人更受青睐,如果综合《书品》上、中、下三品诸家一起来考察,则这一点更为明显。因此,晋朝实为汉魏六朝美学转变的关键时期,然而文学艺术的性质既各有差异,其进展也就并不同步,齐梁人虽一致推崇晋人作品,而且所持的审美理想很为相近,不过,代表其审美理想的艺术家所在的时期却并不相同,于是便有了或重西晋、或重东晋的情形。

二、"天然"、"工夫"并重的审美标准

上文已经提及,齐梁时期的美学崇尚气骨与丹彩兼美的作品,在庾

肩吾《书品》中,则突出地表现为"天然"与"工夫"并重的审美尺度:

> 若探妙测深,尽形得势,烟华落纸将动,风采带字欲飞,疑神化之所为,非人世之所学,惟张有道、钟元常、王右军其人也。张工夫第一,天然次之,衣帛先书,称为草圣。钟天然第一,工夫次之,妙尽许昌之碑,穷极邺下之牍。王工夫不及张,天然过之;天然不及钟,工夫过之。羊欣云:"贵越群品,古今莫二。"兼撮众法,备成一家。①

"天然",即自然天性,即南齐张融所说的"孤神独逸",或是萧子显所说的"禀以生灵",它发乎一个人的一己天性,是个体之本真性情、自然性灵的外显和流露。"工夫",或作"功夫",即通过后天刻苦练习而达到的造诣。这一对美学概念,在王僧虔《论书》中首次出现:"宋文帝书,自谓不减王子敬。时议者云:'天然胜羊欣,功夫不及欣。'"(《法书要录》卷一)当时的论者认为,宋文帝刘义隆的书法作品所显现出来的自然天性之美胜过了羊欣,但其后天练习所达到的书法造诣则不如羊欣。这也说明,南朝刘宋时期的书法美学已经注意到,书法作品既是作者天性的外显,也是其后天造诣的明证,好的书法作品则应该是本真天性与后天造诣的融合,也就是"天然"与"工夫"的浑然融合。

庾肩吾《书品》以"天然"、"工夫"为审美尺度来评判张芝、钟繇、王羲之的书法,而且三人书法皆被列为"上之上",属于最高品级。这就在王僧虔《论书》的基础上极大地提升了这两个美学概念的地位,使之正式成为书法艺术的审美标准,而且是最为重要的审美标准之一,并且最终也成为诗词、绘画、戏剧、小说等其他艺术门类的审美标准。

在以上所引的这段话中,庾肩吾推重张芝之"工夫"、钟繇之"天然",又赞誉王羲之兼得张、钟二人之法,自成一家。当然,"工夫"与"天然"是相得益彰、相互成全的。如果没有后天的"工夫",书家"天然"之内在美质就无法尽情发挥,其书法艺术也就无法达到尽善之境;反过来,如果没

---

① 凡引庾肩吾《书品》中的内容,均据《法书要录》卷二。

有发乎本性的"天然"之真美作为内质,单凭后天的"工夫",书家便只能写成徒有躯壳、没有灵性的点横撇捺,难以写出生气勃发的书法作品。庾肩吾显然注意到了这一点。他在推重张芝之"工夫"的同时,也提到其"天然次之";在推重钟繇之"天然"的同时,也点到其"工夫次之";而他将王羲之"工夫"与"天然"与张、钟二人相比,则显出三人各有短长。可以看出,庾肩吾试图在"工夫"与"天然"之间建立一种平衡,以使两者完美融合,达到书法艺术的极致之美。

张芝、钟繇、王羲之三人之书法艺术虽各有胜场,却均绝妙地融合了"天然"与"工夫",达到了"探妙测深,尽形得势,烟华落纸将动,风采带字欲飞"的艺术境界。所谓"探妙测深,尽形得势",也就是说,书家的笔画行走精到纯熟,行于其当行,而止于其不得不止,行止之间自然而然地透显出深微玄妙的意味来。要达到这一点,就既要有先天的颖悟透妙,又要有后天的精纯"工夫",两者融合,书法作品便会蕴藏"带字欲飞"的无尽生气。这种兼融"天然"与"工夫"的妙境,当然绝非常人所可寻得,所以,庾肩吾认为三人的书法艺术"疑神化之所为,非人世之所学"。值得注意的是,此处所谓"疑神化之所为,非人世之所学",指的是三位书家兼得"天然"与"工夫"的艺术妙境,并非单指其"工夫"或"天然"。正如前面所论,单有"工夫"或"天然",并不足以成就以上三人绝妙的书法艺术。所以,庾肩吾追求的是"工夫"与"天然"兼得的书法美学理想,而非独重"工夫"或"天然"。

王羲之《自论书》曾坦言:"吾书比之钟张当抗行,或谓过之。张草犹当雁行。张精熟过人,临池学书,池水尽墨。若吾耽之若此,未必谢之。后达解者,知其评之不虚。吾尽心精作亦久,寻诸旧书,惟钟张故为绝伦,其余为是小佳,不足在意。去此二贤,仆书次之。"(《法书要录》卷一)在这里,王羲之尤为推重张芝书法"精熟过人",也就是其人后天练习之勤勉、书法技艺之精熟。王羲之认为,"若吾耽之若此,未必谢之",也就是说,如果自己也像张芝一样耽于练习,日日沉浸于书法艺术之中,则不一定逊色于他。可见,王羲之自信其颇具书法艺术的天赋,只是不及张芝之勤勉、痴迷。他仔细研寻以前的书法佳作，认为"惟钟张故为绝伦，其余为是小佳，不足在意。去此二贤，仆书次之"，又说："吾书比之钟张当抗行，或谓过之"，显然将自己与钟、张并列而论之。庾肩吾《书品》将张、钟、王同列为"上之上"，正是承袭了王羲之的这个判断。

在其他书家中，王献之"早验天骨，兼以掣笔，复识人工"，也兼得"天然"与"工夫"之美，因而备受庾肩吾的赞扬。南朝时也有人将王献之与上述三人并列，如袁昂《古今书评》："张芝经奇，钟繇特绝，逸少鼎能，献之冠世。四贤共类，洪芳不灭。"（《法书要录》卷二）庾肩吾之所以未将王献之列入"上之上"，如前所述，正在于张芝、钟繇、王羲之三人的书法艺术"疑神化之所为，非人世之所学"。《书品》后文提到："士季之范元常，犹子敬之禀逸少"，钟会与钟繇、王献之与王羲之两对父子同为有名的书法家，四人同入上品。然而，如果衡之以"天然"与"工夫"，则钟会、王献之固然难以与其父匹敌，这是因为钟繇、王羲之书法所达到的艺术境界，并非单从某一方面努力所可臻达的。以王献之为例，其书法先天之骨力虽早得肯定，但与其父相比，仍显不足，因而其书法艺术倾向于妩媚流丽之美。羊欣《采古来能书人名》指出："王献之，晋中书令。善隶、藁，骨势不及父，而媚趣过之。"（《法书要录》卷一）虞和《论书表》也认为："献之始学父书，正体乃不相似。至于绝笔章草，殊相拟类。笔迹流怿，宛转妍媚，乃欲过之。"（《法书要录》卷二）王献之书法之骨力仍显不足，纵使多有媚趣，亦未为美的极致，因而难以与其父媲美。

三、尚新变、重巧态的审美取向

虽然前代书法艺术的精妙深微之处绝非常人一味练习所可得来，但是，反复地揣摩、玩味、拟袭前人的顶尖之作，毕竟是书家的学习之道，也是传承书法艺术的途径之一。因此，庾肩吾《书品》多次强调师法前人的重要性。在上品诸家中，他先后指出"幼安敛蔓舅氏"，"士季之范元常，犹子敬之禀逸少"，"伯玉远慕张芝，近参父迹"，认为索靖（幼安）、钟会（士季）、王献之（子敬）、卫瓘（伯玉）四人的书法艺术之所以允称上品，就是因为他们能够师法父辈和前人①,得其精华。在中品中,他还指出了晋代两个著名的书法世家:"巨山三世,元凯累叶",即卫氏(卫觊、卫瓘、卫恒)和杜氏(杜度、杜畿、杜恕、杜预)。这两个家族之所以书家辈出,也正是因为其子弟有着极佳的现成范则可以师法。

当然,书法艺术的真髓不在师法,而在新变。也就是说,书法艺术贵在兼参各家所长,而最终独成一家。南齐张融"师耳以心",追求新奇,其诗文往往与众不同。庾肩吾《书品》则重视师法与"工夫",显示出他们的美学观念的差异性。但是,在追求艺术个性之美这一点上,他们是完全相同的。师法大家,博精群法,固然是书法之道,不过,这些基本上还局限在技艺、"工夫"的范围之内。羊欣《采古来能书人名》记载:"晋穆帝时有张翼,善学人书。写羲之表,表出,经日不觉。后云:'几欲乱真。'"(《法书要录》卷一)王僧虔《论书》、虞和《论书表》也记录了此事。张翼模拟王羲之笔迹,无论如何相似,即便到了以假乱真的地步,仍然还只停留在摹仿的技艺层面,并不会被推崇为一种真正的书法艺术。这是因为,真正的书法艺术作品,必然要熔铸书家的独特个性、生命体验和纯熟笔法,而任何个体的本真之性和生命体验,都是独一无二的,也是他人难于臆测模仿的。张翼的仿作最终必然会被识破,也正在于此。

在庾肩吾所推重的上品书家中,他认为王羲之"兼撮众法,备成一家",又评述阮研"居今观古,尽窥众妙之门,虽复师王祖钟,终成别构一体"。博采众法,尽窥众妙之门,这是一种"工夫",也是一种极为重要的基本功。不过,更为重要的是,要用我心来融会众法,妙合众法与我心,放任一己的自然真性,化众法于无形之中,以之铸成我法,然后方能别构一体,乃至自成一家。其中的精妙细微之处,纵使是父子、兄弟之间,也是难于言传的。庾肩吾《书品》说:"殆善射之不注,妙斫轮之不传",意思是说,书法艺术的精妙之处难于仿效,这就如同那些善于射箭、妙于斫轮

---

① 索靖(幼安)为张芝姊孙,钟会(士季)为钟繇(元常)之子,王献之(子敬)为王羲之(逸少)之子,卫瓘(伯玉)为卫觊之子,张芝、钟繇、王羲之、卫觊均为有名的书法家。

的人,其射箭斫轮的善处、妙处是无法记录或传述的。所以,书法艺术的根本出路在于新变。当然,求变,必须以兼采众长的"工夫"为根基;求新,必须顺应一己之"天然"真性,任情挥洒而能无所滞碍。

此外,庾肩吾也很注重书法艺术的巧态之美。他描述隶书的形态时,说其"分行纸上,类出茧之蛾;结画篇中,似闻琴之鹤。峰崿间起,琼山惭其敛雾;漪澜递振,碧海愧其下风;抽丝散水,定于笔下;倚刀较尺,验于成字。"在他看来,隶书如蛾,如鹤,如山峰,如海涛,一笔一画都有着生动之致。草书的形态则与之不同,"真草既分于星芒,烈火复成于珠佩。或横牵竖掣,或浓点轻拂;或将放而更留,或因挑而还置;敏思藏于胸中,巧态发于毫铦。"他对于草书的笔画似乎体验尤为细微,因而生动地描述横、竖、点等各种笔画的不同形态。其中,"或横牵竖掣,或浓点轻拂;或将放而更留,或因挑而还置"几句,尤其细致入微,显示出他对真草"巧态"之美的深刻理解。唐代张怀瓘《书断》认为他的隶书和草书"变态殊妍",与庾肩吾《书品》对隶、草形态的理解恰相契应。

庾肩吾注重书法巧态之美,也许与当时追求感性美的社会风尚有着内在关联。《书品》中评述杨经等人时说:"此十五人,虽未穷字奥,书尚文情,披其藜薄,非无香草;视其涯岸,皆有润珠,故遗斯纸,以为世玩。"这里,庾肩吾以"香草"、"润珠"来比喻好的书法作品,同时显示出一种"以为世玩"的审美态度,不经意间便散发出轻艳绮丽的气息来。庾肩吾在下文中评述卫宣等人时也说:"此二十三人,皆五味一和,五色一彩。视其雕文,非特刻鹄;人人下笔,宁止追响。遗迹见珍,余芳可折。"他将书法艺术之美比作"五味"、"五色"、"余芳",所着眼的仍然是书法作品的感性之美。

总体而言,庾肩吾《书品》所持的是一种调和、折衷的审美立场。尽管他重汉晋而轻宋齐,但他重视师法,强调"工夫"对于书法艺术的不可或缺,又尚巧态之美,注重笔画的细微姿态。庾肩吾似乎有意要在汉晋、宋齐书法艺术之间寻找某种平衡,这一点很不同于萧纲、萧绎,反倒与萧统《文选·序》的审美立场有颇多相似之处。

第十一章　北朝美学

　　迄至西晋,黄河中下游地区一直是中国政治、经济、文化的中心区域。自晋室东迁,衣冠南渡,黄河流域陷入了长期的分裂和纷争之中。此前,公元304年刘渊称汉王,至公元386年北魏道武帝拓拔珪建国,八十年间北方饱经战乱,经济衰退,文化隳败,几至殆尽,所盛者唯佛学而已。其后北方乱局继续绵延,直到公元445年北凉之亡,前后持续了一百四十余年,史称五胡十六国。另一方面,自公元386年北魏建国,北朝即已开始。其中,北魏历149年后分裂为二,公元534年东魏建立,翌年西魏建立。公元550年,东魏为北齐所代;公元557年,西魏被北周取代。公元577年,北齐为北周武帝宇文邕所灭。公元581年,杨坚代周称帝,国号隋。公元589年,隋灭陈,长达二百八十年的南北分裂局面至此终于结束。自北魏建国,迄于北齐、北周,北方的经济文化一直在缓慢地复苏,并逐渐走向兴盛。与经济文化复苏同步进行的,是北方少数民族的逐步汉化,同时,南北之间文化交流日益加强,一些南方知名文士羁留北地,更有力地促进了南北文化的互动和融合。

　　由于五胡十六国时期一直战乱频仍,此期的美学思想基本寂然无闻。因此,所谓北方美学,主要是指北魏建立之后的北朝美学。从总体上来说,北朝二百年间,其美学思想以清刚气质为底蕴,重政教,尚质直,

388

求实用,基本特质是崇尚质实有余,而追慕绮丽则显不足。不过,随着北方上层文人的逐步汉化,加之南朝美学风尚的不断浸染,从北魏中后期开始,北朝亦出现趋尚文华、讲求雕采的审美倾向。北朝时期,颇富美学思想的著作主要有颜之推《颜氏家训》和刘昼《刘子》。此外,杨衒之《洛阳伽蓝记》中的有关记载,亦颇能反映当时建筑营造中的审美观念。

第一节　北朝美学的基本特征

南北朝时期,南方与北方各自在相对独立的地域中发展美学,南朝美学一步步走向明丽流靡、清新动人,北朝美学则偏尚实用,以典重质实为美。北朝向来崇重政教,颜之推乃有"北方政教严切"(《颜氏家训·终制》)之慨,政教必以风化为本,但求实效,不假华饰。因此,即使在北朝中后期,南朝美学风尚浸染日深,这一美学基本特征依然没有发生根本性的变化。

《颜氏家训·文章》记载了以下故事:北齐时,有一个名叫席毗的人,清明能干,官至行台尚书,但是嗤鄙文学,曾经嘲笑工于诗文的刘逖说:"君辈辞藻,譬若荣华,须臾之玩,非宏才也;岂比吾徒千丈松树,常有风霜,不可凋悴矣!"刘逖言辞敏捷,又善于机变,当即答道:"既有寒木,又发春华,何如也?"席毗笑着说:"可哉!"在席毗看来,千丈松木(寒木)质实朴重,有其清刚内质,所以临风霜而不凋;春日之花(春华)虽然美丽烂漫,但是转瞬即逝,难以担当重任。席毗以此为喻,借以指出文藻之无益,干才之可贵。席毗从现实功用的角度来看问题,因而鄙弃文藻,他的美学观点正代表了北朝文人的普遍观念。这个故事从一个特殊的视角反映出北朝美学的基本特质,那就是重视实用,鄙弃文华。

北朝君臣大抵关注现实问题,即便是文章之作,也大都与军国政务、礼仪教化相关。《北史·文苑传序》指出,西晋永嘉之后,一直到北魏前期,北地文章之类皆"迫于仓卒,牵于战阵,章奏符檄,则粲然可观;体物缘情,则寂寥于世"。

北魏孝文帝、宣武帝期间,北朝美学开始有了新的变化,开始崇尚华美,雅好新奇。不过,这一切都还方兴未艾。《北史·文苑传序》指出,这一时期"文雅大盛,学者如牛毛,成者如麟角"。两晋之交,衣冠南渡后,玄风也随之南移,北地归于质朴,不管是音乐,还是文学,又重新接续了两汉的美学传统,即诗书礼乐均须用于王政教化,以政教实用为本。《魏书·张彝传》收录了张彝的章表,其一曰:"犹且虑独见之不明,欲广访于得失,乃命四使,观察风谣。臣时忝常伯,充一使之列,遂得仗节挥金,宣恩东夏,周历于齐鲁之间,遍驰于梁宋之域。询采诗颂,研检狱情,实庶片言之不遗,美刺之俱显。"《魏书·程骏传》载有程骏的章表:"臣闻《诗》之作也,盖以言志。迩之事父,远之事君,关诸风俗,靡不备焉。上可以颂美圣德,下可以申厚风化,言之者无罪,闻之者足以诫。此古人用诗之本意。"张彝、程骏都是北魏孝文帝时期的人,颇染文雅,他们的美学主张基本都还是依从《毛诗序》而来,主张以风化为本。

这一时期的音乐美学倾向也是如此。据《魏书·乐志》卷一〇九所载,太和十一年(487)春,文明太后下令曰:"先王作乐,所以和风改俗,非雅曲正声不宜庭奏。可集新旧乐章,参探音律,除去新声不典之曲,裨增钟县铿锵之韵。"十五年(491)冬,孝文帝诏曰:"乐者所以动天地,感神祇,调阴阳,通人鬼。故能关山川之风,以播德于无外。由此言之,治用大矣。逮乎末俗陵迟,正声顿废,多好郑卫之音以悦耳目,故使乐章散缺,伶官失守。今方厘革时弊,稽古复礼,庶令乐正雅颂,各得其宜。"十六年(492)春,又诏曰:"礼乐之道,自古所先,故圣王作乐以和中,制礼以防外。然音声之用,其致远矣,所以通感人神,移风易俗。……自魏室之兴,太祖之世尊崇古式,旧典无坠。但干戈仍用,文教未淳,故令司乐失治定之雅音,习不典之繁曲。……礼乐事大,乃为化之本。"文明太后和孝文帝反复强调的是音乐的治用教化功能,追求雅正典重之乐,而要革除那些"新声不典之曲"。

北齐、北周时期,甚至还出现了美学思想的复古,这尤其与帝王及其重臣的美学取向密切相关。据《北齐书》卷二记载,齐高帝"性周给,每有文教,常殷勤款悉,指事论心,不尚绮靡。擢人授任,在于得才,苟其所堪,乃至拔于厮养,有虚声无实者,稀见任用"。同书卷六则记载,齐昭帝"所览文籍,源其指归而不好辞彩"。北齐君王重视实用,求其旨归,而轻忽绮靡的辞彩,相形之下,北周文帝宇文泰有过之而无不及。宇文泰任用文士,重在军政,乃至有复古的矫枉过正之举。据《周书·文帝纪》卷二记载,他"性好朴素,不尚虚饰,恒以反风俗,复古始为心"。他一心革除浮华,唯重质朴,曾下令苏绰仿照《尚书》作《大诰》,以此作为文章的准则,以政令强制推行其崇古、尚用的美学思想。《周书·苏绰传》(卷二三)记载:"自有晋之季,文章竞为浮华,遂成风俗。太祖欲革其弊,因魏帝祭庙,群臣毕至,乃命绰为大诰,奏行之。……自是之后,文笔皆依此体。"不过,文学艺术由简朴、实用而趋于繁富、华美,本是其内在的运动规律,纵使君王权臣可以用法令强行控制一时,但北朝美学本然的发展方向终归是宇文泰、苏绰等人的激烈之举所无法逆转的。所以,《北史·文苑传序》指出:"绰之建言,务存质朴,遂糠秕魏、晋,宪章虞、夏,虽属辞有师古之美,矫枉非适时之用,故莫能常行焉。"

　　总体来说,重实用、尚质朴是北朝美学思想的基本特质,即使在北朝中后期文雅盛行的时期,这一特质也没有发生根本性的变化。北朝人重视文章,所好的也主要是风格质朴的实用性散文,而那些讲求辞彩的骈文、诗赋,在席毗等北人看来,只是不值得一提的小道而已,只能作为"须臾之玩",并没有什么价值。他们的文学、音乐、书法等,以实用为其根本,追求典重质朴之美,是其特质,也是其所长。《周书·艺术传》记载了北朝著名书法家赵文深之事:"及平江陵之后,王褒入关,贵游等翕然并学褒书。文深之书,遂被遐弃。文深惭恨,形于言色。后知好尚难反,亦攻习褒书,然竟无所成,转被讥议,谓之学步邯郸焉。至于碑榜,余人犹莫之逮。王褒亦每推先之。宫殿楼阁,皆其迹也。迁县伯下大夫,加仪同三司。世宗令至江陵书景福寺碑,汉南人士,亦以为工。梁主萧詧观而美之,赏遗甚厚。天和元年,露寝等初成,文深以题榜之功,增邑二百户,除赵兴郡守。文深虽外任,每须题榜,辄复追之。"赵文深书法之所擅,在于题写碑牓等实用之文,其质朴厚重之美,即便在王褒书法风靡、赵文深自己也攻习褒书之时,依然具有不可替代的地位,这也正是北朝文学艺术的魅力所在。

当然,北朝中后期,其文学艺术也还有着趋向文华、追求新奇的一面。《北史·文苑传》盛赞北魏中后期、北齐、北周文才彬彬之美,列举的文士颇多。《北史》、《魏书》、《北齐书》也记载了有关北朝文士魏收、邢劭、温子升等人的诸多史迹。其中,《魏书·文苑传》记载:"阳夏太守傅标使吐谷浑,见其国主床头有书数卷,乃是子升文也。济阴王晖业尝云:'江左文人,宋有颜延之、谢灵运,梁有沈约、任昉,我子升足以陵颜轹谢,含任吐沈。'"元晖业对江左才士极为熟稔,以温子升与之匹敌,吐谷浑国主好读温子升,都显示了北方贵族欣慕文才的一面。

北魏中期,南安王桢之子元熙爱好文学,风气甚高,曾与知友才学之士袁翻、李琰之、李神俊、王诵兄弟、裴敬宪等赋诗。元熙《将死与知故书》慨叹:"昔李斯忆上蔡黄犬,陆机想华亭鹤唳,岂不以恍惚无际,一去不还者乎? 今欲对秋月,临春风,藉芳草,荫花树,广召名胜,赋诗洛滨,其可得乎?"(《魏书·南安王桢》附传)其辞悲壮之中极富意气,错落变换之中又有着整饬偶对之美,文质兼该,大有汉魏遗风。北周李昶《答徐陵书》以骈文写成,极富雕采,信中清晰地记述了他沉醉于文学艺术的情状:"仆世传经术,才谢刘歆,家有赐书,学匪班嗣。弱年有意,频爱雕虫,岁月三余,无忘肄业。户牖之间,时安笔砚。颦眉难巧,学步非工;恒经牧孺之讥,屡被陈思之诮。"(《全后周文》卷六)"颦眉难巧,学步非工;恒经牧孺之讥,屡被陈思之诮",显示了北朝文学艺术的积累尚有限,而且受到传统美学观念的重重抑制;而"频爱雕虫"、"户牖之间,时安笔砚"则生动地展现了北朝文人对于文学艺术之美的热爱。

与此同时,北朝美学也显示出追求新变、独创的倾向。北魏后期,祖莹以文学见重,《北史·祖莹传》载有祖莹语:"文章须自出机杼,成一家风骨,何能共人同生活也。"大抵北朝文人常模拟他人(尤其是南朝文人)

作品,甚而窃他人之文以为己用,邢劭、魏收也不能幸免此病①。祖莹"自出机杼"的美学主张,正是针对此种风习而发。

第二节　《颜氏家训》的美学思想

颜之推(约 531—590②),字介,琅邪临沂人。父勰,曾经担任梁湘东王萧绎镇西府咨议参军。颜之推少时博览群书,无不该洽;词情典丽,颇得萧绎赏识,先后历任梁湘东王国左常侍、镇西墨曹参军。为人不修边幅,好饮酒,多任纵。"侯景之乱"时,几乎被害,后被囚送建邺(今南京市)。"侯景之乱"平定后,萧绎自立,以颜之推为散骑侍郎、奏舍人事。北周攻破江陵,颜之推全家被掳,后借机逃至北齐,历任奉朝请、中书舍人、赵州功曹参军、司徒录事参军、黄门侍郎、平原太守等职,曾掌知文林馆事。北齐平灭后,入周,任御史上士。周灭,入隋。开皇年间,太子召为东宫学士,颇受礼遇,不久便辞世。

《颜氏家训》应当撰成于颜之推晚年,当时隋已统一南北③,结束了长期对峙、分裂的局面。颜之推出身清贵之家,然而一生颠沛流离,饱经战乱之痛,又多次遭逢国难,他意在借此书总结处世道理,并以之训诫子孙后人。颜之推在北朝生活了三十多年,有些类似于庾信、王褒等人的经历,因而习惯上将其视为北朝文人。《颜氏家训》重在论述为人处世的道理,不过,其中仍蕴涵了不少重要的美学思想,值得加以梳理和分析。

一、颜之推的审美理想

颜之推的美学思想多少有点像他的处世观念:想要奋力追求自己的理想,但又不得不挣扎于无法超脱的现实情境之中,心有余而力颇不足,

---

① 《北齐书·魏收传》记载:"收每议陋邢劭文。劭又云:'江南任昉,文体本疏,魏收非直模拟,亦大偷窃。'收闻乃曰:'伊常于《沈约集》中作贼,何意道我偷任昉。'"见《北齐书》,第 492 页。
② 曹道衡、刘跃进:《南北朝文学编年史》,第 471—472 页,639 页,北京:人民文学出版社,2000 年。
③ 开皇九年(589),隋灭陈,一统南北,是年颜之推 59 岁。《颜氏家训·终制》云:"今虽混一",又云:"吾已六十余,故心坦然,不以残年为念",则《颜氏家训》成书,当在开皇十年或稍后。

最终形成一种折中的态度。他前期在梁朝生活优越，又出身清贵，行事颇为张狂纵恣。18 岁以后，历经"侯景之乱"、西魏南侵、北齐之亡、北周之亡，当其身在北地，播越他乡，"家道罄穷"，"数十年间，绝于还望"（《颜氏家训·终制》）①，家族衰微的深悲剧痛潜藏于心，实难明言。魏晋南北朝时期，家族观念对高门士族来说甚为重要，而这有赖于儒家伦常来维系。颜氏家族为文一向"甚为典正"（《颜氏家训·文章》），颜之推心中已扎下儒学思想的根基。当他寓居北地之时，既染受北地儒学氛围的影响，又冀望有朝一日家门可以复盛，这内外的多重推力，促使颜之推归本汉儒之学。

《颜氏家训》成书于颜之推晚年，其美学思想亦深受儒学影响，归本典正。不过，颜之推的美学思想中，仍然有着梁朝美学的明显印记。钱钟书先生曾指出："颜之推正同庾信，虽老死北方，而殖学成章，夙在江南梁代。"②颜之推、庾信入北的时间比较接近，但前者当时约为 24 岁，后者当时已逾 42 岁。前期在"江南梁代"积淀的思想、学识，对他们无疑有着很大的影响，但是，由于两人在年龄、家风以及与皇室关系的远近等方面都颇不相同，因此，前期学养对他们的影响深度显然会有较大的区别。总体而言，颜之推的美学思想以典正为本，重气调，兼尚文外之致，他的美学思想在一定程度上有着熔铸南北朝美学的倾向。

颜之推美学理想的总纲性论述出现在《颜氏家训·文章》：

> 文章当以理致为心肾，气调为筋骨，事义为皮肤，华丽为冠冕。今世相承，趋末弃本，率多浮艳。辞与理竞，辞胜而理伏；事与才争，事繁而才损。放逸者流宕而忘归，穿凿者补缀而不足。时俗如此，安能独违？但务去泰去甚耳。必有盛才重誉，改革体裁者，实吾所希。

在这一段话中，"理致"，即义理情致，泛指文章的内容，以事物的义

---

① 王利器：《颜氏家训集解》，第 599 页，北京：中华书局，1993 年。本节凡引《颜氏家训》，均据此书，后不另注明。
②《管锥篇》，第 2347 页。

理为主,其中也包含了一些雅正的情感内容。"气调",即气韵、才调,指作者独具个性的内在神韵、气度、才性和精神风貌,它流动、显露在作品中,往往决定着作品的总体风貌、风格。"事义",即典故的含义,指文章所用典故征实的具体意义。"华丽",即华美流丽而有文采的文辞。颜之推以"理致"、"气调"为文章的根本,以"事义"、"华丽"为文章的辅饰,讲求理、气、事、辞四者的结合。他的文章观念,可以视为清代桐城派大家姚鼐义理、考证、文章三位一体之论的先声。

在上引文段中,"理致"(理)、"气调"(才)分别与"华丽"(辞)、"事义"(事)对举,颜之推以前二者为本,以后二者为末,有着明显的本末主次之分。《颜氏家训·文章》又道:"古人之文,宏材逸气,体度风格,去今实远;但缉缀疏朴,未为密致耳。今世音律谐靡,章句偶对,讳避精详,贤于往昔多矣。宜以古之制裁为本,今之辞调为末,并须两存,不可偏弃也。"其基本意涵与上段话完全相同。

从美学的角度来看,"今世音律谐靡,章句偶对"的辞调是南北朝中后期形式美发展的结果,自有其不可掩灭的美学价值,这一点颜之推并不否认。所以,他主张"并须两存,不可偏弃",只不过务必"去泰去甚",也就是不可太过讲求,舍本逐末。他认为,文章之美的根本是古人的"宏材逸气,体度风格"和"古之制裁"。所谓"宏材逸气,体度风格"、"制裁",也就是理与才。不过,在颜之推看来,理与才的最高理想显然是古文,其范本也就是《颜氏家训·文章》中提到的《五经》。归根结底,颜之推的美学思想带有浓厚的复古、尊古倾向,这一点与刘勰极为相似。

二、归本《五经》:典正为本与有益于物

颜之推美学思想的根本在汉儒之学,尤其在于汉代尊崇的《五经》。《颜氏家训·文章》:"夫文章者,原出《五经》:诏命策檄,生于《书》者也;序述论议,生于《易》者也;歌咏赋颂,生于《诗》者也;祭祀哀诔,生于《礼》者也;书奏箴铭,生于《春秋》者也。"颜之推将诏命策檄、序述论议、歌咏赋颂、祭祀哀诔等诸种文体都推原于《五经》,是要以《书》、《易》、《诗》、

《礼》《春秋》等儒家经典作为后世文章之美的衡量标准,作为后世文章的最终归趋。无独有偶,刘勰《文心雕龙·宗经》也提出了极为相近的观点:"论说辞序,则易统其首;诏策章奏,则书发其源;赋颂歌赞,则诗立其本;铭诔箴祝,则礼总其端;纪传盟檄,则春秋为其根:并穷高以树表,极远以启疆,所以百家腾跃,终入环内者也。"他们的说法虽略略有些差异,但都将后世所有文章的本源归结到儒家《五经》,其美学思想的根底是极为相似的。

由汉儒正统的美学观念出发,颜之推强调文学艺术之美在于典正与有用。

首先,从文章的特质而论,他强调文章之美以典正为本,文辞为末,因而不满轻艳之作。《颜氏家训·文章》指出:"吾家世文章,甚为典正,不从流俗。梁孝元在蕃邸时,撰《西府新文》,讫无一篇见录者,亦以不偶于世,无郑、卫之音故也。"《颜氏家训·书证》又云:"近代文士,颇作《三妇诗》,乃为匹嫡并耦己之群妻之意,又加郑、卫之辞,大雅君子,何其谬乎!"他将萧梁时期《西府新文》所代表的绮靡流丽的诗文风尚视为"流俗",甚至称为"郑、卫之音(辞)",显然是不满于其时盛行朝野的轻艳文风。从其自述"讫无一篇见录者"也可以看出,颜之推归本典正,受到了其家世文风的极深影响。

其次,从文学艺术的功用而论,他极为注重文学艺术的现实功用价值。在颜之推看来,古人之书,古人之学,应当施用于今天的具体事务,应时济务,以成全功业,而不能只是停留在纯粹的理论探究与吟咏闲情之中。颜之推的这种美学主张,更多地受到北朝质朴尚用的美学观念的影响。《颜氏家训·涉务》指出:"士君子之处世,贵能有益于物耳,不徒高谈虚论,左琴右书,以费人君禄位也。"又说:"吾见世中文学之士,品藻古今,若指诸掌,及有试用,多无所堪。居承平之世,不知有丧乱之祸;处庙堂之下,不知有战陈之急;保俸禄之资,不知有耕稼之苦;肆吏民之上,不知有劳役之勤,故难可以应世经务也。"显然,在颜之推心中,琴书之类的文艺活动并没有自足的价值,远不如应世经务重要。

颜之推所看重的文章主要是朝廷宪章、军旅誓诰之类,因为它们有着不可或缺的现实功用价值,"敷显仁义,发明功德,牧民建国,施用多途"(《颜氏家训·文章》)。就连圣人之书,在颜之推看来,其价值也在于有助于实现一个人的功业之心,因此,他极为反对用心义疏。《颜氏家训·勉学》:"夫圣人之书,所以设教,但明练经文,粗通注义,常使言行有得,亦足为人;何必'仲尼居'即须两纸疏义,燕寝讲堂,亦复何在? 以此得胜,宁有益乎? 光阴可惜,譬诸逝水。当博览机要,以济功业;必能兼美,吾无间焉。"可以看出,颜之推复古、尊古,其基本观点虽然与刘勰并无二致,但他推重圣人之书的根本原因却在于其现实功用的价值,这说明他的思想观念已经烙上了明显的北朝儒学(也包括其复杂的人生历程)的印记,因而与刘勰思想其实存在着较大的差异。

因为过于强调文学艺术的现实功用价值,《颜氏家训》存在着一种极为偏激的美学倾向:视书法、绘画、音乐等艺术为杂役小道。这是因为,那些有着较好的书画、音乐方面才干的人,往往被人役使,辛苦劳累,还日日与杂役工匠混同一处,这显然会令颜之推等出身清贵的人备感难堪。《颜氏家训》中多次提到这样的事例,如《颜氏家训·慕贤》:"梁孝元前在荆州,有丁觇者,洪亭民耳,颇善属文,殊工草隶;孝元书记,一皆使之。军府轻贱,多未之重,耻令子弟以为楷法,时云:'丁君十纸,不敌王褒数字。'"《颜氏家训·杂艺》:"王褒地胄清华,才学优敏,后虽入关,亦被礼遇。犹以书工,崎岖碑碣之间,辛苦笔砚之役,尝悔恨曰:'假使吾不知书,可不至今日邪?'以此观之,慎勿以书自命。"又说:"此乐愔愔雅致,有深味哉! ……唯不可令有称誉,见役勋贵,处之下坐,以取残杯冷炙之辱。戴安道犹遭之,况尔曹乎!"又说:"玩阅古今,特可宝爱。若官未通显,每被公私使令,亦为猥役。吴县顾士端出身湘东王国侍郎,后为镇南府刑狱参军,有子曰庭,西朝中书舍人,父子并有琴书之艺,尤妙丹青,常被元帝所使,每怀羞恨。彭城刘岳,橐之子也,仕为骠骑府管记、平氏县令,才学快士,而画绝伦。后随武陵王入蜀,下牢之败,遂为陆护军画支江寺壁,与诸工巧杂处。向使三贤都不晓画,直运素业,岂见此耻乎?"

《颜氏家训》作为私门教科书,说话简捷,直透利害得失,也是人之常情,不过,颜之推因为家族身份的缘由,刻意轻贱书画、音乐艺术,则未免过于执著于"利害"二字[①],从而轻忽了书画、音乐艺术的美学价值。

以上所揭示的,是颜之推美学思想中极为正统的一面:归本儒学,尚典正,重功用。如果仅从这个角度来看,颜之推似乎与北朝任何一个正统的美学家都没有什么明显差别。

三、气调之美:兼重文学艺术的审美特质

不过,颜之推美学思想中还存在着另一面,那就是强调才性气调之美,强调文学艺术的审美滋味,这正是他与北朝正统的本土美学家的重要区别所在。

颜之推承认文学艺术有着不同于现实功用之外的审美特性,足以畅人神情。《颜氏家训·文章》指出:"朝廷宪章,军旅誓诰,敷显仁义,发明功德,牧民建国,施用多途。至于陶冶性灵,从容讽谏,入其滋味,亦乐事也。"文章的多种功用固然是颜之推最为看重的,另一方面,文章足以"陶冶性灵,从容讽谏"——这其实仍然是"施用多途"的合理延伸,也正是《毛诗序》的美学立场——之外,毕竟还足以使人"入其滋味",产生愉悦深长的审美体验。这样的审美体验,《颜氏家训·杂艺》也加以肯定:"此乐(琴)愔愔雅致,有深味哉!今世曲解,虽变于古,犹足以畅神情也。"相比文章的"滋味",音乐的"深味"更能超离现实功用的层面,从而令人神情舒畅,不胜怡悦。

既推重文学艺术的现实功用,又认同文章、音乐的审美特性,这就是颜之推的美学立场。其美学立场的两端之间,既存在着隔阂,有着明显的矛盾,却又在本末、主次的序列下相融合,这是南北朝美学思想交融过程中的必然现象。在北朝本土文人中间,也出现了同样的美学主张。如

---

① 清代纪昀甚至在他手批的黄叔琳节钞本中指出:"除却利害二字,更无家训矣。"见《颜氏家训集解》王利器"叙录"。需要指出的是,纪昀之论也未免失之偏颇。

北周滕王宇文逌《庾信集序》云："《周南》《召南》之篇，为风人之首；《小雅》《大雅》之作，实王政之由。复有《阳春》《白雪》之唱，郢中之曲弥高；《秋风》《黄竹》之词，伊上之才尤盛。遂能弘孝敬，叙人伦，移风俗，化天下。兼夫吟咏情性，沉郁文章者，可略而言也。"（《全后周文》卷四）与颜之推的美学立场相似，宇文逌也兼重文章"弘孝敬，叙人伦，移风俗，化天下"的现实功用与"吟咏情性，沈郁文章"的审美特性。而且，"兼夫"、"可略而言"等措辞，也可以看出宇文逌重前者而轻后者，这与颜之推也很为相似。显然，北朝文人——不管是入北的南人，还是土生的北人——身处正统儒学的思想背景中，要体验、追寻并表现纯粹意义上的文学艺术之美，必须要挣脱许多外在的束缚，并不容易实现。不过，既然他们已经体验到了这种美，假以时日，则他们必定会继续探求这种美，也必将能够表现出这种美来。颜之推、宇文逌的相关论述，就带有美学探求的意味。

颜之推毕竟曾经与萧绎等萧梁皇室成员过从较为密切，有着较好的艺术修养，因此，他的美学探求还不止于此。《颜氏家训》的美学思想中，有两点最能显现颜之推曾经作为南朝文人的素养，其一是"气调"、"天才"之论，其二是"文外断绝"之论。

颜之推以"气调为筋骨"，强调作者的气韵、才调是一篇文章的内在支撑力量，它流布全篇，也结构全篇，使文章呈现出明显的个性色彩。"理致"是文章的源泉，其中虽然包含一定的情感成分，但主要还是儒家所认可的伦理、道理、事理等（这与陆机《文赋》中的"理"比较相近），具有某种不可违逆的力量和权威。不过，文章的"理致"必须透过"气调"来建构全篇，作者的个性化的气韵、才调便成为作文成功与否的关键要素。因此，颜之推十分重视为文的天赋、天才。《颜氏家训·文章》指出："学问有利钝，文章有巧拙。钝学累功，不妨精熟；拙文研思，终归蚩鄙。但成学士，自足为人。必乏天才，勿强操笔。吾见世人，至无才思，自谓清华，流布丑拙，亦以众矣，江南号为呤痴符。"《颜氏家训·杂艺》又云："吾幼承门业，加性爱重，所见法书亦多，而玩习功夫颇至，遂不能佳者，良由无分故也。"颜之推认为，从事文章、书法等艺术活动需要有审美天分，不能只靠技艺的积累熟练来提升,这与学问之道是不同的。

魏晋南北朝时期,作者独具个性的才性、气韵受到充分的重视,被视为文学艺术审美活动的关键因素。曹丕《典论·论文》很早就认识到:"气之清浊有体,不可力强而致。虽在父兄,不可以移子弟。"齐梁人继续强调这一点,刘勰《文心雕龙·体性》提出文章写作"才由天资",钟嵘《诗品》批评时人诗歌中以事义(即典故)堆砌代替天然本真的抒情写景的倾向:"自然英旨,罕值其人。词既失高,则宜加事义。虽谢天才,且表学问,亦一理乎!"萧子显《南齐书·文学传论》也认为文章之成,"委自天机,参之史传"。曹丕、刘勰、钟嵘、萧子显等人都认识到了一点:作者的审美天分,也就是作者发现美、感悟美、表现美的能力,是文学艺术审美活动不可或缺的因素,同时也是作者独有的、完全个性化的。对作者的审美天性的发现和强调,是魏晋南北朝审美自觉的重要表现。颜之推的气调、天才之论顺应了这一美学方向。

不仅如此,颜之推还提出了一个与此相关的重要观点:反对师心自用。《颜氏家训·文章》提出:"学为文章,先谋亲友,得其评裁,知可施行,然后出手;慎勿师心自任,取笑旁人也。"又说:"文章之体,标举兴会,发引性灵,使人矜伐,故忽于持操,果于进取。今世文士,此患弥切,一事惬当,一句清巧,神厉九霄,志凌千载,自吟自赏,不觉更有傍人。"所谓"师心自任",即自以为是,下文"神厉九霄,志凌千载,自吟自赏,不觉更有傍人"描述的就是这种自矜自高的情状。一个人吟诗撰文的时候,启引了他的独特才性,情性流展,往往因为文章中充溢着他的个性色彩,又容易导致自以为是、以此自矜的弊端。南朝文人中,确有不少人存在这种倾向。钟嵘《诗品》记载了南齐诗人袁嘏的事情,其诗本极平常,偏偏自以为高,常常对人说:"我诗有生气,须人捉着,不尔,便飞去。"颜之推反对师心自用,便是针对这种以诗中个性化的"生气"而自傲的风习。

《颜氏家训·文章》又提出:"凡为文章,犹人乘骐骥,虽有逸气,当以衔勒制之,勿使流乱轨躅,放意填坑岸也。"所谓"逸气",与上文的"生气"颇为相似,也是作者独特气韵在文章中的流动。本来,正是这种流动铸成了文章的独特审美品质,不过,颜之推认为,其流动如果过于恣肆自为,往往又会破坏全篇的内在节奏,反而不美。这与《南齐书·文学传论》的观点颇为不同,萧子显云:"放言落纸,气韵天成。"其中,"放言",即不受拘束地纵笔抒写,"天成",即自然而成。萧子显强调的正是下笔抒写时不受拘忌、自然恣肆。有意思的是,钟嵘《诗品》对这两种美学倾向采取一种兼容并包的态度,既肯定平远雅正的品格,又肯定奇遒纵恣的诗风,只要发乎作者的自然本性即可。

颜之推强调"气调"、"天才"对文章的重要性时,对"师心自用"的作文态度抱着高度警惕之心,这样的美学观念隐隐约约地还是显露了他的儒学底蕴。而他的"文外独绝"之论,则完全是南朝美学的立场,显示了他极佳的诗歌审美鉴赏力。《颜氏家训·文章》记载道:

> 王籍《入若耶溪》诗云:"蝉噪林愈静,鸟鸣山更幽。"江南以为文外断绝,物无异议。简文吟咏,不能忘之,孝元讽味,以为不可复得,至《怀旧志》载于《籍传》。

> 兰陵萧悫,梁室上黄侯之子,工于篇什。尝有《秋诗》云:"芙蓉露下落,杨柳月中疏。"时人未之赏也。吾爱其萧散,宛然在目。颍川荀仲举、琅邪诸葛汉,亦以为尔。

前一则故事中,"文外断绝"四字,《梁书》作"文外独绝"。《梁书·文学传》记载:"(王籍)至若邪溪赋诗,其略云:'蝉噪林愈静,鸟鸣山更幽。'当时以为文外独绝。"《颜氏家训》所载,应当就是初唐史臣编撰《梁书》时所本。王籍《入若耶溪》全诗为:"艅艎何泛泛,空水共悠悠。阴霞生远岫,阳景逐回流。蝉噪林愈静,鸟鸣山更幽。此地动归念,长年悲倦游。"[1]中间两句"蝉噪林愈静,鸟鸣山更幽",以动写静,更能显出若耶溪一带的无限幽静之美。"断绝",即妙绝、绝无仅有。"文外断绝",意思就是说,在这两句诗有限的言辞(十个字)之外,蕴涵了一片幽远无限、深邃

---

① 逯钦立:《先秦汉魏晋南北朝诗·梁诗》,第 1853—1854 页,诗题作"入若邪溪诗"。

无边的绝妙之境,诗人的倦游思归之情也暗含于这种情境中。南朝美学追求诗文的言外之意、文外之致,如《诗品》有"文已尽而意有余"的论述,《文心雕龙・隐秀》有"文外之重旨"、"义生文外"的论述,都是与"文外断绝"相似的美学主张。

后一则故事中,萧悫《秋诗》全文为:"清波收潦日,华林鸣籁初。芙蓉露下落,杨柳月中疏。燕帏绸绮被,赵带流黄裙。相思阻音息,结梦感离居。"①"萧散",即景物刻画本极工整,而发语自然散淡,毫无雕饰之感。"宛然在目",即景物刻画极为生动自然,仿佛就在眼前浮现一般。萧悫《秋诗》中间两句"芙蓉露下落,杨柳月中疏",写思妇即目所见,在闲适自然的笔调中,烘衬其内心的相思与伤感。颜之推"宛在目前"的说法,类似于钟嵘的"直寻"说,强调诗人的审美直观能力。

总之,颜之推的美学思想中,也有重"以畅神情"、"文外断绝"与景物之"宛然在目"的一面,也就是重视诗文的审美特性的一面,这与他以"气调为筋骨"的美学理想有关。他的美学思想重"文外断绝",重"宛然在目",也重"滋味",与钟嵘的美学观点显得比较接近。颜之推美学思想中的这一侧面,正是他早年作为南朝文人时所熏染、积淀下来的。

第三节 《刘子》的美学思想

《刘子》,亦名《新论》,《旧唐书・经籍志》、《新唐书・艺文志》均作刘勰撰,《宋史・艺文志》则作刘昼撰。此书撰者到底为何人,唐时已有不同说法。唐人袁孝政为《刘子》作注,其序云:"昼伤己不遇,天下陵迟,播迁江表,故作此书。时人莫知,谓为刘勰;或曰刘歆、刘孝标作。"②唐人张鷟《朝野佥载》云:"《刘子》书,咸以为刘勰所撰,乃渤海刘昼所制。昼无位,博学有才,窃取其名,人莫知也。"③两人说法虽异,但都认为此书本是

---

① 逯钦立:《先秦汉魏晋南北朝诗・北齐诗》,第 2279 页,诗题作"秋思诗"。
② 此序全文今已不存,唯宋陈振孙《直斋书录解题》录载一段。
③ 张鷟:《朝野佥载》,第 173 页,北京:中华书局,1979 年。

刘昼所作,然而"时人莫知"。明清以来,议论纷纭,近代论者(如余嘉锡、杨明照)多认同袁孝政、张䇓之言,以为此书为刘昼所撰之说更接近事实。我们也信从这一说法,以为《刘子》作者应该是《北齐书·儒林传》中的刘昼,而非刘勰或他人。

刘昼(约517—568),字孔昭,勃海阜城人。年少时孤贫,负笈从师,好学无倦。与儒者李宝鼎是同乡,随其学习《三礼》,又跟随马敬德习《服氏春秋》。后举秀才,策试不第,十年间竟不得,发愤撰《高才不遇传》。曾经以所写之赋呈魏收、邢劭,均不被赏识。北齐孝昭帝即位后,刘昼步诣晋阳上书,言辞切直,而多非世要,因而不被采用。刘昼自谓博物奇才,言辞之间颇好矜大,常对人说:"使我数十卷书行于后世,不易齐景之千驷也。"天统中(568前后),卒于家,年五十二。

《刘子》其书,宋人晁公武《郡斋读书志》卷第一二云:"言修心治身之道,而辞颇俗薄",清人卢文弨则认为此书"文笔丰美"①。总体而言,《刘子》内容广博,思想也比较驳杂,它以儒道为思想主脉,而颇为倾向于道家,同时又兼采法家、名家、阴阳诸家思想。与《颜氏家训》相比,《刘子》的美学思想更能代表北朝美学的特质:正统,尚实用,重质轻文。《颜氏家训》所保留下来的重视文学艺术审美特质的一面,以及颜之推显现出来的审美鉴赏力,在《刘子》和刘昼这里始终没有出现。道家对《刘子》的影响,似乎主要集中在其人生态度上,并未能旁及其美学观念。《刘子》的美学思想,基本上继承了《毛诗序》为代表的正统儒家美学观念,是其在北朝时期的延续。

一、重质轻文的审美倾向

《刘子》认识到了美妙和实用是事物的不同特质,认为这两种不同特质之间几乎存在着天然的错落、背离现象。《刘子·随时》指出:"明镜所以照形,而盲者以之盖卮;玉笋所以饰首,而秃妪以之挂杙。非镜笋之不

---

① 卢文弨:《抱经堂文集·刘子跋》,《刘子校释》附录二,第552页。

美，无用于彼也。庖丁解牛，适俗所须；朱泙屠龙，无所用巧。苟乖世务，虽有妙术，归于无用。"[1]刘昼以日常生活中的具体事物为例，来说明以下道理：美妙者（如镜筝、屠龙）不必有用；美妙与实用作为事物的不同特性，难免出现彼此错落的现象；再美妙的事物，如果不合世务的需要，终归是无用的。

美恶各有其施用所宜。《刘子·适才》云："物有美恶，施用有宜；美不常珍，恶不终弃。紫貂白狐，制以为裘，郁若庆云，皎如荆玉，此氄衣之美也；虪菅苍蒯，编以蓑笠，叶微疏纇，黯若朽穰，此卉服之美也。裘蓑虽异，被服实同；美恶虽殊，适用则均。今处绣户洞房，则蓑不如裘；被雪沐雨，则裘不如蓑。以此观之，适才所施，随时成务，各有宜也。"裘与蓑是不同的服装，施用于不同的场合：绣户洞房讲求华美，因而适用于裘，遮挡雨雪在于厚实，因而适用于蓑。所以，服装虽然美恶不同，但其用度随着不同时间、处所而变化。

有时候，一心追求事物外在的文华之美，甚至会妨害实用、实务，带来严重的后果。刘昼认为："雕文刻镂伤于农事，锦绣綦组害于女工。农事伤则饥之本也，女工害则寒之源也。饥寒并至，而欲禁人为盗，是扬火而欲无其炎，挠水而望其静，不可得也。"所以，那些治理国家天下的人，必定以实用为本，"必务田蚕之实，弃美丽之华。以谷帛为珍宝，比珠玉于粪土。何者？珠玉止于虚玩，而谷帛有实用也。假使天下瓦砾悉化为和璧，砂石皆变为隋珠，如值水旱之岁，琼粒之年，则璧不可以御寒，珠未可以充饥也。虽有夺日之鉴，代月之光，归于无用也。何异画为西施，美而不可悦，刻作桃李，似而不可食也。衣之与食，唯生人之所由，其最急者，食为本也。"（《刘子·贵农》）刘昼从实用、有益于世的角度出发，反对雕饰铺排，其中包含着有一定的合理性；但由此而断然不取图画西施之美，则是将衣食等实用之务与图画文华之美绝对对立起来，这又是极其独断、偏激的美学观念。以实用为本，一切从实用出发，必然会尽量趋利

---

[1] 傅亚庶：《刘子校释》，第434页，北京：中华书局，1998年。凡引《刘子》，均据此书，不一一注明。

避害而不顾其他,因而常以有利、有用为准,压抑、舍弃人心对美的本然追求。《刘子》中所有关于事物美恶的议论,都不离利害、实用这一基点。

不仅如此,《刘子》还试图从根本上取消事物之美的自足性,使其依附于事物的实用性,这体现在其文质之论。《刘子》认为,事物得以展现其美丽、巧妙的特性,根本原因还在于其内蕴之质,而非外在之文。所以,《刘子》主张先质后文。《刘子·言苑》指出:"妙必假物,而物非生妙;巧必因器,而器非成巧。是以羿无弧矢,不能中微,其中微者,非弧矢也;倕无斧釿,不能斫断,其善斫者,非斧釿也。画以摹形,故先质后文;言以写情,故先实后辩。无质而文,则画非形也;不实而辩,则言非情也。红黛饰容,欲以为艳,而动目者稀;挥弦繁弄,欲以为悲,而惊耳者寡,由于质不美、曲不和也。质不美者,虽崇饰而不华;曲不和者,虽响疾而不哀。理动于心而见于色,情发于中而形于声。故强欢者虽笑不乐,强哭者虽哀不悲。"在以上文段中,《刘子》融合老、庄关于有无的基本观点,并以此方式来思考儒家的文质观。《刘子》认为,质内蕴于事物之中,成就事物之巧、妙,但是,事物外在的、可见的巧妙并不能解释它的这一特质。相应地,外在的文是由内在的质决定、支撑的,如果没有内在的美质,即使外在文饰再美,也无法令人动心①。

文质之论发端于《论语·雍也》,孔子"文质彬彬"的说法,赋予"文"在君子人格中不可或缺的重要地位。事实上,"文"便也由此具有某种自主性、自足性,后世重"文"的传统也可从中得到理论支持。三国时期应场、阮瑀还撰有《文质论》,专门探讨文与质的轻重主次问题。其中,应场也是从功用实效的角度出发,认为文虚质实,淳朴坚强之士胜过华而不实之徒,他的这个观点,很类似于前面提到的席毗所谓"寒木"与"春华"的比喻。《刘子》"先质后文"的美学观念,主要是在强调"质"的本质地位,这与北朝美学重实用、主质实的风尚息息相关,也与刘昼本人自认为

---

① 《庄子·渔父》云:"强哭者虽悲不哀,强怒者虽严不威,强亲者虽笑不和。真悲无声而哀,真怒未发而威,真亲未笑而和。真在内者,神动于外,是所以贵真也。"不过,《庄子》强调的是内在之天真,而《刘子》化用此段文字,强调的是内质的有无、美恶。

怀金玉之质而不遇的心态有关。

既然内质是事物的根本,那么,礼乐作为社会生活中最为重要的文化内容,其根本点也应归结为雅正的内质。在《刘子》一书中,所谓"质",主要是指事物有益于社会人心或其他功用价值的一面,即前面所提到的"实用"的特性。礼乐作为特殊的事物,其所谓"质",就是其教化功用。《刘子·辩乐》继承了先秦儒家以及汉儒的音乐美学观念,以雅正、教化为其根本特性,主张音乐的目的就是为了教化。《刘子》指出先王创立雅乐是为了启导人心,防止人心流于淆乱,使其归于雅正:"乐者,天地之齐,中和之纪,人情之所不能免也。人心喜则笑,笑则乐,乐则口欲歌之,手欲鼓之,足欲舞之。歌之舞之,乐发于音声,形于动静,而入于至道,音声动静,性术之变,尽于此矣。故人不能无乐,乐则不能无形,形则不能无道,道则不能无乱,先王恶其乱也,故制雅乐以道之。使其声足乐而不淫,使其音调伦而不诡,使其曲繁省而廉均,足以感人之善心,不使放心邪气得接焉,是先王立乐之情也。"因此,音乐的目的不是愉悦人心、耳目,而是以其内在节奏来顺应天地万物之性,最终达到教化的目标,"先王闻五声,播八音,非苟欲愉心娱耳,听其铿锵而已。将以顺天地之体,成万物之性,协律吕之情,和阴阳之气,调八风之韵,通《九歌》之分。奏之圆丘,则神明降;用之方泽,则幽祇升;击拊球石,即百兽舞;乐终九成,则瑞禽翔。上能感动天地,下则移风易俗,此德音之音,雅乐之情,盛德之乐也。"音乐归于雅正,以和为本。音声之和以启导人心之和,则可以防止淫邪兴起,从而保持情性内和,才能达到教化人心的目的。《刘子》指出,后世音乐流靡悲哀,背离了先王制礼作乐的根本宗旨,"皆淫泆、凄怆、愤厉、哀思之声,非理性和情、德音之乐也"。《刘子·风俗》中亦有类似的论述。

二、"美丑无定形"

《刘子》关注名实问题,关注人的内质之美与外在声名的关系问题,关注人才的选用问题,这都与其内心强烈的怀才不遇之感有着极深的关联。从这个特殊的视角出发,《刘子》探讨了审美个性化这一现象,提出了美因人的喜好而异这一观点。

《刘子·殊好》从人与鸟兽的不同喜好出发,认为人兽受性不同,因而嗜好不一:"飞鼯甘烟,走貂美铁,云鸡嗜蛇,人好刍豢。鸟兽与人受性既殊,形质亦异,所居隔绝,嗜好不同,未足怪也。"由此,他得出一个推论:对于不同的人而言,由于天性各有不同,于是其关于美的标准也是不同的。下文指出:

> 赪颜玉理,盼视巧笑,众目之所悦也。轩皇爱嫫母之丑貌,不易落慕之丽容;陈侯悦敦洽之丑状,弗贸阳文之婉姿。炮羔煎鸿,臑蟠臛熊,众口之所嚛。文王嗜菖蒲之菹,不易龙肝之味。《阳春》《白雪》,《嗷楚》《采菱》,众耳之所乐也。而汉顺帝听山鸟之音,云胜丝竹之响;魏文侯好槌凿之声,不贵金石之和。郁金玄惔,春兰秋蕙,众鼻之所芳也。海人悦至臭之夫,不爱芳馨之气。若斯人者,皆性有所偏也。执其所好而与众相反,则倒白为黑,变苦成甘,移角成羽,佩莸蒜当薰,美丑无定形,爱憎无正分也。

轩皇之爱嫫母,陈侯之悦敦洽,文王嗜菖蒲之菹,汉顺帝听山鸟之音,魏文侯好捶凿之声,海人悦至臭之味,以上诸人所好,与常人大相径庭,"倒白为黑,变苦成甘,移角成羽,佩莸蒜当薰"。由此可见,美是因人而异的,世间并不存在确定不移、放之四海而皆准的统一标准。《刘子》论述各人嗜好的极大差异,本意在证明"爱憎无正分",试图解释真正的人才屡屡不被赏识的原因。但是,他对人的审美差异性的认识与肯定仍然是极有价值的。

人的天赋、禀性各异,后天的经历也各不相同,因此,不同的人可能会有迥然不同的审美取向,这本是极为正常的事情。承认美的差异性,承认美是因人而异的,并不是要否认"赪颜玉理,盼视巧笑"之悦目、"炮羔煎鸿,臑蟠臛熊"之悦口、"《阳春》《白雪》,《嗷楚》《采菱》"之悦耳、"郁金玄惔,春兰秋蕙"之悦鼻。对大多数人而言,以上这些事物是美而可悦的,这确是不容否认的。不过,在承认人的审美共性的同时,承认并接受人与人之间的审美差异性,也许更为重要。当然,《刘子》上述文段中将"美丑"、"爱憎"等观念相糅杂,其所谓"美",并非纯粹审美意义上的"美",这也是需要注意的。

由于美是因人而异的,人的爱憎也难于确定,所以,事物的内质之美有时很难被赏识。《刘子·正赏》连续列举四个实例:"越人躍蛇以飨秦客,秦客甘之以为鲤也,既觉而知其是蛇,攫喉而呕之,此为未知味也。赵人有曲者,托以伯牙之声,世人竞习之,后闻其非,乃束指而罢,此为未知音也。宋人得燕石以为美玉,铜匣而藏之,后知是石,因捧匣而弃之,此为未识玉也。郢人为赋,托以灵均,举世而诵之,后知其非,皆缄口而捐之,此为未知文也。故以蛇为鲤者,唯易牙不失其味;以赵曲为雅声者,唯钟期不溷其音;以燕石为美玉者,唯猗顿不谬其真;以郢赋为丽藻者,唯相如不滥其赏。"本来,越人之蛇,其味亦美;赵人之曲,其音亦美;宋人之石,其质亦美;郢人之赋,其文亦美。这四种事物本亦有着美好的内质,但并未能为人所赏识。一旦托以美味、美音、美玉、美文之名,人们就甘之、习之、藏之、诵之。而一旦觉察其非,就连这些事物本身的美质也舍弃不顾了。所以说,人们常常不辨事物内质之美,而昧于声名之美。

因此,人的内质之美难于被赏识,也就顺理成章了。在本章结尾处,《刘子》极为沉痛地指出现实世界中美恶淆乱颠倒的现象:"昔仲尼先饭黍,侍者掩口笑;子游襢裘而谯,曾参挥指而哂。以圣贤之举措,非有谬也,而不免于嗤诮,奚况世人,未有名称,其容止之萃,能免于嗤诮者,岂不难也?以此观之,则正可以为邪,美可以称恶,名实颠倒,可谓叹息也。"刘昼这段话中,含有极深的感慨。据《北史》记载,他写成一赋,以之呈示魏收、邢劭,均遭讥嘲。问题在于,如果按照《刘子》的思路,人们处事都从实用、利害出发,而人们之间的利害关系往往会发生矛盾冲突,以致于那些于我为美者,对他人来说或许为恶,那些于我为恶者,对他人来说或许为美。于是,美恶的评判、鉴赏,人们就各执一端,世间出现种种美恶淆乱的现象,几乎是不可避免的。

第四节　南北朝美学思想的互动与融合

北朝美学趋向文华,其内因是北朝美学自身发展变化的本然规律,其外因则是北朝中后期南北美学之间日渐频密的互动与融合。

当然,南北朝美学思想存在较为明显的差异性,由于地域差别,彼此甚至还存在着一定的隔膜。《隋书》对此有过极好的论述,其《文学传序》云:"江左宫商发越,贵于清绮,河朔词义贞刚,重乎气质。气质则理胜其词,清绮则文过其意,理深者便于时用,文华者宜于咏歌,此其南北词人得失之大较也。"简而言之,南朝胜于清绮之文华,北朝胜于贞刚之气质,双方各得其美,也各有其失。

北朝人自己已经意识到南北之美的差异性。邢劭《萧仁祖集序》就说:"萧仁祖之文,可谓雕章间出。昔潘、陆齐轨,不袭建安之风;颜、谢同声,遂革太原之气。自汉逮晋,情赏犹自不谐。江北江南,意制本应相诡。"(《全北齐文》卷三)邢劭以潘陆、颜谢在诗歌方面的创变之功为例,指出由汉末到晋宋间诗歌风尚的极大变化,由此论证南北诗歌差异的合理性,意在强调北朝诗歌的自身特色。潘陆、颜谢之变,大致是在同一诗歌脉络的内部发生的,主要是不同时期的美学风尚差异所致,而江南、江北诗歌之异则主要与地域差别有着较大关系。邢劭以同一诗歌脉络中时间上的差异性来解释不同诗歌脉络中空间上的差异性,显然有些牵强。不过,邢劭此文重在强调北朝诗歌自身之美,这与上文提到的祖莹"自出机杼"的美学追求一样,体现出北朝文人一定的审美自觉意识。

在南北交往的过程中,这种审美差异性也不时显露出来,有时甚至表现为一种隔膜和轻忽。《颜氏家训·文章》第九记载了两件事,其一是王籍《入若耶溪》有诗句云:"蝉噪林愈静,鸟鸣山更幽。"江南文人以为写得极美,梁简文帝吟咏而不能忘之,梁元帝也认为不可复得。北朝文人卢询祖却认为:"此不成语,何事于能?"魏收赞同他的这个说法。其二是南朝萧悫有《秋诗》云:"芙蓉露下落,杨柳月中疏。"颜之推认为其句神情萧散,其景宛然在目,苟仲举、诸葛汉也认为这样,而北朝卢思道等人则不以为然。大抵南朝梁陈诗歌常以清新小巧为美,而北人则以气质贞重为美,即使追求文华绮靡,也须以气质为其内核,因而不尚纤巧。卢询祖、魏收、卢思道等人不认同南朝文人所赞美的诗句,正是由于这种审美追求上的根本差异所致。

南北朝之间的审美差异性,决定了他们各有所长,亦各有其短。时人习于惯常的审美取向,不免存在以己所长轻人所短的现象。由于北朝诗文相对缺乏文采,南朝人对之有时甚至采取轻蔑的态度。唐人刘𫗧《隋唐嘉话》记载道:"梁常侍徐陵聘于齐,时魏收文学北朝之秀,收录其文集以遗陵,令传之江左。陵还,济江而沉之,从者以问,陵曰:'吾为魏公藏拙。'"①张鷟《朝野佥载》也记载道:"梁庾信从南朝初至北方,文士多轻之。信将《枯树赋》以示之,于后无敢言者。时温子升作《韩陵山寺碑》,信读而写其本,南人问信曰:'北方文士何如?'信曰:'惟有韩陵山一片石堪共语。薛道衡、卢思道少解把笔,自余驴鸣犬吠,聒耳而已。'"②显然,南北朝人都希望得到对方的认同和赞赏,但拘于各自的审美习惯,还是难免出现严重的隔膜,南人的态度有时尤其傲慢。唐人笔记所记载的徐陵、庾信的事情,可能有所夸饰,并不尽然可信,不过,将魏收文集沉江,或视北人诗文为"聒耳而已",确实都印证了曹丕《典论·论文》所谓"文人相轻"的不良倾向。

不过,南北朝的文化交往中,双方的互动与融合毕竟是主流。南北朝的审美追求虽有较大的差异,但彼此可以互取对方所长。

首先是北方才士欣慕、效仿南人的诗赋文藻。北周时,李昶《答徐陵书》道:"足下泰山竹箭,浙水明珠;海内风流,江南独步。扶风计吏,议折祥禽;平陵李廉,办酬文约。况复丽藻星铺,雕文锦缛。风云景物,义尽缘情,经纶宪章,辞殚表奏。久已京师纸贵,天下家藏。调移齐右之音,韵改河西

---

① 刘𫗧:《隋唐嘉话》,第 55 页,北京:中华书局,1979 年。
② 张鷟:《朝野佥载》,第 140 页,北京:中华书局,1979 年。

之俗。"（《全后周文》卷六）滕王宇文逌《庾信集序》也指出："齿虽耆旧,文更新奇,才子词人,莫不师教,王公名贵,尽为虚襟。"（《全后周文》卷四）虽然李昶、宇文逌对徐陵、庾信的推重含有客套的成分,但是,北朝中后期,北方才士对南人文藻的欣慕,确也属于常情。在李昶、宇文逌等北人看来,徐陵、庾信等南人的诗文妙尽新奇之美,"丽藻星铺,雕文锦缛。风云景物,义尽缘情",文藻与情感都令人动心。北朝诗文往往质重有余,而文藻之新奇连翩、情意之烂漫风发,则有所不足,这正如本节开篇故事中所说的"寒木",虽有清刚不屈的气节,但远远不及春华之美丽烂漫,驰人心魄。

其次,南人对于北方的文学艺术之美也往往敬爱有加。北方音乐之美,尤其能够吸引南人。《南齐书·柳世隆传》记载道："平西将军黄回军至西阳,乘三层舰,作羌胡伎,泝流而进。"另据《南齐书·东昏侯纪》记载,东昏侯每次出行时,"高障之内,设部伍羽仪,复有数部,皆奏鼓吹羌胡伎,鼓角横吹。"北方音乐（尤其是军乐）豪放有力,节奏明显,与南方的流靡之音迥然不同。黄回与东昏侯嗜爱北地音乐,正是因为欣赏这种刚劲之美。

南人对于北方文士的诗文,同样可以欣慕有加。徐陵《与李那书》高度赞美李那《陪驾终南入重阳阁》、《荆州大乘寺》、《宜阳石像碑》等诗文文质兼美,"登兹旧阁,叹兹幽宫,标句清新,发言哀断","至如披文相质,意致纵横,才壮风云,义深渊海",以致于"京师长者,好事才人,争造蓬门,请观高制。轩车满路,如看太学之碑;街巷相填,无异华阴之市"（《全陈文》卷一〇）。

值得注意的是,北方著名的文学之士,如魏收、温子升、薛道衡等人,他们之所以受到南方文士群体的欣赏、敬重,主要是因为他们能够在效习南人文藻的同时,将南北诗文之长融合在一起,上文所论李那诗文正是如此。《隋唐嘉话》记载："薛道衡聘陈,为人日诗云:'入春才七日,离家已二年。'南人嗤之曰:'是底言? 谁谓此虏解作诗!'及云:'人归落雁后,思发在花前。'乃喜曰:'名下固无虚士。'"[1]薛道衡《人日诗》前两句叙

---

① 刘餗:《隋唐嘉话》,第 1 页,北京:中华书局,1979 年。

时事、行踪,语言简朴,正是北人习见的写法;而其后两句写景、抒情,构思精巧,即目抒怀,又颇得南人风致。这首小诗思致巧妙,简练之中不乏清新,融南北审美之长于一炉,代表着隋唐诗歌的发展方向。

北朝后期,南北美学思想的互动日多,融合日深,北齐人刘逖"既有寒木,又发春华"的美学理想,无意中预见到了这种美学动向。从长远来看,美学发展的前景正如《隋书·文学传序》所言,应当是:"掇彼清音,简兹累句,各去所短,合其两长,则文质斌斌,尽善尽美矣。"

主要参考文献

《诸子集成》,上海:上海书店出版社,1986 年影印本。

何晏注,邢昺疏:《论语注疏》,北京:北京大学出版社出版,1999 年。

郭庆藩:《庄子集释》,北京:中华书局,2004 年。

郭象注,成玄英疏:《南华真经注疏》,北京:中华书局,1998 年。

王先谦:《荀子集解》,《诸子集成》本,上海:上海书店出版社,1986 年。

陈奇猷:《韩非子新校注》,上海:上海古籍出版社,2000 年。

班固:《汉书》,北京:中华书局,1962 年。

范晔:《后汉书》,北京:中华书局,1965 年。

陈寿:《三国志》,北京:中华书局,1959 年。

楼宇烈:《王弼集校释》,北京:中华书局,1999 年。

陈伯君:《阮籍集校注》,北京:中华书局,1987 年。

戴明扬:《嵇康集校注》,北京:人民文学出版社,1962 年。

房玄龄等:《晋书》,北京:中华书局,1974 年。

杨伯峻:《列子集释》,北京:中华书局,1985 年。

杨明照:《抱朴子外编校释》(上),北京:中华书局,1991 年。

杨明照:《抱朴子外编校释》(下),北京:中华书局,1997 年。

王利器:《颜氏家训集解》,北京:中华书局,1993 年。

张少康:《文赋集释》,北京:人民文学出版社,2002 年。

陆云:《陆云集》,北京:中华书局,1988 年。

陆机:《陆士衡文集校注》,南京:凤凰出版社,2007 年。

余嘉锡:《世说新语笺疏》,北京:中华书局,2007 年。

徐震堮:《世说新语校笺》,北京:中华书局,1984 版。

范文澜:《文心雕龙注》,北京:人民文学出版社,1958 年。

詹锳:《文心雕龙义证》,上海:上海古籍出版社,1989。

黄侃:《文心雕龙札记》,上海:上海古籍出版社,2000 年。

黄叔琳等:《增订文心雕龙校注》,北京:中华书局,2000 年。

曹旭:《诗品笺注》,北京:人民文学出版社,2009 年。

萧统编、李善注:《文选》,北京:中华书局,1977 年。

吴兆宜等注:《玉台新咏笺注》,北京:中华书局,1985 年。

沈约:《宋书》,北京:中华书局,1974 年。

萧子显:《南齐书》,北京:中华书局,1972 年。

姚思廉:《梁书》,北京:中华书局,1973 年。

姚思廉:《陈书》,北京:中华书局,1972 年。

李延寿:《北史》,北京:中华书局,1974 年。

李延寿:《南史》,北京:中华书局,1975 年。

傅亚庶:《刘子校释》,北京:中华书局,1998 年。

逯钦立辑:《先秦汉魏晋南北朝诗》,北京:中华书局,1983 年。

严可均辑:《全上古三代秦汉三国六朝文》,北京:中华书局,1958 年。

张溥辑:《汉魏六朝百三名家集》,南京:江苏古籍出版社,2002 年。

王根林等校点:《汉魏六朝笔记小说大观》,上海:上海古籍出版社,1999 年。

张彦远:《法书要录》,北京:人民美术出版社,1984 年。

释僧祐:《出三藏记集》,北京:中华书局,1995 年。

释慧皎:《高僧传》,北京:中华书局,1992 年。

张彦远:《历代名画记》,沈阳:辽宁教育出版社,2001 年。

司马光编:《资治通鉴》,北京:中华书局,1976 年。

王树民:《廿二史札记校证》,北京:中华书局,1984 年

阮元编:《十三经注疏》,北京:中华书局,1980 年影印本。

孙星衍:《尚书今古文注疏》,北京:中华书局,1986 年。

孙希旦:《礼记集解》,北京:中华书局,1989 年。

李崇智:《〈人物志〉校笺》,成都:巴蜀书社,2001 年。

叶朗主编:《中国历代美学文库》,北京:高等教育出版社,2003 年。

欧阳询:《艺文类聚》,上海:上海古籍出版社,1982 年。

永瑢等:《四库全书总目》,北京:中华书局,1965 年。

宗白华:《美学散步》,上海:上海人民出版社,1981 年。

汤用彤:《魏晋玄学论稿》,上海:上海古籍出版社,2001 年。

陈寅恪:《金明馆丛稿初编》,北京:生活·读书·新知三联书店,2001 年。

朱自清:《诗论》,上海:上海古籍出版社,2001 年。

牟宗三:《才性与玄理》,桂林:广西师范大学出版社,2006 年。

钱锺书:《管锥篇》,北京:生活·读书·新知三联书店,2001年。

徐复观:《中国艺术精神》,上海:华东师范大学出版社,2001年。

徐复观:《中国文学精神》,上海:上海书店出版社,2004年。

侯外庐:《中国思想通史》,北京:人民出版社,1956年。

李泽厚:《美的历程》,北京:文物出版社,1981年。

李泽厚:《美的历程》,天津:天津社会科学院出版社,2001年。

李泽厚、刘纲纪主编:《中国美学史》第二卷,北京:中国社会科学出版社,1987年。

叶朗:《中国美学史大纲》,上海:上海人民出版社,1985年。

叶朗:《美学原理》,北京:北京大学出版社,2009年。

罗宗强:《魏晋南北朝文学思想史》,北京:中华书局,1996年。

罗宗强:《玄学与魏晋士人心态》,天津:天津教育出版社,2005年。

袁济喜:《六朝美学》,北京:北京大学出版社,1999年。

袁济喜:《中古美学与人生讲演录》,桂林:广西师范大学出版社,2007年。

朱良志:《中国美学十五讲》,北京:北京大学出版社,2006年。

容肇祖:《魏晋的自然主义》,北京:东方出版社,1996年。

[日]铃木虎雄:《中国诗论史》,许总译,南宁:广西人民出版社,1989年。

索　引

本卷分工：

胡　海　第一、二、五、六、九章。

秦秋咀　第三、四、七、八、十、十一章。